普通高等教育“十一五”国家级规划教材
普通高等教育精品教材

生态学

（第五版）

李振基　陈小麟　郑海雷　韩博平　主编

科学出版社
北　京

内 容 简 介

本书以多维视角系统阐释了生态学基础理论及其在不同领域的应用，构建了完整的学科知识体系。全书以“基础理论 - 系统应用 - 社会议题”为主线展开论述，在系统梳理个体、种群、群落、生态系统、景观、全球生态学等经典理论的基础上，创新性地整合了生态学在现代社会发展中的多维应用，深度剖析了全球气候变化、农业生态工程、有机农业生产、清洁能源技术、生物多样性保育、城市生态规划、人类生态伦理等21世纪热点议题。并专设“生态文明建设”独立章，通过翔实案例展现我国在绿色发展道路上的创新实践与显著成效。

本书在内容呈现上突破传统范式，采用全彩印刷工艺，精选200余幅高清图表、实现知识可视化。其特色编排体系包含：章前学习目的导引、核心知识思维导图、拓展阅读专栏、多元化测评体系，并创新设置中英双语专业术语对照及数字资源延伸平台，以二维码形式配套重难点内容视频讲解。特别设计的“课堂思辨案例”模块，通过真实生态议题的情景建构，有效提升学生的批判性思维能力。

作为新形势下生态教育科技融合的示范性教材，本书既遵循国家课程标准的知识体系要求，又体现学科交叉融合的创新特色。适用场景涵盖：高等院校生态学、环境科学、农学、林学等专业的核心课程教学；生态环境管理部门专业人才继续教育；绿色产业从业者技术提升培训；公众生态文明素养科普教育等。通过理论深度与实践广度的有机结合，本书可成功搭建学术研究与现实应用的价值桥梁。

图书在版编目（CIP）数据

生态学 / 李振基等主编. -- 5版. -- 北京 : 科学出版社，2025. 6.
(普通高等教育“十一五”国家级规划教材)(普通高等教育精品教材).
ISBN 978-7-03-082092-1

Ⅰ. Q14

中国国家版本馆CIP数据核字第2025KC8536号

责任编辑：张静秋 马程迪 / 责任校对：严 娜
责任印制：肖 兴 / 封面设计：金舵手世纪

科学出版社 出版
北京东黄城根北街16号
邮政编码：100717
http://www.sciencep.com

北京市金木堂数码科技有限公司印刷

科学出版社发行 各地新华书店经销

*

2000年9月第 一 版 开本：787×1092 1/16
2025年6月第 五 版 印张：20 1/2
2025年6月第三十一次印刷 字数：551 000

定价：99.00元

（如有印装质量问题，我社负责调换）

编委会

主编

李振基　陈小麟　郑海雷　韩博平

参编

裘　丽　任明迅　陈鹭真　周晓平
林清贤　李元跃　郭卫华　卢豪良

本书思维导图

生态学
（第五版）
绪论
生态学的概念
生态学的研究对象
生态学的基本原理
生态学的使命
生物与环境
环境与生态因子
生物与环境关系的基本原理
生物与光的关系
生物与温度的关系
水分对生物的生态作用
生物与土壤
种群生态学
种群的概念和特征
种群的数量特征与动态变化
种群的空间分布和扩散
种群行为生态学
种群进化生态学
种间关系
群落生态学
生物群落的概念与基本特征
群落的物种组成
生物群落的结构
生物群落的动态
地球上的生物群落
生态系统
生态系统概论
生态系统的组成和结构
生态系统的功能
生态系统动态与平衡
生态系统类型
生态系统服务
生态系统管理
景观生态学
景观的概念
景观的基本要素
景观的结构
景观的功能
景观规划的应用
全球生态学
全球生态学的产生与概念
全球生态学的基本原理
地球系统
全球生态学的研究内容
应用生态学
石化农业与可持续农业
环境污染与清洁生产
生物多样性保护
城市化与城市生态学
人口增长与人类生态学
区域发展与生态规划
生态旅游
生态文化建设
生态文明的内涵
完善生态文明体制
生态法治建设
国家公园与自然保护地
环境保护
构筑生态安全屏障
环保组织与生态文明
生态文明教育

第五版前言

从本书第四版出版至今，已经过去10年，在这期间，我国以国家公园为主体的保护地体系开始建设，生物多样性保护得到巩固，保护地数量稳定在11 800个左右，保护地面积稳定在18%的国土陆域面积、4.6%的领海面积，有效地保护了85%的陆地生态系统、85%的珍稀濒危野生动物种群和65%的高等植物物种，对生物多样性的就地保护起到了非常重要的作用。已经设立三江源国家公园、大熊猫国家公园、东北虎豹国家公园、海南热带雨林国家公园、武夷山国家公园5个国家公园，未来还将再设立44个陆域国家公园和3个海域国家公园。我国目前有国家级自然保护区474处、国家级风景名胜区244处。自然保护区占国土面积的比例超过世界平均水平。大熊猫、朱鹮、银杉、麋鹿、扬子鳄、海南坡鹿、普氏原羚、亚洲象、海南长臂猿等在自然保护区中得到有效保护，并且划定了保护的红线，修订了《国家重点保护野生动物名录》和《国家重点保护野生植物名录》，森林覆盖率达到24.02%。我国的生物多样性保护从无到有、从少到多，是怎么走过来的？这些生物的栖息地情况如何？生物多样性应该如何保护？这些受到保护的森林生态系统、湿地生态系统的健康情况又如何呢？

2021年，《生物多样性公约》缔约方大会第十五次会议（COP15）第一阶段会议在昆明召开；2022年《湿地公约》第十四届缔约方大会在中国武汉和瑞士日内瓦召开，会上通过了《武汉宣言》。我国于1985年加入《保护世界文化和自然遗产公约》，2021年第44届世界遗产大会在福州召开，目前，中国的世界遗产数量达到59项，已经达到了世界第二，其中世界自然遗产15项、世界文化与自然双遗产4项，都达到了世界第一，这一切都说明了什么？

当前，我国已开始了对湿地、长江、黄河、黑土地的保护，分别出台了《中华人民共和国湿地保护法》《中华人民共和国长江保护法》《中华人民共和国黄河保护法》《中华人民共和国黑土地保护法》，基于《中华人民共和国湿地保护法》，许多重要的自然湿地、红树林、湿地鸟类和湿地水生生物得到了应有的重视。基于《中华人民共和国长江保护法》，对长江干流和重要支流源头开始了严格保护，严格限制在长江流域生态保护红线、自然保护地、水生生物重要栖息地水域实施航道整治工程，对长江流域江豚、鲥、四川白甲鱼、川陕哲罗鲑、胭脂鱼、水菜花等水生野生动植物生境特征和种群动态的研究愈加重视，已经禁止在长江流域开放水域养殖，长江流域开始对钢铁、石油、化工、有色金属、建材、船舶等产业进行升级改造，对长江岸线开启严格监管，许多码头被拆除、采砂船被责令封存，禁止在长江流域禁止采砂区和禁止采砂期内从事采砂活动。落实党中央关于长江禁渔的决策部署，加强禁捕管理和执法工作等。基于《中华人民共和国黄河保护法》，强调黄河流域生态保护和高质量发展，强调重在保护、重在治理的要求，加强污染防治，贯彻生态优先、绿色发展，量水而行、节水为重，因地制宜、分类施策，统筹谋划、协同推进的原则。

我国中东部地区一度出现持续的雾霾天气，经过政府采取切实有效的措施，加快推进产业结构和布局调整，推进节能减排，加大环保执法和其他相关方面的工作力度，全国空气质量总体改善，重污染天气较大幅度减少；京津冀、长三角、珠三角等区域空气质量明显好转。但2023年以来，大气污染有所反弹，大气污染防治仍然任重道远，如何从根本上治理雾霾问题？

1980年，中国的生态学家出版了《中国植被》，中国的植被有何特色？中国的植被有何分布规律？中国的植被是向好的方向还是不好的方向发展？

中国人口在2021年达到14.126亿，这样的人口数量，其不同年龄段的人口结构是怎样的？未来的变化趋势如何？目前中国的人均生态足迹如何？

还有许多问题值得我们去了解。希望本书第五版的出版，能够让读者学习到生态学的基本知识，并具备生态意识，能够从生态学的角度去观察周遭，一起为生态文明建设做贡献。

本书前四版出版以来，由于浅显易懂、图文并茂，受到了许多高校和广大读者的青睐，曾被100多所高校选用为本科生教材或参考教材，被纳入普通高等教育"十一五"国家级规划教材，并被教育部评为"普通高等教育精品教材"。在第五版中，更新了10年来国家在生态文明建设方面取得的成果，更换了相关案例，增加了很多彩图，并全书彩印。也在书中各章节内采用二维码形式，对一些重点与难点内容进行了微课视频介绍。

在本书第五版编写过程中，增加了韩博平作为主编之一，他独立完成了本书中生物多样性相关内容，增加了裘丽、任明迅、陈鹭真、周晓平、林清贤、李元跃、郭卫华、卢豪良作为参编。感谢裘丽一起参与录课，其他编者分别在各章节内容编写中做出了贡献。感谢王雅帮忙修改微课视频中的一些细节，感谢黄海、林剑声、孙晓东、陈佳秋、金文驰、卓强、刘晓静、黄黎晗、王小龙等提供相关照片！

编　者

2025年6月于厦门大学

共生之道——生态学家答七问

目 录

教学课件申请单

凡使用本书作为所授课程配套教材的高校主讲教师，填写以下表格后扫描或拍照发送至联系人邮箱，可获赠教学课件一份。

姓名：	职称：	职务：
手机：	邮箱：	学校及院系：
本门课程名称：	本门课程选课人数：	
开课时间： □春季 □秋季 □春秋两季	是否选用本书作为教材： □是 □否 □计划选用	
您对本书的评价及修改建议（必填）：		

联系人：张静秋 编辑　电话：010-64004576　邮箱：zhangjingqiu@mail.sciencep.com

绪　论

微课堂

一、引子

当我们漫步在厦门街道上时，极目所见的是大榕树、凤凰木、王棕……而五老峰则是满山的台湾相思林，珍珠湾的沙滩上点缀着厚藤的紫色花朵，九龙江口的红树林随着潮涨潮落而忽隐忽现，不时可以看到成群结队的白鹭飞来飞去，如果乘船在厦门周边海域、港湾与河口航行，还可能看到中华白海豚。

当我们来到首都北京，尤其是金秋时节，沿路是白桦、银杏、国槐……香山则是红叶的世界，挂着红叶的主要是一种漆树科的黄栌，还有许多槭树、椴树、栎树、鹅耳枥等，它们共同组成了落叶阔叶林。

当我们来到海南的沙滩，映入眼帘的是大面积的椰林（图0-1），树上还挂着很多椰子，大大的叶片在海风中摇曳。在河口港湾处，各种红树植物形成了独特的红树林。

图 0-1　海南铜鼓岭的海岸椰林

当我们来到内蒙古锡林郭勒，看到的是一望无际的大草原，草原上长的是以针茅为主的禾草。

当我们来到武夷山国家公园时，可以深切体会到生物多样性是多么丰富（图0-2），这里自19世纪就已闻名于世，有“昆虫世界”“鸟类天堂”“研究亚洲两栖爬行动物的钥匙”“模式标本产地”等美称，她的神秘和美丽今天依然如故。从山脚的三港到山顶的黄岗山，常绿阔叶

图 0-2 武夷山国家公园的先锋岭

林、竹林、针叶林、苔藓矮曲林、中山草甸依次更替，山里还会见到野猪、黑麂、黑熊和毒蛇，不时会从林内惊出一群白鹇，大白鹇带着雏鸟往安全的地方飞去。而在华南的一些台地和丘陵，因为人工种植了一片片桉树林，时间一久，林下地面板结，林中的生物多样性急剧降低，流域中农田的水位也随之下降。

当你有机会来到非洲荒漠时，说不定会遭遇一场惊心动魄的无蜇蜂群之间捍卫家园的战斗。战斗很有绅士风度，战斗宣布开始后，从每天早晨6点多开始双方蜂群两两对峙，从3m高的空中相顶，顶到地面，再飞到空中继续战斗，每天相持约3h，如此连续战斗半个月，直到某方服输为止。而有一种鸟为了找到心爱的雌鸟，必须连续多日炫耀其高超的跳舞技能，甚至有“兄弟”陪衬一起表演，待来年“兄弟”要“相亲”时，它再“回报”。

2011年（尤其是2013年）起，雾霾成为我国许多大城市甚至是大区域城市生态系统中人类健康的威胁，人们在享受交通便利、室温调节、高楼大厦的同时，无形中给自己和他人种下了祸害之因，还有一些未经科学规划的水利工程、交通工程在给人们提供便利之时，也可能在不远的将来或已经开始报复人类。

为什么大榕树能长在南方而不能长在北方？为什么红树林能适应潮涨潮落的海岸潮间带？为什么武夷山国家公园的生物多样性如此丰富？为什么有些桉树林下寸草不生？为什么香山的黄栌叶在秋天变色？如何解释无蜇蜂等动物的行为？雾霾何日能成为历史？如何进行生态文明建设？这许多问题都可以通过生态学的学习加以了解。

如何在全国或地方优化生态安全格局？如何转变人们依赖农药的思维？如何打造生态社区？如何认识到天然森林与“大地之肾”这无价之宝的价值？这些问题总萦绕在编者心头。编者希望人们在获取物质财富的同时，能够更注重人与自然和谐共处的传统文化与人生哲理的财富，注重清新的空气、丰富多彩的生物多样性等无价之宝。

二、生态学的概念

“Ecology”（生态学）一词源于希腊文（*oikos logos*），*oikos*表示住所和栖息地，*logos*表示学科，原意是研究生物栖息环境的科学。生态学可理解为有关生物管理的科学或创造一个美好家园的理念。

1866年，海克尔（Haeckel）首次给出了生态学的定义：生态学是研究有机体与其周围环境——包括非生物环境和生物环境相互作用（交互作用）的科学。生态学概念提出以来，其他生态学家也尝试给生态学做更为准确的定义。

奥德姆（Odum）（1953）提出生态学是研究生态系统结构和功能的科学。他编写的《生态学基础》于1957年出版，该书以生态系统为中心，对大学生态学研究思维和教学理念有很大的影响，1977年他获得泰勒环境奖（美国生态学最高荣誉），1988年获得克拉夫奖（生态学国际奖项）。

马世骏和李松华（1987）认为，生态学是研究生命系统和环境系统相互作用、相互关系的科学。在自然界中，生物个体、群体、群落都可以看作生命系统，这些生命系统周边的能源、温度、土壤等共同构成了环境系统。

三、生态学的研究对象

生态学是以种群、群落和生态系统为研究中心的宏观生物学。

经典生态学研究的最低层次是有机体（个体），侧重于个体如何从环境中获得资源，以及资源在维持、生殖、修复、保卫等方面的分配等进化和适应对策的研究。

图0-3　青海省果洛藏族自治州的白唇鹿种群

种群是栖息在某一地域中的同种个体组成的群体（图0-3），在群体水平上形成了一系列新的群体特征，这是个体层次上所没有的。种群生态学在20世纪60年代以前是动物生态学研究的主流。

群落是栖息在同一地域中的动物、植物和微生物的复合体。当群落由种群组成新的层次结构时，产生了一系列新的群体特征，如群落的外貌、结构、动态、多样性、稳定性等。群落生态学是20世纪60年代以前植物生态学研究的主流。

生态系统是在同一地域中的生物群落和非生物环境的复合体，20世纪60年代以后，由于世界人口、环境、资源等威胁人类生存的挑战问题凸显，生态系统研究与管理成为生态学研究的主流。

生物圈是指地球上的全部生物和一切适合于生物栖息的场所，它包括岩石圈的上层、水圈的全部和大气圈的下层。随着全球性环境问题日益突出，如气候变化、酸雨、臭氧洞、荒漠化、生物多样性减少，全球生态学应运而生，并成为民众普遍关注的领域。

生态学研究的重点在于生态系统和生物圈中各组成成分之间，尤其是生物与环境、生物与生物之间的相互作用。

四、生态学的基本原理

在生态学的学习过程中，个体、种群、群落、生态系统、景观以至地球各个层次都遵循一些基本的原理，这些原理散见于以往的生态学著作的一些章节中，不利于初学者对生态学的把握，在这里，我们经过整理和归纳，形成以下10条基本原理，希望能对生态学的学习有所帮助。

（1）系统性原理。生态学中不同层次的研究对象都是生命系统，都具有系统的特征，每一个层次的系统都可以分为不同的子系统来加以研究或理解。例如，在生态系统层次，生命系统可以分为生产者、消费者和分解者等子系统，环境系统则可以分为能源、气候、土壤等子系统。

（2）稳定性原理。在一定程度上，每一个层次的生命系统都有趋于稳定的特性，可以用相应指标来衡量其稳定性。例如，在群落层次，稳定的群落内物种多样性丰富，群落小气候稳定，群落的自我调节能力强。

（3）多样性原理。生命系统的每一个层次都是丰富多彩、参差多态的，这就意味着存在多样性。例如，地球上有多种多样的景观、生物群落等，一个种群的各个个体也都是不一样的，一个个体的不同构件或不同细胞、组织也都不完全一样，多样性的生命系统是人类生存的基础。多样性程度的高低可以用多样性指数等来衡量。

（4）耐受性原理。个体以至地球都具有耐受性，在耐受范围内的最适和较适区域栖息，超过其耐受范围，系统都将崩溃。例如，现在很多河道，由于上游过度蓄水而致干涸，鱼虾无法耐受无水生境，许多河流变成几乎无生命之河。

（5）动态性原理。变化是永恒的，任何生命系统都有从开始到顶峰到消亡的一个过程，在个体表现为生老病死，在种群表现为不同的增长、波动与崩溃过程，群落也有它的形成和发展过程。例如，一片裸地，最初没有植物生长，经过植物繁殖体的迁移、定居和团聚等而逐步发展成为一个植物群落（图0-4）。

（6）反馈原理。各级生命系统与其周边的生命系统或环境系统是密切相关、协同变化的，都存在作用与反作用，并引起自身的正向或反向的变化。例如，在草原上过度放牧将导致草场的退化，草场的退化反过来作用于载畜量。

图0-4　处于原生演替的地衣阶段的崖壁（左）和到达原生演替的草本植物群落阶段（右）

（7）弹性原理。弹性原理也称为中度干扰原理，与稳定性原理、耐受性原理接近，表示外界中度的干扰，可以刺激生态系统的应急机制，在个体水平为锻炼，在种群水平为生态对策，在群落水平表现为生物多样性的增加。而当干扰过于强烈时，系统将因无法恢复而崩溃。

（8）滞后性原理。生态学中的许多变化过程不一定都会马上表现出来，而是在一段时间的“时滞”之后表现出来。例如，大部分生物种群的增长，受到生育年龄的影响，一头蝗虫或蟑螂经过生育可能增长为几十、几百头，一株杂草在开花、结果以后可能增长为几千、几万株杂草。在个别保护区灭鼠，经过若干年后，很可能换来的是该生态系统中由鼠到蛇到金雕（*Aquila chrysaetos*）等形成的生态金字塔的垮塌。又如，各种农药（如蟑螂药、灭鼠药等）的施放，在经过若干年后，换来的可能是许多动物物种的灭绝甚至是更严重的后果。

（9）转换性原理。一些生态学的对象看似消失，实际却不知不觉地进行了转换。例如，森林被砍伐而消失以后，其影响表现在生物多样性的减少、水土流失、区域气候的变化等方面。

（10）尺度原理。同一类的生态系统可能有着悬殊的大小差别，如巨杉高达100m，而其脚下的其他植物则可以忽略不计。因此，理解地球必须放眼全球，理解热带雨林应该在100m的尺度，而理解草甸可以在10m的尺度，理解地衣群落可以在0.1m的尺度。各级生态系统可能相套，如在一个森林群落中，还套着许多小的蚂蚁群落等；某个动物是个体，而在其体内却有杆菌群落等。

五、生态学的使命

生态学是一门独立的自然学科，有自己的理论和方法、任务和目的。其中心任务就是研究生物与环境之间相互关系的规律：一是生物个体与环境之间的生态关系；二是种群的数量、格局及其进化规律；三是生物群落与环境的生态关系；四是生态系统的结构与功能及其健康与管理；五是人类扰动情况下，景观的变化规律；六是地球系统各组分之间的关系等。

当今世界，人口增加、环境污染、自然资源枯竭等问题日益严重。为了拯救资源，应合理开发利用；为了治理污染，应注意保护环境。生态学的使命就是利用生态学原理揭示生物和环境之间正常或失常的关系。因此，1971年联合国教育、科学及文化组织（简称联合国教科文组织）成立了“人与生物圈”协作研究机构，提出了宏大的国际科研协作计划，通过自然科学和社会科学的结合，基础理论和应用技术的结合，对生物圈及各子系统进行系统研究，为合理利用和保护生物多样性，改善人类与环境的关系提供科学依据。20世纪90年代以来生态系统管理思想与方法已逐步形成，为我们认识自然、按自然规律实现可持续发展提供了新的思路。党的十八大以来，生态文明建设已经纳入“五位一体”的中国特色社会主义事业总体布局，生态文明建设的战略地位已经非常明确。党的二十大报告在充分肯定过去五年和新时代十年我国生态文明建设成就的基础上，再次明确了美丽中国建设“两步走”战略。

由于本书作为素质教育的教材，主要面向高校文科、理科、工科等各专业的学生，因此在内容取舍、重点等方面与生物学和生态学专业的教材稍有不同。在本书中，字里行间都希望能融入一种生态意识、生态责任，希望所有读者在读后都能从不同的角度，在各自的行业关心全球环境、关心人类的环境、关心生态系统的健康、关心我们共同的家园。

自20世纪70年代以来，由于人口增长，环境压力加大，国内外已出台许多与野生动植物贸易、生物多样性保护、环境保护、森林保护、湿地保护、河流保护等相关的条约和法律法规。环境与资源保护法方向的读者不仅应了解相关的法律法规，还要了解为什么许多物种濒临灭绝？有哪些物种濒临灭绝？某地因招商引资而引进了重污染企业后，引起了相关的诉讼，应该如何处理？某装修市场销售了污染环境的装修材料，影响了消费者的健康，应该如何维护消费者的权益？重金属污染了农田，应该如何维护农民的权益？如何保障广大粮食消费者的食物需求？许多迁徙鸟类途经鄱阳湖、洞庭湖、罗霄山脉、天津沿海或广东沿海等地时，被不法分子毒杀、射杀或网捕，作为关心大自然的使者，如何通过公益诉求来阻止上述行为？

20世纪90年代以来，我国的生态示范区、生态农业县、生态文明建设先行区等如雨后春笋般涌现，有机食品、绿色食品、安全食品等与生态相关的概念与内涵有何区别？相关行业的政策制定者应该对生态农业、有机农业、生态规划等方面加以了解。

可能你是旅游专业的学生，毕业后将为某地做生态旅游规划，可曾考虑过如何在发展旅游经济的同时更好地保护当地的生态旅游资源；可能你正在进出口贸易部门工作，可曾想过包装箱的木材中可能有一种肉眼几乎看不见的线虫，足以让大江南北的松林毁于一旦；可能一些人很喜欢野味，但可曾想过许多从山区捕来的野生动物，其体内的寄生虫或病毒可能带来意想不到的疾病……

当高高的烟囱向天空排放着烟尘，当大面积热带雨林遭受砍伐，与此相关的每一个人都在不知不觉中“破坏”着我们的地球，而我们每一个人都有义务减少对生态的破坏、更好地保护我们赖以生存的地球。

第一章　生物与环境

学习目的

通过本章学习，能够区别微环境、生境和大环境等对生物的影响，并了解以下知识点：生态因子的类型；最小因子定律和耐受定律；光因子、温度因子、水的变化规律；生态因子对生物的影响规律；土壤理化性质及其对生物的作用；生物对环境的适应。

第一节　环境与生态因子

微课堂

一、环境

生物是随着地球环境的演化而发生、发展的，是地球环境演化的产物。一切生物都离不开环境，生物必须从环境中获取各种生活必需的能量与物质，并且受各种各样外界环境因素的影响。因此，生物要适应环境才能生存，生物的起源、演化、形成、生存和发展都与环境的演化密切相关。生态学就是研究生物与环境之间相互作用规律的科学，因此，首先应对环境有一个基本认识。

不同学科对环境（environment）有着不同的理解和认识。气象学认为，环境只是大气圈。环境科学和人类生态学认为环境则是指人类环境，即人类赖以生存、从事生产和生活的外界条件。生态学的环境是指生物个体或群体周围一切事物的总和，它包括空间及其中直接或间接影响该生物个体或群体生活和发展的各种因素。

由于环境是对应特定主体而言的，而特定主体有巨细之分，因此，环境也有大小之别。大到整个宇宙，小到基本粒子，都有其存在的一定环境。对地球上的所有动植物而言，整个地球表面就是它们生存和发展的环境。而对于某一生物个体来说，其环境是指所在栖息地中对该个体发生影响的全部无机因素和有机因素的总和。根据环境范围的大小或尺度，生物环境一般可区分为微环境（microenvironment）、生境（habitat）和大环境（macroenvironment）。微环境是指个体器官尺度的环境，如芽周边的温度、生长点周边的温度。生境是指具体的生物个体和群体生活地段上的生态环境，即生物生活的具体场所。生境和微环境是指小范围内的特定栖息地，生境和微环境中的气象条件称为小气候或生物气候，即生物栖息地的气候，这种气候由于受局部地形、植被和土壤类型的影响而与大气候（macroclimate）有着极大的差别。大环境是指区域环境、全球环境（global environment）和宇宙环境。大环境的气象条件称为大气候，是指离地面1.5m以上的平均气象条件，包括温度、降水、相对湿度、日照等，基本上不受局部地形、植被、土壤的影响，而受大气环流、地理纬度、离海远近等大范围因素的影响，如武夷山国家公园的生物主要受大气环流、温度、湿度等的影响（图1-1）。

在分析影响生物生存的非生物因素时，人们往往只考虑到属于较大地理范围内的非生物因

图1-1 武夷山国家公园的山地地貌（黄海供图）

素。根据一系列的物理化学特性（土壤类型、地质形成、气候等），可以把地理区域划分为不同的类型，根据这些区域生存的物种及其组成，人们可以得出一般的生态学结论。另外，人们还可以根据一定的生物类型组合或生物群落（biocommunity）特性来认识一般的气候区域。例如，热带、温带或冻原生物群落带把那些相似的非生物环境连接成更大的区域，各个大区域因此具有相似的生态结构。然而，上述的结论只是最普遍的共性，因为生物更主要的是受其周围环境的影响，生境和微环境由于受局部地形、植被和土壤类型的影响而与大环境有着极大的差别；而且，生物还不断地影响和改变着其周围的生境和微环境。

经典生态学研究重视生物的微环境和生境。即使在同一地区、同一季节和同一天气类型，由于生境和微环境的不同，生物实际上相当于生活在完全不同的气候条件下。例如，在喀斯特地貌，不同坡面、峰顶、谷底或溶洞中，生境都不一样（图1-2）。在严寒季节即使雪被上的温度是－70～－60℃，雪被下土壤表层的温度仍然可以维持在10～20℃，雪上生活的动物忍受着低温，而雪下生活的动物，如普通田鼠（*Microtus arvalis*）等啮齿类动物，实际上是生活在类似于南方的气候中，这些啮齿类动物的毛皮较薄，并没有很好地对极端寒冷环境产生适应，只是因为有了适宜的雪下微环境，它们才能在冬季寒冷的地区生存下来。植物个体表面不同部位也存在不同的微环境。植物根系接触的是土壤微环境，叶片表面接触的则是气体微环境，不同的微环境存在着不同的局部温度等条件。

随着全球环境和气候变化的加剧，生态学家越来越关注全球环境对生命系统的影响。但是，如何分析、预测全球环境变化对生命系统的影响？生命系统对全球环境变化将产生什么响应？这些问题都有待深入研究。

生物能够对周围的气候条件起一定的改造作用。各种类型的植被，如森林、草原都可以影响区域的气候条件，森林与邻近开阔地的环境明显不同。森林能够吸收大量的太阳辐射，保持水分、降低风速，因此林内温度、湿度等的变化幅度比开阔地小；森林的凋落物作为绝热层起

图1-2 广西十万大山的喀斯特地貌

着防止土壤冻结的作用，有利于土壤动物和穴居动物的生存，因此，森林总是分布着更多的生物种类。在建立微环境方面，动物也起着一定的作用。穴居动物挖掘洞穴，既为自己，也无意中为其他动物、植物、微生物创建了特定的微环境。集群生活的动物，如蜜蜂、白蚁、蚂蚁，它们不但能建立特殊的巢穴微环境，而且有一些特定的行为，如将水运回巢穴，通过增加蒸发散热，达到降低微环境温度的目的。

二、生态因子

任何一种环境都包含着多种多样的因素。每一种因素对生物都会起着或多或少、直接或间接的作用，并且，这种作用随着时间和空间上的变化，随着所作用对象的变化而有所不同。在环境中，对生物个体或群体的生活或分布起着影响作用的因素称为环境因子（environmental factor），也称为生态因子（ecological factor）。生物生活所不可缺少的各种生态因子统称为生存条件，这些条件决定了物种的生态位。

生态因子的作用是多方面的。生态因子影响着生物的生长、发育、生殖和行为，改变生物的繁殖力和死亡率，并且引起生物迁移，最终导致种群的数量发生改变。当环境中的一些生态因子对某一种生物不适合时，这种生物的数量就很少，甚至不可能分布在该区域，因此生态因子还能够限制生物物种的分布区域。但是，生物对自然环境的反应并不是消极被动的，生物能够对自然环境产生适应。

适应（adaptation）是为了在某一环境更好地生存和繁衍，生物从形态、生理、行为等各个方面发生变化，以满足特定环境中的生态因子及其变化的需要。因此，不同生态环境将会导致生物产生不同的适应性变异，这种适应性变异可以表现在形态、生理、行为等各个方面。

三、生态因子的分类

根据生态因子的性质，通常可以将它们分为以下5类，包括自然与人为因子。

（1）气候因子。气候因子包括各种主要的气候参数，如光、温度、湿度、降水、风等，如生长在黄山一些山峰之间垭口处的黄山松受风的影响而形成旗形树（图1-3）。

图1-3　黄山山峰之间由于风的影响形成的旗形树

（2）土壤因子。土壤因子主要是指土壤的各种特性，如土壤结构、有机物质和无机物质的营养状态、酸碱度等。

（3）地形因子。地形因子包括各种地面特征，如海拔、坡度、坡向。

（4）生物因子。生物因子包括同种或异种生物之间的各种相互关系，如种群内部的社会关系、领域、社会等级等行为，以及竞争、捕食、寄生、互利共生等。

（5）人为因子。人为因子是指人类对生物和环境的各种作用。由于人类活动对各种生物的影响和对环境的改变作用越来越大，远超其他生物，有必要将人为因子划分为独特的一类。

生态因子也可以简单地分为两类，即生物因子和非生物因子。生物因子包括上述的生物因子和人为因子，而非生物因子则包括上述的气候因子、土壤因子和地形因子。

史密斯（Smith）（1935）根据生态因子作用大小与生物数量的相互关系，将生态因子分为密度制约因子和非密度制约因子。生物因子对生物的影响大小随着种群密度而改变，属于密度制约因子。例如，种群密度越高，资源就越短缺，竞争也就越激烈。非生物因子对生物的影响大小并不随着种群密度而改变，属于非密度制约因子。

除了上述的分类方法以外，还可以根据生态因子的稳定性程度将其分为以下两类。

（1）稳定因子。稳定因子包括地心引力、地磁、太阳辐射等终年恒定的因子。稳定因子的作用主要是决定生物的分布。

（2）变动因子。变动因子包括周期变动因子和非周期变动因子。周期变动因子随着地球的转动和月相的变化而产生日、月、年的周期变化，如光、温度、潮汐、大气湿度，周期变动因子主要影响生物的分布；非周期变动因子没有明显的变化规律，其影响来得突然，如降水、风、捕食等因子，生物往往来不及对它产生适应，因此影响着生物的数量。

生态因子的划分或多或少是人为的，是为了方便研究。实际上，各种生态因子的作用并不是单独的，而是相互联系、共同对生物产生影响的。

第二节　生物与环境关系的基本原理

微课堂

一、最小因子定律、耐受定律和限制因子

1840年，利比希（Liebig）对各种生态因子如何影响作物生长进行研究，发现作物的产量往往不是受那些大量的营养物质所限制（如CO_2和水，因为这些营养物质在周围环境中的贮存量很丰富），而是取决于那些在土壤中极为稀少，而且又是植物所需要的营养物质，如硼、镁、铁、磷等。因此，他得出一个结论，即“植物的生长取决于环境中那些处于最小量状态的营养物质”。这一理论称为利比希最小因子定律（Liebig’s law of the minimum）。利比希最小因子定律的内涵是当某一特定因子的存在量低于某种生物的最小需要量时便成为决定该物种生存或分布的根本因素。

利比希最小因子定律只有在其他条件基本不变的情况下才能应用，如果稳定状态受到破坏，各种营养物质的存在量或需要量都在不断变化，这时就难以确定最小因子。在应用这个定律指导实践时，还应当注意各因子的综合作用。当某一因子处于最小量时，其他处于高浓度或过量状态的因子可能起到补偿作用。利比希最小因子定律指出了因子低于最小量时将成为影响生物生存的因子。实际上因子过量时，同样也会影响生物生存。

1913年，谢尔福德（Shelford）提出了谢尔福德耐受性定律（Shelford’s law of tolerance），即任何一个生态因子在数量上或质量上的不足或过多，即当其接近或达到某种生物的耐受限度时，都会影响该种生物的生存和分布。每一种生物对任何一种生态因子都有一个能够耐受的范围，即有一个最低点（耐受下限）和一个最高点（耐受上限）；最低点和最高点之间的耐受范围，就称为该种生物的生态幅（ecological amplitude）；在耐受范围中包含着一个最适区，在最适区内，该物种具有最佳的生理或繁殖状态。麦肯齐（Mackenzie）等曾用钟形曲线表示谢尔福德耐受性定律（图1-4）。

不同生物物种对各种生态因子的耐受范围不一样，而同一种生物对不同生态因子的耐受范围也可能存在着差异。例如，一种生物对温度的耐受范围可能比另一种生物广；又如，某一种生物可能有较广的温度耐受范围，但具有较狭窄的pH耐受范围。生态学有一系列的术语用于描述生物对生态因子的耐受范围，这些术语列于表1-1。

谢尔福德指出，处于繁殖期的个体、种子、卵或胚胎的耐受范围比非繁殖期的个体或成年个体狭窄。谢尔福德耐受性定律也表明，那些对生态因子具有较大耐受范围的种类，分布就比较广泛，这些种类就是所谓的广适性生物，反之，则称为狭适性生物。此外，谢尔福德还发现，由于种间竞争，动物和植物常常分布在那些它们能够最有效地竞争的栖息地内，而未必在最适分布地。例如，许多沙漠植物在潮湿环境能够长得更好，它们生活在沙漠里，一个原因是在沙漠环境内能够更有效地与其他物种竞争，另一个原因是环境在不断变化，物种要生存在最适环境就必须不断移动其分布地点。

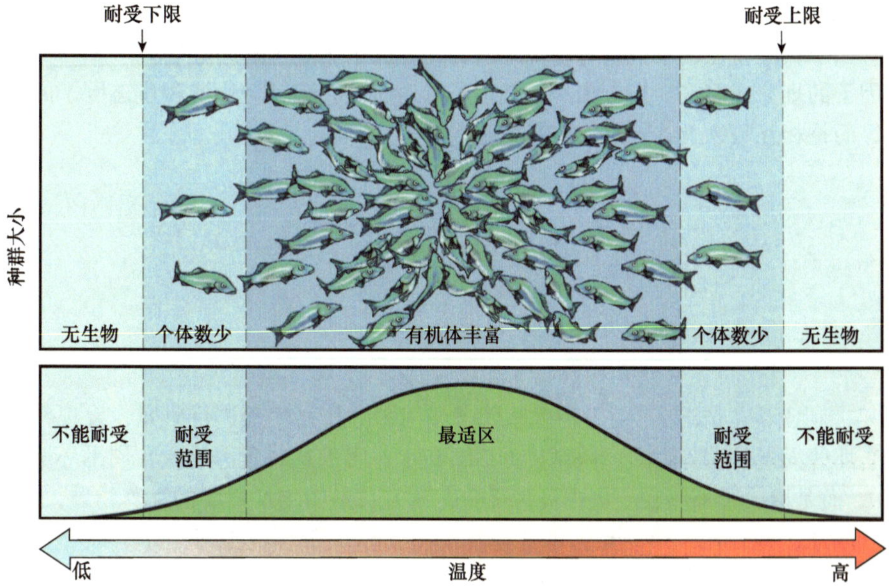

图1-4 谢尔福德耐受性定律图解（仿Mackenzie et al.，1999）

表1-1 表示生态因子耐受范围的常用术语

生态因子	狭耐受范围	广耐受范围
温度（temperature）	狭温的（stenothermal）	广温的（eurythermal）
水（water）	狭水的（stenohydric）	广水的（euryhydric）
盐度（salinity）	狭盐的（stenohaline）	广盐的（euryhaline）
食物（food）	狭食的（stenophagic）	广食的（euryphagic）
土壤（soil）	狭土的（stenoedaphic）	广土的（euryedaphic）
栖息地（habitat）	狭栖的（stenohabitat）	广栖的（euryhabitat）
光（light）	狭光的（stenophotic）	广光的（euryphotic）

目前，生态学家结合利比希最小因子定律和谢尔福德耐受性定律，提出了另一个更综合的生态学概念——限制因子（limiting factor）。限制因子的定义是当生态因子（一个或相关的几个）接近或超过某种生物的耐受极限而阻止其生存、生长、繁殖、扩散或分布时，这些因子就称为限制因子。在自然界中，生物不仅受制于最小量需要物质的供给，而且也受制于其他的临界生态因子。

二、生态因子的相互关系

任何一种自然环境中，都包含着许多种生态因子。各种生态因子的作用并不是单独发生的，而是相互关联、相互影响的。因此，在进行生态因子分析时，不能只片面地注意某个单一生态因子，而忽略了其他生态因子。

在一定条件下，由于生态因子的重要性不同，具有主次之分，即非等价性。根据生态因子的相对重要性可以将它们分为主要生态因子和次要生态因子。

另外，随着时间、地点等各种条件的变化，生态因子的重要性及其作用方式也可能发生相应的改变。例如，鸡蛋在孵化期间，环境中的温度、湿度、氧气等生态因子都对其胚胎发育起着影响作用，其中，温度和湿度起着决定性的作用，是主要生态因子；但是，到了胚胎破壳的时候，充足的氧气就特别重要，因为此时胚胎的呼吸已经由胚膜呼吸转变为肺呼吸。

在自然环境中，各种生态因子的作用存在着明显的相互影响。多种生态因子的相互影响，使得生物对它们的耐受范围不同于单一生态因子。生态因子的相互影响可以发生在非生物因子之间。例如，当土壤中氮养分不足时，草本植物对干旱的抗性就会降低。又如，恒温动物对高温的耐受范围受大气湿度的影响。大气湿度适当地降低有利于蒸发散热，在这种条件下，恒温动物的耐热能力较强；相反，大气湿度太高则耐热能力较低。由于各种生态因子的作用之间存在着明显的相互影响，因此在人工环境条件下仅对单一生态因子进行实验室研究的意义是有限的。

三、生命系统的稳态特性

生态学是研究个体、种群或生物群落与其环境之间相互作用规律及其机制的宏观生物学。按贝塔朗菲（Bertalanffy）在1969年提出的一般系统论，生态学的研究对象可以是个体系统、种群系统和生态系统。那么，什么是系统呢？系统是由相互作用和相互依赖的若干组成部分结合而成的具有特定功能的有机整体，而这个系统本身又是它所从属的一个更大系统的组成部分。要成为一个系统必须具有3个条件：①具有组成系统的若干组成部分；②各个组成部分之间通过相互制约和相互作用，形成一个统一的、有机的整体；③具有特定的功能。

系统的非分解性是系统论的精髓，即“整体不等于各个孤立的局部之和”。相互作用、相互依赖的诸要素，只要构成了超越各个要素之上的系统，必定会产生一个新质。这个新质，就是系统的本质。从个体到种群，从种群到群落和生态系统，一旦上升到高一级的层次，就会产生低层次所没有的新质，达到质的飞跃。例如，个体有幼年到老年、生和死的特性，到种群层次，则有数量变动、出生率、死亡率、自然增长率等新质，因此，群体并不等于个体的简单相加，在形成群体后产生了新质。同样，群落层次则有物种多样性、群落演替等新质。对种群、群落和生态系统的新质进行深入研究，是生态学分支学科种群生态学、群落生态学和生态系统生态学的重要内容之一。

系统可以分为两种基本类型：封闭系统和开放系统。开放系统与外界之间存在着能量或物质交换，而封闭系统相反（图1-5）。开放系统的能量或物质的获得称为输入，而开放系统的能量或物质的丧失称为输出。系统内部的能量或物质的交换则称为流通，所有的自然生态系统都

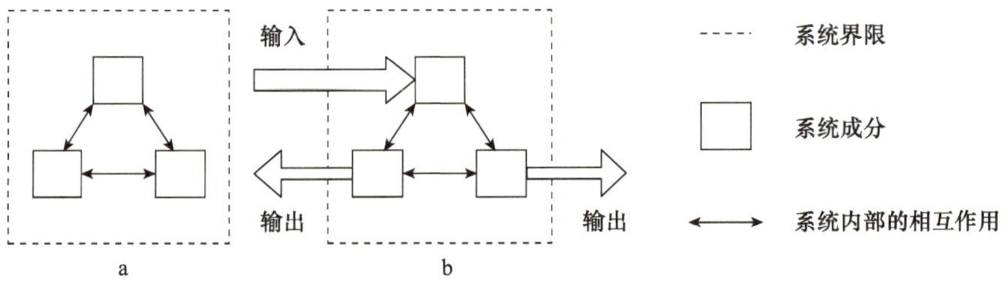

图1-5 系统的两种类型

a. 封闭系统；b. 开放系统

属于开放系统，生命系统也不例外。

稳态（homeostasis）是指生命系统通过内在的调节机制，各组成成分和谐共处，从而使相对的平衡条件得以保持的特征，是生命系统的重要特性。当能量和物质的输入和流通发生变化时，生命系统各组成成分对相应的变化进行自我调整，使系统产生内在的调节，从而保证了系统的平衡。例如，某一栖息地中的动物数量取决于该栖息地的食物蕴藏量，因此动物数量和食物蕴藏量这两个系统组成成分是处于平衡的。如果由于某些原因，如降水量的减少导致该动物所需食物的蕴藏量减少，这些食物只能养活少量的动物，那么这两个组成成分就不再是平衡的。此时，由于饥饿死亡或迁出，该动物的数量就会不断地减少，直至调整到新的食物蕴藏量所能养活的数量为止，由此，新的平衡又重新得以建立。

在稳态的获得和保持过程中，负反馈（negative feedback）是共同的，也是基本的机制。所谓反馈（feedback），是指系统当中的某一成分变化引起其他成分发生一系列的变化，而后者的变化最终又反过来影响首先变化的成分。各种类型的系统都有反馈现象。如果反馈的作用能够抑制或减少最早发生变化的成分的改变，那么，这种反馈就称为负反馈；反之，如果反馈的作用能够加剧或增加最早发生变化的成分的改变，则称为正反馈（positive feedback）。负反馈抑制变化，因此，能够维持系统的稳态；相反，正反馈加剧变化，因此，使系统更加偏离稳态。例如，由于邻近地区食草动物的迁入，某一草地上的食草动物种群数量将增加，系统中食草动物这一组成成分发生变化。如果动物的数量大量增加，草地载畜量过大，那么，系统的另一个组成成分，即草地成分也就会发生变化，即草地食物的供给量发生减少。草地食物供给量减少的最终效应是限制该地方的食草动物数量，因此减少食草动物组成成分的增加率，产生负反馈作用。

和负反馈相比，自然系统较少发生正反馈现象，但也有个别的实例。例如，湖泊、河流受污染时，污染物会导致一些鱼类死亡，使得鱼类种群这一系统成分减少，鱼类尸体的腐败将会加剧污染，并且引起更多鱼类的死亡。因此，鱼类死亡率将升高，属于正反馈作用。自然系统发生正反馈现象一般都是短暂的，具有很大的破坏作用。在长时间范围内，负反馈和自我调节占有更大的优势。

稳态一词更经常用来反映生物个体，即个体系统内部环境的平衡，如体温、血糖、血氧、体液等，它使动物能够相对地独立于环境，扩大对生态因子的耐受范围，从而开发更多的潜在栖息地。例如，哺乳类具有许多种温度调节机制以维持体温的平衡，当环境温度在−20～40℃变化时，它们的体温仍可维持在正常值37℃左右，偏离不超过5℃。哺乳类作为恒温动物，能够在很大的温度范围内保持活跃状态。而变温动物，如蜥蜴类，则只能够在25～35℃保持活跃状态，因为蜥蜴类只有几种原始的生理调节方式与行为调节方式，如通过晒太阳来改变体温。与恒温动物相比，变温动物对温度的耐受范围较窄，其地理分布和活动范围，以及在一年甚至一天当中的活动时间也就受到限制。

普特曼（Putman）和拉滕（Wratten）（1984）根据生物体的稳态程度，即生物体内部环境平衡与外部环境条件变化的关系，把生物分为稳态生物和非稳态生物。根据生物对外界环境条件的反应，可以将生物分为顺应者和调节者。顺应者缺乏完善的调节机制，内环境变异较大，并且随着外界条件的变化而相应发生改变，如变温动物。调节者则能够利用完善的调节机制保持体内环境的稳态，如恒温动物。恒温动物具有完善的调节机制来保持体内环境的稳态，因此能够相对地独立于环境，对特定生态因子的耐受范围较广，从而具有更多的潜在栖息地，有较广的地理分布范围。

四、生物对环境的适应（形态、生理、行为）

适应具有许多不同的含义，但主要是指生物对其环境压力的调整过程。首先，应当了解基因型适应和表型适应的区别。基因型适应的调整是可遗传的，因此发生在进化过程中。表型适应则发生在生物个体身上，具备非遗传的基础。例如，大树蛙在正常情况下为绿色，而在环境灰暗的情况下，会变成近黑色，其变色是因为皮肤内有蓝、绿、黑等几种色素细胞。当大树蛙看到外界环境的色彩后，眼睛产生的视觉信号会传递至大脑，大脑发出指令控制皮肤的色素细胞，从而让它们的颜色产生变化以适应环境（图1-6）。

图1-6　会变色的大树蛙

表型适应包括可逆的和不可逆的表型适应两种类型。许多动物能够通过学习以适应环境的改变。它们不但能够通过学习什么食物最有营养、什么场所是最佳的隐蔽地等，来调整对环境改变的反应，而且能够学习如何根据环境的改变来调整自己的行为。例如，云眼斑螳（*Creobroter nebulosa*）为了避免猎物发现，隐藏在色泽相似的植物枝头（图1-7），蝗虫感知到天敌，迅速飞落在同样颜色的枯枝落叶中隐蔽起来，沫蝉会躲到枝条的背面。动物能够通过对一些环境刺激反复出现"习惯化"学习，逐渐放弃那些对生存没有意义的反应，由此适应环境的多变性。

图1-7　云眼斑螳隐藏在色泽相似的植物枝头

可逆的表型适应涉及一些有助于生物适应当地环境的生理过程。这些生理过程既有气候驯化的缓慢过程，也有维持稳态的快速生理调节。所谓气候驯化是指在自然条件下，生物对多个生态因子长期适应以后，其耐受范围发生可逆的改变。大多数动物都能够通过快速的生理应答（如哺乳类的流汗），或通过行为应答（如寻找合适的阴凉处）来适应环境温度的改变。如果环境改变的持续时间较长，就会发生缓慢的驯化适应。例如，一个人从寒冷的地块进入炎热的地块，刚开始时会流汗降低体温，随后逐渐地就会被新环境所驯化，不再觉得炎热，产生了适应。

适应也可以是指感觉器官对它们所感觉到的环境刺激改变的调整，这种适应称为感觉适应。例如，当我们进入灯光非常明亮的房间时，开始会觉得很明亮，但几分钟以后似乎就感觉不明亮了。因为这时候，我们的眼睛已经适应亮度的改变。感觉适应可以发生在各种不同类型的感官当中。就亮光而言，适应是通过收缩瞳孔，减少进入眼睛的光量，另外，眼睛内部也会发生光化学改变。

总之，适应包括：①进化适应，物种通过漫长的过程，调整遗传成分以适合于改变的环境条件；②生理适应，生物个体通过生理过程的调整以适合于气候条件、食物质量等环境条件的改变；③感觉适应；④通过学习的适应，动物通过学习以适应多种多样的环境改变。

适应可以使生物对生态因子的耐受范围发生改变。自然环境的多种生态因子是相互联系、相互影响的。因此，生物对其特定生活环境的一组生态因子的适应也存在着关联性，这一组相互关联的适应就称为适应组合。

野骆驼的适应组合

野骆驼（*Camelus ferus*）是对沙漠环境进行适应组合的最好例子。和其他沙漠动物一样，野骆驼能够高度浓缩尿液、干燥粪便以减少水分丧失，还能够在清晨取食含有露水的植物嫩叶或取食多汁植物以获得更多的水分。野骆驼耐受沙漠条件的能力表现在能够耐受脱水和外界较大的昼夜温差。

野骆驼在夏季的沙漠中能够耐受使体重减少25%～30%的脱水。其他哺乳动物，如犬和大鼠，在温和条件下，当脱水程度达到体重减轻12%～14%时就会死亡。动物体内的血浆容积一旦下降，会使心血管系统发生严重障碍，从而使体液向体表传导热量的速度减缓，因此，高温条件下会引起生命危险。而野骆驼脱水时，其血浆容积的减少比其他动物小。野骆驼能耐受外界较大的昼夜温差，起着贮热库的作用，可以限制蒸发失水。哈迪（Hardy）（1979）研究表明，在缺水条件下，野骆驼白天最高体温可达40℃以上，夜晚体温可降至约34℃，存在着约6℃的昼夜温差（图1-8）。野骆驼耐受较大的昼夜温差可减少失水。因为白天的环境温度较高，如果野骆驼要保持体温恒定，一定要靠蒸发水分才能把热量散发掉。野骆驼白天让体温增高，贮存热量，意味着减少了蒸发失水。例如，500kg的野骆驼比热容为3.35J/（g·℃），体温升高6℃，就意味着可以贮存大约10 000kJ的热量。若要蒸发和散发这些热量，需要消耗多于4L的水。夜晚环境温度较低，野骆驼可以通过传导和辐射散发体热，以代替蒸发。让体温在白天上升的附带利益是降低了热量从环境向野骆驼传导的梯度。

应当强调的是，无论生物以哪种适应方式来调整、扩大它们对生态因子的耐受范围，或者生存在更多的复杂环境中，都不能逃脱生态因子的限制。耐受极限只能改变而不能去除，因此，生物的生理状态和分布，会由于它们对特定生态因子耐受范围的有限性而受到限制。生物对特定生态因子的耐受范围由该生物的遗传结构所决定，因此，是生物的物种特性。例如，厩螫蝇（*Stomoxys calcitrans*）对温度的耐受范围是14～32℃，家蝇（*Musca domestica*）对温度的耐受范围则是20～40℃。

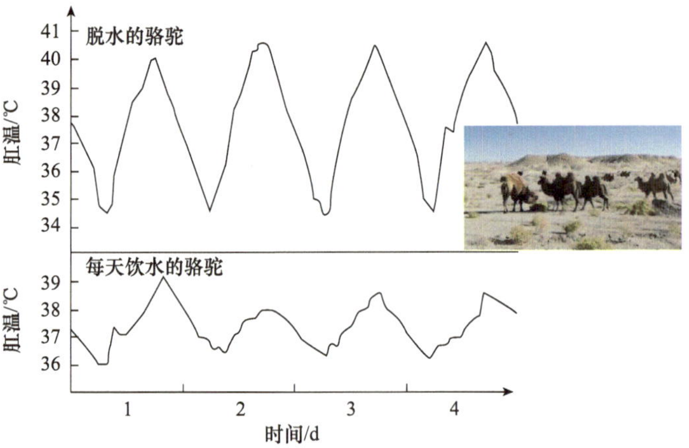

图1-8　野骆驼在脱水与每天饮水情况下的肛温变化（仿Hardy，1979）

第三节　生物与光的关系

微课堂

生态因子有许多，如光、热、水、土、气、风、生物等。光因子是基础生态因子之一，是植物生活必不可少的一种环境条件。

一、光的性质

光是由波长范围很广的电磁波组成的，主要波长为150～4000nm，其中可见光的波长为380～760nm，可见光又可分为红、橙、黄、绿、青、蓝、紫7种颜色的光。波长小于380nm的是紫外线（紫外辐射），大于760nm的是红外线（红外辐射），紫外线和红外线都是不可见光。在全部太阳辐射中，红外线占50%～60%，紫外线约占1%，其余的是可见光。由于波长越长，增热效应越大，所以红外线可以产生大量的热，地表热量基本上是由红外线产生的。紫外线对人和其他动物有杀伤和致癌作用，但在穿过大气层时，波长短于290nm的部分被臭氧层中的臭氧吸收，只有波长为290～380nm的紫外线才能到达地球表面。在高山和高原地区，紫外线的作用比较强烈。就目前所知，只有可见光才能够被植物所利用并转化为化学能。道本迈尔（Daubenmire）在《植物与环境》中述及：植物的叶绿素是绿色的，主要吸收红光和蓝光，所以，在可见光中，波长为620～760nm的红光和波长为435～490nm的蓝光对光合作用最为重要（图1-9）。

二、光质的变化及其对生物的影响

光质（光谱成分）在空间上发生变化的一般规律是短波光随纬度升高而减少，随海拔升高而增加。在时间变化上，冬季长波光增多，夏季短波光增多；一天之内中午短波光较多，早晚长波光较多。不同波长的光对生物有不同的作用，植物叶片对太阳辐射的吸收、反射和透射的程度直接与波长有关。

当太阳辐射穿透森林生态系统时，大部分能量被树冠层截留，到达地被层的太阳辐射不仅

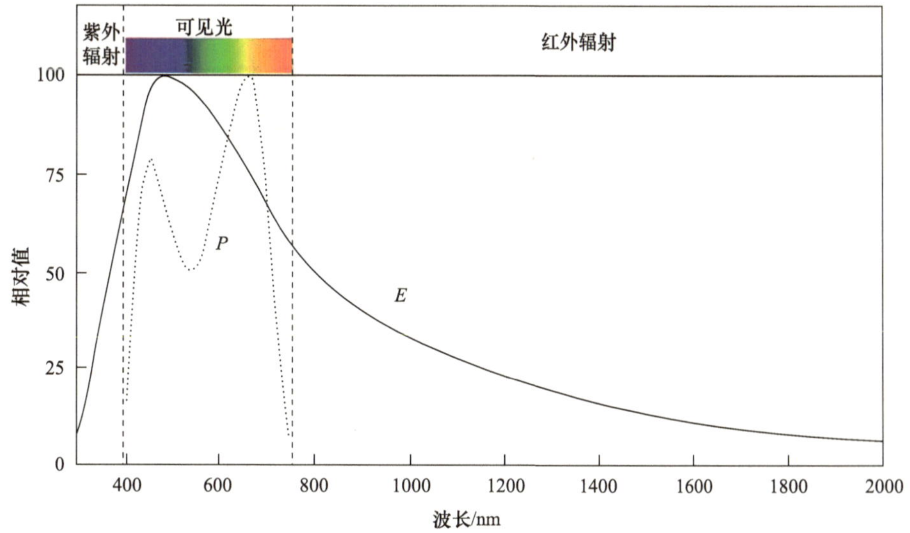

图1-9 地球表面光质（*E*）组成及小麦（*Triticum aestivum*）的生理有效辐射（*P*）（仿Daubenmire，1947）

强度大大减弱，而且红光和蓝光也所剩不多，所以生活在地被层的植物必须对低辐射能环境有较好的适应（图1-10）。

图1-10 太阳辐射进入森林后强度大大减弱、地被层植物能够适应低辐射能环境

光以同样的强度照射到水体表面和陆地表面。在水体中，水对光有很强的吸收和散射作用，这种情况限制了水体透光带的深度。在纯海水中，10m深处的光强度只有海洋表面光强度的50%，而在100m深处，光强度则衰减到只及海洋表面光强度的7%（均指可见光部分）。更值得注意的是，不同波长的光被海水吸收的程度是不一样的。红外线仅在几米深处就会被完全吸收，而紫光和蓝光等短波光则很容易被水分子散射，也不能射入很深的海水中，结果在较深的海水中只有绿光占较大优势。植物的光合作用色素对光谱的这种变化具有明显的适应性。分布在海水表层的植物，如石莼（*Ulva*）所含有的色素与陆生植物所含有的色素很相似，主要是吸收蓝光、红光，但是，分布在深水中的紫菜（*Porphyra*），则能通过另一些色素有效地利用绿光。

能够穿过大气层到达地球表面的紫外线虽然很少，但在高山地带，紫外线的生态作用很明显。由于紫外线抑制了植物茎的伸长，很多高山植物具有特殊的莲座状叶丛。强烈的紫外线不利于植物克服高山障碍进行散布，因此，紫外线是决定很多植物垂直分布上限的因素之一。

色觉在不同动物类群中的分布也很有趣。在节肢动物、鱼类、鸟类和哺乳动物中，有些种类的色觉很发达，有些种类则完全没有色觉。在哺乳动物中，只有灵长类才具有发达的色觉。

三、光照强度的变化及其对生物的影响

（一）光照强度的变化

太阳产生的能量以电磁波的形式向周围辐射。太阳和地球的平均距离为1.496×10^8km，电磁波到达地球大约需要8min，在太阳直射地球且地球的大气层不起作用的情况下，地球表面所获得的太阳能为8.12J/（cm^2·min），称为太阳常数。

由于大气层对太阳辐射的吸收、反射和散射作用，到达地表时，辐射强度已大大减弱，平均只有47%左右。辐射强度也称为光照强度，在赤道地区最强，如在低纬度的热带荒漠地区，年光照强度在$8.38\times10^5J/cm^2$以上；随着纬度的增加会逐渐减弱，到高纬度的北极地区，年光照强度不会超过$2.93\times10^5J/cm^2$。我国华南地区年光照强度大约是$5.02\times10^5J/cm^2$。由于热带亚热带地区光照强度大，森林群落中的常绿阔叶林的壳斗科、樟科、木兰科、山茶科、冬青科、蕈树科等的建群种能够反射掉部分光线（图1-11）。

图1-11　热带亚热带地区森林中壳斗科等优势树种能够反射掉部分光线

随着海拔升高，光照强度则增强。例如，在海拔1000m可获得全部入射太阳辐射的70%，而在海拔0m的海平面却只能获得50%。

坡向和坡度对光照强度也有很大影响。在北半球的温带地区，山的南坡所接受的光照比平地多，而平地所接受的光照又比北坡多。随着纬度的增加，在南坡上获得最大年光照强度的坡度也随之增大，但在北坡，无论纬度高低，都是坡度越小，光照强度越大。在纬度跨度不大的

情况下，高纬度的南坡比低纬度的北坡得到的太阳能更多，因此江西、浙江一带的喜热作物可以移栽到安徽、江苏、山东一带的南坡种植。

在一年中，夏季光照强度最大，冬季最小。在一天内，中午的光照强度最大，早晚的光照强度较小。分布在不同地区的生物长期生活在具有一定光照条件的环境中，久而久之就会形成各自独特的生态学特性和发育特点，并对光照条件产生特定的要求。

光照强度在森林群落内部也有变化。一般来说，光照强度在森林内会自上而下逐渐减弱，由于冠层吸收了大量太阳能，限制了下层植物对太阳能的利用，所以一个生态系统的垂直分层现象既取决于群落本身，也取决于所接受的太阳能总量。照射到林冠叶面上的光，能被植物吸收75%～80%，叶面反射10%～23%，穿过林冠透射下来的光约2%，很少超过10%。反射和透射的能力，因植被的类型，叶的厚薄、构造和颜色的深浅（含叶绿素的多少），以及光质的不同而异（图1-12）。

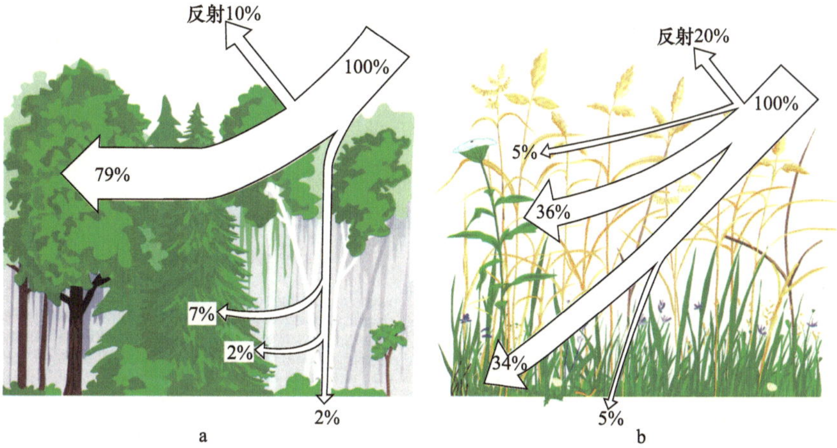

图1-12　太阳辐射到达林内（a）和草甸（b）的分配情况（引自Smith and Smith，1998）

在水生生态系统中，光照强度将随水深的增加而迅速衰减。水体对光的吸收和反射是很有效的，在清澈静止的水体中，照射到水体表面的光大约只有50%能够到达15m深处，如果水体是流动和混浊的，能够到达这一深度的辐射就要少得多。

（二）光照强度与水生植物

光因子在水中分布情况与陆地环境不大一样。因为水能反射光线，入射光的10%～70%被反射掉了；水又能吸收光线，大量吸收长波光，紫外线则在表层被吸收。光线还被水中的溶解物质、悬浮土粒、碎屑颗粒及浮游生物所吸收和散射。因此，水中的植物仅能在可见光到达的深度内生活，天气晴朗时，仅有1%的可见光到达5～10m深处。在水下特殊的环境，长期适应形成了特殊的水生植物生态类型。

在水体中，只有在表层透光带内，植物的光合作用量才能大于呼吸量。在透光带的下部，植物的光合作用量刚好与植物的呼吸消耗量相抵消，就是所谓的补偿点。如果海洋中的浮游藻类沉降到补偿点以下或被洋流携带到补偿点以下而又不能很快回升到表层时，这些藻类便会死亡。在一些特别清澈的海水和湖水中（特别是在热带海洋），补偿点可以深达几百米，但这是很少见的。在浮游植物密度很大的水体或含有大量泥沙颗粒的水体中，透光带往往只限于水面下1m处，而在一些受到污染的河流中，水面下几厘米处就很难有光线透入了。

由于植物需要光，所以扎根海底的巨型藻类通常只能出现在大陆沿岸附近，这里的海水深度一般不会超过100m。生活在开阔大洋和沿岸透光带中的植物主要是单细胞的浮游植物。

（三）光照强度与陆生植物

接受一定量的光照是植物积累净生产量的必要条件，因为植物必须生产足够的糖类来弥补呼吸消耗。当影响植物光合作用和呼吸作用的其他生态因子都保持恒定时，生产和呼吸这两个过程之间的平衡就主要取决于光照强度（图1-13）。从图1-13可以看出，光合速率随着光照强度的增加而提高，直至最大值。图中的光合速率（实线）和呼吸速率（虚线）两条线的交叉点就是光补偿点，在此处的光照强度是植物开始生长和进行净生产所需要的最小光照强度。

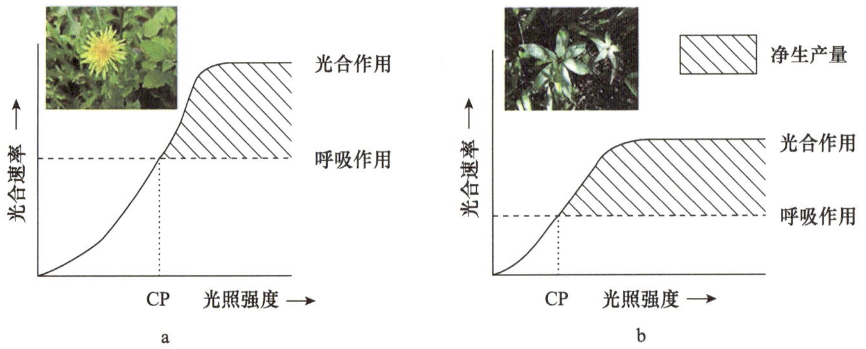

图1-13 阳生植物（a）和阴生植物（b）的光补偿点（CP）位置示意图（引自Emberlin，1983）

（1）阳生植物。适应于强光地区生活的植物称为阳生植物（sun plant）。这类植物光补偿点的位置较高，光合速率和呼吸速率都比较高，常见种类有马尾松（*Pinus massoniana*）、蒲公英（*Taraxacum mongolicum*）、杨树（*Populus* spp.）、桦木（*Betula* spp.）、枫香树（*Liquidambar formosana*）和栎树（*Quercus* spp.）等，草原、荒漠、阳坡上的许多森林植物及一般的农作物都是阳生植物。它们多生长在旷野、路边和阳坡，其生境没有任何遮阴，在水分、温度适合的情况下，喜光照。阳生植物容易识别，它们的树冠枝叶稀疏，树梢散开，阳光很容易透进来，几乎所有的叶片都在阳光中暴露；阳光很容易透进森林内部，于是林下也明亮，林下的小花、小草能够充满生机地活着。阳生植物的茎通常较粗，分枝也多，生长快。阳生植物特别不耐阴，如果光照减少到全光照的3/4就生长不好，因此，在引种栽培植物时，不要把阳生植物种到北坡或阴湿的地方。

（2）阴生植物。适应于弱光照地区生活的植物称为阴生植物（shade plant）。这类植物的光补偿点位置较低，其光合速率和呼吸速率都比较低。与阳生植物相反，它们在弱光下才能正常生长发育。阴暗湿润处、北坡、密林底下都是阴生植物的“家”。人参（*Panax ginseng*）、黄连（*Coptis chinensis*）、金线兰（*Anoectochilus roxburghii*）、独叶草（*Kingdonia uniflora*）、延龄草（*Trillium tschonoskii*）及某些蕨类和苔藓都是阴生植物，它们都具有耐阴能力，在5%～20%的弱光下仍然繁茂生长。有的还能生长在更阴暗的生境中，洞穴中的光照强度往往只有全光照的1/1000，只有10～40lx，但蓝藻仍然能正常生长。某些石隙植物、水生植物属于阴生植物。阴生植物也很容易识别，它们的茎细长，叶薄，细胞壁薄，机械组织不发达，但叶绿素颗粒大、呈深绿色。在森林内，林下仅有很微弱的阳光，这些阴生植物在5%的光照下也能顽强生活。在热带雨林中，林下几乎全是散射光，仅有稀少的光点和光斑，但许多蕨类植物仍然繁茂生长，只有在光照强度减弱到全光照强度的1/120时，才出现“致死的森林遮阴度”，即林下没有植物能够生长了。

在光补偿点以上，随着光照强度的增加，光合速率逐渐提高并超过呼吸速率，于是在植物体内开始积累干物质，但是当光照强度达到一定水平后，光合速率也就不再提高或提高得很少，这时的光照强度就是光饱和点。不同植物的光饱和点也不相同，阴生植物比阳生植物能更好地利用弱光，它们在极低的光照强度（1×10^4lx）下便能达到光饱和点，而阳生植物的光饱和点则要高得多。在植物生长发育的不同阶段，光饱和点也不相同，一般在苗期光饱和点低，而在生长盛期光饱和点高。几乎所有的农作物都具有很高的光饱和点，即只有在强光下才能进行正常的生长发育。

一般来说，植物个体对光能的利用率远不如群体高。夏季，当阳光最强时（可达1×10^5lx以上），单株植物很难充分利用这些光能，但植物群体对反射、散射和透射光的利用要充分得多，这是因为在群体中，当上部的叶片已达到光饱和点时，群体内部和下部的叶片还没有达到光饱和点，甚至有的还在光补偿点以下，所以植物群体的光合作用是随着光照强度的不断增强而提高的，尽管有些叶片可能已超过光饱和点。

对植物群体的总光能利用率产生影响的主要因素是光合面积、光合时间和光合能力。光合面积主要是指叶面积，通常用叶面积指数来表示，即植物叶面积总和与植物冠层在地表的垂直投影面积的比值。要提高植物群体的光能利用率，首先要有足够的叶面积以截留更多的太阳能。在一定范围内，叶面积指数越大，光能利用率和植物生产量也越大。但这并不是说叶面积指数越大越好，农作物的最佳叶面积指数一般是4，其中小麦为6.0～8.8，稻（*Oryza sativa*）为4.0～7.0，玉米为5.0，大豆为3.2。光合时间是指植物全年进行光合作用的时间，光合时间越长，植物体内就能积累越多的有机物质并增加产量。延长光合时间主要是靠延长叶片的寿命和适当延长植物的生长期。光合能力是指在传入的辐射能饱和的状态下，温度适宜、大气中的二氧化碳和氧气的浓度正常时植物的光合速率，简而言之，是指植物在理想条件下进行光合作用的能力。光合能力以每天每平方米叶面积所生产的有机物质干重来计算［g/（$m^2\cdot d$）］。一般来说，个体的光合能力与群体的产量呈正相关，而群体的光合能力则取决于叶层结构的分布情况。

（四）光照强度与动物的行为

光是影响动物行为的重要生态因子，很多动物的活动都与光照强度有着密切的关系。有些动物适于在白天的强光下活动，如大多数鸟类，哺乳动物中的灵长类、有蹄类、草原旱獭（*Marmota bobak*）和黄鼠（*Citellus dauricus*），爬行动物中的蜥蜴类，昆虫中的蝶类、蝇类和虻类等，这些动物称为昼行性动物。另一些动物则适于在夜晚或晨昏的弱光下活动，如斑头鸺鹠（*Glaucidium cuculoides*）、蝙蝠类、小家鼠（*Mus musculus*）、壁虎类和蛾类等，这些动物称为夜行性动物或晨昏性动物，因其只适应于在狭小的光照范围内活动，所以又称为狭光性动物。昼行性动物所能耐受的光照范围较广，故又称为广光性动物。还有一些动物既能适应于弱光也能适应于强光，它们白天黑夜都可能活动，不表现出活动与休息的规律交替，如很多种类的田鼠（*Microtus* spp.），它们也属于广光性动物。土壤和洞穴中的动物几乎总是生活在完全黑暗的环境中并极力躲避光照，因为光对它们就意味着致命的干燥和高温。幼鳗的溯河性洄游则是选择在白天进行，一到夜间便停止洄游并躲藏起来。蝗虫的群体迁飞也是发生在光照充足的白天，如果乌云遮住了太阳，天色变暗，它们马上就会停止飞行。

自然条件下动物每天开始活动的时间常常由光照强度决定。当光照强度上升到一定水平（昼行性动物）或下降到一定水平（夜行性动物）时，它们才开始一天的活动，因此这些动物将随着日出日落时间的季节性变化而改变其开始活动的时间。例如，夜行性的美洲飞鼠，在冬季每天开始活动的时间大约是下午4:30，而到夏季每天开始活动的时间将推迟到大约下午7:30（图1-14）。昼行性鸟类每天开始活动的时间也是随着季节而变化的，如麻雀在上海郊区（晴天）每天开始鸣啭的时间在不同季节也有规律地变化着（图1-15）。这说明光照强度与动物的活动有着直接关系。

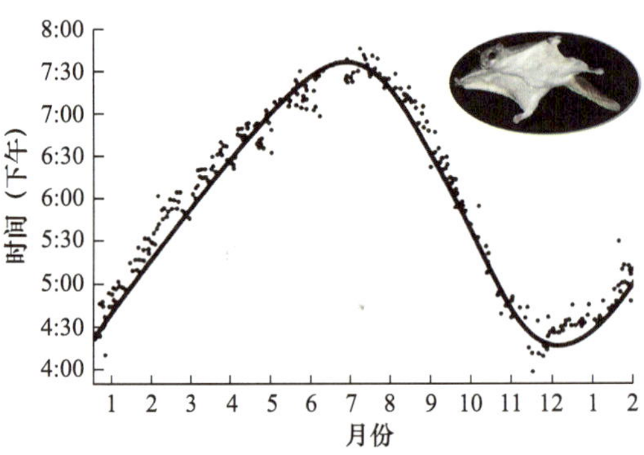

图1-14 自然光照条件下美洲飞鼠在不同季节开始活动的时间（引自Mackenzie et al.，1999）

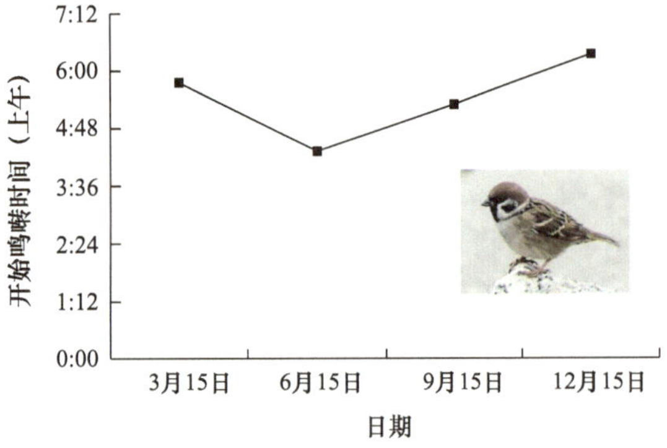

图1-15 麻雀在上海郊区（晴天）不同季节开始鸣啭的时间

四、光照长度的变化与生物的光周期现象

为什么杨树总是在初春开花？为什么菊花（*Chrysanthemum morifolium*）一定在秋天开放？几乎每一种植物在一年中，总是在固定的季节里开花。如果把一些原产北方的植物引种到南方，即使栽种成活，也始终不会开花。有一种冬季开花的烟草，要是在冬季播种，很快便开花；如果在春季播种，尽管能正常生长，但不能开花，一定要等到冬季到来才会开花；如果在夏季，用人工施光的办法，每天只给几小时日照，其余时间让它在黑暗中，这种烟草也能开花结实。研究还发现这种烟草在南方的夏季可以正常地开花结实，而在北方的夏季只能营养生长，不开花结实。如果人工遮光，缩短北方夏季的日照，就能正常开花结实。许多植物都是按照这样的规律开花的。这是为什么呢？这就是光周期（photoperiod）现象。什么是光周期现象呢？在地球上不同的地区和不同的季节，一天之中的昼夜长短是有规律地变化着的。北半球的夏季，通常是昼长夜短，冬季昼短夜长。这样便形成了光照长短的周期性变化。昼夜交替中光照的长短对生物生长发育的影响，称为光周期现象。

（一）植物的光周期现象

根据植物对光照长度的反应可以将植物分为长日照植物、短日照植物和中日照植物。

（1）长日照植物。这类植物的原产地在长日照地区，即北半球高纬度地带，如我国的北方。长日照植物在生长过程中，需要在发育的某一阶段的每天有较长的日照时数，即光照必须大于某一时数（称这个时间为临界光期）；或者说暗期短于某一时数才能形成花芽。长日照时间越长，开花时间越早。例如，北方体系的植物，如小麦、欧洲油菜（*Brassica napus*）、菠菜、甜菜、甘蓝、萝卜、牛蒡、紫菀、凤仙花等都属于长日照植物，它们的开花期通常是在全年光照最长的季节里，如果人工施光，延长光照时间，就可使其提前开花；如果日照时数不足，它们将停留在营养生长阶段，不能开花。

（2）短日照植物。与长日照植物相反，要求光照短于临界光期才能开花的植物称为短日照植物。暗期越长，开花越早。这种植物在长日照下是不会开花的，只能进行营养生长。我国南方体系的植物，如稻、大豆、玉米、棉花、烟草、向日葵、菊芋等均属于短日照植物，它们多在深秋或早春开花，人工缩短其日照时数，则可提前开花。

（3）中日照植物。要求光照与黑暗各半才能开花。甘蔗（*Saccharum officinarum*）是中日照植物的代表，它要求每天12.5h的光照，否则不能开花。

还有些植物对光照长度的要求并不严格，只要其他条件合适，在不同的光照长度下都能开花。例如，蒲公英、番茄（*Solanum lycopersicum*）、黄瓜（*Cucumis sativus*）等就是这种类型的植物。

了解植物的光周期现象对引种驯化工作非常重要，引种前必须考虑植物开花对光周期的需要。在园艺工作中也常利用光周期现象人为控制开花时间，以便满足观赏需要。

（二）动物的光周期现象

在脊椎动物中，鸟类的光周期现象最为明显，很多鸟类的迁徙都是由光照长度的变化来触发的。由于光照长度的变化是地球上最严格和最稳定的周期变化，所以是生物节律最可靠的信号系统。鸟类在不同年份迁离某地和到达某地的时间都不会相差几日，如此严格的迁徙节律是任何其他因素（如温度的变化、食物的缺乏等）都解释不了的，因为这些因素在不同的年份相差很大。同样，各种鸟类每年开始生殖的时间也是由光照长度的变化决定的，如中华秋沙鸭（图1-16）夏季在东北繁殖，秋季迁徙到南方越冬。温带鸟类的生殖腺一般在冬季时最小，处于非生殖状态，随着春季的到来，生殖腺开始发育，随着光照长度的增加，生殖腺的发育越来

图1-16 中华秋沙鸭（*Mergus squamatus*）（林剑声供图）

越快，直到产卵时生殖腺才达到最大。

生殖期过后，生殖腺便开始萎缩，直到来年春季才再次发育。鸟类生殖腺的这种年周期发育是与光照长度的周期变化完全吻合的。在鸟类生殖期间，人为改变光周期可以控制鸟类的产卵量，通过在夜晚给予人工光照提高母鸡产蛋量的历史已有200多年。

光照长度的变化对哺乳动物的生殖和换毛也具有十分明显的影响。很多野生哺乳动物（特别是生活在高纬度地区的种类）都是随着春季光照长度的逐渐增加而开始生殖的，如雪貂（*Mustela pulourius furo*）、野兔和刺猬（*Erinaceus* spp.）等，这些种类可称为长日照兽类。还有一些哺乳动物总是随着秋季短日照的到来而进入生殖期，如绵羊（*Ovis aries*）、山羊（*Capra hircus*）和梅花鹿（*Cervus nippon*），这些种类属于短日照兽类，它们在秋季交配刚好能使它们的幼仔在春季条件最有利时出生。实验表明，雪兔（*Lepus timidus*）换白毛也完全是对秋季光照长度逐渐缩短的一种生理反应。

鱼类的生殖和洄游活动也与光有着密切的关系，而且也常表现出光周期现象，特别是那些生活在光照充足的表层水中的鱼类。实验证实，光可以影响鱼类的生殖器官，人为延长光照时间可以提高鲑鱼（*Salmo* spp.）的生殖能力。光照长度的变化通过内分泌系统来影响鱼类的洄游。例如，光周期决定着三刺鱼（*Gasterosteus aculeatus*）体内激素的变化，激素的变化又影响着三刺鱼对水体含盐量的选择，后者则是促使三刺鱼春季从海洋迁入淡水并在秋季从淡水迁回海洋的直接原因，归根到底，三刺鱼的洄游还是由光照长度的变化引起的。

昆虫的冬眠和滞育主要与光周期的变化有关，但温度、湿度和食物对昆虫的冬眠和滞育也有一定的影响。例如，秋季的短日照是诱发马铃薯甲虫在土壤中冬眠的主要因素，而玉米螟（*Ostrinia furnacalis*）（老熟幼虫）和梨剑纹夜蛾（*Acronicta rumicis*）（蛹）的滞育率则取决于每日的光照长度，同时也与温度有一定关系。很多昆虫的代谢也受光照长度的影响，一些昆虫依据光周期规律，总是在白天羽化，而一些昆虫则在夜晚羽化。

第四节　生物与温度的关系

微课堂

一、温度的变化规律

地球上的温度受昼夜、四季、纬度、地形、海拔和海陆位置的影响。温度在土壤里、水域中及植物群落内都有着变化的特性。

赤道地区的太阳入射角大，因而热量大；同时，昼夜长短差不多，因此全年四季热量分配也差不多。许多热带植物生长在这样的高温环境里。相反，在北极圈附近高纬度地区，太阳入射角小，昼夜长短相差较多，因而热量小，分布着耐寒性的植物。通常纬度增加1°，年平均温度下降0.5℃，这是太阳入射高度角的大小及昼夜长短所致。因此，从赤道到两极，根据热量的分配，可划分为热带、亚热带、暖温带、寒温带和寒带，在不同的气候带里生长着不同的植物。

温度在经度上的变化也是显著的，由于海陆位置不同而形成同一纬度上不同地区的温度差异。我国地理位置在欧亚大陆东南部，受青藏高原隆起的影响，盛行季风气候，夏季受热带海洋气团的影响，温暖而湿润；冬季受极地大陆气团的影响，寒冷而干燥。我国东南多属海洋性气候；西北多属大陆性气候，因此，在我国东南多森林，西北多草原与荒漠。

在垂直高度上，一般海拔每升高100m，气温会降低0.4～0.7℃。我国山地面积很大，海拔有高有低，最高的为珠穆朗玛峰，海拔为8848.86m；最低的为吐鲁番盆地的艾丁湖，海拔为－154.31m，温度相差悬殊。云贵高原多高山峡谷，在河谷低处常常可见到甘蔗成林，凤梨（*Ananas comosus*）、香蕉遍野，一派热带风光；到了山腰，海拔1000m左右，则是柑橘、茶叶的故乡，呈现一片亚热带景象；再往上爬，则是桃李满山岗、梨花阵阵香的世界，这里已是暖温带气候；再往上攀登便是高寒山区，这里气候几乎四季如冬，夏季很短；再往上去，则是高山植物五花草甸的景观，到了海拔4500m接近雪线的地方就是树线了，也就是说树木最高可以分布到海拔4500m左右。

地形对温度的影响更为明显。“十里不同天”是多山地区的气候特点。我国地形非常复杂，有高原、盆地、丘陵、平原等，不同地形地貌的温度往往截然不同。对一座山而言，有迎风面和背风面，有阴坡和阳坡，不同的位置温度差别非常大。我国众多的山脉都是东西走向，对于冷暖空气的南下北上有很大的阻挡作用。秦岭南坡温暖多雨，北坡则寒冷干燥。天山山脉是新疆南北温度的分界线，由于温度差异，南北方向上的植物，无论在数量、种类成分还是分布上都明显不同，一般而言，温度在时间上变化非常明显，春、夏、秋、冬四季分明。但有的地方四季并不分明，例如，海南岛、西双版纳等热带地区四季如夏，滇中则是四季如春，而高寒山区则四季如冬。在同一个时间点，不同地区的植物生长情况也大不一样。例如，当青藏高原还是大雪纷飞、寒气逼人的时候，海南岛却烈日炎炎。

在土壤、水体和植物群落中，温度又怎样变化呢？

土壤白天受热后，热从地表向深层运动，这叫作土壤吸热；夜间相反，热向地表运动，最后散发到空间，这叫作土壤散热。这种吸热和散热的热流速度，便形成了土壤温度环境。夏季的白天，因土壤吸热，土温比气温高，因此常因地表高温而灼伤植物；夜间或冬季，地表冷却后，土温略低于气温。一天中最低温度出现在太阳刚从地平线上升起的时候，最高温度出现在午后。土温日变化深度，仅能向下传递到1m左右。植物在气温日变化的环境中，要经受冷热剧变的考验，以致有些“娇生惯养”的植物，如早春生长的许多蔬菜，夜里还需给它们盖上“棉被”，以防霜冻。

土温的年变化规律，一般服从于气温年变化规律。夏季昼长，土壤贮热量加大；冬季土壤散热量大于太阳辐射热量，土温下降。热带地区几乎没有年变化，但受降水量的影响，正如高纬度及高山地区的年温变化受冰雪的影响一样，与四季气温变化的关系不大。

水体的温度与土壤中的温度不相同。水体的温度变化要缓和得多。这是由于水蒸发耗热，即使气温很高，水温也不会剧增，不会灼伤植物。水体温度的年变化和日变化都不明显，最高水温和最低水温都出现在同一区域最高气温和最低气温之后。海水的温度变化更小，在极地和赤道几乎没有变化，所以水生植物生长期要长得多。

温度对植物群落的意义更为重要。在群落内部的温度，白天和夏季比群落外要低，夜间或冬季要高些，年温度变化幅度与昼夜温度变化幅度都小，变化缓和。有些树苗在旷野很容易被冻死，而在群落的庇护下能成长起来。如果森林面积足够大的话，还能稳定和调节附近地区的温度，这就是森林群落对气候的调节作用。

温度在群落中主要受太阳光直射的影响。群落的上层阻截了大部分阳光，并且大量吸热和蒸腾，使林内温度大大下降。同时，植物吸热散热缓慢，导热效果差，因而群落内温度变化缓慢。植物之间互相遮掩，阻滞了林内空气流通，使群落内部热量不易散失。群落地面枯枝落叶层，也能够缓和土壤表面温度变化的幅度，并可调节内部气温的变化。群落结构越复杂，内外温差越大，甚至在植物的不同部位形成各种温度变化的小气候（图1-17）。例如，阳生植物多居于上层或林缘，阴生植物多居于底层。同时又受坡向、坡度的影响，甚至一棵树的南面和北面温度也有明显的差异，朝南的树皮上布满了地衣和苔藓，这就是群落内温度的小气候作用。

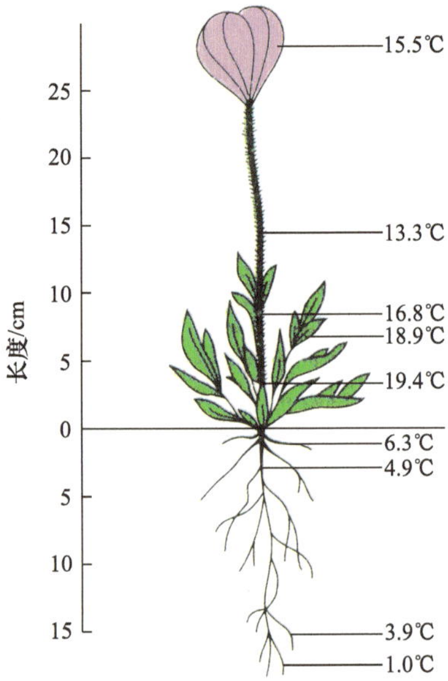

图1-17　北极植物*Novosieversia glacialis*在气温11.7℃时的各部位温度（引自Mackenzie et al.，1999）

二、温度的生态学意义

温度是一种无时无处不在起作用的重要基础生态因子，任何生物都生活在具有一定温度的外界环境中并受温度变化的影响。如前所述，地球表面的温度条件总是在不断变化的，在空间上它随纬度、海拔、群落的垂直高度和各种小生境的变化而变化；在时间上它有一年的四季变化和一天的昼夜变化。温度的这些变化都能给生物带来深刻的影响，生物长期演化的结果，都各自选择了自己最合适的温度，但有一定的适应幅度。通常分为最适点、最低点、最高点，在生态学上称为温度的三基点。在最适点范围内，生物生长发育良好；偏离最适点，则生长发育缓慢甚至停滞；超出最高点或最低点，则进入死亡带。

（一）温度与生长

首先，生物体内的生物化学过程必须在一定温度范围内才能正常进行。例如，人虱生长发育的最适温度为24～27℃。一般来说，生物体内的生化反应会随温度的升高而加快，随温度的下降而变缓，生长发育速度因此加快或变慢。当环境温度高于或低于生物所能忍受的温度范围时，生物的生长发育就会受阻，甚至造成死亡。例如，僧尼舞毒蛾正常活动的温度为8～33℃，在−0.5～8℃时活动受限，在33～38℃时最活跃，到38～43.5℃时异常活跃。低于−0.5℃或高于43.5℃时，生长发育受阻。虽然生物只能生活在一定的温度范围内，但不同的生物和同一生物的不同发育阶段所忍受的温度范围却有很大不同。例如，荒漠蚱蜢在产卵期成虫的最适温度为29.4℃，一龄幼虫为30.1℃，二龄幼虫为28.8℃，三龄幼虫为31.6℃，四龄幼虫为37.1℃，五龄幼虫为36.7℃，性成熟的成虫为39.3℃。生物对温度的适应范围是它们长期在一定温度下生活所形成的生理适应，除了鸟类和哺乳动物是恒温动物，其体温相当稳定而受环境温度变化的影响很小外，其他所有生物都是变温的，其体温总是随着外界温度的变化而变化，所以如果没有其他特殊适应，在一般情况下它们都不能忍受冰点以下的低温，这是因为细胞中的冰晶会使蛋白质结构受到致命的损伤。

（二）温度与生物的发育

温度与生物发育的关系比较集中地反映在温度对植物和变温动物（特别是昆虫）发育速率上，即反映在有效积温法则上。

有效积温法则是指生物的生长发育过程中，必须从环境中摄取一定的热量才能完成某一阶段的发育。而且各个阶段所需要的总热量是一个常数，可以用公式$K=N\cdot(T-T_0)$表示。式中，K为该生物发育所需要的有效积温（effective accumulated temperature），它是一个常数；T为当地该时期的平均温度（℃）；T_0为该生物生长发育所需的最低临界温度（发育起点温度或生物学零度）；N为生长发育所经历的时间（d）。

例如，地中海果蝇在26℃下，20d内完成生长发育，而在19.5℃下则需要41.7d。由此可以计算出K=250d·℃。又如，棉花从播种到出苗，其生物学零度是10.6℃，有效积温为66d·℃。

有效积温法则在农业生产上具有很重要的意义。全年的农作物茬口必须根据当地的平均气温和每一作物的有效积温来安排。该法则还可以用于预测害虫发生的世代数和来年发生程度。

（三）极端温度的影响

（1）低温对生物的影响。温度低于一定的数值，生物便会因低温而受害，这个数值便称为临界温度。在临界温度以下，温度越低，生物受害越重。低温对生物的伤害主要有冷害和冻害。

冷害是指喜温生物在0℃以上的温度条件下受害或死亡。例如，海南岛的热带植物丁子香（*Syzygium aromaticum*）在气温降至16℃时叶片便受害，降至3.4℃时顶梢干枯，受害严重。当温度从25℃降到5℃时，金鸡纳树就会因酶系统紊乱使过氧化氢在体内积累而引起植物中毒。热带鱼，如虹鳉（*Poecilia reticulata*），在水温10℃时就会死亡，原因是呼吸中枢受到冷抑制而缺氧。在我国，冷害是喜温生物向北方引种和扩展分布区的主要障碍。

冻害是指冰点以下的低温使生物体内（细胞内和细胞间隙）形成冰晶而造成的损害。锋利的冰晶会刺破原生质膜，导致蛋白质失活与变性。当温度不低于−4℃时，植物受害主要是由细胞膜被刺破引起；而当温度下降到−8℃时，植物受害则主要是由生理干燥和水化层的破坏引起。动物对低温的耐受极限（即临界温度）随物种而异。少数动物能够耐受一定程度的身体冻结，这是动物避免低温伤害的一种适应方式，如摇蚊在−25℃的低温下可以经受多次冻结还能存活。一些潮间带动物在−30℃的低温下暴露数小时后，虽然体内90%的水都结了冰，但冰晶一般只出现在细胞外面，当冰晶融化后又能恢复正常状态。

（2）高温对生物的影响。温度超过生物适宜温度范围的上限后就会对生物产生有害影响，温度越高对生物的伤害作用越大。

高温可减弱光合作用，增强呼吸作用，使植物的这两个重要过程失调。例如，马铃薯在温度达到40℃时，光合作用等于0，而呼吸作用在温度达到50℃以前一直随温度的上升而增强，但这种状况只能维持很短的时间。高温还可破坏植物的水分平衡，加速生长发育，促使蛋白质凝固和导致有害代谢产物在体内积累。例如，稻在开花期间如遇高温会使受精过程受到严重影响，因为高温可伤害雄蕊上的花粉，导致花粉不能在柱头上发育。日平均温度30℃持续5d就会使空粒率增加20%以上。在38℃的恒温条件下，稻的实粒率下降为0，也就是绝收。

高温对动物的有害影响主要是破坏酶的活性，使蛋白质凝固变性，造成缺氧、排泄功能失调和神经系统麻痹等。动物对高温的忍受能力依种类而异。哺乳动物一般都不能忍受42℃以上的高温；鸟类体温比哺乳动物高，但也不能忍受48℃以上的高温。多数昆虫、蜘蛛和爬行动物无法忍受45℃以上的高温。例如，家蝇（*Musca domestica*）在6℃时开始活动，28℃以前逐渐活跃，到大约45℃时活动终止，当温度达到46.5℃左右死亡。生活在温泉中的斑鳉（*Cyprinodon macularius*）能忍受52℃或更高的水温，但目前除海涂火山口群落动物外，还没有发现一种动物能在50℃以上的环境中完成其整个的生活史。

三、生物对环境温度的适应

（一）生物的分布

温度因子对生物在地球上的分布是起决定性作用的。每一种生物都有自己固定的温度适应幅度，有的能在较宽的温度范围内生活，如马尾松、白桦（*Betula platyphylla*）、栓皮栎（*Quercus variabilis*）、中华蟾蜍（*Bufo gargarizans*）、美洲狮、孟加拉虎、甲壳虫等能在−5～55℃生活，称为广温性生物，这些种类的分布范围也较广；有的只能在很窄的范围内生活，不能适应温度的波动，称为狭温性生物，如雪衣藻、真涡虫、帝企鹅、北极熊等，只能生活在冰点温度范围内，属于狭温好冷种，只能分布在温度低的地区；某些菊科植物、蓝绿藻、昆虫，属于狭温好热种，往往分布在温度高的热带地区或温度高的其他生境中。

年平均温度达24～30℃，最冷月平均温度在18℃以上属于热带雨林气候的区域，是椰子（*Cocos nucifera*）、波罗蜜（*Artocarpus heterophyllus*）、可可（*Theobroma cacao*）、龙脑香（*Dipterocarpus* spp.）、橡胶树（*Hevea brasiliensis*）、咖啡（*Coffea* spp.）、金鸡纳（*Cinchona* spp.）等热带植物的家乡。冬季温暖、夏季炎热，最冷月平均温度在2℃以上的亚热带森林气候适宜柑橘、马尾松、樟木和毛竹的生长。1月平均温度在−20℃以上，7月平均温度在20～25℃，属于温带季风气候，这里是落叶树白杨、栎木、桃、李、梨和苹果的家乡。7月平均温度一般在10℃以上，年平均温度在0℃左右，属于寒温带针叶林气候，适宜东北红松（*Pinus koraiensis*）的家乡就在这里。最热月平均温度不超过12℃、但高于0℃，属于寒带苔原气候，这里是苔原的天下，生物种类稀少，只有某几种地衣和一些散生的灌木。

（二）对极端温度的适应

（1）对低温的适应。贝格曼法则（Bergmann's rule）：同一分类单位的恒温动物的大型种类，趋向于生活在寒冷的气候中（Bergmann，1847）（表1-2）。

表1-2　4种生活在不同纬度的企鹅的个体大小比较

物种	纬度/（°）	高度/m	重量/kg
帝企鹅（*Aptenodytes forsteri*）	＞61.0	1.20	45
王企鹅（*Aptenodytes patagonicus*）	55.0	1.00	15～17
南非企鹅（*Spheniscus demersus*）	34.5	0.55	5～6
加拉帕戈斯企鹅（*Spheniscus mendiculus*）	0	0.50	4

艾伦法则（Allen's rule）：同一分类单位的恒温动物的突出部分在低温环境中，有变短变小的趋势（Allen，1877）（图1-18）。

生活在低温环境的恒温动物朝增加毛的厚度或增加皮下脂肪厚度的方向进化。

一些动物体内积累大量由糖原构成的甘油，具防冻剂的作用。例如，加拿大茧蜂（*Bracon cephi*）体内甘油含量占体重的25%，能耐受−20℃的低温，而鳕鱼（*Gadus ogac*）体内含有类似甘油的三甲胺。

大部分蛇类与蛙类在冬季进入洞穴冬眠，以防低温，蛇一般选择阳光明媚的洞穴、树洞或

a b c

图1-18 不同气候带狐的耳朵大小具有明显变化

a. 北极狐（*Vulpes lagopus*），分布于北极地区；b. 赤狐（*Vulpes vulpes*），分布于欧洲西部、中部和北部；c. 耳廓狐（*Vulpes zerda*），又名非洲大耳狐，分布于北非沙漠地区

岩石间隙。

当昆虫体温下降到冰点以下时，体液并不结冰，而是处于过冷状态，此时出现暂时的冷昏迷，但并不出现生理失调，如果环境温度回升，昆虫仍可恢复正常活动。当温度继续下降到过冷点时体液才开始结冰，但在结冰过程中释放出的潜热又会使昆虫体温回升，当潜热完全耗尽后体温又开始下降，此时体液才开始结冰，在此阶段仍可通过增温使昆虫复苏。直到温度再次降到过冷点以下使体液完全结冰时，昆虫才会死亡。昆虫的过冷点依昆虫的种类、虫态、生活环境和内部生理状态而有所不同。小麦叶蜂（*Dolerus tritici*）越冬时可忍耐−20～−25℃而不死亡，并还可借助于分泌甘油使体液冰点进一步下降。加拿大茧蜂（*Bracon cephi*）体内的甘油浓度在冬季可达到30%，可使体液冰点下降到−17.5℃，甚至可过冷到−47.7℃还不结冰。拉氏南美南极鱼（*Patagonotothen ramsayi*）也有类似的过冷机制。

北方的阔叶树如杨树、榆树（*Ulmus pumila*）、槐树（*Sophora japonica*）、柳树（*Salix* spp.）、黄栌（*Cotinus coggygria*）等，在冬季低温到来之前，为了保护自己免受伤害，会把对寒冷敏感的叶片脱落掉。山茶（*Camellia japonica*）、杜鹃（*Rhododendron simsii*）、桃（*Prunus persica*）、樟树（*Cinnamomum camphora*）等很多植物的芽具有鳞片保护；山茶、苦槠（*Castanopsis sclerophylla*）、荷花木兰（*Magnolia grandiflora*）等植物的叶片具有厚蜡质层；栓皮栎和黄檗（*Phellodendron amurense*）树皮增厚形成木栓层，树干好像包裹了一层棉被，保护树干在冬天免遭冻裂。一些高山植物如高山柏（*Juniperus squamata*）和唐古拉点地梅（*Androsace tanggulashanensis*）（图1-19）为避免低温的影响，则变成垫状或簇团状，蜷缩成团，伏在地上。植物也有类似的耐受低温的机制，如鹿蹄草（*Pyrola calliantha*）叶细胞里含有大量的五碳糖、黏液和胶素等物质。这些物质具有很强的持水能力，减少渗到细胞间隙中的水分，使冰点大大降低，只有在−31℃时才结冰。

一些植物使细胞质浓度增高，冰点下降，以防止原生质体萎缩，蛋白质凝固；或者使叶片变色吸收热量，如虎耳草和十大功劳。

（2）对高温的适应。动物多适当放松恒温性，使体温有较大幅度的波动，或者在洞穴中生活，如黄鼠采取夏眠、昼伏夜出等措施。

一些植物长期适应高温，其树皮呈银灰色；许多热带性植物的叶片垂悬挂在树上，叶缘向

图1-19　唐古拉点地梅垫状生长以适应高原的寒冷

阳，避免了灼热的阳光直射。亚热带的许多植物，如樟科、壳斗科等，它们的叶片表面具有厚厚的蜡质层，闪闪发亮，起反射阳光的作用，使植物体温不致增高太快；还有一些植物如羊蹄甲（即香港的紫荆），叶形像羊蹄，在烈日当空的中午会把叶片对折起来，以缩小阳光直射面积，避免热害。

在生理上，通过提高细胞质浓度，能降低细胞中的含水量，提高糖或盐的浓度，减少水分，有利于减缓代谢速率，抗高温；或者通过强烈的蒸腾作用降低叶面温度，使叶面温度比气温低4～6℃，并使体内温度低于气温。当气温达40℃以上时，植物气孔关闭，停止蒸腾作用散热，避免植物受到热害，或者以非常快的感应适应对热胁迫做出反应，几小时之内可以完成抗热性的锻炼，午后的抗热性更强。

（三）物候

生物长期适应于一年中温度的寒暑节律性变化，形成与此相适应的生物发育节律称为物候。

大多数植物在春季温度回升时，开始发芽、现蕾、生长；夏秋季气温较高时，植物开花、结实；秋末转入低温，植物落叶，进入休眠。植物的物候期与温度高低直接相关，每一物候期需要一定的热量，它像气象站一样，在植物发育的某一阶段，便预报了当时的气候状况。例如，杨柳绿表示春天来了，枫叶红表示秋天到了，秋风扫落叶则表示冬天即将来临。温度决定了植物的生长，而植物的生长发育又反映了环境的温度状况。

自古就有“三月榆荚时雨，高地强土可种禾”的记载，说的是榆树结果的时候，就该栽种禾类作物了。华北地区有“枣发芽，种棉花”，四川种小麦有“过了九月九，下种要跟菊花走”等。上述的枣、菊花就是棉花、小麦播种期的指示植物。例如，“迎春花开，杨柳吐絮，小地老虎成虫出现；桃花一片红，发蛾到高峰；榆钱落，幼虫多；花椒发芽，棉蚜孵化；五月鲜桃尖发红，赶快诱杀棉铃虫”等揭示了利用物候防虫治虫的传统经验。图1-20是我国南方部分生物的物候图，如中华秋沙鸭在冬季飞到江西、福建、贵州等地越冬；花菇在冬季出菇；3月是南方各地油菜（*Brassica rapa* var. *oleifera*）开花的季节；4月是苦槠等壳斗科锥属（*Castanopsis*）植物开花的季节；4月开始，蓝冠噪鹛（*Garrulax courtoisi*）进入繁殖季节，来到河畔繁殖后代；4～9月是泽陆蛙（*Fejervarya multistriata*）求偶产卵的季节；石蒜（*Lycoris radiata*）冬半年有叶，到7月大部分叶已枯死，长出花莛，开始开花；紫薇（*Lagerstroemia indica*）的花期较长，从6月一直开到9月；到了9月杜若（*Pollia japonica*）、芝麻（*Sesamum indicum*）等大部分植物的果实逐渐成熟；菊花则金秋时节才开花；秋冬季节，枫香树（*Liquidambar formosana*）、银杏（*Ginkgo biloba*）、乌桕（*Triadica sebifera*）、南酸枣（*Choerospondias axillaris*）等植物的叶片开始变色，陆续落叶。物候期因地而异，通常受经度、纬度、海拔和年际气温变化的影响。受南北气温差异的影响形成物候线（同一日期有同一物候期的地点连成一条等物候线）。

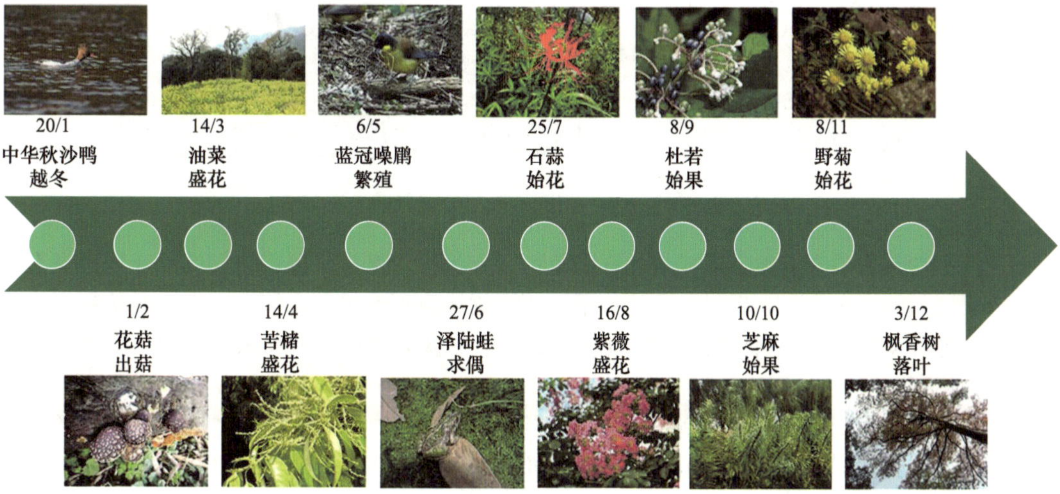

图1-20 我国南方部分生物的物候图

图中数字表示日/月

分析多年物候资料，就能掌握物候变动周期，并可推知未来气候的变迁，为天气预报提供物候学方面的依据，为农业生产服务。

微课堂

第五节 水分对生物的生态作用

一、地球上的水及其变化规律

地球素有“水的行星”之称，地球表面有70%以上被水所覆盖，地球总水量约为14.5亿km^3，其中94%是海水，其余则以淡水的形式储存于陆地和两极的冰山中。水有三种形态：气态、液态和固态。三种形态的水因时间和空间的不同能发生很大变化，这种变化是导致地球上各地区水分再分配的重要原因。水汽因蒸发和植物蒸腾而被送入大气，而大气中的水汽又以雨（液态）、雪（固态）等形态降落到地面。地球上的平均蒸发量和平均降水量是相等的，每年接近

1000mm。蒸发量和纬度有关，一般来说，高纬度地区的蒸发量比低纬度地区的低。

水分在地球上的流动和再分配有三种方式：一是水汽的大气环流；二是洋流；三是河流排水。地球各地的水分平衡以上述三种方式为主。地球上的水分循环由两部分组成，其一是海洋蒸发的水分有一部分经大气环流输送到陆地，并成为降水，陆地上的降水一部分蒸发成水汽，一部分渗入土壤，另一部分又经江河流回海洋，这种海洋与陆地之间的水分交换，称为大循环或外循环；其二是海洋和陆地水分蒸发后，在空中形成降水，回复到原来的海洋和陆地，称为小循环和内循环（图 1-21）。

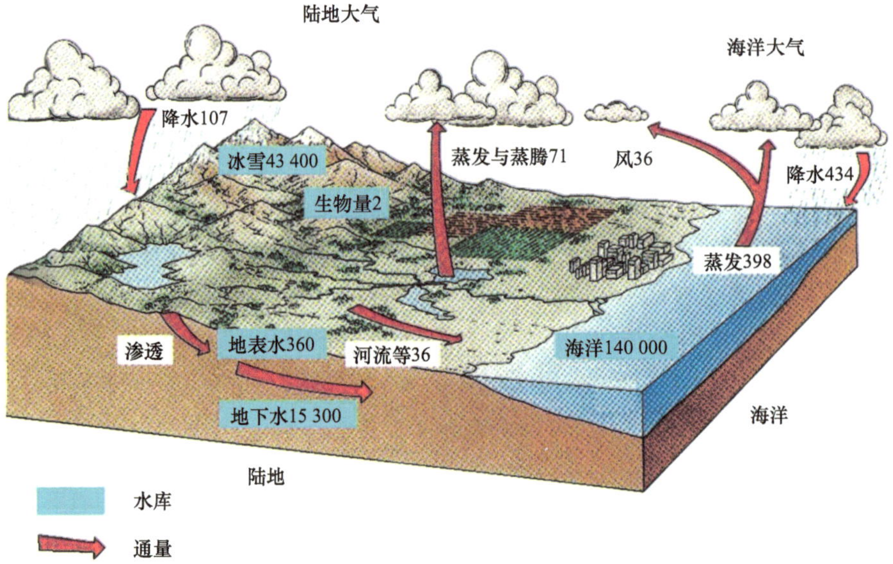

图 1-21　全球水体分布和水循环

水体体积单位为 10^3km^3；通量单位为 $10^{15}kg$/年

（1）气态水：空气中的水汽主要来自海平面、湖泊、河流及地表蒸发和植物的蒸腾。通常用相对湿度来表示空气中的水汽含量。相对湿度是指大气中实际水汽压与最大水汽压之比，用百分比表示。相对湿度越小，空气越干燥，植物的蒸腾和土壤与自由水体表面的蒸发就越大。相对湿度随温度的升高而降低，随温度降低而升高。所以，在一天内早晨的相对湿度最高，下午的最低；在一年当中，一般最冷月份的相对湿度最高，最热月份的相对湿度最低。我国由于受季风影响，则出现相反的变化规律，即冬季空气最干燥，而夏季空气最湿润。

（2）液态水：空气中的水汽过饱和时会发生凝结现象，从而产生液态水，液态水包括露、雾、云和雨。露的形成是由于物体表面温度在夜间辐射冷却到露点温度时，空气中的水汽在物体表面凝结成液态水，露对于沙漠区域的短命植物特别重要。当空气中的水汽达到饱和时就形成雾，雾实际上就是地面的云层，能减少植物的蒸腾和地表的蒸发。云的形成是由于在太阳辐射作用下，蒸发的水蒸气在大气中凝结而成。由于大气的水平运动，它们被输送到海洋或陆地上空，并形成液态或固态降水（雨、雪、冰雹等）降落在海洋或陆地。根据形成的原因，雨可分为气旋雨、地形雨、对流雨和台风雨四种。降水量不仅因地区不同而异，还因季节不同而有很大差别，一般是夏季降水量占全年降水量的一半左右，其次是春季和秋季，冬季降水量最少。我国降水量的多少和同期的温度高低呈正相关，这对植物生长发育很有利。但不同地区的降水方式和降水量对植物产生的效应是不同的，如降水强度越缓和，渗入土壤中的水分越多，则降水效应越好。

（3）固态水：固态水主要是指霜、雪、冰雹和冰。霜是指露点温度为0℃以下时在物体表面所形成的固态水。当空气中的露点温度低于0℃，水汽就直接凝结成固体小冰晶，以冰雹或雪降落到地面。降雪的地区分布与该地区的温度高低有关，在低纬度地区，高山上才有降雪；在温带地区，降雪仅限于冬季；在两极地区，全年降水都是雪。

水分子在形态上有其特殊性，H^+与OH^-之间的夹角为105°，OH^-侧带负电，H^+侧带正电，这一性质决定了水分子是其他离子和分子很好的溶剂。另外，水的比热容很高，这意味着与其他分子相比，水可以储存更多的热量而本身的温度不会有太大的变化，从另一个角度来看，水的蒸发也会带走大量的热量，如每蒸发1g水就需要约2430J的热量。水的这些物理和化学性质对生物生存具有重要意义。

二、水的生态学意义

没有水就没有生命，在地球上水的出现比生命更早，水是生物不可缺少的重要组成部分。生物体内的含水量一般为60%～80%，有些生物可高达90%以上，休眠的种子为12%～14%，甚至低于10%。生物的一切代谢活动都必须以水为介质，生物体内的营养运输、废物排出、生理过程和生物化学过程都必须在水溶液中才能进行，而所有的物质也都必须以溶解状态才能进出细胞，所以在生物与环境之间，时时刻刻都在进行着水分交换。生物起源于水环境，在进化史上，生物90%以上的时间都是在海洋中度过。生物登陆以后面临的主要问题是如何减少水分蒸发和保持体内的水分平衡。现在大部分植物和动物都已适应陆生生活，它们的表皮组织基本是干燥和不透水的，而且在获取更多的水、减少水的消耗和储存水这三个方面都具有特殊的适应性。水对陆生生物的热量调节和能量代谢也具有重要意义，因为蒸发散热是所有陆生生物降低体温的重要手段。

三、水与水生生物的关系

（一）生物在水中的气体交换

对于水生植物而言，气体交换包括由光驱动的CO_2气体被固定的光合过程和耗氧的呼吸过程；对于水生动物而言，气体交换主要是指呼吸过程。

水中的氧气含量直接关系到水生植物的呼吸作用。虽然在大气中氧气含量较高，约占大气成分的20%，但在水中氧气含量很低，一般地，在0℃的淡水中氧气的溶解度为每升水含10ml氧气，仅相当于大气中氧气含量的1/20。水中的氧气主要有两个来源：其一为从大气中吸收；其二为水中绿色植物进行光合作用所产生的氧气。由于氧气在水中的溶解度受温度、盐度和水体深度的影响，其分布也是极不均匀的。一般地，在大气和水交界的表层水域，氧气含量较高，但随着水体深度的增加，氧气含量逐渐减少；静水中的氧气含量一般比流水中的氧气含量还低。

在自然状态下，水中的溶氧量是水生生物最重要的限制因素之一。

虽然水中的氧气含量比大气中低，但许多生物仍然能通过一些特殊的过程和结构来完成呼吸。例如，水黾、蚊子的幼虫等都具有呼吸管，呼吸管能升到水面以上吸取大气中的氧气；有些动物通过定期露出水面的方式来解决呼吸问题；有些动物则可以吸收水生植物内部的氧气以维持生理功能。

水生动物对呼吸的适应有以下几种方式。着生动物，如蠕虫可以搅动周围的水获得氧气。活动的动物，如鱼类、甲壳类等水生动物必须让水流不断流经呼吸器官（如鳃等）才能从水中吸取氧气。由于水有较高的黏滞性，所以要经常保持水的流动并不容易。据估计，在溶解氧浓度较高的情况下，水生动物为获得1g氧气就必须有100kg水流经它的呼吸器官。而对于陆生动物而言，获取同样数量的氧气只需吸入5g空气。由此可见水生动物与陆生动物相比，在获取相同数量的氧气时就要消耗更多的能量。有些水生动物具有特殊的呼吸色素或其他的生理适应，如摇蚊的幼虫能在氧气含量很低时获取氧气。生活在水底淤泥中的动物由于具有特殊的血红素，可在压力很高的情况下与氧气高效地结合，其饱和度可达95%，而在相同条件下哺乳动物的饱和度只能达到1%。

水中的CO_2以游离态的CO_2、HCO_3^-和CO_3^{2-}的形式存在，它们之间的平衡受水中pH的强烈影响，当pH为酸性时，以游离态的CO_2为主；当pH为中性时，以HCO_3^-为主；当pH为碱性时，以CO_3^{2-}为主。水体中CO_2主要可来自三方面：其一为大气中CO_2的溶解；其二为水生动植物的呼吸；其三为矿物形式的CO_2的释放。据估计可溶于水中的CO_2为氧气的35倍，而在大气中它只有氧气的1/700，同体积大气和海洋的CO_2含量，海洋为大气的约150倍，可见海洋是地球上CO_2最重要的贮藏库，也是大气中CO_2的重要调节因素。

由于CO_2是光合作用的原料，因此CO_2对水生植物的影响主要是指对水生植物光合作用的影响。大部分水生植物是利用游离态的CO_2作为碳源，但有些水生植物如藻类则可以利用结合态的CO_2，如碳酸盐中的CO_2作为碳源。因此，pH-CO_2-碳酸盐系统对藻类的生长有很大的影响。在海水或硬质淡水中，含有大量的碳酸盐，植物主要利用结合态的碳；在软质淡水中，碳酸盐含量很低，植物主要利用游离态的碳。

CO_2浓度对动物有重要的影响，如动物体内血液中CO_2浓度增加时，血红素对氧气的亲和力降低，因此对氧气的获取发生困难。但有些深海鱼类有自己独特的适应方式，对氧气的获取不受环境中所含CO_2浓度的影响。CO_2对于血液中pH也有影响，但这些影响可由血红素、钠离子、钙离子等补偿。水中CO_2的浓度还可以帮助某些鱼类的定向，溯河产卵的鱼如鲑鱼，从海洋来到河流产卵时，可以根据水中CO_2含量的不同，决定选择某一支流前进，该鱼可以鉴别0.3ml/m^{3}浓度的CO_2。CO_2对动物的生长和代谢也有影响，当CO_2浓度增加时，有些鱼类的生长和代谢率可提高，但其他水中动物的有些反应则受到抑制。

（二）水生生物的形态特征

由于水的密度、黏滞性、浮力等物理性质和空气相差很大，所以水生生物的形态特征和陆生生物的形态特征有很大的差别。

由于没有主动运动的能力，生活在湖泊和海洋近表面水层体形微小的浮游植物和浮游动物为了克服身体下沉，在其体内形成了许多密度比水还小的油滴或空泡。生活在浅水中的大型海藻也有其特殊的适应结构，这些海藻一边用附着器附着在海底，一边用充满气体的球形物使叶片漂浮在阳光充足的水面。

与空气相比，水的密度大约是空气密度的800倍，所以陆生动物所具有的发达四肢和骨骼系统等支持结构对于水生动物来说就是非必需的，因为水就能起到一部分支撑的作用。由于脂肪的密度只有水密度的90%～93%，因此鱼类和其他大型水生动物也常通过增加脂肪来增加浮力。很多鱼类的体内都具有鱼鳔，当鱼鳔内充满气体，鱼体的密度大体上能和周围水的密度相当，使鱼能在水中漂游。减少骨骼、肌肉系统和体液中的盐浓度也能使水生动物减轻体重，增加浮力，许多水生脊椎动物低渗浓度的血浆就是对降低身体密度的一种适应。而对于生活在海洋深处的生物来说，增加体内密度较小的油滴和脂肪，以及减少那些密度较大的身体构成部分就显得尤为重要。

水的黏滞性约为空气的50倍。高度黏滞性的水有助于减缓水生生物的下沉速度，但同时也对动物在水中的各种运动形成较大阻力。微小的海洋动物往往靠细长的附属物延缓身体下沉。在水中能够快速移动的动物，其体形往往呈流线型，这样可以减少运动阻力。海豚和生活在开阔海洋中的其他鱼类具有较为典型的符合流体动力学原理的体形。

由于水的浮力比空气大，重力因素对水生生物大小的发育限制较小。例如，蓝鲸的体重可达100t，身长可达33m，最大的陆生动物也相形见绌。水为动物提供了极好的支撑系统，以便克服自身的重力，如鲨鱼的骨骼是由具有弹性的软骨构成的，这种软骨对陆生动物几乎完全不能起到支撑作用。即使是呼吸空气的鲸，当它在海滩搁浅时也会很快窒息而死，因为一旦失去水的支持它巨大的体重就会把肺压瘪。与此相反，大多数陆生动物都具有很大的支撑结构以克服重力作用。

（三）水与水生植物

生长在水中的植物统称为水生植物（aquatic plant）。水和陆地环境有着很大差别，水环境的主要特点是弱光、缺氧、密度大、黏滞性高、温度变化平缓，以及能溶解各种无机盐类，因此水生植物和陆生植物有着很大的区别。由于水环境的均质性和稳定性，许多水生植物都是广布种，即在世界范围内分布。

植物适应缺氧的结果，是使根、茎、叶形成一整套相互连接的通气组织系统（图1-22）。

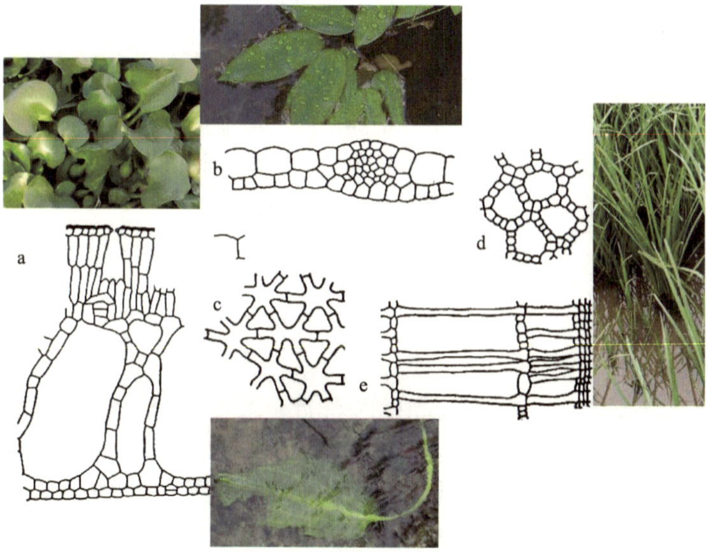

图1-22 水生植物叶片的横切面（引自Daubenmire，1947）

a. 漂浮植物；b. 浮叶植物；c. 沉水植物；d. 挺水植物（上部）；e. 挺水植物（下部）

对于莲（*Nelumbo nucifera*），从叶片气孔进入的空气能通过叶柄、茎的通气组织，而进入地下茎和根部的气室，形成了一个完整的开放式的通气组织系统，以满足地下各器官、组织对氧的需要。而另一类植物，如狐尾藻（*Myriophyllum verticillatum*），有封闭式的通气组织系统，这个系统不和植物体外的空气直接相通，可贮存由呼吸作用释放出来的CO_2以进行光合作用，同时也可贮存由光合作用释放出来的氧气用于呼吸作用。植物体内存在大量通气组织，能减轻体重，增加植物的体积，特别是叶片的漂浮能力。由于水环境中光线不足，水生植物如同阴生植物那样具有大颗粒的深绿色的叶绿体，并且叶细而薄。为了适应水的冲击，许多水生植物叶片变成丝状。完全沉没在水中的植物，毫无抗旱能力，离水便死亡。大多数水生植物没有角质层，没有表面的蜡质层，没有气孔和茸毛，因此没有蒸腾作用，光合、呼吸和吸收作用都在整棵植物的表面进行，植物根系非常不发达。由于维管束不发达，因此根的吸收及输导组织都不强盛，同时叶柔弱，叶肉没有栅栏组织和海绵组织的分化，均由薄壁细胞组成。根据水生植物在水环境中分布的深浅，又可将水生植物分为4种类型，它们分别是沉水植物、漂浮植物、浮叶植物、挺水植物。

（1）沉水植物（submerged plant）。这类植物除了它们的花序伸出水面以外，全部植物体都沉没于水中，营固着直立生活。例如，苦草（*Vallisneria natans*）、黑藻（*Hydrilla verticillata*）（图1-23a）、狐尾藻等都是典型的沉水植物。它们的繁殖方式多数为无性繁殖，地下茎、冬芽，甚至植物体的碎片都是繁殖器官。因此水生植物的繁殖能力比陆生植物要高，生产力也高。

（2）漂浮植物（floating plant）。漂浮植物的叶全部漂浮在水面上，根悬垂在水中，不与土壤直接接触。它们无固定的生长地点，随风浪水流过着漂泊的生活，如满江红（*Azolla imbricata*）、浮萍（*Lemna minor*）（图1-23b）、凤眼蓝（*Eichhornia crassipes*）等。它们都有漂浮的特化器官，以适应漂泊的生活。它们不喜欢溪流瀑布等环境，常常把池塘、湖湾和稻田等作为自己的家。

（3）浮叶植物（floating-leaved plant）。浮叶植物的叶浮在水面上，但是它们的根牢牢扎在水下的土壤里，如睡莲（*Nymphaea tetragona*）、萍蓬草（*Nuphar pumila*）（图1-23c）、王莲（*Victoria amazonica*）等。

（4）挺水植物（emerged plant）。这类植物的根部固定生长在水底泥土中，整个植物体分别处于土壤、水和空气三种不同的环境中，茎、叶等部分沉没于水中，部分暴露于空气中。这是水生植物界最复杂的一类，也是水生植物向陆生植物发展演变的先驱。典型代表是芦苇（*Phragmites australis*）、莲、水烛（*Typha angustifolia*）、菰（*Zizania latifolia*）（图1-23d）等。

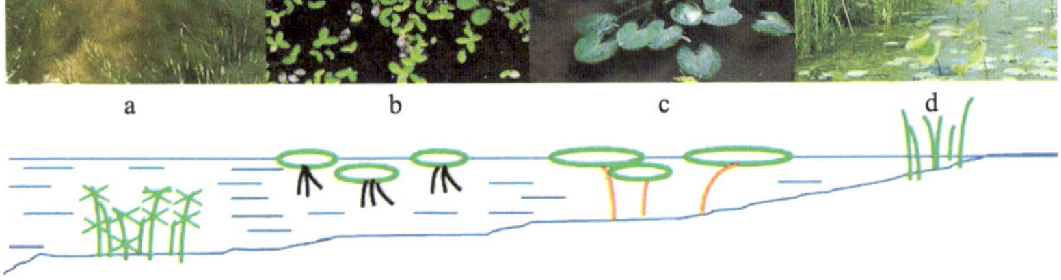

图1-23 从沉水植物到挺水植物（从左至右）

a. 黑藻；b. 浮萍；c. 萍蓬草；d. 菰

（四）水与水生动物

由于淡水的渗透浓度极低，一般为2～3mmol/L，所以淡水动物所面临的渗透调节问题很严重。具体来说，由于淡水动物血液和体液的渗透浓度比较高，而环境中的渗透浓度又很低，所以水会不断地渗入动物体内，这些过剩的水必须不断地被排出体外才能保持体内的水分平衡。此外，淡水动物还面临着丢失溶质的问题。有些溶质是随尿排出体外的，有些则由于扩散作用而丢失。丢失的溶质必须从两方面得到补充：一方面从食物中获得某些溶质；另一方面动物的鳃和上皮组织的表面也能主动地把钠吸收到体内。钠在数量上是细胞内最重要的一种溶质，其他溶质只需要从食物中摄取就足够了。

河海交汇处低盐环境的渗透浓度波动性较大，当生活在海洋中的等渗动物游到海岸潮汐区的河流入海口附近时，环境的渗透浓度下降，由于动物与环境之间的渗透浓度差进一步加大，因此动物必须对它们体内的渗透浓度进行调整。当这些动物生活在真正的海水环境中时，它们的体液渗透浓度与海水渗透浓度相等或稍高一些。但当环境的渗透浓度下降时，这些动物的体液渗透浓度也不同程度地跟着下降。体液渗透浓度随着环境渗透浓度的改变而改变的动物称为变渗动物；而体液渗透浓度保持恒定，不随环境渗透浓度改变而改变的动物称为恒渗动物。各种动物调整自身渗透压的精确程度是不相同的。

海洋是一种高渗环境，生活在海洋中的动物大致有两种渗透调节类型。一种类型是动物血液和体液的渗透浓度与海水的总渗透浓度相等或相近；另一种类型是动物血液和体液的渗透浓度大大低于海水的总渗透浓度。海水的总渗透浓度约为1135mmol/L，与海水渗透浓度基本相同的动物有海胆和贻贝。这些动物不会由于渗透作用而失水或得水，但随着代谢废物的排泄总会损失一部分水分，因此动物必须从以下几方面摄取少量的水：食物、摄入的海水和同化过程产生的代谢水。蟹类的血液渗透浓度比海水略低一些，这些动物会由于渗透作用失去一些水，它们与等渗动物相比，失水量会稍多一些，但它们也会从食物、代谢水中或直接利用海水而摄入更多的水。还有一些动物血液和体液的渗透浓度比海水略高一些，如海月水母、枪乌贼、龙虾、盲鳗等，对这些动物来说，体外的水会渗透到体内，渗透速率将取决于体内外的渗透压差。这些动物不仅不需要饮用水和从食物及代谢过程中摄取水，还需借助排泄器官把体内过剩的水排出体外。

生活在海洋里的低渗动物，如鲱鱼、鲑鱼等，由于体内的渗透浓度与海水相差很大，因此体内的水将大量向体外渗透，如要保持体内水分平衡，低渗动物就必须从食物、代谢过程或通过饮水来摄取大量的水分。由于食物和代谢过程中摄取的水量受动物对食物需要量的限制，因此饮水就成为弥补大量失水的主要方法。与此同时，动物还必须有发达的排泄器官，以便把饮水中的大量溶质排泄出去。在低渗动物中，排泄盐的组织是多种多样的。硬骨鱼类和甲壳动物体内的盐是通过鳃排泄出去的，而软骨鱼类则是通过直肠腺排出的。这些排盐组织细胞膜上有钾离子和钠离子泵，因此，可以主动把钾和钠通过细胞膜排出体外。美洲鳗鲡在一生中要从淡水迁入海水，尽管外部环境的渗透浓度会发生极大的变化，但它的血液渗透浓度却仍能保持稳定，它对低渗调节的控制是独特的。当美洲鳗鲡接触海水时，由于吞食海水并从海水中摄取钠而使血液的渗透浓度增加。接着便出现一些细胞脱水的现象，肾上腺皮质增加皮质甾醇的分泌量。这种激素有两个重要作用，一个作用是将能分泌氯化物的细胞从鳃内迁移到鳃的表面，另一个作用是在这些细胞膜上形成大量的钠钾泵。几天之内钠泵排盐机制便可形成，并能把从海水中摄取的钠排出体外，这样就实现了美洲鳗鲡血液浓度的低渗调节。

四、水与陆生生物的关系

占地球总水量不到1%的淡水养活了众多的陆生动物和植物，可见淡水资源是极其宝贵的。陆生生物登陆以后所面临的主要问题是如何减少蒸发和保持水分。已经适应陆地生活的陆生植物、爬行动物、鸟类和哺乳动物等，它们的首要任务就是在干燥的陆地环境中保持水分、减少水分消耗。陆生植物和动物保持水分的能力是不一样的，我们可以做一下简单的估算，动物在呼吸时所吸入的氧气约占大气成分的20%，而植物所需要的CO_2却只占大气成分的0.03%。因此，与动物吸入1ml氧气相比，植物要获得1ml CO_2就必须多交换约700倍的大气，也就是说植物失水的可能性要比动物大700倍。

（一）水与陆生动物

陆生动物（terrestrial animal）必须保持体内的水分平衡才能在陆地环境中生存。陆生动物获取水分主要有三种方法（图1-24）：第一为直接饮用水，大部分动物靠这种方式获取水分；第二为皮肤吸水，两栖动物如泽陆蛙、中华蟾蜍等可在潮湿的环境中用皮肤直接吸收水分；第三为从代谢中获取水分，昆虫可从食物分解得到的代谢水中获取水分，如衣蛾完全从食物代谢中获取生活所必需的水分。一些哺乳动物，如生活在沙漠中的小袋鼠从食物分解中获取水分。研究表明，每100g脂肪可以产生110g代谢水，而100g糖可产生55g代谢水。陆生动物失水的主要途径也有三种：第一为体表蒸发失水；第二为呼吸失水；第三为排泄失水。陆生动物的水分平衡适应包括形态适应、生理适应、生态适应等。

a　　b　　c

图1-24　陆生动物获取水分的三种方法

a. 藏酋猴从河道中饮水；b. 崇安髭蟾通过皮肤吸水；c. 长尾大蚕蛾从代谢中获取水分

（1）形态适应。生活在干热环境中的动物在形态上有一种趋势，即体形变小、附肢变长。小动物如蚂蚱、蝗虫等均有很长的脚，这样可以将身体抬高，不致和灼热的砂土接触。角蜥具有厚且角质化的外皮，能在干燥的条件下生活4个月。此外，哺乳动物和鸟类的皮肤，以及昆虫的外骨骼等都具有防止水分散失的作用。

（2）生理适应。骆驼是哺乳动物中较能耐受缺水的物种之一，如其在17d不饮水的情况下能继续活动，而此时其身体脱水的程度可达体重的27%。沙漠中的兔子，也可耐受相当于体重50%的失水而不致死。但是人类脱水若超过体重的25%，就会昏迷死亡。为什么骆驼会有这么强的耐受能力呢？有以下几个原因：①骆驼的胃内有水囊，可以用来储存水分。②骆驼的血液里有一种特别的蛋白质，可以维持血液内所含的水分，如果将骆驼血浆内的蛋白质注射到兔子体内，然后将兔子放在40℃下，断绝供水7d，结果这些兔子仅失水3%，而没有注射过的兔子失水达10%，接近死亡的边缘。在正常情况下，骆驼血液含水量占身体总含水量的1/12，与人类几乎相等。当骆驼由于出汗而体重减少1/4时，血液中的水分只失去1/10，血液循环不受影响。而在类似情况下人体血液将失水1/3，血液变稠，不能畅流，因此无法把体内的热传递到体表散发出去，这样人的体温会很快升高，人就会有不适的症状。③骆驼有多毛的外皮，可以隔绝外界温度，在日照下骆驼背部皮毛表面温度可高达70～80℃，但是其皮毛下的皮肤温度只有40℃。④生活在沙漠中的骆驼、羚羊等哺乳动物及啮齿动物都具有很厚的肾髓和很长的髓袢，这样的结构对尿液浓缩有很大的好处。耐旱的沙漠动物肾脏对尿液的浓缩能力是一般动物的5倍以上。昆虫、爬行动物和鸟类，能将体内的含氨废物变成固体尿酸，以减少水分从尿液中散失。另外，鸟类、哺乳动物中减少呼吸失水的途径是将肺内呼出的水蒸气，在扩大的鼻窦内冷凝回收。鼻窦内温度低于肺表面温度，来自肺的湿热水汽遇冷后就会凝结而被回收，这样就可以最大限度地减少呼吸失水，如生活在荒漠中的鼠类就采用这种方法来减少水分散失。

（3）生态适应。钻洞、昼夜周期性活动、季节周期性活动、休眠，以及减少身体表面积等特性是动物为了减少水分散失而形成的对干燥陆生环境的生态适应。钻洞的习性和昼夜周期性活动的习性往往紧密相连，如在沙漠地区的夏季，白天空气的相对湿度为0～15%，而洞穴内的相对湿度则可高达30%～50%。因此，沙漠动物白天在洞内穴居，可以减少身体水分蒸发，降低代谢速率，极大地保持了体内水分，但水分过多也不利于某些穴居动物的生存，如暴雨过后雨水会把蚯蚓赶出洞外。又如，夜间在地面的不同物体表面上常有露水，这些露水可供一些小动物（如小型哺乳地鼠、小袋鼠等）饮用。具有季节周期性活动习性的动物一般分布在干热地区，在这样的地区由于受季节性雨量和季节周期性植物的影响，动物也呈季节周期性活动的特征。例如，在以色列的沙漠地区昼出性的昆虫有2/3的个体在3～5月出现，其中以4月最多，8月最少；而夜出性种类有2/3的个体出现在6～9月，其中以8月最多，12月最少。休眠包括冬眠、夏眠和滞育三种形式。其中冬眠主要是指温度太低而引起的休眠，而夏眠除了温度的影响外，还包括水分和湿度的影响。在夏季当温度很高，而且空气特别干燥时有些动物会进入休眠状态。哺乳动物如地鼠和松鼠等可在夏季高温、干燥的环境下进入长时间的夏眠，肺鱼也可以进入夏眠。当动物进入夏眠时，其代谢率降低到原来的60%，体温也会平均下降5℃左右。动物利用夏眠的方法在洞穴内可昏睡数月之久，以此来度过水分缺乏和食物缺乏的困难时期，并逃避高温的环境。滞育的概念只限于昆虫，是指昆虫在生活史内的某一时期，如遇干燥等不良环境，该昆虫暂时停止发育，减弱代谢作用的强度而呈休眠状态的现象。这种具有抵抗性的休眠，对于昆虫等很有利，如介壳虫可滞育8年，而金斑吉丁虫的滞育可长达51年。

（二）水与陆生植物

在陆地上生长的植物统称为陆生植物，根据不同植物与水分的关系，我们可以把生活在不同水分条件下形成了与之相应的不同生态习性的植物划分为不同的生态类型，陆生植物包括湿生植物、中生植物和旱生植物三大类型。

1. 湿生植物（wetland plant） 在陆地上最潮湿的环境中生长，在这样的环境中，土壤水分经常是饱和的，大气中的水汽经常也是饱和的，这类植物不能忍受较长时间的水分不足，抗旱能力最弱。这类植物体内通气组织发达，是介于水生植物和中生植物之间的一个生态类型。湿生植物抗涝性很强，依靠茎、叶吸收氧气，并通过通气组织以供应根的需要。湿生植物抗旱性极弱，但也并不是喜欢终身都泡在水分饱和的土壤中，在某些发育阶段就需要较干的土壤，以利于植物的生长发育。根据环境的特点，还可以分为阴性湿生植物和阳性湿生植物两个亚类。阴性湿生植物是典型的湿生植物，包括森林中的附生植物和下层植物，附生植物往往由于叶片极薄，或者由于气根外有根被，能直接从空气中吸收水汽；而中华秋海棠（*Begonia grandis* subsp. *sinensis*）（图1-25a）、海芋和福建观音座莲（*Angiopteris fokiensis*）等森林下层植物生长在荫蔽湿润的环境中。这两类阴性湿生植物的主要特点是环境光照弱，大气湿度大，植物蒸腾少，植物体容易保持水分平衡，但调节水分平衡和防止水分蒸腾的能力极差。这类植物当作为观赏植物摆设时，最好摆放于室内，应经常浇水。阳性湿生植物主要生长在阳光充沛、土壤水分经常饱和的环境中，最典型的代表有稻、鸭跖草（*Commelina communis*）（图1-25b）、灯心草（*Juncus effusus*）、毛茛及泽泻等。这一亚类植物虽然生长在潮湿的土壤上，但由于土壤经常发生短期缺水的状况，特别是大气湿度较低，因此这类植物湿生形态结构不明显。叶片有角质层等防止蒸腾的适应结构，输导组织也发达。但由于适应潮湿土壤的结果，根系不发达，没有根毛，根部有通气组织和茎、叶的通气组织相连接，以保证根部获取氧气。

a　　b

图1-25　典型的湿生植物

a．阴性湿生植物中华秋海棠；b．阳性湿生植物鸭跖草

2. 中生植物（mesophyte）　这类植物生活的环境介于湿生植物和旱生植物之间，它既不能生活在水中和湿土中，又不能生长在干旱的土壤上，只能生长在水湿条件适中的土壤中。同时也要求有合适的营养、通气和温度等条件。由于其生境介于湿生植物和旱生植物之间，它们的形态结构和生理特征也介于这两类植物之间，大多数农作物都属于中生植物，如许多粮食作物、蔬菜、果树等。另外，许多森林树种、草地植物及林下和田间杂草等都属于中生植物。中生植物没有适应干旱的结构特征，其叶肉组织为一层，海绵组织较为发达。根系没有旱生植物那样发达，但比湿生植物发达。细胞渗透压适中，一般为$-2.5\sim-0.5$MPa，因此，中生植物的抗旱性比旱生植物差，但仍能抵抗短期内轻微的干旱。中生植物虽有细胞间隙，但没有完整的通气组织系统，因此，不能在长期积水、缺氧的土壤上生长，其抗涝性比湿生植物弱。中生植物一般叶片表面宽大，同时叶片和角质层的厚度、气孔大小和数目都适中，这些都使中生植物具有较高的气体、水分交换效率和光合效率，在适合的营养条件下，中生植物的生产力要比其他类型植物的生产力高。由此可见，在栽培作物时必须因时、因地、因作物的发育阶段供

应水分，以满足作物生长发育的需要，从而使作物获得稳定的高产。中生植物生长在水湿条件适中的陆地上，在陆地分布最广、种类最多、数量最大。

3. 旱生植物（xerophyte） 在干旱环境中生长，在较长时间土壤和大气干旱条件下仍能维持水分平衡和正常生长发育的一类陆生植物。旱生植物种类特别丰富，并且主要分布在干热草原、沙漠地区、干热河谷、干温河谷及其他裸露的岩石表面。这类植物具有特殊的本领，能从极端干旱的环境中吸收水分，同时在大气干旱的条件下，又能尽量减少水分的蒸腾，并以此来调节体内的水分平衡。因此，旱生植物具有极强的抗旱能力。根据旱生植物在形态学、生理学及抗旱方式方面的不同，旱生植物也可分为少浆液旱生植物和多浆液旱生植物两大类型。

（1）少浆液旱生植物。少浆液旱生植物的第一个特征是体内含水量少，其外观一般显得又干又硬，这类植物在丧失50%的水分时仍不会死亡（中、湿生植物在失去1%～2%的水分时就会枯萎）。这是因为旱生植物细胞内含有大量的亲水胶体物质，使细胞具有很高的渗透压，其值一般为－6.0～－4.0MPa，最高可达－10.0MPa（中生植物一般不超过－2.0MPa；淡水水生植物只有－0.3～－0.2MPa），这一特点可使旱生植物有能力从含水量极少的土壤中吸取水分，保证植物的水分供应，从而大大加强了植物的保水、持水能力，极大地提高了旱生植物的抗旱能力。

少浆液旱生植物的第二个特征是极力地减少蒸腾失水，表现在形态特征上的变化。例如，缩小叶片的表面积，有些种类如刺叶（*Acanthophyllum pungens*）、沙拐枣（*Calligonum mongolicum*）、藏麻黄（*Ephedra saxatilis*）（图1-26）等植物叶片完全退化，其光合作用由绿色枝茎来执行。夹竹桃叶面具有多层表皮细胞，气孔下陷形成气孔腔，在气孔腔内有许多细长的毛，这种特化结构能有效地减少植物蒸腾失水（图1-27a）。减少蒸腾失水的其他形态结构变化还包括叶片表面的角质化（形成一层保护性外皮）（图1-27b）、蜡质化（在植物最外层形成一层有机混合物起保护作用）（图1-27c）、叶面多茸毛、气孔下陷并有特殊的保护结构（图1-27d）等，一些旱生禾草如针茅属和羊茅属植物的叶片在遇到干旱时能卷成筒状，气孔被卷在里面以降低蒸腾失水（图1-27e）。

图1-26　少浆液旱生植物藏麻黄以叶片退化来减少蒸腾失水

少浆液旱生植物的第三个重要特征是根系特别发达，根系生长速度快，扩展的范围广而深，以此来增加与土壤的接触面积和吸收表面积。例如，生长在沙漠地区的骆驼刺，地上部分只有几厘米长，而地下部分则可深达15～40m；绵蓬的侧根长超过30m，根系的表面积超过地上部分几千倍；生长在高温干旱地区的少浆液旱生植物的多年生根，包有一层很厚的木栓层外壳，其功能是在高温干旱时可防止根系失水变干，保护根系。根系的这些特征可使少浆液旱生植物充分吸收土壤中水分，以满足植物的基本需要。

（2）多浆液旱生植物。多浆液旱生植物的根、茎、叶薄壁组织逐渐转变为储水组织，其储水能力极强，能在极端干旱的沙漠地区生长。例如，生活在北美洲沙漠里的仙人掌树可储水达2t以上；西非的猴面包树则可储水达4t之多。在干旱、半干旱地区缺水时，这种多浆液旱生植物是人和动物的重要水源。属于多浆液旱生植物的有仙人掌科、石蒜科、百合科、大戟科、菊科、景天科、马齿苋科等科的植物（图1-28）。

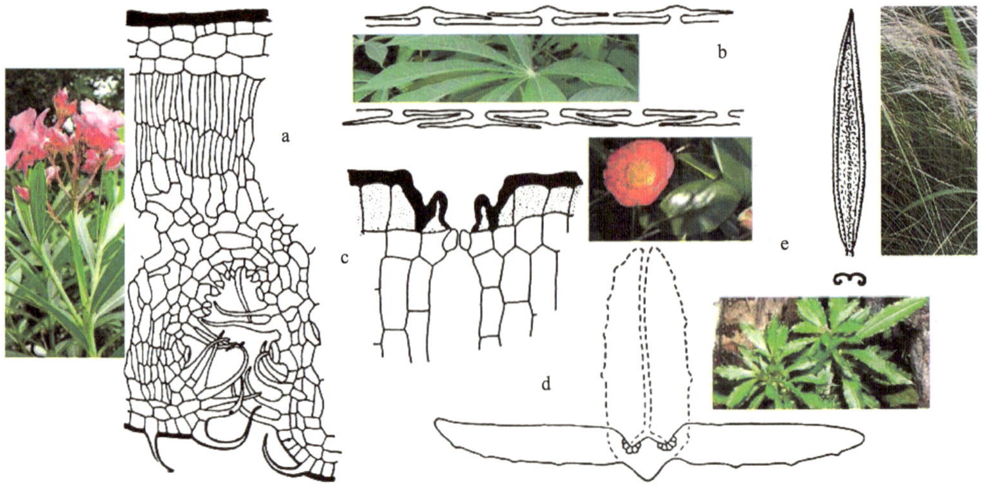

图1-27 少浆液旱生植物叶片的横切面（仿Daubenmire，1947）

图1-28 少刺仙人掌（a）与马齿苋（b）具有储水组织

多浆液旱生植物的一个主要特点是面积对体积的比例很小，这样可以减少蒸腾表面积。它们中大多数种类失去叶片，而由绿色的枝、茎进行光合作用。茎的外壁有一层厚厚的角质层，其表皮下面有多层厚壁细胞，气孔数目少，且大多数气孔都深埋在沟槽里，这些结构上的特点使这类植物的蒸腾失水减缓，有利于细胞保持大量水分。有人曾在美国亚利桑那州的沙漠做过一次实验，把一棵37.5kg重的球状仙人掌种在室内不予浇水，6年以后，仅蒸腾失水11kg，且蒸腾量一年比一年减少。

多浆液旱生植物的另外一个重要特征是具有十分特殊的水分和CO_2代谢过程。大部分多浆液旱生植物有特殊的碳代谢过程，即景天酸代谢（CAM）途径。由于生境干燥，为了减少植物的蒸腾失水，气孔在白天全部关闭，此时光合作用所需的CO_2无法进入细胞。到了晚上，气孔张开，CO_2才能进入植物细胞，但此时又没有了光合作用所必需的光。对于光合作用的完成，光和CO_2都是不可或缺的，那么，这类植物是怎样解决这一矛盾的呢？原来，在夜里气孔张开、大气CO_2进入细胞时，CO_2被细胞内的有机酸固定下来，等到白天有阳光时，被细胞内有机酸固定下来的CO_2被释放出来，以供光合作用所需。由于这类植物光合作用的特殊性，其生长速度都极为缓慢，产量也低。

微课堂

第六节 生物与土壤

一、土壤的生态学意义

土壤是岩石圈表面能够生长植物的疏松表层，是陆生植物生活的基质和陆生动物生活的基底，是陆生生物的“立足点”。土壤为植物提供必需的营养和水分，作为一类重要的综合环境因子，它对各种生物都有着很大的影响。它是土壤生物赖以生存的栖息场所，除了以土壤为生长基底的植物外，土壤生物还包括细菌、真菌、古菌、藻类、原生动物、轮虫、线虫、软体动物、节肢动物等几大门类。不同的植物生长在不同的土壤上。在裸露的岩石上，只有地衣、苔藓类植物能够生存。黏土含水量高，一些耐湿的植物喜欢在那里“安营扎寨”，生根开花。大多数植物无法耐受碱性土壤，但许多豆科植物却喜欢在那些地方“落户”，而且长得根深叶茂。杜鹃花则能牢牢地扎根于酸性土壤之中。

大量的生物活动对土壤的结构和性质进行着高强度的改造，因此土壤不仅是生态系统中物质与能量交换的重要场所，也是生态系统中生物与无机环境相互作用的产物。

土壤无论对植物来说，还是对土壤动物来说，都是重要的生态因子。对于植物而言，植物的根系与土壤之间具有极大的接触面，在植物和土壤之间有着频繁的物质交换，彼此有着强烈的影响，因此通过控制土壤等因素可影响植物的生长与发育。对于土壤动物而言，土壤是比大气环境更为稳定的生活环境。土壤的热容量大且其本身具有良好的屏蔽效果，因此土壤内的温度、湿度变化幅度较小，且可以逃避高温、干燥、大风和阳光直射等不利因素，所以它能够成为一些狭适应性动物的良好生存场所。土壤摩擦力较大，生物在土壤中运动要比在大气和水中困难得多，大多数动物都只能利用枯枝落叶层中的空隙和土壤颗粒的间隙作为自己的生活空间。

土壤是陆地生态系统的基础。土壤可以强烈地影响植物个体的生长与繁育，因此它能够在植物群落的演替方面发挥巨大的作用，从而控制陆地生态系统的稳定与变化。另外，生态系统中很多重要过程都是在土壤中进行的，特别是分解作用、硝化作用和固氮过程，这三种过程都是整个生物圈物质循环中必不可少的。

二、土壤的物理性质与生物的关系

土壤的基本物理性质是指土壤质地、结构、容量、孔隙度等。这里着重讨论土壤的质地、结构性质，以及由此引起的土壤水分、土壤空气和土壤温度的变化规律，能对植物根系的生长、植物的营养状况及土壤动物生活状况产生明显的影响。

（一）土壤质地与结构

土壤是由固体、液体和气体组成的三相系统，其中固相颗粒是组成土壤的物质基础，它占土壤全部重量的50%～85%，是土壤组成的骨干。土壤的固体、液体、气体三相中，液体、气体二相都受固相颗粒的组成、特性及其排列状态的影响。根据《土的工程分类标准》(GB/T

50145—2007)，土壤颗粒可分为砂粒（$0.075mm<d\leq2.000mm$；d表示直径）、粉粒（$0.005mm<d\leq0.075mm$）和黏粒（$d\leq0.005mm$）。这些大小不等的矿物质颗粒，称为土壤的机械成分，机械成分的组成百分比即土壤质地（soil texture）。根据土壤质地的不同，可把土壤区分为砂土（sand）、黏土（clay）和壤土（loam）三大类。在砂土类土壤中以粗砂和细砂为主，粉砂和黏粒所占比例不到10%，因此土壤黏性小、孔隙多、通气透水性强、蓄水和保肥能力差。在黏土类土壤中，以粉粒和黏粒为主，占60%以上，甚至可超过85%；黏土类土壤质地黏重，结构致密，湿时黏，干时硬。因含黏粒多，保水保肥能力较强，但因细小，孔隙细微，通气透水性差。壤土类土壤质地较均匀，是砂粒、黏粒和粉粒大致等量的混合物，物理性质良好（既不太松散，也不太黏重），通气透水，有一定的保水保肥能力，是比较理想的耕种土壤（图1-29）。

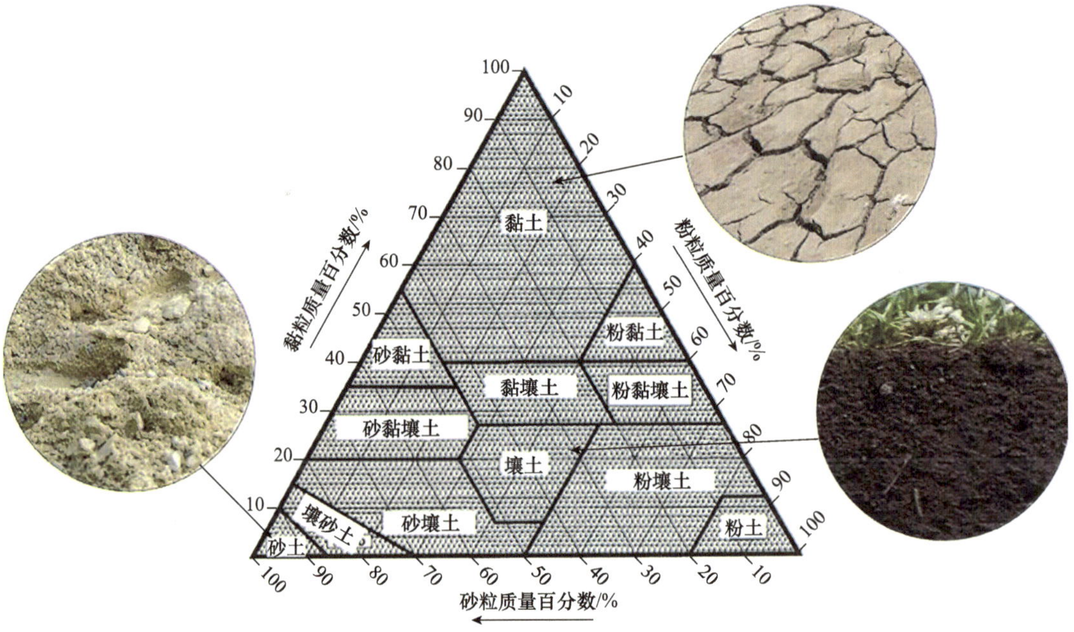

图1-29　土壤类型及其质地

土壤结构是指土壤固相颗粒的排列形式、孔隙度，团聚体的大小、多少及稳定度。这些都能影响土壤中固体、液体、气体三相的比例，从而影响土壤供应水分、养分的能力，通气和热量状况。土壤结构可分为微团粒结构（直径小于0.25mm）、团粒结构（0.25～10mm）、块状结构、核状结构、杆状结构、片状结构6种，其中以团粒结构最为重要。团粒结构是土壤中的腐殖质把矿质土粒相互黏结成0.25～10mm的小团块，具有泡水不散的水稳定性特点，常称为水稳性团粒。它是土壤肥力的基础，因为具有团粒结构的土壤，不仅能统一土壤中水和空气的矛盾，还能统一保肥和供肥的矛盾，从而协调土壤中水分、空气和营养物之间的关系，改善土壤物理化学性质。无结构和结构不良的土壤，主体坚实、通气透水性差，植物根系发育不良，土壤微生物和土壤动物的活动也受限制。

（二）土壤水分

土壤水分主要来自降雨、降雪和灌水。土壤水分的适量增加有利于各种营养物质的溶解和移动、有机物质的分解和合成、磷酸盐的水解和有机态磷的矿化，从而改善植物的营养状况。

此外，土壤水分还能调节土壤的温度，灌溉防霜就是这个道理。但水分太多或太少都对植物、土壤动物和土壤微生物不利。

土壤水分的过多或过少都威胁着土壤动物的生存。土壤中的节肢动物一般生活在水分饱和的孔隙内。例如，梨片蛭在土壤空气湿度下降到一定程度时就不能存活，所以它们常常进行周期性的垂直迁移，以寻找适宜的湿度环境。大多数土壤昆虫喜欢在水分饱和的土壤空气湿度里生活，当土壤空气湿度低于92%时，叩头虫的幼虫就无法适应，它们只能在地下进行垂直移动：土壤湿度高时，它们就跑到土表从事活动；土壤干旱时，就跑到1m深的土层中去。因此，该虫对庄稼的危害表现为春季大，夏季小，而雨季最严重。此外，土壤中的水分对土壤昆虫的发育和生殖力有着直接影响。例如，东亚飞蝗在土壤含水量为8%～22%时产卵量最大，而卵的最适孵化湿度是土壤含水量为3%～16%时，当土壤含水量超过30%时，大部分蝗虫卵就不能正常发育。

土壤干旱影响着植物的生长。而土壤水分过多会使土壤通气不良，同时还造成营养成分的大量流失，对植物的根系和好氧性土壤微生物的生长不利，还会使土壤动物因缺氧而死亡。

（三）土壤空气

土壤空气基本上来自大气，还有一部分是由土壤中的生化过程产生的。土壤空气中80%是氮气，20%是氧气和CO_2。由于土壤中生物（包括微生物、动物和植物根系）的呼吸作用和有机物质的分解不断消耗氧气，释放CO_2，所以土壤空气的成分与大气有所不同。例如，土壤空气中的氧气含量一般只有10%～12%，但CO_2含量则在0.1%以上。土壤空气中各种成分不如大气稳定，经常随季节、昼夜和深度而变化。在土壤板结、积水和透气不良的情况下，土壤中的氧气含量会降低到10%，这就会抑制植物根系的呼吸，进而影响整个植物的生理功能，动物则可通过垂直移动来选择适宜的呼吸条件。当土壤表层变得干旱时，因不利于其皮肤呼吸土壤动物移动到土壤深层，空气可沿着虫道和植物根系向土壤深层扩散。

土壤空气中高浓度的CO_2，一部分可扩散到近地面的大气中，另一部分则可直接被植物根系吸收。但是在通气不良的土壤中，CO_2的浓度可达到10%～15%。在此条件下，植物根系的发育和种子的萌发会受到抑制，如CO_2浓度进一步增加则会对植物产生毒害作用，破坏根系的呼吸功能，甚至导致植物窒息死亡。

土壤通气程度影响微生物的种类、数量和活动情况。在土壤通气不良的情况下，好氧微生物的活动受抑制，这就减缓了有机物质的分解和养分释放速度，供应植物的养分就会减少。若土壤过分通气，则好氧微生物活跃，有机物质迅速分解并可完全矿化，这样虽能提供给植物更多的养分，但却使土壤中的腐殖质数量减少，不利于养分的长期供应。由于土壤空气和土壤水分同处于土壤孔隙之中，因此互为消长。

（四）土壤温度

土壤的热量主要来自太阳能。由于太阳辐射强度有周期性的日变化和年变化，因此土壤温度也具有周期性的日变化和年变化。土壤表面在白天和夏季受热，温度最高，这时热量从土壤表面向深层输送。夜间和冬季土壤表面温度最低，这时热量又从深层向土壤表面输送。但土壤温度在30～100cm无昼夜变化，在10m以下则基本上无季节变化。土壤温度的垂直分布从冬季到夏季和从夏季到冬季要发生两次逆转，随着一天中昼夜的转变也要发生两次变化，这种现象对土壤动物的行为具有深刻的影响。

此外，土壤温度还制约着各种盐类的溶解速度、土壤气体交换和水分的蒸发、土壤微生物的活动，以及土壤有机物质的分解速度和养分转化等，从而通过对土壤各种理化性质产生影响而间接影响植物的生长。

大多数土壤无脊椎动物都随着季节的变化而进行垂直迁移，以适应土壤温度的垂直变化。一般来说，土壤动物在秋冬季节向土壤深层移动，春夏季节向土壤上层移动。移动的距离常与土壤质地有密切关系。很多狭温性的土壤动物不仅表现有季节性的垂直迁移，在较短的时间范围内也能随土壤温度的垂直变化而调整其在土壤中的活动位置。土壤动物的垂直迁移现象与海洋浮游生物的垂直迁移现象颇为相似，但原因却有很大的不同。

土壤温度除了能直接影响植物种子的萌发和扎根生苗外，还对植物根系的生长和呼吸作用有很大影响。大多数作物在10～35℃，随着土壤温度增高，生长加快，这是因为随着土壤温度的增高，根系吸收作用和呼吸作用加强，同时物质运输加快，细胞分裂和生长速度也随之提高。土壤温度太高或太低都会减弱根系的呼吸作用，并不利于其生长。例如，向日葵的呼吸作用在土壤温度低于10℃或高于25℃时都会明显减弱。

三、土壤的化学性质与生物的关系

（一）土壤酸碱度

土壤酸碱度是土壤化学性质特别是岩基状况的综合反映，它对土壤的一系列肥力性质有深刻的影响。土壤中微生物的活动，有机物质的合成与分解，氮、磷等营养元素的转化与释放，微量元素的有效性，土壤保持养分的能力等都与土壤酸碱度有关。

土壤酸碱度包括酸性强度和酸度数量两方面。酸性强度又称为土壤反应，是指与土壤固相处于平衡的土壤溶液中的H^+浓度，用pH表示。酸度数量是指酸度总量和缓冲性能，代表土壤所含的交换性氢、铝总量，一般用交换性酸量来表示。土壤的酸度数量远远大于其酸性强度，因此在调节土壤酸性时，应按潜酸含量来确定石灰等的施用量。

土壤动物依其对土壤酸碱度的适应范围可分为嗜酸性种类和嗜碱性种类。例如，金针虫在pH为4.0～5.2的土壤中数量最多，在pH为2.7的强酸性土壤中也能生存，而麦红吸浆虫通常分布在pH为7～11的碱性土壤中，当pH<6.0时便难以生存。蚯蚓和大多数土壤昆虫喜欢生活在微碱性土壤中。

土壤酸碱度对土壤养分有效性有着重要影响，在pH为6～7的微酸条件下，土壤养分有效性最好，最有利于植物生长。在酸性土壤中容易引起钾、钙、镁、磷等元素的短缺，而在强碱性土壤中容易引起铁、硼、铜、锰和锌的短缺（图1-30）。土壤酸碱度还通过影响微生物的活动而影响植物的生长。酸性土壤一般不利于细菌活动，根瘤菌、圆褐固氮菌、氨化细菌和硝化细菌等大多数生长在中性土壤中，它们在酸性土壤中多数不能生存。pH 3.5～8.5是大多数维管植物的生长范围，但最适合植物生长的pH则远较此范围窄。

（二）土壤有机物质

土壤有机物质（organic matter）是土壤的重要组成部分，土壤的许多属性都直接或间接与土壤有机物质有关。土壤有机物质可粗略地分为两类：非腐殖质和腐殖质（humus）。前者是原来的动植物组织和部分分解的组织，后者则是微生物分解有机物质时重新合成的具有相

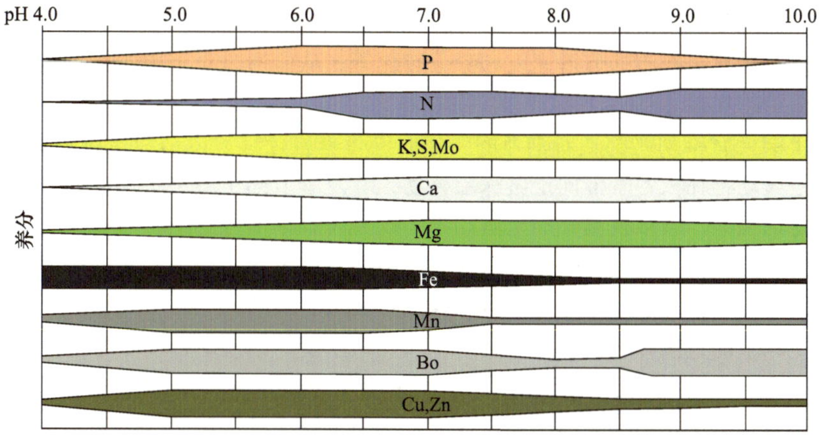

图1-30 土壤酸碱度对土壤养分有效性的影响（仿Daubenmire，1947）

对稳定性的多聚体化合物，主要是胡敏酸和富里酸，占土壤有机物质的85%～90%。腐殖质是植物营养的重要碳源和氮源，土壤中99%以上的氮素是以腐殖质的形式存在的。腐殖质也是植物所需各种矿质营养的重要来源，并能与各种微量元素形成络合物，增加微量元素的有效性。

土壤有机物质含量是土壤肥力（soil fertility）的一个重要指标。但一般土壤表层内有机物质含量只有3%～5%。森林土壤和草原土壤的有机物质含量比较高，因此在自然植被中能保持物质循环的平衡；但这类土壤一经开垦，并连续耕作之后，有机物质逐渐被分解，如得不到足够量的补充，则会因养分循环中断而失去平衡，致使有机物质含量迅速降低。因此，施加有机肥是恢复和提高农田土壤肥力的一项重要措施。

土壤有机物质能改善土壤的物理结构和化学性质，有利于土壤团粒结构的形成，从而促进植物的生长和养分的吸收。

土壤腐殖质还是异养微生物的重要养料和能源，所以能活化土壤微生物，而土壤微生物的旺盛活动对于植物营养是十分重要的因素。

一般来说，土壤有机物质含量越多，土壤动物的种类和数量也越多。因此，在富含腐殖质的草原黑钙土中，土壤动物的种类和数量极为丰富，而在有机物质含量很少的荒漠地区，土壤动物的种类和数量则非常有限。

（三）土壤中的无机元素

动植物在生长发育过程中，需要不断地从土壤中吸取大量的无机元素，包括大量元素（氮、磷、钾、钙、硫和镁）和微量元素（锰、锌、铜、钼、硼和氯）（表1-3）。

表1-3 元素与动植物的健康（引自Smith and Smith，1998）

元素	大量元素的作用	元素	微量元素的作用
碳（C）、氢（H）、氧（O）	有机物质的基本组成	碘（I）	参与甲状腺代谢，不足易导致甲状腺肿大、脱发、繁殖受阻等
氮（N）	以硝酸盐、亚硝酸盐、氨等形式被利用，是生物蛋白质的基本组分	钴（Co）	反刍动物的瘤胃内细菌合成维生素B_{12}所必需的元素

续表

元素	大量元素的作用	元素	微量元素的作用
磷（P）	有机体内能量流动的基础，细胞核中的主要组分。能促进种子成熟，籽粒饱满，根系发达。在动物体内合适的Ca与P的比例非常重要，比例失调会导致佝偻病	铁（Fe）	参与叶绿素的合成，是叶绿体和线粒体中负责激活、携氧和运送离子的复合蛋白化合物的组分，缺铁常引起失绿病。在动物体内合成并进入血红蛋白和血淋巴中，不足会导致贫血症
钙（Ca）	在动物体内参与酸碱相关的代谢活动，如血液的凝结、心脏的搏动。控制细胞内水分的出入，是动物骨骼与植物细胞壁的主要组分	锰（Mn）	在植物体内促进离子从水溶液中进入叶绿素，激活脂肪酸合成中的酶活性，缺乏则叶绿素难以形成。在动物体内，为繁殖与生长所必需
钾（K）	在植物体内参与渗透和离子平衡，能提高许多酶的活性，促进根系发育，茎叶坚韧，抗倒伏与抗虫害。在动物体内，参与蛋白质的合成、生长和碳水化合物的代谢	硼（B）	在植物体内参与细胞分裂、花粉萌发、碳水化合物代谢、水代谢、输导组织的保持、糖的运输等。缺硼会阻碍糖的输送和供应，进而导致根与叶发育不良和黄叶现象
镁（Mg）	在所有生物的细胞中都需要大量的Mg来进行酶反应。作为叶绿体的核心组分，参与植物蛋白质的合成，在动物体内也很有活力	铜（Cu）	集中在叶绿体内，促进生物体内光合电子传递，影响植物的光合速率、酶活性。在脊椎动物体内不足会引起缺铁，进而导致贫血和骨骼中Ca的流失
硫（S）	蛋白质的基本组分。在植物体内，S与P含量接近。过量对植物有害	硒（Se）	在功能上与维生素E密切相关
钠（Na）	参与酸基平衡、渗透动态平衡、肠胃分泌物的形成和流动、神经的形成、体重的增加和保持，过量对植物有害	钼（Mo）	将气态氮转变为可利用态氮的催化剂，缺乏钼，则固氮菌和藻青菌无法吸收N，不能正常活动。而在反刍动物体内过量会引起钼中毒症
氯（Cl）	在植物体内促进离子从水溶液向叶绿素的流动。在动物体内的作用与Na相似，这与盐的作用有关	锌（Zn）	促进植物生长素形成，是与水相关的几种酶系统的组分。动物体内碳酸酐酶和超氧化物歧化酶的关键组分

在土壤中近98%的养分呈束缚态，存在于矿物质或结合于有机碎屑、腐殖质或较难溶解的无机物质中，它们构成了养分的储备源，通过分化和矿化作用慢慢地变为可用态供给植物生长需要。土壤中含有植物必需的各种元素，比例适当能使植物生长发育良好，因此可通过合理施肥改善土壤的营养状况来达到植物增产的目的。

土壤中的无机元素对动物的分布和数量有一定影响。例如，当土壤中钴离子浓度在3mg/kg以下时，牛、羊等反刍动物就会生病。同一种蜗牛，生活在含钙量高的地方，其壳重占体重的35%；而在含钙量低的地方，只有20%。由于石灰质土壤对蜗牛壳的形成很重要，因此石灰岩地区蜗牛数量往往较其他地区多。哺乳动物也喜欢在母岩为石灰岩的土壤地区活动。含氯化钠丰富的土壤和地区往往能够吸引大量的食草有蹄动物，因为这些动物的生理需要必须摄入大量的盐。

土壤含盐量对飞蝗影响非常大，含盐量低于0.5%的地区是飞蝗常年发生的场所；而含盐量在0.7%～1.2%的地区，是它们扩散和轮生的地方；在土壤含盐量达1.2%～1.5%的地区就不会出现飞蝗。土壤中某些元素的富余也会对动物造成不利影响，如氟含量过高的地区人、畜常易患克山病等地方病，严重者可造成死亡。另外，含氟量过高，动物的牙齿常会出现褐色斑点，还会变得易碎，影响摄食效率。

四、土壤的生物学特征

土壤的生物学特征是由于土壤中动物、植物和微生物的活动所促成的土壤的生物化学和生物物理学特性。从土壤发生的意义上来说，只有通过生物等的活动，岩石表面的风化物才能称为土壤。

土壤中存在着许多生物，如细菌、真菌、古菌、藻类、原生动物、昆虫、蚯蚓和鼠类等。它们的数量相当大，如在1g土壤中有原生动物100万个，细菌就更多了，可多达上亿个。这些生物在土壤中生活，它们的生命活动过程对土壤的特性有着很大的影响，与植物生长之间有许多直接和间接的关系。所以土壤绝不是死气沉沉的，而是一个十分活跃的环境。

（一）土壤中的微生物

微生物是生态系统中的分解者，它们使有机物质分解，释放出养分，促成了养分循环。土壤微生物对植物生长起着很大作用，这是因为使有机体中的营养元素还原成简单的、可利用状态的过程主要是由微生物来完成的，这就是我们平常所说的腐烂过程。

有机物质的腐烂是一个复杂的生物化学过程，不仅各种类型的有机物质是由不同的微生物来分解的，而且某一类有机物质在其分解的各个阶段的微生物也是不同的。例如，蛋白质开始分解成氨基酸，主要是一些非芽孢杆菌和某些真菌的作用，氨基酸再进一步分解成铵盐就是氨化细菌的作用，而铵盐被转化为硝酸盐和亚硝酸盐则是由硝化细菌来完成的。也就是说，土壤有机物质矿化，使营养元素释放而重新被植物所利用的过程，是一整套微生物的作用过程。可见植物-土壤之间营养元素的循环，没有微生物的作用就不可能进行，所以，有人认为土壤微生物的这种作用是土壤肥沃性的因素，如果没有微生物，土壤就不可能变肥沃。

矿化作用与腐殖化作用是一个对立统一的过程。在土壤温度高，水分适当，通气良好的情况下，好氧微生物活动旺盛，以矿化作用为主；相反，如果土壤温度低，湿度大，通气不良，则嫌气性微生物活动旺盛，以腐殖化作用为主。

在形成土壤团粒结构方面，微生物起着直接和间接的重要作用。腐殖质在土壤结构形成过程中具有关键性的作用，而腐殖质本身是微生物活动的产物，不仅如此，许多土壤微生物直接参与土壤结构的形成。例如，许多真菌和古菌的菌丝体能将土粒粘在一起形成土壤团粒，许多细菌所分泌的黏液也能起到胶结土粒的作用。当然这些团粒结构是不稳定的，因为微生物的这些胶结物质很容易被另一些微生物所分解。但是，并不能因此而否定微生物对土壤结构的作用，因为不仅微生物存在的数量巨大，而且微生物的这种作用大大促进了腐殖质对土粒的胶结作用。

土壤中一些真菌还能与高等植物的根系形成共生体，称为菌根。植物给菌根供以碳水化合物，菌根帮助植物吸收水分和养分。有些真菌还具有固氮作用，能改善植物的氮素营养；有些菌根能分泌酶，提高植物营养物质的有效性；有些菌根能产生维生素、生长素等物质，有利于植物种子发芽和根系生长（图1-31）。

还有一些很特殊的微生物能利用空气中的氮。我们普遍了解的固氮菌和根瘤菌就是这类微生物，它们每一个个体就好像一个微型氮肥厂。它们的这种特殊作用增加了土壤中氮素的来源，扩大了氮素循环的范围。将利用这类微生物制成细菌肥料施入土壤中，能起到增产的作用。

此外还有一些特殊的微生物，能使土壤环境得到改善而使植物生长。例如，硅酸盐细菌能破坏土壤中长石等硅酸盐类的矿物，促使这类矿物中的钾释放出来，增加植物所需钾的来源，且磷细菌对磷矿石也有类似的作用。还有许多真菌和细菌，在它们的生命活动过程中会产生一些特殊的化学物质，如生长素等，对植物的生长能起刺激作用，促进植物的生长。

当然，微生物也会产生不利的方面，许多植物病害就是由土壤中的病原菌引起的。此外，有些微生物的分泌物和它们在分解有机物质时所产生的中间产物在土壤中大量积累时，会对植物产生毒害作用。

图1-31 常绿阔叶林林内土壤中生长的正红菇是一种大型食用真菌

（二）土壤中的动物

土壤不仅是植物生长的基地，也是许多动物的巢穴和生活场地。土壤动物的数量和种类相当多，在1hm^{2}土壤中动物的种类可达几十种，甚至几百种，而它们的个体数量是数以万计的。

生活在土壤中的动物数量很多。据调查，在1m^{2}麦田中有73 000个无脊椎动物，其中6000个是昆虫；同样面积的荒草地有198 000个无脊椎动物，其中昆虫有8700个。这些动物在土壤形成过程中起着重要作用。它们参与土壤有机物质的捣碎、分解和腐烂等过程，从而提高了土壤肥力。

土壤动物种类有数千种，包括节肢动物和非节肢动物。非节肢动物主要有线虫和蚯蚓。蚯蚓是定居在土壤中最著名的类群，这类生物喜欢湿润的环境和丰富的有机物质，因此多居住在黏质、有机物质含量高和酸性不太强的土壤里。显然，蚯蚓的数量和作用在不同的地块是有差异的。有人估计，每公顷耕作层中的蚯蚓可达200～1000kg，200万条以上，蚯蚓往往靠吞食土壤中的有机物质生活。它们的活动使土壤有机物质紧密混合，形成很好的团粒结构。此外，孔道的形成、粪粒的产生，也使得土壤更疏松多孔。经蚯蚓加工过的土壤数量是惊人的。改良得好的土地，每年每公顷有100t的土壤能够得到蚯蚓的加工。

此外，土壤中还有蜱螨、蜈蚣、马陆、跳虫、白蚁、甲虫和蚂蚁等土壤动物。它们粉碎和分解土壤中的有机物质，并把有机物质运到较深的土层中去，起到了维持孔隙、改善土壤性质的作用。

五、以土壤为主导因子的植物生态类型

在不同的土壤上生长的植物，由于长期生活，对当地的土壤产生了一定的适应特性，形成了各种以土壤为主导因子的植物生态类型。常见的以土壤为主导因子所形成的植物生态类型有盐碱土植物、酸性土植物、钙土植物和沙生植物等。

（一）盐碱土植物

盐碱土是盐土和碱土及各种盐化和碱化土的总称。盐土是指可溶性盐含量相当于干土重1%以上的土壤，有的可达3%以上。氯化钠和硫酸钠等可溶性盐常在地表形成白色的盐皮，土壤结构尚未被破坏，pH为中性。内陆盐土是由于蒸发量大于降水量，地下含盐水经毛细管上升到地面而形成。在内陆湖滨也能形成盐土。海滨盐土是海水浸渍形成的，海水含盐量一般为

3.5%，当退潮以后，盐分就停留于土壤中。内陆盐土以硫酸盐为主，氯化钠次之；海滨盐土以氯化钠为主，硫酸盐次之。

碱土则是另一种类型的盐碱土，它的主要成分是碳酸钠、碳酸氢钠和硫酸钾。由于土壤中含有交换性的钠，可经水解生成氢氧化钠，再与CO_2结合而形成碳酸钠。这一类碱土在我国东北、西北都有分布。

盐碱土对植物的生长产生严重的影响，主要表现在盐碱毒害植物的根系；能使土壤的物理性质发生变化，土壤结构被破坏；能引起植物的生理干旱，伤害植物细胞，引起植物代谢的紊乱。

在形态上，这一类植物多矮小、干瘦、叶片退化或无叶，有的肉质变红，有特殊的储水细胞，这种细胞能不受盐分的伤害而进行正常的同化作用。此外，还有许多类似旱生植物的特点，如蒸腾面积减小，气孔下陷，常有灰白色茸毛，细胞间隙缩小，栅栏组织发达等。在生理上，这类植物也具有适应性特征。根据植物对盐碱的适应性可将盐碱土植物分成泌盐植物、聚盐植物和不透盐植物三类。

泌盐植物是指盐分能够通过植物根系吸收进体内，但是盐分不在植物体内积累，而由茎、叶表面密布的盐腺，将所吸收的过多盐分排出体外，这种作用也称为泌盐作用，如柳树、海滨的互花米草和蜡烛果（*Aegiceras corniculatum*）（图1-32a）。聚盐植物是指能在强盐碱化土壤上生长，能从土壤里吸收大量可溶性盐类，并把这些盐类聚集在体内而不受到伤害的植物，如盐角草、南方碱蓬（*Suaeda australis*）（图1-32b）、滨藜等。不透盐植物又称为拒盐植物，是指该类植物的根系对盐类的透过性非常小，所以它们虽然生长在轻度盐碱化的土壤中，却几乎不吸收或很少吸收土壤中的盐类，如秋茄树（*Kandelia obovata*）（图1-32c）等部分红树植物、蒿属植物、盐地风毛菊、碱地风毛菊等。

a　　b　　c

图1-32　盐碱土植物

a. 泌盐植物蜡烛果；b. 聚盐植物南方碱蓬；c. 不透盐植物秋茄树

（二）酸性土植物

酸性土植物能生长在酸性土壤中，也就是生长在土壤缺钙、多铁和铝的环境里，所以又称为非钙植物。在土壤缺钙的情况下，土壤坚实、通气不良、缺水，土壤养分不足而贫瘠，土壤温度较低，土壤呈酸性或强酸性。这类植物在钙土上难以生长。例如，杜鹃、茶、马尾松等都属于这类植物。

（三）钙土植物

钙土植物是相对于酸性土植物而言的，两者对土壤钙盐的要求是两个极端。钙土植物只有在石灰性、含钙丰富的土壤中才能生长，所以又称为喜钙植物。石灰性土壤的特点主要是富含碳酸钙，土壤呈碱性。钙对植物的生态作用，不仅在于直接影响植物的代谢，还在于对土壤的物理结构、化学性质、营养状况及土壤微生物产生影响。这类植物有南天竹、刺柏、铁线蕨、凤尾蕨、西伯利亚落叶松、野花椒、黄连木等。

（四）沙生植物

沙丘上生长的植物，称为沙生植物。因为沙丘具有流动性、干旱性、养分缺乏、温度变幅大等特点，只允许沙生植物在此生存。

沙的流动性使得沙生植物在被沙淹没时，能从被沙埋没的基干上长出不定根；在暴露的根系上也能长出不定芽。沙生植物的根系特别发达，有的水平根和根状茎可以长达几米，甚至30m以上，这就是沙生植物的固沙作用。

沙生植物有许多旱生特征，如根系长、分布广。有的根集中在距土表50～150cm的潮湿沙里，以便获取水分。许多沙生植物的根有很厚的皮层，或被一层胶结的砂粒囊套所保护。当根露出地面时，能起到保护的作用，并能减少蒸腾失水。沙生植物的叶片都极其小，有的甚至没有叶片，而利用枝条进行光合和蒸腾作用。叶片都有明显的旱生特征：有的具有储水细胞；有的在表皮下有一层没有叶绿素的细胞，主要用于积累脂类，能提高植物的抗热性，或具有蜡质层，可以耐磨蚀（图1-33）。根细胞的渗透压可达40～60atm①，以此加强吸水的能力。这类植物有骆驼刺、柠条、花棒、梭梭等。

图1-33　沙地生境中的厚藤

本章提要

1. 环境是指所在栖息地中对该个体产生影响的全部无机因素和有机因素的总和。根据环境范围的大小或尺度，生物环境一般可区分为微环境、生境和大环境。经典生态学研究更加重视生物的生境和微环境。

2. 生态因子能够影响生物体的生存和繁殖。当生态因子（一个或相关的几个）接近或超过某种生物的耐受性极限而阻止其生存、生长、繁殖、扩散或分布时，该生态因子就称为限制因子。

3. 生态学的研究对象是个体、种群、群落、生态系统和景观。稳态是生命系统的最重要特性。生命

① 1atm＝1.013 25×10^5Pa

系统通过内在的调节机制，各组成成分得以和谐共处，从而使相对的平衡条件得以保持。当能量和物质的输入和流通发生变化时，各组成成分能够进行自我调整以保持平衡。

4. 适应是生物对其环境压力的响应和调整过程。生物对特定生活环境中一组生态因子相互关联性的适应称为适应组合。适应可以使生物对生态因子的耐受范围发生改变。

5. 光照是植物积累净生产的必要条件，阳生植物在光照减少到全光照的3/4时就生长不好；阴生植物在5%～20%的弱光下仍然繁茂生长。

6. 昼夜交替中日照的长短对植物开花、结实或动物的迁徙等的影响，称为光周期现象。植物开花要求一定的光照长度，根据植物对光照长度的要求可以将其划分为长日照植物、短日照植物和中日照植物。长日照植物在生长过程中，需要在发育的某一阶段有较长的光照长度，短日照植物要求短于临界光照长度。

7. 很多鸟类的迁徙都是由光照长度的变化所引起的。雪兔换白毛是对秋季光照长度逐渐缩短的一种生理反应。鱼类的生殖和洄游活动、昆虫的冬眠和滞育都与光周期的变化有关。

8. 地表温度在空间上随纬度、海拔和各种小生境的变化而变化。冷害指喜温生物在0℃以上的温度条件下受害或死亡；冻害指冰点以下的低温使生物体内形成冰晶而受害。

9. 在较宽温度范围内生活的生物称为广温性生物；只能在窄的温度范围内生活，不能适应温度波动的生物，称为狭温性生物，包括好冷种和好热种。

10. 恒温动物的大型种类，趋向于生活在寒冷的气候中，其突出部分在低温环境中，有变短变小的趋势。在低温环境中常增加毛的厚度或增加皮下脂肪的厚度。一些动物体内积累大量由糖原构成的甘油，具有防冻剂的作用。动物多适当放松恒温性或在洞穴中生活，采取夏眠、昼伏夜出等措施抵御高温。

11. 植物采取休眠、落叶、具鳞片或具厚的蜡质层、细胞质浓度增高等机制抵御寒冷。通过树皮、树叶的形态变化或在生理上增加细胞质浓度来抗高温。

12. 生物长期适应于一年中温度的寒暑节律性变化，形成与此相适应的发育节律称为物候。

13. 陆生植物包括湿生植物、中生植物和旱生植物三大类型。水生植物可以分为漂浮植物、浮叶植物、沉水植物、挺水植物四种类型。

14. 陆生动物吸收水分主要有三种方法：大部分动物靠直接饮水获取水分；两栖动物如青蛙、蟾蜍等在潮湿的环境中可用皮肤直接吸收水分；昆虫可从食物分解后的代谢水中获取水分。

15. 土壤的基本物理性质是指土壤质地、土壤结构、容量、孔隙度等，按土壤质地可把土壤区分为砂土、黏土和壤土三大类。

16. 土壤化学性质包括土壤酸碱度、土壤有机物质和矿质营养元素。在pH 6～7的微酸条件下，土壤养分有效性最好。土壤有机物质是土壤肥力的一个重要指标，能改善土壤的物理结构和化学性质，有利于土壤团粒结构的形成，促进植物的生长和养分的吸收。

17. 土壤生物包括细菌、真菌、古菌、藻类、土壤昆虫等。通过生物的活动，岩石表面风化物才能成为土壤。微生物的作用是土壤肥沃性的关键之一。土壤是许多无脊椎动物的巢穴和生活场所，它们能使养分通过消化道分解而回到土壤中去，能使土壤疏松，改善土壤结构。

18. 以土壤为主导因子的植物生态类型主要有盐碱土植物、酸性土植物、钙土植物和沙生植物。

概念与术语

环境（environment）、生境（habitat）、生态因子（ecological factor）、适应（adaptation）、利比希最小因子定律（Liebig's law of the minimum）、谢尔福德耐受性定律（Shelford's law of tolerance）、生态幅（ecological amplitude）、限制因子（limiting factor）、稳态（homeostasis）、反馈（feedback）、阳

生植物（sun plant）、阴生植物（shade plant）、光周期（photoperiod）、有效积温（effective accumulated temperature）、水生植物（aquatic plant）、陆生动物（terrestrial animal）、土壤质地（soil texture）、砂土（sand）、黏土（clay）、壤土（loam）、有机物质（organic matter）、土壤肥力（soil fertility）、腐殖质（humus）

复习与练习

复习题

1. 什么是利比希最小因子定律和谢尔福德耐受性定律？
2. 生态因子与限制因子有何区别？生态因子的相互联系主要表现在哪些方面？
3. 何谓稳态？为什么说稳态是生命系统的最重要特性？
4. 试举例说明反馈与负反馈。
5. 适应对生物的生存有何意义？
6. 举例说明生物对光强度和光周期的适应。其研究在生产上有何意义？
7. 何谓有效积温？掌握有效积温有何意义？
8. 极端温度对生物有何影响？举例说明生物对极端温度的适应。
9. 请简述地球上水的存在形式、变化规律及其对生物的影响。
10. 土壤的基本理化性质包括哪些内容？它们对生物的作用是怎样的？

讨论题

1. 经典生态学研究更加重视生物的生境与微环境，为什么？
2. 生物与环境之间有哪些辩证关系？
3. 试探讨说明生物的分布和数量与物理环境的变化和生物的耐受性之间的关系。
4. 何谓光周期现象，说明以光为指导因子的生态类型。试述光生态因子在引种驯化上的生态学意义。
5. 从你家乡的自然资源部门统计数据了解并分析土地与农业发展、城市发展、土壤侵蚀问题和森林分布的相关性。

参考读物

北美草原野生生物研究中心网站 . http://www.npwrc.usgs.gov/
李博 . 2000. 生态学 . 北京 : 高等教育出版社
孙儒泳，李庆芬，牛翠娟，等 . 2002. 基础生态学 . 北京 : 高等教育出版社
Duvigneaud P. 1987. 生态学概论 . 李耶波，译 . 北京 : 科学出版社
Nebel B J. 1987. 环境科学 : 世界存在与发展的途径 . 范淑琴，译 . 北京 : 科学出版社
Emberlin J C. 1983. Introduction to Ecology. Plymouth: Macdonald and Evans Ltd
Levin S A. 2009. The Princeton Guide to Ecology. Princeton: Princeton University Press
Mackenzie A，Ball A S，Virdee S R. 1999. 生态学 (影印版). 北京 : 科学出版社
Smith R L，Smith T M. 2015. Elements of Ecology. 9th ed. New York: Pearson Education Inc

第二章　种群生态学

学习目的

通过本章学习，掌握种群的概念、种群动态、种群统计特征（密度、年龄结构、出生率、死亡率、迁入率、迁出率、存活曲线等），并了解以下知识点：种群的增长方式和模型、数量波动及其调节机制；种群内部的社会关系；种群的空间分布格局；物种的进化过程；物种的种间关系。

微课堂

第一节　种群的概念和特征

种群（population）是指在特定时间内分布在同一区域的同种生物个体的集合，如在非洲稀树干草原上的平原斑马种群（图2-1）、武夷山国家公园内的铁杉种群（图2-2）。种群具有共同的基因库，种群内部个体之间能够进行自然交配并繁衍后代，因此种群是种族生存的前提，是物种具体的存在单位、繁殖单位和进化单位。自然界中任何物种的个体都不可能单一地生存在地球上，生物个体必然在某一时期与同种及其他种类的许多个体联系成一个相互依赖、相互

图2-1　非洲稀树干草原上的平原斑马（*Equus quagga*）种群

图2-2　武夷山国家公园内的铁杉（*Tsuga chinensis*）种群

制约的群体才能生存。一个物种通常可以包括许多个种群，不同种群之间存在明显的地理隔离，长期隔离的结果有可能发展成为不同的亚种，甚至产生新的物种。

什么是种群生态学？种群生态学是研究生物种群规律的科学，具体地说，就是研究种群内部各成员之间，种群（或其成员）与其他生物种群之间，以及种群与周围非生物因素相互作用规律的科学。种群生态学主要研究种群数量在时间上和空间上的变化规律及其调节机制，其核心内容是种群动态研究。简单地说，就是研究某一地区内某种生物的数量有多少，哪里多，哪里少，什么时候多，什么时候少，以及是怎么调节的。

种群数量决定着该种群对生态系统作用的大小。通过研究濒危与保护动植物物种等的种群数量，可以表明这些物种的濒危程度或可利用程度。因此，种群生态学的理论和实践有助于合理地利用和保护生物资源。在自然界中，绝大多数动物都是以种群为存在的基本单位，若干动物个体共同生活在同一地区，因此，对于动物生态学来说，种群生态学更是其主要研究内容。

生态学上的种群概念主要围绕着种群的分布和数量，认为种群是一种生命系统，不仅强调物种与环境的相互关系，也关注种群内部个体之间存在的遗传信息交换等种内关系。种群这一术语起源于人口统计学。其英文population来自拉丁语词根*populus*，原词义是“人”“人民”，因此被翻译为“人口”。部分华人学者曾将其翻译为“族群”“繁群”。目前，已统一翻译为“种群”。种群可以再分为繁殖群（deme）或地方种群（local population），即一群能够相互交配繁殖的同种个体。

事实上，种群的空间界限和时间界限并不是十分明确，除非种群栖息地有清晰的边界，如某岛屿上的海龟种群、一个池塘里的鲫鱼种群等。在大多数情况下，种群的分界线是针对研究种群的问题而设定的，或多或少具有人为性。生态学研究者往往从方便研究来考虑，划出种群的分界线。种群概念可以是非常具体的名词，如某个保护地内的金雕种群；也可以是抽象的名词，如泛指金雕种群。

虽然说种群由一定数量的同种个体所组成，但这种组成并不是简单的相加，种群作为更高一级的生命系统，具有新质（emergent property）的产生。种群的主要特征表现在以下三个方面。①数量特征（密度或多少）：种群的数量越多、密度越高，种群就越大，种群的生态学作用也可能就越大。种群的数量大小受4个种群基本参数（出生率、死亡率、迁入率和迁出率）的影响，这些参数继而又受种群的年龄结构、性比、分布格局和遗传组成的影响。②空间分布特征：种群内部的个体与个体之间的紧密或松散的排布方式，可能是集群分布、随机分布，或是均匀分布。一般地，在小的地理范围称为分布格局（distribution pattern）；在大的地理范围称为地理分布（geographical distribution）。③遗传特征：种群具有一定的遗传组成，是一个基因库。

第二节　种群的数量特征与动态变化

微课堂

一、种群密度

种群密度（density）是指单位面积（或体积）空间中的生物个体数量。有时候，也可以用生物的质量来代替个体的数量，以衡量个体数量的多少。种群密度是一个变量。在适宜的环境条件下种群密度较高，反之则较低。随着一年的四季变动，种群密度也会发生变化。另外，在不同区域由于环境条件的差别，种群密度也有所不同。

密度可以分为绝对密度和相对密度。绝对密度是指单位面积（或体积）空间中的生物个体数量。相对密度则只是衡量生物数量多少的相对指标，指某种群相对于另一种群是多还是少。相对密度可以用来比较哪一个种群大，哪一个种群小。相对密度的生物数量虽不准确，但在难以对生物数量进行准确测定时，也是常用的密度指标。例如，每小时见到的迁徙鸟类数量、单位时间内黑光灯诱捕昆虫数量、每平方千米内见到的动物足迹或粪便数量、每天每艘船的捕鱼量等。

种群密度的高低与生物个体大小和食性相关。食草动物的种群密度往往高于食肉动物。在食性相似的情况下，个体较大的种群，密度较低，相反，较小个体的种群则具有较高的单位面积密度。因为个体越大，食量也就越大，需要的觅食范围也就较大。例如，在草原上，猛兽、猛禽、有蹄类、啮齿类和蝗虫的单位面积密度将依次增高。

每一种生物的种群密度，都有一定的变化限度。最大密度是指特定环境所能容纳某种生物的最大个体数。最小密度是指种群维持正常繁殖、弥补死亡个体所需要的最小个体数。如果低于最小密度，由于难以寻找配偶，繁殖意愿丧失，繁殖力下降，导致种群难以生存。在最大密度和最小密度之间存在着一个最适密度（optimum density），当处于最适密度状态时，种群的增长最快。种群密度是一个变量。出生和迁入是使种群数量增加的因素，死亡和迁出则是导致种群数量减少的因素。

生物可分为单体生物（unitary organism）和构件生物（modular organism）。在分析种群密度时，除了要了解个体数量以外，对于构件生物，还应当了解个体中组成结构的构件（module）数量的变化。

单体生物由一个受精卵发育而成，每个个体的形态结构基本一致。大多数动物和一些低等植物属于单体生物。例如，鸟都有一对翅、两只脚等形态结构。构件生物是由一个合子发育而成、由一套构件组成的个体。例如，一棵树有许多芽，芽是树的构件。高等植物和一些固着且群体生活的动物，如珊瑚、苔藓虫等都属于构件生物。

二、种群参数

种群数量是经常变动的。在内外条件合适时，种群数量增加；条件不合适时，种群数量则减少。显然，出生和迁入使种群数量增加，死亡和迁出使种群数量减少，因此，种群数量的变动取决于种群的4个基本参数：出生率、死亡率、迁入率和迁出率（图2-3）。

图2-3　影响种群数量变动的4个基本参数

（一）出生率

出生率（natality）是指单位时间内种群的出生个体数与种群个体总数的比值。例如，人口出生率＝年出生人数/年平均人口数。只有将出生个体数与种群个体总数相比，即计算出生率，才能比较不同种群的繁殖能力。出生率常分为最大出生率和生态出生率（或称为实际出生率）。前者是指种群在理想状态下，生理上能够达到的最大生殖能力。对于特定种群来说，最大出生率是一个常数，是理论上的最大值，自然条件下大多数种群达不到。种群在特定环境条件下表现出的出生率称为生态出生率。种群的生态出生率是可变的，它会随着种群的结构、密度大小和自然环境条件的变化而改变。

不同生物类群的出生率具有很大的差别。出生率的高低主要取决于生物的性成熟速度、每年的繁殖次数和每次产仔（卵）数等生物学特点。性成熟越早、每年的繁殖次数越多或每次产仔数越多，出生率也就越高。不同生物类群具有不同的繁殖生物学特点，因此，它们的出生率表现出很大的差别。例如，类人猿15～20岁才性成熟，黄鼬（*Mustela sibirica*）10个月左右性成熟，普通田鼠2个月左右性成熟，而低等甲壳类的性成熟只需要几天。鲸、象每几年才繁殖一次，一些物种每年繁殖一次，还有些物种在一个生长季节内可繁殖若干次，甚至可以连续繁殖。鱼类每次可产几千枚卵，鸟类每窝产卵数小于20枚，而哺乳类很少一次产仔超过10只。出生率的高低与生物在食物链所处的位置有关。通常，较低营养级的动物（如鼠类）出生率大于高营养级动物（如鹰类）。

在实际应用中，有时候为了反映雌性动物的繁殖能力，将出生率中的种群个体总数用雌性个体总数来代替，即单位时间种群的出生个体数与种群雌性个体总数的比值，这个比值称为生育率。生殖力是与生育率相对应的另一个概念，是指单位时间个体或种群所能产生的配子数或无性繁殖的合子数。例如，人类潜在的生殖力是每9～11个月可产1个婴儿，但实际上的生育率却是平均每8年才产1个婴儿。生殖力的高低反比于该物种亲代对其后代的抚育程度。例如，鱼类亲代给予其后代很少的抚育，而哺乳类却照顾其后代几个月甚至几年，因此鱼类的生殖力大大高于哺乳类。

（二）死亡率

死亡率（mortality）是指单位时间种群的死亡个体数与种群个体总数的比值。死亡率是与出生率平行的概念。死亡率也可以分为最低死亡率和生态死亡率，最低死亡率是指种群在最适的环境条件下，种群内的个体基本到了生理寿命才死亡。生态死亡率是种群在某特定条件下的实际死亡率。和出生率一样，最低死亡率是种群的一个理论常数，而生态死亡率则随着种群状况和环境条件的变化而改变。

生物的死亡率随着年龄而发生改变，因此在实际工作中，人们常常把生态死亡率与种群内部各特定年龄组相联系，以了解生命期望值和主要死亡原因。所谓生命期望值（life expectancy）是指某一年龄期的个体，平均还能活多长时间的估计值，或称为平均余生。

（三）迁入率和迁出率

迁入率（in-migration rate）是指单位时间种群的迁入个体数与种群个体总数的比值。而迁出率（out-migration rate）则是指单位时间种群的迁出个体数与种群个体总数的比值。

（四）生命表

生命表（life table）是记录某一种群在同一时间出生的所有个体，经过一段时间以后，由于个体死亡而逐渐减少的统计表。生命表是描述种群数量减少过程的有用工具。表2-1是迪维（Deevey）根据美国德纳里国家公园中608头戴氏盘羊（*Ovis dalli*）的头骨编制而成的生命表。为了方便起见，将608头戴氏盘羊折合成1000个个体，然后再计算出相应的死亡个体数和存活数。

表2-1　戴氏盘羊的生命表（引自Deevey，1947）

x/年	d_x/个	n_x/个	q_x/‰	e_x/年
0～0.5	54	1000	54.0	7.1
0.5～1	145	946	153.0	—
1～2	12	801	15.0	7.7
2～3	13	789	16.5	6.8
3～4	12	776	15.5	5.9

续表

x/年	d_x/个	n_x/个	q_x/‰	e_x/年
4～5	30	764	39.3	5.0
5～6	46	734	62.6	4.2
6～7	48	688	69.9	3.4
7～8	69	640	108.0	2.6
8～9	132	571	231.0	1.9
9～10	187	439	426.0	1.3
10～11	156	252	619.0	0.9
11～12	90	96	937.0	0.6
12～13	3	6	500.0	1.0
13～14	3	3	1.000	0.5

注：x为按年龄的分组；d_x为某个年龄段到下一个年龄段的死亡个体数；n_x为每一个年龄段开始时的活的个体数；q_x为从某个年龄段到下一个年龄段的死亡率；e_x为某年龄段开始的生命期望

生命表中有若干栏，各栏符号在生态学中已成为惯例。其中，死亡个体数$d_x=n_x-n_{x+1}$，死亡率$q_x=d_x/n_x$，生命期望$e_x=T_x/n_x$，而$T_x=\sum L_x$，$L_x=(n_x+n_{x+1})/2$。这里L_x是某个年龄段到下一个年龄段的平均存活数，T_x是进入某个年龄段的全部个体在此后的存活个体总数。e_0即平均寿命，表示动物平均能活多少年的估计值。从表2-1中可以看到，戴氏盘羊在第1年的死亡率很高，如果活过了第1年，以后的存活率则比较高，第7年以后，死亡率又逐渐增高。在了解了哪一个年龄组的死亡对种群数量变动起着决定性作用以后，可以确定该年龄组的死亡原因是引起种群数量变动的关键因子。

（五）存活曲线

存活曲线（survival curve）不仅可以用来表示种群数量的减少过程，还有更直观的优点。所谓存活曲线就是以生物的相对年龄（绝对年龄除以平均寿命而得到）为横坐标，再以各年龄的存活率l_x为纵坐标所画出的曲线。其中，$l_x=n_x/n_0$。绘制曲线时，横坐标以相对年龄作为量度有利于对不同寿命的动物进行比较；纵坐标则多用对数作为标尺，因为对数能够更好地反映“率”的改变，如lg1000－lg100＝lg100－lg10，即3－2＝2－1，可见，尽管这些绝对数值相差很大，但是对数值相差却不大。种群的存活曲线反映了动物生活史内各时期的死亡率。存活曲线主要可归纳为3种类型（图2-4）。

A型——凸型存活曲线。种群在达到生理寿命之前只有少数个体死亡，大部分个体都能活到生理寿命，因此，在生命末期死亡率才升高。人类和一些大型哺乳动物的存活曲线属于此类。这类动物一生的产仔数不超过20只。

B型——对角线型存活曲线。种群在各年龄段的死亡率基本相似，可进一步分为3种类型。

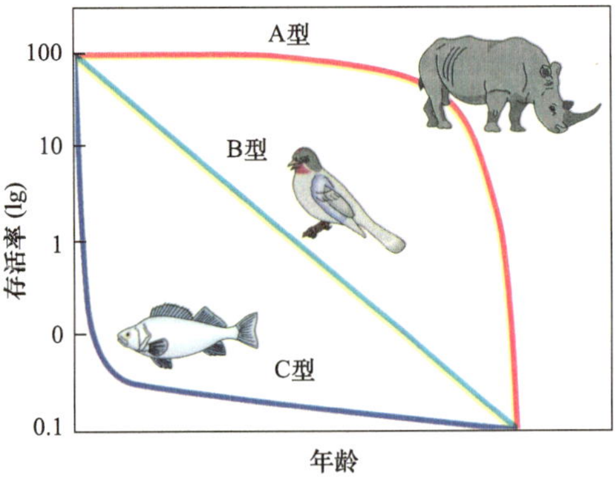

图2-4 存活曲线的基本类型
（引自Miller，2001）

B_1型：阶梯型，在生活史的各个时期，死亡率相差很大。完全变态的昆虫（如蝴蝶）属于这一类，一般在卵、蛹化和成虫阶段，死亡率较高，而在幼虫和蛹阶段死亡率偏低。B_2型：种群各年龄期的死亡率基本相似，如水螅。B_3型：S型，幼年期的死亡率较高而成年以后的死亡率则降低，如许多爬行类、鸟类和啮齿动物属于这一类。具有B型存活曲线的动物，其一生的产仔（卵）数为10～100只（个）。

C型——凹型存活曲线。幼体的死亡率很高，只有极少数个体能够活到生理寿命。大多数鱼类、两栖类、海洋无脊椎动物和寄生虫的存活曲线属于这种类型。例如，牡蛎，其自由游泳的幼体期死亡率极高，一旦固着到合适的基质，死亡率便很低。具有C型存活曲线的动物，其一生的产卵数为10～10^6个。

三、种群的年龄结构和性比

种群的年龄结构（age structure）也称为年龄分布（age distribution），是指种群中各年龄期个体在种群中所占的比例。种群各年龄期的死亡率和生育率相差很大，所以，研究种群的年龄结构有助于了解种群的发展趋势，预测种群的兴衰。

根据生态年龄（ecological age），即生物的繁殖状态，通常将生物的年龄分为三个时期：繁殖前期、繁殖期和繁殖后期。这三个时期的相对长短，在不同物种之间相差很大。大部分动物的繁殖前期最长。昆虫通常具有较长的繁殖前期而几乎没有繁殖后期；相反，人类则有相对比较长的繁殖后期。

种群的年龄结构常用年龄锥体（或称为年龄金字塔）（age pyramid）来表示。年龄锥体是用从下到上的一系列不同宽度的横柱做成的图。从下到上的横柱分别表示从幼年到老年的各个年龄组。横柱的宽度表示各个年龄组的个体数或其所占的百分比。有时也将年龄锥体分为左右两半，左半部分表示雄体的各年龄组，右半部分表示雌体的各年龄组，这种年龄锥体称为年龄性别锥体（age-sex pyramid）。由于出生率的高低通常与雌性的比例成正比，因此，年龄性别锥体更能表明种群的潜在生长状况。

种群的年龄结构决定着种群数量的变化趋势。在同样的条件下，繁殖期个体的比例越大，种群的出生率就越高；而繁殖后期的个体比例越大，则死亡率越高。根据年龄结构可以将种群划分为以下3种基本类型（图2-5）。①增长种群：年龄结构的底部宽，越向上越狭窄。表示种群当中的幼年个体数量大，而老年个体却很少。这种年龄结构反映出该种群有高的出生率和低的死亡率，说明种群处于增长时期。②稳定种群：年龄结构的幼年、中年和老年个体数量大致相等。种群的出生率和死亡率基本平衡，因此种群的数量处于稳定状态，稳定群落中的优势种往往是稳定种群。③衰退种群：年龄结构的底部狭窄而顶部较宽。种群的幼年个体数量少而老年个体数量却相对较多，种群的死亡率大于出生率，种群数量处于下降状态，如在稳定的森林

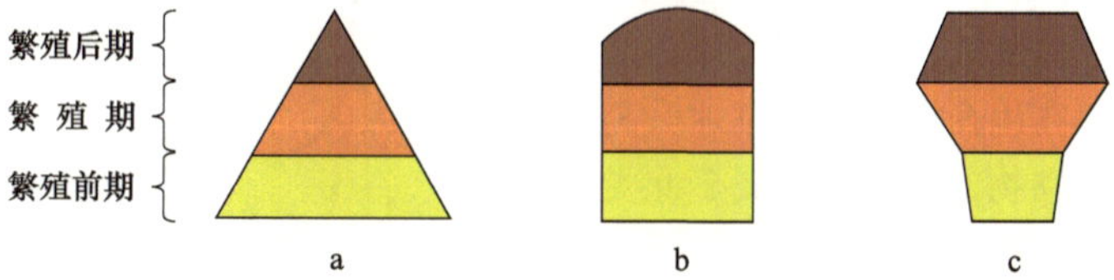

图2-5 年龄锥体的三种基本类型（仿Kormondy，1976）

a. 增长种群；b. 稳定种群；c. 衰退种群

群落中残存的马尾松种群等。

动物在特定环境中，种群的年龄结构具有一定的稳定性。如果栖息地条件不改变，种群各年龄组个体的比例保持相对稳定。但是，由于个体的迁入或气候条件的变化，种群的年龄结构则会发生暂时的改变。在植物群落演替的不同阶段，植物种群的年龄结构可能从增长种群变成稳定种群或衰退种群。研究种群的年龄结构，有利于指导生产或合理开发利用生物资源，如合理地制订捕鱼、狩猎的时间和收获量。

性比（sex ratio）是指种群中雄性与雌性个体数的比值。不同物种种群具有不同的性比特征。人、猿等高等动物的性比为1；鸭科等一些鸟类及许多昆虫的性比大于1；蜜蜂、蚂蚁等社会昆虫的性比小于1。种群的性比会随着其个体发育阶段的变化而发生改变。例如，一些啮齿动物出生时，性比为1，但3周后的性比则为1.4。性比影响着种群的出生率，也是影响种群数量变动的因素之一。对于一雌一雄婚配制的动物，种群中的性比如果不是1，就必然有一部分成熟个体找不到配偶，从而降低了种群的繁殖力。一般来说，种群中雌性个体的数量适当地多于雄性个体有利于提高种群生殖力。

四、种群的增长模型

种群动态是指种群数量由于出生、死亡、迁入、迁出的结果所发生的改变。种群增长包括正增长、负增长和零增长3个实际过程。在野外条件下，种群动态还受到复杂生态因素的影响，研究难度相当大。因此，在实验室条件下，通过控制实验条件来研究实验种群的动态规律，成为种群生态学研究的一条重要途径。种群数学模型研究是种群生态学研究的重要辅助手段，它不仅有助于概括各种生物和非生物因素与种群之间的相互关系，而且有助于了解这些因素是怎样影响种群动态的，可以模拟和预测种群的变化趋势，因此可以达到阐明种群动态的规律及其调节机制的目的。

（一）种群的内禀增长率

在自然界中，种群的实际增长率称为自然增长率（rate of natural increase）。它是指在单位时间内某一种群的增长百分比。自然增长率可以由出生率和死亡率相减而得出。在分析种群动态时，如果考虑迁入和迁出的影响，那么就得计算种群增长率（rate of increase）。

种群增长率＝自然增长率＋净迁移率＝出生率－死亡率＋迁入率－迁出率

如果假设迁入率等于迁出率，那么，种群增长率就等于自然增长率。

显然，自然界的环境条件总是不断变化着的，种群增长率也相应地不断发生变化，因此，在种群动态研究中，往往是测定种群的内禀增长率（intrinsic rate of increase，r），即在无限制的环境条件下种群的最大增长率。内禀增长率也称为瞬时增长率（instantaneous rate of increase），它是物种固有的，由遗传特性所决定，因此是种群增长固有能力的唯一指标。内禀增长率的大小，与种群本身的繁殖生物学特点有关。繁殖次数、每窝产仔（卵）数较多和第一次繁殖年龄较早都能使r值升高。不同物种生物种群的内禀增长率存在着很大的差别，反映了其增长能力的差别。例如，人虱为每年40.6，褐家鼠为每年5.4。内禀增长率是在理想环境条件下获得的指标，把它和实际值相比较，可以探讨环境因素对种群增长的影响。内禀增长率作为种群的重要特征值，是种群数学模型研究中不可缺少的参数。

内禀增长率是瞬时增长率，可以将它转换成周限增长率（finite rate of increase，λ）。周限增长率和瞬时增长率的关系是：$\lambda=e^r$。瞬时增长率是指在单位时间长度内，种群中每个雌体的平均净增加个数。瞬时增长率和周限增长率的关系可从下面的例子来加以说明：$r=0.5$/年，表示每年每个雌体平均增长了0.5个雌体，0.5个雌体不包括以前的雌体，即相当于银行存款的纯利。其中年可换算成无限小的瞬时，故称为瞬时增长率。周限增长率是指单位时间长度前后，每个雌体的平均增长倍数。例如，$\lambda=1.65$/年，表示每年每个雌体平均以前一年1.65倍的速率增长，1.65包括原来的雌体，实际上每年只是新增加0.65倍。由于新增加的雌体也会生殖（即利滚利），因此，r与λ的关系不是$1+r=\lambda$（当没有利滚利的情况才是如此），而是$\lambda=e^r$。

（二）指数增长

在理想的环境条件下，生物种群在短时间可能按照内禀增长率繁殖并增长，如果亲代的种群数量为10只，记为$N_0=10$，种群增长率为20倍，那么一个世代以后，$N_1=10\times20=200$，两个世代以后，$N_2=\lambda N_1=\lambda(\lambda N_0)=\lambda^2N_0=20^2\times10=4000$，依次类推，$t$个世代以后，$N_t=\lambda^tN_0$。

以细菌为例，假设1个细菌每20min分裂一次（形成2个），依次有2，4，8，16，32，64，128，256，512，…，36h后将完成108个世代，可以布满地球30cm厚，37h后厚达人的头顶。一头雌性蟑螂每个月可以繁殖出50头雌性蟑螂，按照这种速度，只需7个月，世界上将有7812.5亿头雌性蟑螂。

这就是世代生物种群的指数增长，或者称为几何级数增长，由于其曲线表现为“J”形（图2-6），故又称为J型增长。

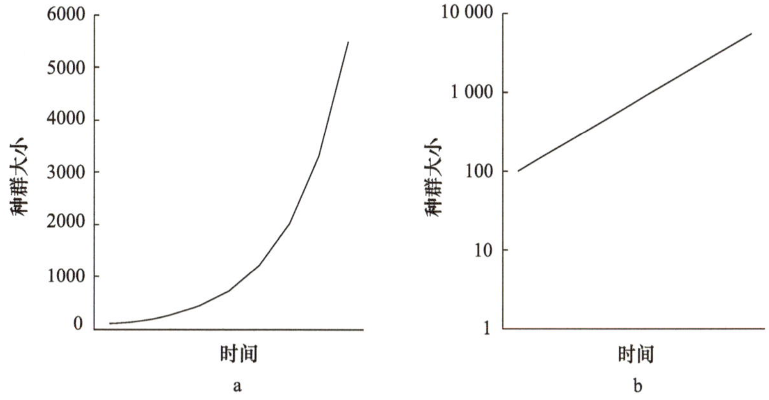

图2-6 无限制环境中种群的指数增长

a. 算数标尺；b. 对数标尺

在自然界中，一些生物种类的前后世代是重叠（连续）的，即亲代和子代可以共同存在，大部分的脊椎动物即属于此类生物，也有一些生物种类的世代是不重叠的，亲代和子代不同时存在，许多昆虫都是属于这一类生物。对于世代重叠和不重叠生物的种群增长模拟，必须用不同的数学方法来处理。

对于世代重叠的种群，即世代连续的生物种群，在数学上应当用微分方程来描述。其种群增长，即单位时间内的数量变化。

$$dN/dt=B\text{（出生个体数）}-D\text{（死亡个体数）}+I\text{（迁入个体数）}-E\text{（迁出个体数）}$$

因为$B=Nb$，$D=Nd$，b为出生率，d为死亡率，N为种群数量；设迁入个体数等于迁出个体数，则$dN/dt=Nb-Nd=(b-d)N$，由于“出生率－死亡率＝自然增长率”，因此$dN/dt=rN$。

由该微分方程式求积分可得：$N_t=N_0e^{rt}$，这就是世代连续的生物种群的指数增长模型。

（三）逻辑斯谛增长

自然界的生物种群很少按J型曲线增长，因为自然种群总是处于资源有限的环境当中，种群增长因此受到环境的限制。随着种群密度的上升，种群内部对环境中的有限食物、空间等其他生活资源的竞争也将加剧，这必然会影响到种群的出生率和死亡率，从而降低种群的实际增长率，直至种群停止增长，甚至发生下降。

我们假设有限的空间或资源为K，在种群增长开始时，来自同种个体的影响可以忽略不计，种群近似于指数增长，随着种群数量N的增加，可以利用的空间或资源为$K-N$，种群数量N越大，可以利用的空间或资源就越小。因此，比利时学者维尔赫斯特（Verhulst）在1838年提出了逻辑斯谛（logistic）方程：

$$dN/dt=rN[(K-N)/K]$$

式中，K为环境容纳量（carrying capacity）或负荷量，是指种群所在的环境条件允许一个物种的种群增长所能达到的最大数量值。K值的大小一方面取决于环境条件，另一方面也取决于具体的生物物种。在同样的条件下，对于不同的生物物种，其K值的大小存在巨大的差别。

与指数增长公式$dN/dt=rN$相比，逻辑斯谛方程增加了修正项$(K-N)/K$，修正项$(K-N)/K$也称为剩余空间或增长率的可实现程度。其生物学含义是随着种群数量的增大，环境容纳量中种群尚未利用的剩余空间（如资源等）逐渐减少，拥挤效应等环境阻力逐渐增大，因此种群增长率的可实现程度逐渐降低。种群每增加一个个体，对增长率的抑制作用为$1/K$，称为拥挤效应（crowding effect）。当$N\to 0$，修正项$(K-N)/K\to 1$，剩余空间最大，阻力最小，种群最大增长率的实现最为充分，此时$dN/dt=rN[(K-N)/K]\to dN/dt=rN$，增长率接近等于指数增长。反之，当$N\to K$，修正项$(K-N)/K\to 0$，剩余空间最小，阻力最大，增长率$\to 0$。

对逻辑斯谛方程求积分可得$N_t=K/1+e^{a-rt}$，其中新出现的参数a是积分过程中假设的积分参数，$a=\ln(K-N_0)/N_0$，它反映了曲线顶点（K）与起始点（N_0）的相对距离。

逻辑斯谛方程所表现出的曲线是一条向环境容纳量（K）逼近的“S”形增长曲线（图2-7）。图中，逻辑斯谛增长曲线与指数增长曲线的差称为环境阻力，即随着种群密度的增加，环境阻力相应加大，因此，有限环境中的种群增长明显地受种群密度所制约，种群密度对种群增长率起着抑制性的反馈作用。

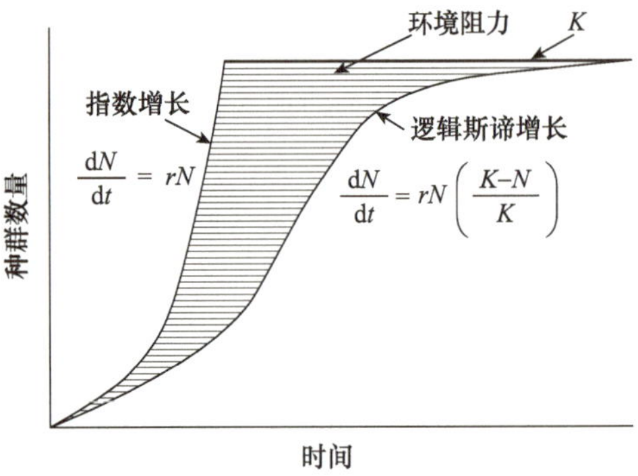

图2-7 种群逻辑斯谛增长与指数增长的曲线比较

澳大利亚塔斯马尼亚岛上的绵羊数量增长

19世纪初英国人刚移民至澳大利亚塔斯马尼亚岛时，岛上资源丰富，最初20年，引入的绵羊数量表现为近乎指数增长，密度增大后，对有限资源的竞争增加——到1830年，每头绵羊拥有的食物和生活空间已经很有限，每个个体存活下去的可能性减小，死亡的可能性变大，繁殖的机会也减少。1850年后，总增长率下降，种群大小稳定在160万头上下。在这个例子中体现了一种趋势：在一定的范围内，小种群增长快，大种群增长慢，最后稳定下来，我们把这时的种群密度称为环境容纳量，以符号K表示。

五、种群的数量波动

自然种群的研究表明，种群数量具有两个重要的特征。第一是波动性，在每一段时间之间（年、季节、世代），种群数量都有所不同；第二是稳定性，尽管种群数量有这种波动性，但大部分种群不会无限制地增长或无限制地下降而发生灭绝，因此种群数量在某种程度上维持在特定的水平。种群数量在相当长时间内维持在一个水平上的情形称为种群平衡。完全保持在一个水平上的绝对平衡是不可能的，平衡只是相对的，所谓平衡，是指在一年中的出生数和死亡数大致相等，即大致能相互抵消，种群平衡的情形可能见于某些大型哺乳动物种群中。根据多年调查的结果，驼鹿的平均寿命为13～14年，其出生率低、年龄组成稳定，成体的死亡率不大，因此其种群数量基本上能年复一年地保持在同一水平上。即使如此，这种平衡也必须建立在不受人类干扰或干扰极少的基础上。总之，平衡是相对的，变动则是绝对的，平衡也是在有出生、有死亡的情况下出现的。

种群数量很少持续地保持在某一个水平上，通常是在一定的最小和最大密度范围波动。当种群长久地处于不利的环境条件下，或受到人类过度捕杀或栖息地受到严重破坏时，种群数量就可能下降，甚至崩溃。某些生物被人类有意识或无意识地带到适宜其生存和繁衍的地区，其种群数量便不断地增加，分布区也逐步且稳定地扩大，这个过程叫作生态入侵。种群波动的幅度取决于生物种类及其具体环境条件。如果环境条件经常改变，那么种群的数量波动就比较明显。种群的数量波动也与生物种类本身有关。例如，r对策者的种群的数量波动比较明显，而K对策者则相对较为稳定。种群的数量波动可以是季节性的或是以几年为一周期的。

季节波动是人们所熟悉的。季节波动（消长）是指种群数量在一年四季中的变化规律。生活在中、高纬度地区的许多动物，它们在夏季和冬季之间的数量变化相当大。这种数量变化与其繁殖季节、生活史、季节性迁移等原因有关。一般来说，具有季节性生殖特点的动物种类，其种群的最大数量是在一年中最后一次繁殖之末。低纬度热带地区的一些动物种群也有季节波动，这种波动可能与降水或食物（或果实）的供给有关，它们在雨季进行繁殖，种群数量高峰出现在雨季中后期。在亚热带和温带地区，每到春季，蚊、蝇就开始多了起来，而到夏、秋两季，其数量最多，冬季来临，随着天气变冷，这些昆虫便销声匿迹了。同样地，许多由蚊、蝇传播的疾病的流行也具有这种季节波动，由此可见，了解动物的季节波动规律是控制其危害的生态学基础。

种群的数量波动以几年为一周期称为年波动。年波动可能是不规则的，不规则的年波动通常与环境条件有关，特别是气候因子的影响较大。例如，根据营巢统计结果，英国某地区的苍鹭（*Ardea cinerea*）数量大致稳定，年波动不大，但在有严寒冬季的年份，苍鹭数量会下降，若连年冬季严寒，其数量就下降得更多，但气候恢复正常后，其种群就能恢复到多年的平均水平（图2-8）。几个地区的统计结果都证明了这一点，说明气候因素对苍鹭种群数量变化起着决定性作用。一些年波动看起来较为规则，具有周期性。这种数量波动的特点可能与种群自身的遗传特性有关。例如，大林姬鼠（*Apodemus peninsulae*）、林旅鼠（*Myopus schisticolor*）、普通田鼠等北方啮齿动物，以及北极狐（*Vulpes lagopus*）和雪鸮等，其种群的数量波动以3～4年为一个周期。美洲兔及其捕食者猞猁（*Lynx lynx*）具有9～10年周期的数量波动（图2-9）。

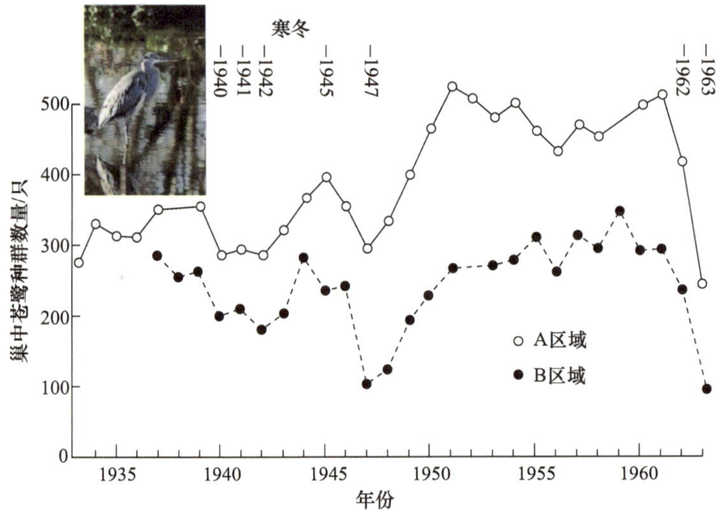

图2-8　1933～1963年不列颠两个地区苍鹭的种群数量年波动

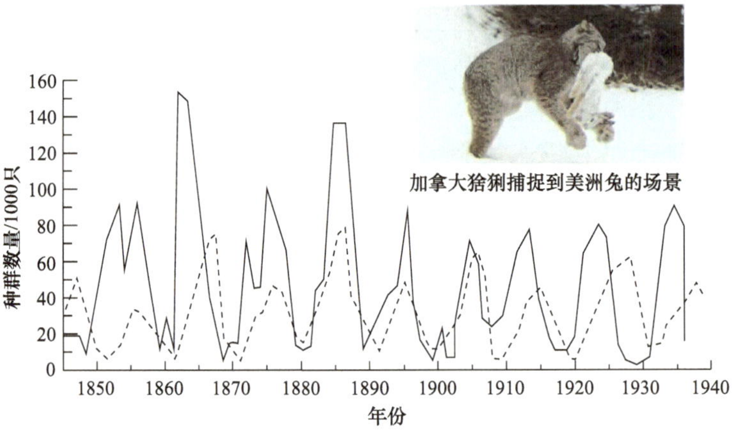

图2-9　美洲兔和猞猁的种群数量呈9～10年周期性波动

六、种群的数量调节类型

种群调节是指使种群恢复到其变动平均密度的过程。种群具有一定的稳定性，能够减少波动，保持在一个稳定的数量上。减少种群的波动具有明显的好处，因为当种群数量波动到种群最小值或最大值时，该种群可能出现灭绝的危险。在自然界中，种群密度的极端值是很少达到的，因为有一系列的机制调节着种群的增长。

通常我们把影响种群调节的各种因素分为两大类：非密度制约和密度制约因素。除此之外，也可将影响种群调节的各种因素分为内源性因素和外源性因素两大类，即内因和外因。内因是指调节种群密度的动因来自种群的内部，如内分泌调节、行为调节和遗传调节。外因则是指调节种群密度的动因来自种群的外部，如捕食、寄生、种间竞争等生物因素及气候等非生物因素。

非密度制约因素是指那些影响作用与种群密度大小本身无关的因素。在陆域环境中，这些因素包括温度、光照、风、降水等非生物性的气候因素。在水域环境中，有水的物理、化学特性等一系列因素。非密度制约因素常常是引起种群密度发生变动的原因。

密度制约因素的作用与种群密度相关。例如，随着密度的上升，死亡率增高，或生殖力下降，或迁出率升高。密度制约因素包括生物之间的各种相互作用，如捕食、竞争及动物社会行为等。

在实际研究中，这两类因素往往相互联系，难以分开。例如，气候影响食物供给，后者影响出生率，从而影响种群密度，种群密度决定着社会行为的各个方面并且由此影响动物的繁育（图2-10）。

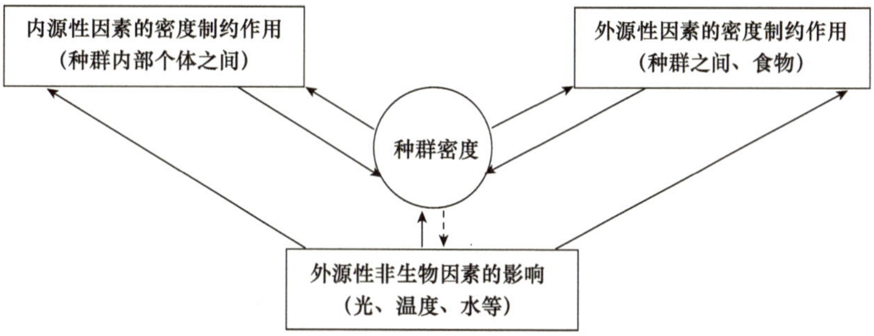

图2-10　种群密度与内、外源性因素的相互作用（虚线表示较弱的关系）

七、种群的数量调节理论

（一）外源性因素

（1）气候因素。Bodenheimer等（1928）认为气候因素是影响种群动态的首要原因。他们认为种群数量是不断变动的，不能简单地看成密度制约与非密度制约。

（2）种间生物因素。Nicholson等（1933）认为，群落中的各个物种相互联系、相互制约，从而使种群数量处于相对的稳定平衡；一旦种群数量增加，就会引起种间竞争加剧（食物、生活场所等），捕食及寄生作用加强，反过来导致种群数量的下降。

（二）内源性因素

（1）行为调节学说。1962年，Wyune-Edwards提出，种群中的个体（或群体）通常选择一定大小的有利地段作为自己的领域，以保证存活和繁殖。但是在栖息地中，这种有利的地段是有限的。随着种群密度的增加，有利的地段都被占满，剩余的社会等级比较低的从属个体只能生活在其他不利的地段中，或者往其他地方迁移。部分生活在不利地段中的个体由于缺乏食物及保护条件，易受捕食、疾病、不良气候条件所侵害，死亡率较高，出生率较低。这种高死亡率和低出生率及迁出，也就限制了种群的增长，使种群维持在稳定的数量水平上。

（2）内分泌调节学说。1950年，Christian提出，当种群数量上升时，种群内部个体之间的心理“紧张”压力加强了对神经内分泌系统的刺激，主要影响脑下垂体的功能，引起生长激素和促性腺激素分泌减少，而促肾上腺皮质激素分泌增加，导致出生率下降，死亡率上升，从而抑制了种群的增长。Christian对野外啮齿类的调查，以及在实验室内对啮齿类的试验研究都发现，高密度种群伴随着肾上腺增大、生殖腺退化及低血糖等（图2-11）。

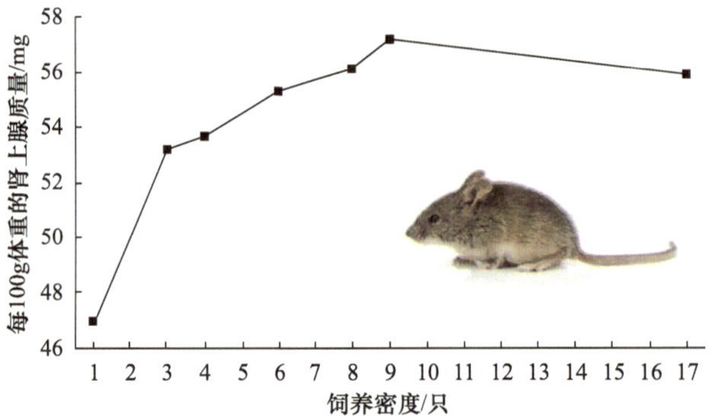

图2-11　小家鼠（*Mus musculus*）种群密度与肾上腺质量的关系（仿伊藤嘉昭，1982）

（3）遗传调节学说。1960年，Chitty提出，个体遗传特性的不同是决定它们的适应能力及死亡率的主要原因，而这种遗传特性是由亲代遗传下来的，因此种群密度高低的后果往往不是在当代就出现，而是通过改变种群自身的遗传特性，使下一代受到影响。种群当中有两种遗传型，一种是繁殖力低、适于高密度条件下的基因型A；另一种是繁殖力高、适于低密度条件下的基因型B。在低种群密度的条件下，自然选择有利于第二种基因型，于是种群数量上升；当种群数量达到高峰时，自然选择有利于第一种基因型，于是种群数量下降（图2-12），种群就是这样进行自我调节的。

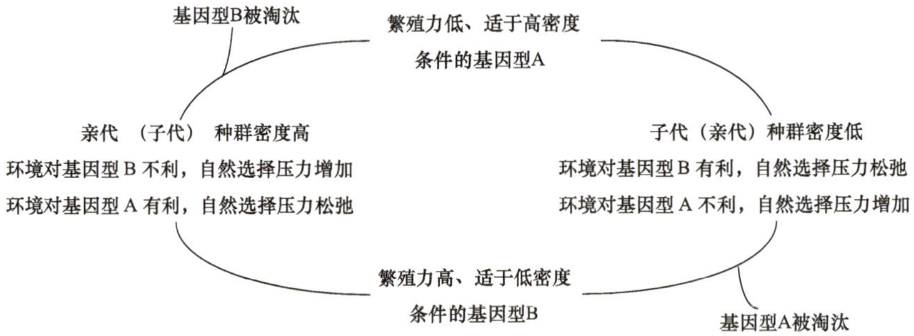

图2-12　遗传调节学说的模式图（引自Chitty，1960）

上面介绍了决定种群数量变动的各种因素和现有的各种学说。这些学说从理论上分析对种群动态产生决定性作用的各种可能的原因，或总结已有的有关生物种群数量变动的资料，把各种可能的原因加以系统地分析和论述。虽然这类知识并不能代替对特定种群的实际调查，但它却能指导实际调查并引导得出更科学的结论。但是，正如前面所提到的，在实际研究中，各类因素尽管有主次之分，但往往相互联系、共同作用；另外，对于各种生物，由于其自身结构和生理特点不同，对环境也存在不同的适应性，所以决定其种群动态的因素也有所不同，也就是各类因素的相对重要性将随着生物种类的不同而发生变化。另外，即使是同一种生物，由于环境或栖息地或时间上的不同，各类因素的相对重要性也不一样。因此，要确定某时、某地、某种生物的种群数量变动的原因，必须做深入实际的调查研究，掌握第一手资料（如出生率、死亡率、性别和年龄结构的变化及引起这种变化的原因），再经过全面、系统分析，才能得出比较正确的结论。也只有在此基础上，才能采取合理、有效的措施，控制和管理好该生物的种群。

第三节　种群的空间分布和扩散

微课堂

一、种群的空间分布格局

每一个生物个体都需要一定的空间才能生存，不同种类的生物个体所需要的空间大小和性质存在着差别。生物种群由若干个体所组成，这些个体在生活空间中的位置状态或排布方式，称为种群的分布格局（distribution pattern）。种群的分布格局是种群的特征之一。

种群的分布格局主要可以分为三种类型（图2-13）。

图2-13　种群分布格局的三种类型

（1）随机分布（random distribution）。某一个体的分布不受其他个体分布的影响，每个个体在种群分布空间内各个位置出现的机会相等，这样所形成的分布称为随机分布。随机分布在自然界是罕见的，只有在资源分配均匀，而且种群内部个体之间没有相互吸引或排斥时才能出现。例如，在武夷山森林中分布的深山含笑（图2-14），面粉中的杂拟谷盗（*Tribolium confusum*）或黄粉虫（*Tenebrio molitor*）通常呈随机分布。一些生活在森林底层的蜘蛛及个别生活在潮间带滩涂的双壳类，其分布格局也是随机的。

（2）均匀分布（uniform distribution）。个体之间彼此保持一致的距离。这种分布格局通常

图2-14　武夷山森林中随机分布的深山含笑（黄黎晗供图）

是在资源均匀的条件下，由种内竞争引起。均匀分布的现象也比较少见。例如，森林中的树木竞争树冠空间或根部空间可能导致均匀分布；动物的领域行为是造成均匀分布的主要原因，在海岸悬崖上营巢繁殖的海鸥，其巢与巢之间都保持一定的距离。

（3）集群分布（clumped distribution）。集群分布按照群体自身的分布状况，又可分为均匀群、随机群和集群群。集群分布是最常见的分布方式。鱼群、鸟群、兽群都是集群分布的实例。一些植物的无性繁殖或者种子掉落在母株附近也常常形成集群分布。

在数理统计上，一群离散的随机变量应当符合泊松（Poisson）分布。泊松分布的特点是平均数（m）等于方差（s^2）。因此，可以用一定面积的样方对种群数量进行若干次取样调查，对取样调查结果进行统计分析，计算平均数和方差，然后根据平均数（m）与方差（s^2）的比值，就能检测出该种群的分布格局形式。

随机分布时：$s^2/m=1$

均匀分布时：$s^2/m<1$

集群分布时：$s^2/m>1$

式中，$m=(\sum x_i)/N$；$s^2=[\sum(x_i-m)^2]/(N-1)$；$x$为第$i$个样本中含有的生物个体数；$i$为1～$N$；$N$为样本总数。

二、扩散与迁移

扩散（dispersal）是指种群当中的个体、群体或其扩散体（卵、植物的孢子和种子、幼体等）进入或离开种群和种群栖息地的空间位置变动或运动状况。其研究属于动态研究。而上面所介绍的分布格局则是指生物在生活空间中的位置状态，其研究属于静态研究。扩散有三种形式：①迁出（emigration），离开种群栖息地的单向运动；②迁入（immigration），进入种群栖息地的单向运动；③迁移（migration），周期性地离开和进入种群栖息地。迁移在鱼类研究上称为洄游，在鸟类研究上则称为迁徙。

扩散的动力主要来自以下两方面。

（1）被动传播。其扩散动力来自水流、气流或其他运动物体（动物、船、飞机、火车等）。以这种方式进行扩散的主要是一些小型生物（昆虫、浮游动植物等）或扩散体（卵、植物的种子和孢子、幼体等），其扩散遵循指数的规律，即距离扩散源越远，该生物的密度也就越低。

（2）定向运动。扩散动力来自生物体自身的能量消耗。大型、自由生活的动物采用这种方式进行扩散，其扩散遵循另外的规律，可能是年复一年地寻找食物或水源的定距扩散，即扩散运动一定距离，然后停止；或者是呈正态分布型的扩散。

引起生物扩散的原因大致可以分为与密度无关的因素和与密度有关的因素两方面。

（1）与密度无关的因素。由于生长发育的进展或季节的变化，生物需要改变栖息地才能满足其生活需要。例如，鱼类的洄游和鸟类的迁徙，其扩散具有周期性。

（2）与密度有关的因素。当种群密度增长超过一定的水平时，也会引起扩散。例如，飞蝗散居型若虫的数量增长到一定程度，产生体色、体型变化的转移型成虫，转移型成虫的形态与散居型若虫不同，其具有聚集的特性，产卵也多在相同场所。因此，下一代若虫从一开始就是高密度，同时具有强聚集性，从而大量地聚集起来。这些体型和行为的变化持续若干世代以后便产生群居型飞蝗。群居型飞蝗具有强聚集性和高飞翔能力，遮天蔽日地大量迁出，所到之处深受危害，这就是飞蝗的高密度导致型变，引起迁出的典型例子。蚜虫也有类似的型变情况，低密度产生无翅型，而高密度则产生有翅型，引起迁出。

种群的扩散具有多方面的生态学意义：①逃避不利条件；②避免竞争；③逃避捕食者；④调节种群数量；⑤改变分布范围；⑥影响物种进化等。例如，一些鸭科鸟类换羽时不能飞行，迁移到岛上进行换羽就可以逃避捕食者的攻击，减少危险。在物种进化方面，扩散使不同栖息地的种群之间能够发生个体交换，基因因此得以流动，可避免近亲繁殖；另外，扩散后，物种在新分布地将面临新的环境条件，自然选择将作用于基因库，导致物种的适应性改变甚至可能产生亚种或新物种。

第四节　种群行为生态学

微课堂

一、集群

集群（assembly）现象普遍存在于自然种群当中。同一种生物的不同个体，或多或少都会在一定的时期内生活在一起，从而保证种群的生存和正常繁殖，因此集群是一种重要的适应性特征。在一个种群中，一些个体可能生活在一起而形成群体，而另一些个体可能孤独生活。例如，尽管大部分狮子以家族方式进行集群生活，但是有些个体则孤独生活。

根据集群后群体持续时间的长短，可以把集群分为临时性集群和永久性集群两种类型。大多数集群属于临时性集群，临时性集群现象在自然界中更为普遍，如迁徙性集群、繁殖集群等季节性集群及取食、栖息集群等临时性集群。

永久性集群存在于社会动物当中。社会动物是指具有分工协作等社会性特征的集群动物。社会动物主要包括一些昆虫（如蜜蜂、蚂蚁、白蚁等）、鱼类、鸟类和约42%的哺乳动物。社会性昆虫由于分工专化，导致同一物种群体的不同个体具有不同的形态。例如，在白蚁社会中，有大量的工蚁和兵蚁及少数母蚁和父蚁，工蚁专门负责采集食物、养育后代和修建巢穴；兵蚁专门负责防御外来入侵者的工作，具有强大的口器；母蚁和父蚁则成为专门产卵的生殖机器，它们具有特异的性行为，而采食和防御等功能则完全退化，母蚁具有膨大的生殖腺。

生物产生集群的原因是复杂多样的，这些原因包括如下几方面：①对栖息地的食物、光照温度、水等生态因子的共同需要。例如，潮湿的生境使一些蜗牛聚集成群；一只死鹿，作为食物和隐蔽地，招揽来食腐动物群体。②对昼夜天气或季节气候的共同反应。例如，同栖息、迁徙、冬眠等而形成群体。③繁殖的结果，如鳗鲡产卵于同一海区，幼仔一起聚为洄游性集群，从海区游回江河。④被动运送的结果，如强风、急流可以把一些蚊子、小鱼运送到某一风速或流速较为缓慢的地方，形成群体。⑤个体之间社会吸引力相互吸引的结果。集群生活的动物，尤其是永久性集群动物，通常具有一种强烈的集群欲望，这种欲望正是由个体之间的相互吸引力引起的。当一只离群的鸽子遇到一群素不相识的鸽子时，毫无疑问，这只离群的鸽子将很快地加入素不相识的鸽子群当中。有时候，由于强烈的集群欲望，离群的个体在没有其他同种生物可以集群时，有些个体甚至加入其他物种的群体，以满足其集群欲望。例如，离群的海鸥加入海燕群。

社会吸引力和环境因素都可能导致动物群体的形成，根据这两种不同的形成原因，可将动物群体分为集聚（aggregation）和社会（society）两大类。①集聚是许多同种个体为了寻找同样的生境而引起的，如洞穴、隐蔽地、休息或越冬地等。在这种情况下，动物并不相互识别，各个动物都是因自身需要而来到同一地方，这种集聚只是偶然的，没有真正的社会意义。集聚现象普遍存在于动物界的各类群中，如在繁殖季节，成千上万的中华蟾蜍从四周来到沼泽湿地集聚，抱对产卵后再各自分散开来。②社会群体的形成并不是由环境的偶然因素引起，在真正的社会群体当中，同种个体之间具有相互的吸引力，有分工协作，从而共同维持群体这一组织。

马斯克·韦伯认为社会群体又可分为开放性群体和封闭性群体两种。①开放性群体的特征是群体的成员可相互交换，某些个体的消失或新成员的加入都不会明显地干扰或改变整个社会群体的行为。这种群体见于动物的迁徙群或繁殖群。②封闭性群体的群体之间难以进行成员交换。封闭性群体成员能够相互识别，而且以不同的行为方式对待自己的成员和外来成员。对待自己的成员是温和的，而对待外来成员则是攻击性的，有时甚至会给予伤害。白蚁、蚂蚁、蜂等昆虫及猴、猿、犬科动物等哺乳类都属于封闭性群体（图2-15）。

动物界有许多种类都过着群体生活，群体的适应价值促进了动物社会结构的进化，许多种昆虫和脊椎动物的集群都能够产生有利的作用。同一种动物在一起生活所产生的有利作用，称为集群效应（cluster effect）。集群的生态学意义主要表现在以下几个方面。

（1）集群有利于提高捕食效率。许多动物形成群体进行合作捕食，捕获到食物的成功概率明显加大。成群的狼通过分工合作就可以相对容易地捕获到有蹄类，以鱼为食的鹈鹕、秋沙鸭和蛇鹈，会在水面上共同形成捕食圈，迫使鱼游到浅水湾，再进行捕食，由此提高捕食效率。

（2）集群可以共同防御敌害。群体生活为每个成员提供了防御敌害的较好保护，牛群、野羊群受猛兽袭击时，成年雄性个体会形成自卫圈，角朝向圈外的捕食者，有效地抵抗捕食者的袭击，圈内的幼体和雌体能得到更好的保护。

（3）集群有利于改变小生境。蜜蜂蜂巢的最适温度为35℃。冬天，蜜蜂一起拥挤在蜂巢内，群体中的温度比环境温度高，当温度太低时，每个个体都进行肌肉颤抖，增加产热，从而使温度进一步提高。当温度太高时，工蜂则运水到蜂巢内，然后扇动双翼，帮助蒸发；当外界

图2-15 滇金丝猴属于封闭性群体

温度超过40℃时，这种方法可将蜂巢温度维持在36℃。

（4）集群有利于提高学习效率。集群时，个体之间可以相互学习，由此增加学习机会和延长学习时间，而且相互之间可以取长补短，因此提高学习效率。

（5）集群能够促进繁殖。大多数动物都是两性生殖，集群繁殖有利于求偶、交配、产仔（产卵）、育幼等一系列繁殖行为的同步发生和顺利完成。例如，白鹭、池鹭、夜鹭、牛背鹭等鹭类繁殖时，成千上万只鹭类集中在同一地方筑巢，上下飞翔，尖叫声不断，视觉上和听觉上的刺激有利于个体的生殖生理及行为发育。个体在受到骚动刺激后，筑巢、交配等繁殖行为才会正常进行。

集群效应只有在足够数量的个体参与集群时才能产生，因此，对于一些集群生活的动物种类，如果数量太少，低于集群的临界下限，则该动物种群就不能正常生活，甚至不能生存，这就是所谓的最小种群原则。例如，非洲象要能够生存，每群至少要有5头；北方鹿每群不少于300头。最小种群原则阐明了一些濒危物种难以就地拯救的原因。当濒危物种种群数量低于集群的临界下限时，可能导致濒危物种不能正常生活甚至不能生存。这时，将该濒危物种移地人工繁殖以扩大种群数量才是有效的拯救措施。

新英格兰黑琴鸡的灭绝

新英格兰黑琴鸡（*Tympanuchus cupido cupido*）又名新英格兰草原松鸡、北美松鸡。这种鸟曾经遍布美国马萨诸塞州。1880年，由于数量的减少，这种鸟只能局限分布在马萨诸塞州的玛沙文雅岛。到1916年，这种鸟的数量增加到2000只左右。但是，由于经过一场大火灾、大风和一个难熬的冬天，而且一群美洲苍鹰（*Accipiter gentilis*）飞来捕食，这种鸟的成鸟数量减少至不足50对。此后，其数量继续减少，1927年仅有20只，1932年减少到最后1只。可见，当种群数量少于其临界值时，若未及时拯救就难以挽回其种群的灭绝。

集群效应说明，在一定的密度下，群体密度的增加有利于群体的生存和增长。但是，随着群体当中个体数的增加，密度过高时，由于食物和空间等资源缺乏，排泄物的毒害及心理和生理反应，则会对群体带来不利的影响，导致死亡率上升，抑制种群的增长率，产生所谓的拥挤效应。拥挤效应是由于繁殖过剩、密度过高所产生的有害效应。阿利（Allee）在大量实验的基础上，概括了种群密度与存活率的相互关系（图2-16）。阿利提出，在一定的条件下，当种群密度（数量）处于适度大小时，种群的增长最快，密度太低或太高都会对种群的增长起着限制作用，这就叫作阿利规律（Allee's principle）。

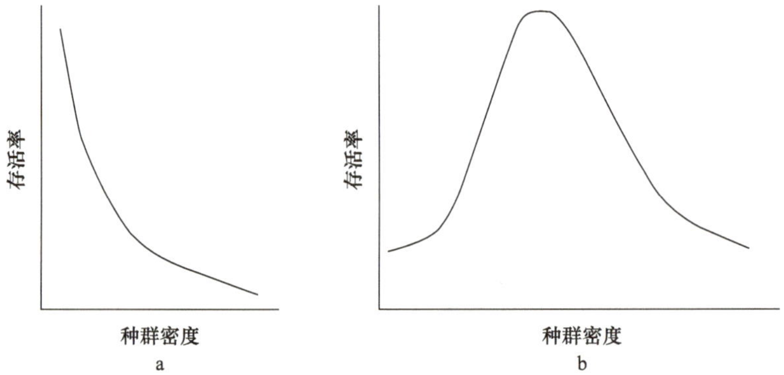

图2-16 种群密度与存活率的相互关系（仿Odum，1971）

a. 某些物种的种群数量较小时，存活率最高；b. 某些物种存活率在中等密度时最高

二、种内竞争

生物为了利用有限的共同资源，相互之间所产生的不利或有害的影响，这种现象称为竞争（competition）。某一种生物的资源是指对该生物有益的任何客观实体，包括栖息地、食物、配偶，以及光照、温度、水等各种生态因子。资源因生物种类而异，不同生物种类所需要的资源存在差异。竞争通常只发生在生物所利用的资源是共同的，而且资源是有限的情况下。例如，大部分生物种类都需要氧气才能生存，但是在自然界中的氧气并非有限，因此，生物之间并不为此而发生竞争。

竞争的主要方式有两类：资源利用性竞争和相互干涉性竞争。

（1）在资源利用性竞争中，生物之间并没有直接的行为干涉，而是双方各自消耗和利用共同资源，由于共同资源可获得量减少从而间接影响竞争对方的存活、生长和生殖，因此，资源利用性竞争也称为间接竞争。例如，水产养殖时，随着鱼类等养殖密度的增高，每个个体的食物可获得量减少，从而导致其生长速度缓慢。资源利用性竞争的胜利方，往往是较早进入某一地区的竞争者，或者虽然与竞争者同时进入，但它具有较快的繁殖率、生长率或较长的寿命，从而使它能够以最大的可能性来利用栖息地资源。

（2）相互干涉性竞争又称为直接竞争。在这种竞争方式中，竞争者相互之间直接发生作用。例如，动物之间为争夺食物、配偶、栖息地所发生的争斗。竞争者也可以通过分泌有毒物质来对对方产生干涉。某些植物能够分泌一些有害化学物质，阻止其他植物在其周围生长或防御动物的进一步啃食，这种现象称为化感作用（allelopathy）。茧蜂产卵于蚜虫卵中寄生，茧蜂幼虫从蚜虫卵中孵化出来时，会分泌出有毒化学物质以杀死其他的茧蜂寄生卵。一些竞争种类还可能发生相互捕食。例如，杂拟谷盗（*Tribolium confusum*）和赤拟谷盗（*Tribolium castaneum*）一起在面粉中培养时，不仅竞争食物，而且有相互吃对方卵的直接干涉。捕食者之间还可能通过干扰猎物来干涉竞争对手，使得对方难以捕获到猎物。例如，涉禽类的鸟类在河口湿地上捕食沙蚕、等足类及小虾等食物时，经常通过干扰猎物的干涉方式以迫使竞争对手离开这块食物丰富的场所，飞到其他边缘环境。相互干涉性竞争使得竞争者中的一方由于死亡或缺乏资源而成为失败者。

有趣的化感作用

化感作用的现象在很久以前就有记录，公元1世纪，罗马博物学家Pliny在他的《自然史》里，提到甘蓝和萝卜妨碍了葡萄的生长，黑胡桃树荫下的植物生长不良。贾思勰所著的《齐民要术》（公元533～544年）中也有化感作用现象的记述。上面所举的这些例子，都是由植物的化感作用所致，但是对这一现象进行定义和深入研究的历史并不长。

1932年，Elmer发现梨和苹果的挥发性物质可以抑制马铃薯芽的生长；随后Molisch进行了大量的研究，证实了这一现象，并在1937年用“化感作用”（allelopathy）来定义这种发生在植物或微生物之间的有害的和有利的生物化学的相互关系。美国生态学家Rice也对此进行了长期和深入的研究，撰写了《化感作用》专著。

化感作用必须依赖化学物质起作用，这些物质称为化感物质，大多是酚类、萜类和生物碱等次生代谢产物。这些物质经过挥发、雨水淋溶、根部分泌、降解等途径进入大气、水体或土壤。水体和土壤是化感物质转运的主要介质。化感物质在介质中可能经过滞留、微粒吸附、生物降解或转化等过程，在这些过程中，有的化感物质会减毒，而有的会增毒；有的会被稀释，也有的会被富集。当介质中的化感物质达到一定浓度时，就会对生长于其中的植物产生化感作用，主要表现为种子萌发率降低、幼苗生长缓慢和死亡率增加、产量下降等。

值得注意的是，化感作用不光指有害的一面，也包括有利的一面，但这一点往往被忽视。例如，有些植物种子分泌的化感物质可以有效地防止病原微生物的繁殖，从而使种子寿命延长。

化感作用不仅发生在不同的物种之间，在同种的个体之间也会发生，这种化感作用称为自毒作用（autointoxication）。作物连作时常常由于自毒作用而导致产量下降。林业生产中杉木、木麻黄的更新也存在自毒作用。

由于竞争与密度紧密相关，因此竞争具有调节种群大小的作用。当某一地方的种群密度增加，资源短缺，竞争加剧，就可能导致一些竞争者得不到资源而死亡，或者一部分个体被迫迁移到其他地方，而使当地的种群密度维持在一定的水平。在某些情况下，种内竞争可以导致物种分化。竞争迫使种群的一部分个体迁移到其他地点，或者改变其食性等生态习性，利用其他资源，经过长期的适应进化，在形态、生理、行为特征上与原有的物种产生稳定的差别，从而导致物种的分化，形成新的亚种或物种。

种内竞争（intraspecific competition）可以分为争夺竞争和对抗竞争。资源在物种内的分布可能是均匀的，因此大部分个体都能够获得同样数量的资源；在高密度情况下，任何个体都不能获得足够的资源而存活，种群因此而崩溃，这种方式的竞争称为争夺竞争。铜绿蝇（*Lucilia cuprina*）就是采用这种方式的竞争。与此相反，有一些生物种类的高密度会导致资源分布的高度不均匀，一些个体获得资源得以生长和繁殖，而另一些饿死，这种竞争则称为对抗竞争。应当注意的是，争夺竞争和资源利用性竞争，对抗竞争和相互干涉性竞争有着相互联系，但是它们又是截然不同的概念，不能相互替换，因为争夺竞争和对抗竞争是针对资源分布的均匀性而言，而资源利用性竞争和相互干涉性竞争则是涉及竞争的行为机制。

三、个体间的通信

在一个种群当中，许多个体在同一栖息地生活，这些个体之间互通信息。即使是独居的动物，在繁殖时期，个体之间也是会互相通信的。只有互通信息，个体之间才能彼此了解，各司其职，在共同行动中协调一致。因此，要研究种群生态，尤其是动物种群，必须对生物之间的通信进行了解。

生物之间的信息沟通涉及发出信号和接收信号。通信（communication）是指一个个体释放出一种或几种刺激信号，并引起接收到信号的个体产生行为反应。通常，动物释放的刺激信号可以直接诱导接收个体的可见行为。但是有些时候也看不见接收动物有什么行为改变。此时，信号的作用只是引起接收个体在接收其信号刺激时反应阈值的改变，也就是说，这种信号降低了接收个体在另外的行为过程中所需要的刺激强度、刺激量和作用时间。

在通信过程中，个体之间用以传递信息的行为或物质称为信号。信号可分为两类：一类是分立信号，也称为质量信号（qualitative signal），这类信号只有“是与否”和“有与无”两种对立状态，没有其他中间过渡状态。例如，萤火虫的发光与不发光就属于这一类信号（图2-17）。另一类信号为分级信号，或称为数量信号（quantitative signal），这类信号可以根据不同的强度、频率等分为若干等级，因此可以传递定量的信息。通常，动物个体的行为动机越强烈，发

图2-17　大熊猫国家公园王朗片区的萤火虫（孙晓东供图）

出的信号也就越强或越频繁。

一般来说，信号行为是天生的。一种动物的信号，只能被同种个体所接收；亲缘关系越近，接收到信号的可能性也就越高。当然，也有例外，如居住在同一环境中不同物种的成员，也注意彼此发出的信号。例如，鸣禽发现鹰类降落在它们附近，随即鸣叫报警，这一信号也会被该区域中生活的其他种鸟类所接收。在阿尔卑斯山有一种食客蚁，可以破译当地一种铺道蚁的信号，被铺道蚁请进它们的蚁窝而被当作座上宾，被细心照料。另外，接收到信号的个体做出什么反应，虽说也大多是出自本性，但在很多高等动物中，经过学习能够得到改变。昆虫等一些无脊椎动物和低等脊椎动物对信号的反应大多是定型的，而且对每一种信号只产生一种或很少的几种反应。

行为学家已经发现，每种动物有50多种信号行为，但这些行为所包含的实际信息数量可能会更多。一些无脊椎动物和大多数脊椎动物，具有增加信号信息数的一些方法。例如，信号能够被分级，与其他信号结合，或者与其他信号按顺序出现，都能代表不同的信息含义，而且信号能够随着环境中事件发生的来龙去脉而相应变化其含义。

根据信息传导途径，一般将动物的通信分为以下三类。

（1）化学通信（chemical communication）：由嗅觉和味觉通路传导信息。例如，外激素，或称为信息素或社会性激素，这种由动物释放于体外、能引起同种的其他个体产生特异性反应的化学物质，是化学通信的主要物质。例如，雌蛾产生的气味能从很远的距离引诱雄蛾。兽类中不少种类具有特殊腺体来产生分泌物，会利用分泌物标记领域。

蚂蚁和蜜蜂都过着复杂的社群生活。蚂蚁群的每个成员的活动都在一定的等级上专化，彼此缺乏对方就无法生活。蚁王仿佛仅是群体的繁殖器官，专司产卵。蚁王不能养活自己，需靠别的工蚁哺喂。为此，蚁王产生一种物质——外激素来引诱工蚁，使工蚁很愿舔食它从而积极地喂养蚁王。蚂蚁的卵和幼虫也会分泌一种物质，以诱使工蚁给予食物，得到喂养。此外，幼虫的发育也借助外激素传递信息，以实现调节。例如，幼虫的生活需要一定的温度和湿度条件，若直接受光照作用，湿度变低，它们即停止分泌外激素。那时，工蚁会很快将其移入蚁巢中潮湿的地方，而幼虫也就重新分泌对工蚁来说是美味的化学物质。

（2）机械通信（mechanical communication）：由触觉和听觉通路进行传导，包括声音和触压方面的联系。触觉被很多动物用来接收信号。例如，用一支细毛刷去触动一只性成熟蜗牛的交配区，即可引发它做出整套复杂的交配动作。春夏季节，许多昆虫、蛙、少数爬虫类的求偶鸣声或呼声都可招来异性对象（图2-18）。集群生活的鸟类遇到天敌时，常发出叫声并高飞而去，该叫声或动作意味着逃跑的信号。这时，群体中其他成员也会相继逃遁、躲藏或警戒起来。如果把某种鸟类发出的报警声录制下来，然后再把录音播放给该地的其他同种鸟类听，这些鸟类对报警声做出了如同对它们自己的遇险呼叫那样的反应——惊慌地飞走。

（3）辐射通信（radiation communication）：由光感受或视觉来完成其通信功能。视觉信号包括动作、姿势及各种色彩的展示。许多鸟类的雄性，羽色比起雌性要鲜艳夺目得多。其原因可能是雄性要充分利用色彩来表演花样百出的求偶舞。同时，还可借此威吓、驱逐敌对者。

从原生动物到复杂的高等动物都具备这些通信渠道。动物所采用的通信方式与物种的感觉、运动能力有关。鸟类以视觉和声觉通信为主、哺乳类以嗅觉和声觉通信为主、昆虫以嗅觉通信为主；同时，动物所采用的通信方式也取决于其生活环境。通常，生活在开阔环境的动物，以视觉通信为主；而生活在非开阔环境的动物，则以嗅觉、声觉通信为主。

图2-18　雄性泽陆蛙通过声囊发出求偶声吸引异性

植物的化学通信

范·霍芬教授曾经研究过以非洲刺槐豆（*Parkia filicoidea*）叶为食的非洲羚羊为什么会在它们取食的树旁饿死。被囚禁时的紧张并不是一个令人满意的解释，因为场地虽然被围，但仍很宽阔。范·霍芬教授通过尸体解剖发现，由于单宁含量很高，它们的胃里有大量不消化的树叶。

有关这个问题的实验仍在进行。有人带了一组学生，拿着棍子敲打刺槐豆的矮树枝，敲碎树叶，每隔一段时间，对树叶进行分析，他们发现单宁的含量有规律地增加。在遭受了2h的敲打后，刺槐豆树叶的单宁含量达到了开始时的2.5倍。在敲打停止4d后，刺槐豆树叶的单宁含量才恢复正常。于是，研究人员又重新开始实验，对一棵树进行敲打时，位于该树3m的半径范围内的几棵没有被敲打的树的单宁含量也都增加了。这说明树木之间必定通过传播媒介存在某种联络。

有人猜测是由根部传送化学信息的。但是，任何实验都没能证实这一假设。鲍德温和舒尔茨的发现对此做出了解答：植物间是通过一种十分简单的气体——乙烯实现联络的。这种气体激素从一棵植物散发出来，把信息传递给邻近的同种植物。人们已经知道，乙烯在水果成熟过程中发挥着作用，如苹果在成熟时大量散发的乙烯会加快附近绿香蕉变黄成熟的速度。乙烯能加快水果的成熟，促进叶片产生单宁。因此可以确定乙烯是一种联络的媒介，它至少起了传递信号的作用。在1994年，Farmer和Ryan发现乙烯与最近发现的植物气体激素的一种甲基结合，能促使烟草幼株表达专门的基因来防御昆虫啃食。

植物不但利用乙烯，还利用其他的气体来传递信息。现在知道，受蛾类幼虫攻击的玉米植株会散发鸡尾酒的气味，吸引胡蜂来消灭幼虫。当卷心菜遭到菜粉蝶幼虫啃食时，它们散发一种能吸引寄生蜂的气味，于是，寄生蜂在菜粉蝶的幼虫中产卵，将部分幼虫消灭。

引自让·玛丽·佩尔特《植物之美》(2003)

通信具有多方面的适应性意义，通信的作用主要有以下表现。

（1）相互联系。通信引导动物与其他个体发生联系，维持个体之间的相互关系。例如，标记居住场所、表示地位等级等，以通知对方自身的存在，使行为易于被感受者所接受。蚂蚁外出觅食时，每走一段路，腹部就会分泌出微小的一滴液体，滴在地上，留下特殊气味，然后，用此化学嗅迹作路标，在巢穴和食物来源之间开辟一条气味通道。气味的强弱可能是告知食源丰富的程度。有时，气味的强弱可能具有别的含义：微弱的气味吸引同伴，而浓烈的气味可能是一种警告信号，它能刺激蚂蚁表现出激动的情绪。

（2）个体识别。通过通信，动物彼此达到互相识别。蚂蚁是靠气味来识别家族成员的，每个蚁穴都有独特的气味。当一窝蚂蚁的某一只蚂蚁死了以后，其他蚂蚁就会把它抬到离蚁穴很远的蚁冢。又如，蚂蚁一旦到达有食物的地方，便将食物装满肚子，带回巢穴。当它进入巢穴时，先与别的蚂蚁相互靠拢。带食回巢的蚂蚁只有在通过气味被确认为伙伴后，才与同穴中的其他蚂蚁交换食物。每只蚂蚁都以这种方式和本群的其他成员保持联系。由于通信具有识别的作用，因此通信联系还避免物种之间的杂交，有助于保持物种之间的生殖隔离。

艾草松鸡的绕圈求偶

艾草松鸡（*Centrocercus urophasianus*）生活在北美落基山脉高原上的艾灌丛中，每到繁殖季节，雌、雄艾草松鸡就聚集到固定地点，进行绕圈求偶活动。R. Haven Wiley花了3年时间来研究艾草松鸡的求偶活动，对此有了深入了解。

冬季，艾草松鸡几乎全靠艾草为生，到2月天气变暖和时，分散在灌丛中的雄鸡开始集中，一直持续到5月，其间每只雄鸡每天都到特定的求偶场的固定位置来绕圈；而雌鸡来此的时间较短，一般约20d，通常在4月。

绕圈求偶活动从天亮或日出前1h开始，持续3～4h。在这个过程中，雄鸡把大部分的时间用来炫耀：鼓起具有弹性的嗉囊，使先前松弛的嗉囊膨胀，然后再下垂。这样重复两次，雄鸡就可以把它的嗉囊撑到能够容纳4L左右气体的大小。紧接着雄鸡收缩胸部肌肉，挤压膨胀的嗉囊，然后放气，发出“砰”的一声（和从瓶口拔出软木塞时所发出的声音十分相似）。这样放气一次约需3s。而在两次炫耀之间的时间里，雄鸡常以非常惹人注目的姿势站立着，竖起脖子上的白色羽毛，把尾羽直直地翘起。

4月，雌鸡在日出前后结队到达交配场，一般群集在场地的中央。接近中央的一两只雄鸡穿行于雌鸡群中，来回炫耀，间或与雌鸡进行交配活动。雌鸡通常交配一次后就离群去筑巢，从此不再与雄鸡发生任何关系，自行产卵、孵卵和抚养小鸡，直到下一个繁殖季节。

艾草松鸡的求偶方式有几个特点。首先，每年的求偶场都在固定地点，甚至长达28年都不会换；不仅求偶场本身，而且交配中心，即进行交配活动的直径约10m的一小块区域，也在同一个地点。其次，虽然一般的求偶场都会有几十只甚至几百只雄鸡，但是得到交配机会的只有小部分，不到10%的雄鸡参与了90%的交配活动，而且是年纪比较大的雄鸡得到的机会比较多，因为它们更接近求偶中心位置。另外，每只雄鸡都有自己的一块领地，它们在自己的领地上炫耀和进行交配活动。一旦有邻近领地的雄鸡越过边界，就会发生格斗，双方用翅膀扑打对方；格斗结束后，双方各回到各自的地盘。如果雄鸡和雌鸡在领地边界处交配，会受邻近的雄鸡打扰而中断。领地的面积各不相同，一般是靠近交配中心的面积小，不会超过$30m^2$，而处于交配场周围的领地面积大，可能会达到$100m^2$。

（3）减少动物的格斗和死亡。通信能标记自己的居住场所、表示地位等级，因此可以减少社群成员之间的相争。即使是发生相争，往往一方发出威胁动作，可能会格斗一番，一旦其中一方妥协，就会终止格斗，威胁和妥协动作实际上也就是视觉通信。

（4）保证个体行为的同步化。例如，前面所提到的白鹭等集群繁殖的鹭科鸟类，集群繁殖时的飞翔和尖叫的视觉和听觉通信，使各个体进入适宜的生理状况，这种状况不仅对个体来说很重要，而且对整个集群繁殖的鸟类群体来讲也是必需的，从而保证了有效的繁殖。

（5）相互告警。动物还利用彼此间的通信共同监控环境。大猩猩是群居动物。群里的任何一个成员发觉危险时，就会恐惧地发出尖叫，并迅速逃跑，其他大猩猩尽管还不清楚出现了什么危险，也都会跟着它逃跑。

（6）有利于群体的共同行动。例如，一群大猩猩的首领总是由一只大个头的雄性大猩猩担任，它决定本群每天的基本活动，如什么时候休息，在哪儿休息，要走多远，上哪儿去。它用很简单的动作和声音履行这些职责。

通信所显示的功能随物种而异，甚至同一物种内的通信，也可能由于分布区的不同而存在着隔离现象，形成类似“方言”之间的差别。例如，鸟类学者研究发现，美国密执安湖畔的乌鸦就不能与意大利佛罗伦萨郊区的乌鸦沟通，互不理解对方的“话语”。

动物行为学家认识到：通过对动物通信的了解，能揭示人类信息传递的生物学起源，有利于保护地管理。例如，当成群结队禁捕的海豚在海轮周围嬉闹而影响作业时，将录下来的海豚遇险的叫声在水中播放，这些海豚顷刻间逃之夭夭。动物释放的化学信号，不仅控制动物的行为，还影响社群组织，调节种群数量。昆虫外激素的研究，有利于利用昆虫外激素开展松毛虫害等的防治工作。至今为止已有百余种昆虫外激素被分离、纯化、鉴定和合成。研究哺乳动物的化学通信不仅能给保护地管理起指导作用，还可着眼于人类本身，为解决人口问题、通信障碍、仿生等重大问题提供新的途径。

四、领域

动物个体、配偶或家族通常都只是活动在一定范围的局部区域。如果这个区域受保卫，不允许其他动物（通常是同种动物）进入，那么这个区域或空间就称为领域（territory），而动物占有领域的行为则称为领域行为或领域性（territoriality）；反之，若活动区域不受保卫，则称为家域（home range）。领域行为是种内竞争资源的方式之一。占有者通过占有一定的空间而拥有所需要的各种资源。领域行为并不如集群行为那么常见。领域行为常见于大部分脊椎动物和一些节肢动物种类，这与它们具有筑巢和育幼的行为特性有关。在脊椎动物当中，鸟类的领域行为最为发达（图2-19），啮齿动物和灵长类的群体领域最为常见。节肢动物的蜻蜓和蟋蟀、各种膜翅目昆虫、蝇类、蝶类、招潮蟹及端足类等也有领域行为。

一些领域是暂时的，如大部分鸟类都只是在繁殖期间才建立和保卫领域。一些领域则是永久的，如生活在森林中的每一对灰林鸮（*Strix aluco*）在繁殖期间都会占有一块林地，此后终生占有，不允许其他个体的进入。动物建立领域往往只是排斥其他同物种个体的进入。同种动物的资源需求相同，排斥其他相同物种个体的进入能够减少竞争，领域占有者因此希望占有更多的资源。但是，如果不同物种之间的资源利用方式非常相似，领域行为也可能发生在不同物种之间，这种领域行为称为种间领域行为。例如，分布在美洲的黄头黑鹂（*Xanthocephalus xanthocephalus*）和红翅黑鹂（*Agelaius phoeniceus*），两种鸟类取食相似的食物，并且在相似的

图 2-19　蛇雕在海南热带雨林国家公园的鹦哥岭宣示领域

地方筑巢，因此它们的领域是相互排斥的。

领域根据性质的不同，可以分为以下类型。①交配、觅食和繁殖的领域：所保卫的领域用于求偶、交配、觅食和繁殖。②交配和筑巢的领域：领域用于求偶、交配和繁殖，但觅食活动不在领域内。③交配领域：如动物的求偶场，只用于求偶和交配。④筑巢领域：通常是群体营巢领域，如银鸥（*Larus argentatus*），无论是在生殖季还是非生殖季，都表现有保卫营巢领域的行为。⑤非繁殖领域：如觅食领域。这种划分能够方便于领域行为的研究。大部分鱼类、两栖类和爬行类并没有觅食领域。在一个物种内，有时候可能同时有几种类型的领域，并且其领域行为也可能发生变化。例如，海鸟喜欢集群营巢，有群体筑巢领域，但是同时还有一个觅食领域，觅食领域在筑巢领域以外的地方。一些鸟类，如欧鸲在繁殖期有领域行为，但是在冬季则聚集成群。有些动物种类的领域行为只存在于特定的年龄阶段或性别当中。

动物通过各种行为来保卫自己的领域，但是很少以对抗行为来保卫领域。领域的占有者通常通过声音或行为展示以告知自己的存在。许多蛙类、蜥蜴、鸟类及海豹、长臂猿、大猩猩等哺乳类都能通过发出声音来标示自己的领域。例如，灰林鸮（*Strix aluco*）利用声音来标示自己的领域，声音作为一种信号，能够远距离地告诫，并由此阻止潜在的入侵者。但是，如果入侵者还要进入领域，灰林鸮则采用追逐、攻击等行为加以驱逐。许多哺乳类和少数昆虫以气味来标示领域。例如，狼（*Canis lupus*）、赤狐（*Vulpes vulpes*）用尿标示领域；狗獾（*Meles meles*）用粪便标示领域的边界；长结织叶蚁（*Oecophylla longinoda*）的工蚁能够分泌信息素来标示领域，而且还能以另一种信息素召集兵蚁来共同对付入侵领域的外来蚁群。

领域的主要特征表现在以下几方面。①排他性：领域由一个个体或几个个体（一对配偶、一个家庭或一个成员相互之间没有亲缘关系的群体）独占使用，不允许其他动物（通常是同种动物）的进入。领域占有者会积极保卫自己的领域。②伸缩性：领域直径的大小取决于物种。生活在海滨岩石上的藤壶具有领域以分隔相邻的个体，但其领域直径只有几毫米；非洲野水牛（*Syncerus caffer*）群体同样具有领域以分隔相邻的群体，其领域范围则有几千米。在同一物种内，领域的大小随着生态条件或时间的变化而有所调整。例如，领域的大小通常随着食物丰富度的改变而发生变化。实验证实，人为地给蜥蜴增加食物，蜥蜴的领域就会变小，减少食物后蜥蜴的领域则又恢复到原来的大小。③替代性：研究表明，当领域的占有者被移除或自然死亡后，它们的领域很快就被其他新来者所占领。

生态学家已经认识到领域行为是一种复杂的动物行为。领域行为不仅可以防止过度拥挤和食物不足，减少种内竞争，对一些种类还具有调节种群数量的作用。特定的环境只能给动物建立有限数量的领域，不能获得领域的动物不能繁殖，因此，领域行为能够将种群数量维持在环境容纳量之下。当占有领域的动物死亡时，那些不能获得领域的动物则有机会获得领域进行繁殖，从而能避免种群数量下降。在具有领域行为的物种当中，那些不能建立领域和保护领域的弱小个体不能繁殖，因此，它们的遗传特性不能传递到后代，领域行为因此成为一种进化的力量。

鸟类的领域行为能够促进繁殖的成功。如果鸟类在某一领域能够繁殖成功，那么次年繁殖时，它们会回到这一领域。一旦失败，它们只好重新建立另一领域。与陌生的地方相比，在熟悉的地方显然能够更容易地找到食物或更有效地进行隐蔽和防御。

五、社会等级

社会等级（social hierarchy）现象是动物社会的特征之一。在动物社会当中，动物各自有一定的等级地位，等级地位较高的优势个体比等级地位较低的从属个体优先获得资源，满足其食物、栖息场所、配偶等其他需要。群体内部个体之间的这种优势顺序就称为社会等级或优势序位。社会等级形成的基础是优势行为。

优势行为只发生在封闭式的社会群体当中，许多兽类和鸟类群体都存在社会等级现象。社会等级主要有三种基本形式。①一长式：也称为独霸式，社群当中的所有个体只受一个优势个体所支配，其他个体之间没有等级差别。一长式社会等级多见于灵长类，如滇金丝猴（*Rhinopithecus bieti*）、鬃毛吼猴（*Alouatta palliata*）、东非黑白疣猴（*Colobus guereza*）和青长尾猴（*Cercopithecus mitis*）等猴类。它们的群体内只有一头雄性成体起支配作用，其他成熟雄性个体则受到排挤。因此，刚成年的幼雄猴多被成雄猴驱逐，这些幼雄猴或者流浪在外，或者加入其他群体，或者另外组群，这种情况也见于海象、驯鹿等群体中。②单线式：或称为系列式，群体当中的每个个体都有一定的社会地位，甲支配乙、乙支配丙、丙支配丁……这种社会等级现象最早在家鸡内发现，因此也称为啄食等级。猕猴（*Macaca mulatta*）、藏酋猴（*Macaca thibetana*）等种群中的等级制属于这种类型（图2-20）。③循环式：或称为三角式，甲支配乙，乙支配丙，而丙又支配甲。这种等级制不因个体力量、外形和体重的大小及是否伤残而受影响。循环式等级制常见于多雄群体的灵长类，它们往往形成复杂的三角等级和年龄等级互相配合的支配系统，主雄与次雄之间多有互助现象，如草原狒狒（*Papio cynocephalus*）、婆罗洲猩猩（*Pongo pygmaeus*）、黑猩猩（*Pan troglodytes*）和褐狐猴（*Eulemur fluvus*）等。

社会等级现象具有一些共同的特点。①排他性：要加入群体的外来新个体，不是被赶走，就是被置于最低的等级。②社会惰性：社会等级是通过相互接触，甚至是格斗而形成的。在一个群体中，一旦等级形成以后，长时间内个体之间不再发生地位的争夺，从属个体往往表现出顺从的姿态。③权利欲：等级地位是相对稳定的，但并非一成不变，当优势个体年老体弱，从属个体就会与之争夺优势地位，等级地位由此出现变化。④雌性与雄性动物之间的等级制分

图2-20 福建永泰藤山的藏酋猴种群为单线式的社会等级

开：同一群体中，雄性有雄性等级制，而雌性等级制则只在雌性内存在。⑤优势个体的利他性：优势个体往往冒着生命危险保护整个群体。例如，向群体发出报警鸣叫，自己被捕食的危险明显加大。某一个体为增加其他个体的利益而牺牲自我生存或繁殖利益的行为称为利他行为（altruism）。

显然，社会等级具有两方面的生物学意义。①等级地位建立后，个体之间可以通过通信、威胁等方式来代替损伤格斗，减少竞争有限资源所产生的争斗。多数物种中，优势个体在外表上有明显的特征。例如，优势公鹿的角比较强大，在许多兽类，个体大小及角、毛等装饰是优势雄性的特征。又如，优势公鸡个体较大并且鸡冠和肉垂也较大；在鸟类中，优势个体的羽毛通常也较为鲜艳。优势个体的这些特征可能与其体内性激素浓度较高有关。实验表明，给低地位的鸡注射睾酮（雄性激素）会出现反啄食现象。从属个体通过表现出顺从或妥协，可以接近优势个体，而且，在资源充足的情况下，能够有获得食物等资源的机会，从属个体还能够从群体防御当中获得利益。当遇到敌害时，一些物种的非成熟个体或从属个体位于群体内部，减少被捕食的机会，如狮子（*Panthera leo*）、狒狒（*Papio*）等。②调节种群数量。当资源不足时，优势个体由于能够优先获得食物等资源而生存，从属个体则首先出现饥饿甚至死亡。优势个体能够在竞争中获得领地和配偶，成功地进行繁殖，相反，大部分从属个体则不能进行繁殖，因此具有控制种群增长和调节种群的作用，避免种群数量过高。各种动物的优势个体，在占有食物、栖息场所和异性方面的垄断程度不一。哺乳类的鳍脚目动物比较突出，对南象海豹（*Mirounga leonina*）的调查表明，数量占群体8%的最优势雄性象海豹占有88%的雌性象海豹。鹿群则不然，欧洲马鹿（*Cervus elaphus*）中的优势公鹿由于忙碌于保持自己的地位，从属个体有时候能够找到机会与个别母鹿交配；欧洲马鹿在交配季节频繁争斗，保持自己的地位而不顾采食，即使不死于角斗，往往也因体弱而死于随后的冬季。

第五节　种群进化生态学

微课堂

一、进化与生态学

生态学特别重视进化过程。生物与其环境的相互作用是进化的动力，生物对环境的适应则是进化改变的结果，作用于生物的生态选择压力决定着进化改变和适应的方向，生态学的实质就是选择压力或适应的研究。进化压力对生物的影响可能就表现在生物的适应。个别生物的进化改变广泛地影响着由这些生物所组成的系统，最终整个系统将表现出结构性的重要转变。

所有的生物都处于选择压力之下，如种间竞争、种内个体的竞争、捕食关系或寄生关系。选择压力将使生物能够最有效地占据它们的特定生态位，或者至少使生物比现在的任何竞争者更能够适应这种压力。由于进化起着稳定的作用，淘汰部分无法适应的个体，因此，进化对生物的作用没有那么显而易见。只有在环境发生持续改变或大的变化时，选择才能促进生物产生实质性的改变。

每一个生物对于某一特定的环境问题都有一些相应的解决方法。在生物进化上，繁殖方式可能是最基本的适应。自然选择作用于生物个体的繁殖能力，那些有机会突变或遗传重组而更能够适合于生存的生物，将留下更多的后代。随着世代的延续，适合度最高的后代优势最为明显，它们所具有的有利的遗传性状就会在种群中得到扩散。

如果自然选择作用于个体的繁殖能力，那么，无论是什么物种，进化一定是表现在更有效繁殖的适应上。在现实中，生物有两种可以选择的繁殖对策。一种对策是繁殖少量后代以减少繁殖投资，大部分投资用于抚育后代以确保后代的存活。另一种对策则是将繁殖投资最大化。由于繁殖的后代数量越多，亲代用于抚育后代的投资就越少，因此，这些多产物种的后代存活率就较低。低存活率本身可以从后代开始时的多数量得到补偿，所以这种对策的本质就是减少亲代抚育，加大繁殖投资。两种对策是两个极端：一个极端是多后代、低水平抚育；另一个极端则是少后代、高水平抚育，两种对策都是有效的。生物将采用其中的哪一种对策？为什么要采用这些不同的繁殖对策？这就是行为生态学所关注的主要问题。

二、生态对策

（一）生活史的变异

不同物种生长和繁殖的时间长短不一，生物的生长和繁殖过程称为生活史（life cycle），其关键是个体大小、生长率、繁殖和寿命。一些物种寿命长、个体大，繁殖数量少但个体大的后代（如香樟、玉兰、蓝鲸、大象）（图2-21）；而另一些物种寿命短、个体小，繁殖数量多但个体小的后代（如兰科植物、蕨类、苔藓、真菌、昆虫或远洋鱼类）。生物所特有的生活史特征是该生物种类在进化过程中，适应于特定环境所形成的一系列生物学特性的设计，这种生活史特征称为生态对策（ecological strategy）或生活史对策（life history strategy）。因此，生态对策是生物在生存竞争中所获得的，是自然选择和进化的结果。

图2-21 玉兰大树（左）及其果实与种子（右）

（二）能量分配原则

自然选择将有利于那些能最大限度地将自身基因传递给后代的群体。完美的假想生物是它所具有的每个性状都能够有利于繁殖，即它在出生后能够迅速长到成体那样大小，能繁殖数量多、个体大的后代，长寿，能够多次繁殖。但这种生物是不存在的，因为任何一种现实生物的能量都是有限的，这些有限的能量只能协调地分配到各种生活史对策；一种生物如果把大部分能量分配到生活史某一方面，那么它就不可能再把大部分能量用于生活史的其他方面，这就是能量分配原则。

能量分配原则说明一些生活史特征之间是相互对立的，生物只能有这两种生活史特征之一，不可能二者兼备。例如，带有幼子的雌性欧洲马鹿死亡率显著地高于其他雌性欧洲马鹿，显示了存活和生殖之间是相互矛盾的。许多多年生的庭院植物，摘掉过多的花柄可以提高它们的存活率和来年的开花结实率。在家禽品种方面，其肉用性状（如生长速度）和蛋用性状（如产蛋量）也是负相关的。即使在生物的繁殖方面，也有能量分配的不同选择。终生一次生产的生物（如一些鲑鱼和竹类）把能量一次性地全部用于生殖“大爆发”；重复生产的生物（如大部分哺乳类和乔木）则把能量均地分配于多次繁殖。生殖多而小的后代与生殖少而大的后代也是涉及繁殖方面的能量分配。

（三）r选择和K选择

麦克阿瑟（MacArthur）和威尔逊（Wilson）（1967）按生物栖息的环境和进化的策略把生物分为r对策者和K对策者两大类。r对策者适应于不可预测的多变环境（如干旱地区和寒带），具有能够将种群增长最大化的各种生物学特性，即高生育力、快速发育、早熟、成年个体小、寿命短且单次生殖多而小的后代。一旦环境条件好转，就能以其高增长率（r），迅速恢复种群，使物种得以生存。K对策者适应于可预测的稳定环境。在稳定环境（如热带雨林）中，由于种群数量经常保持在环境容纳量（K）的水平上，因此竞争较为激烈。K对策者具有成年个体大、发育慢、生殖迟、产仔（卵）少而大、多次生殖、寿命长、存活率高的生物学特性，以高竞争能力使自己能够在高密度条件下得以生存（表2-2）。

表2-2　*r*对策者和*K*对策者的特征

特征	*r*对策者	*K*对策者
出生率	高	低
发育	快	慢
体型	小	大
生育投资	提早生育，单次生殖	缓慢发育，多次生殖
寿命	短，通常不到1年	长，通常大于1年
竞争能力	弱	强
死亡率	高，灾难性的，非密度制约	低，有规律性，密度制约
种群大小	大，不稳定，种群大小波动大	小，稳定，种群大小在*K*值附近
存活曲线	属C型，幼体存活率低	属A或B型，幼体存活率高
适应气候	多变，难以预测，不确定	稳定，可预测，较确定
对策导向	高生育力	高存活率

因此，可以说在生存竞争中，*K*对策者是以“质”取胜，而*r*对策者则是以“量”取胜；*K*对策者将大部分能量用于提高存活率，而*r*对策者则是将大部分能量用于繁殖。在大分类单元中，大部分昆虫和一年生植物可以看作*r*对策者。昆虫的快速进化是在二叠纪和三叠纪，当时的气候条件是非常多变的。大部分脊椎动物和乔木可以看作*K*对策者。脊椎动物进化过程中的盛发期是侏罗纪、下白垩纪、始新世和渐新世，正是温暖潮湿气候的稳定地质期（图2-22）。在同一分类单元中，同样可做生态对策比较，如哺乳动物中的啮齿类大部分是*r*对策者，而象、虎、熊猫则是*K*对策者。

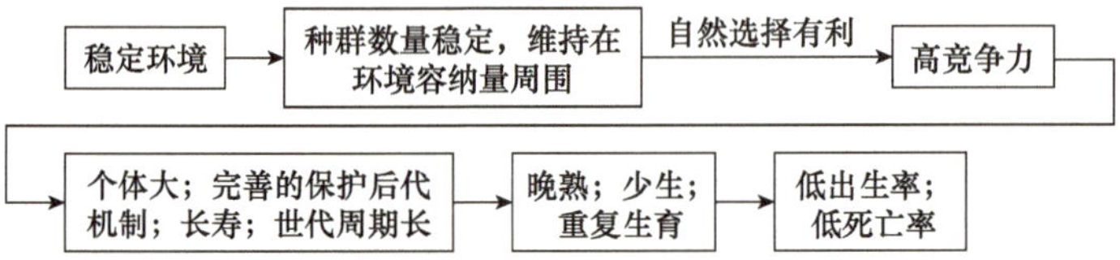

图2-22　在*K*选择环境中*K*对策者相关生物学特征的因果关系链

*r*对策者和*K*对策者具有不同的生物学特征，因此它们的种群增长曲线也有差别（图2-23）。图中45°角的对角虚线，表示$N_{t+1}/N_t=1$，种群数量处于平衡状态；对角线上方表示种群增长；下方表示种群下降。在增长线上，*r*对策者和*K*对策者都有一个平衡点*S*，种群数量的变化都趋向于平衡点，但*r*对策者的数量变化幅度较大。对于*K*对策者，其种群增长曲线上还有一个灭绝点*X*。当*K*对策者的种群数量大于灭绝点，则种群增长；如果低于灭绝点，种群就会发生灭绝。

*r*对策者和*K*对策者是*r*-*K*对策连续系统的两个极端。除了一些例外以外，大部分生物都能适合于*r*-*K*对策连续系统的某一位置。*r*选择和*K*选择理论在生产实际中具有重要

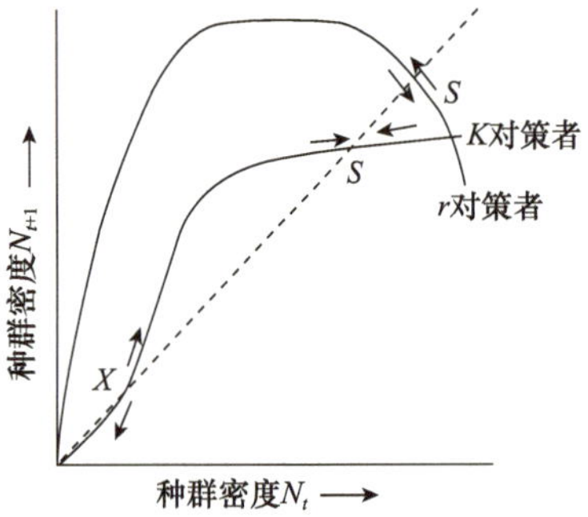

图2-23　*r*对策者和*K*对策者的种群增长曲线

的指导意义。在有害动物防治方面，由于大部分有害动物属于r对策者，因此仅靠一两次灭杀只能暂时控制其数量，一旦灭杀停止，由于其高的r值，能迅速增殖，种群数量将很快恢复到原有水平；在濒危野生动物的保护方面，由于大部分珍稀动物属于K对策者，繁殖能力低，一旦种群数量下降到一定的下限——灭绝点，则难以自然地恢复增长，因此应当不断地给予保护。

三、变异和选择

生物的进化是以种群为基础的，在或大或小的种群内出现的个体间的变异是普遍现象。例如，在小麦种群中的有芒和无芒、易碎的和牢固的穗、夏麦和冬麦等。这些变异一部分是由生理调节引起，另一部分则由遗传引起。在种群中，时常从正常形态中出现微小的偶然变异，称为突变。这些变异可能是不利的，或是中性的，也可能是有利的。在进化过程中，不利的变异遭到淘汰，而有利的变异得到保存，并进一步繁殖后代。实际上，种群内的个体变异是逐渐变化的，随着时间的推移与隔离机制，导致新种的形成。

种群内基因频率一代代的变化就是进化变异，变化或进化的原因在于：①种群中各个体之间发生非随机交配，经常交配的个体基因增加；②迁入与迁出可能带来新的基因或丢失部分基因；③突变经常发生，并形成或丢失部分基因；④当种群数量较少时，可以发生遗传漂变或基因丢失现象。如果一个种群再分成彼此隔离的小种群，那么纯粹偶然的基因组合可以使这些种群中的不同突变固定下来，而无论它们的选择值如何，而且这可以使原先相同的物种分化成为不同的亚种，最后这些亚种形成物种。

在上述遗传变异的基础上，物种通过自然选择得以进化。①群体选择。选择可能发生在不同分类水平的群体中：种群的某些特征，如异常的性比、突变速度、扩散距离、性二形性的程度及促进自然种群中近交或远交的某些机制。第一，一定类型的组织或结构内部形态多样性的起源，即较低的分类单位——亚种、种，也可能有属的起源；第二，这些类型的组织本身的起源，即较高的分类单位的起源；第三，对一定环境的生态适应性的起源；第四，作为一个整体的有机体内部复杂的形态整合和生理整合的起源。当然，要在这些问题之间画出明显的界线是不可能的。一般来说，人们可以接受这种看法：亚种的形成是由前面所说的因素造成的，物种的形成也极可能如此，这已在实验上和理论上得到肯定。这些因素是随机突变、选择和隔离的小种群内的随机活动。例如，昆虫模仿植物的枯叶、枯枝或动物的粪便。可以假定起初发生偶然变异，这种变异使微小的相似性变成保护形态并由此而形成选择上的优势；后来，自然选择加强了这种相似性，最后形成完全的拟态（图2-24）。②性选择。某一个体对异性个体具有更大的吸引力，从而取得繁殖优势的现象称为性选择。有些性状，并不是用于生存斗争，而是用于个体交配。例如，假如鸟特殊的颜色图案是用于在求偶仪式上吸引雌性的，图案明显的雄性进行交配的机会就会多，而且会留下更多的遗传了这种图案的后代。经过许多代后，由于雌性挑选体色更艳丽的雄性，于是便会促进雄性体色艳丽程度的提高。由于同样的原因，雄鹿的角很发达，因为角的用途是竞争更多的“妻妾”进行交配。在每一代中，只有那些具有大角的雄鹿才能在求偶中获得成功，因此角的平均尺寸会逐渐增加。

从生态位角度，选择可能向不同的方向发展。

（1）稳定选择。当环境条件有利于靠近种群数量正态分布中间的那些个体，而淘汰两侧的受胁迫的个体时，选择属于稳定型。

a　　　　b

图2-24　拟态

a. 直翅目昆虫脊蜢，形似枯叶；b. 天蛾拟态，形似枯枝

（2）定向选择。当选择迫使一侧受胁迫个体适应环境，使种群的平均值向这一侧移动时，选择属于定向型。

（3）分裂选择。选择对两侧的个体有利，而不利于中间的个体，从而使种群分成两部分。

四、物种形成过程

物种形成过程大致分为三个步骤。

（1）地理隔离。由地理屏障引起，将两个种群彼此隔开，阻碍了种群间个体交换，从而使基因交流受阻。地理隔离学说主要是根据对下列动物的研究结果而提出的：鸟类、蝴蝶、其他分布范围广的昆虫、某些类群的蜗牛及具有明确地理变异模式的其他类群动物。由于在大陆上不能超越的地理障碍（山地、水域等）数量有限，所以其他类型的障碍必定和大陆上十分活跃的物种形成过程有关。一些学者认为植被障碍或其他不宜栖息的地区可能就是这样的障碍。植被的障碍作用视物种的扩散能力而定。对于不能飞的蚱蜢或地下哺乳类来说，即使是很狭窄的不适宜的生态区也能成为扩散的障碍。

（2）独立进化。两个地理上和生殖上隔离的种群各自独立地进化，适应各自的特殊环境。

（3）生殖隔离机制建立。假如地理隔离屏障消失，两个种群的个体可以再次相遇和接触，但由于建立了生殖隔离机制，基因交流已不可能，因此成为两个种，物种形成过程完成。通过这样的过程，从分布中心的祖先形成了许多物种。例如，夏威夷蜜旋木雀随着不同群体的食物分化、地理隔离等，逐步形成了2亚科14种（图2-25）。

五、物种形成方式

从原有的物种形成一个新的物种，称为物种形成。对于新的物种形成的机制有不同的假说，但基因突变、自然选择是两个基本的过程。在物种形成过程中，地理隔离和生殖隔离起了十分关键的作用。根据物种形成的隔离机制，大致可以分为异域型、同域型和邻域型三种。

（1）异域型的物种形成。异域型的物种形成即地理物种形成，一个物种的多个种群生活在不同的空间范围内，地理隔离使这些种群之间的基因交流出现障碍，导致特定的种群积累着不

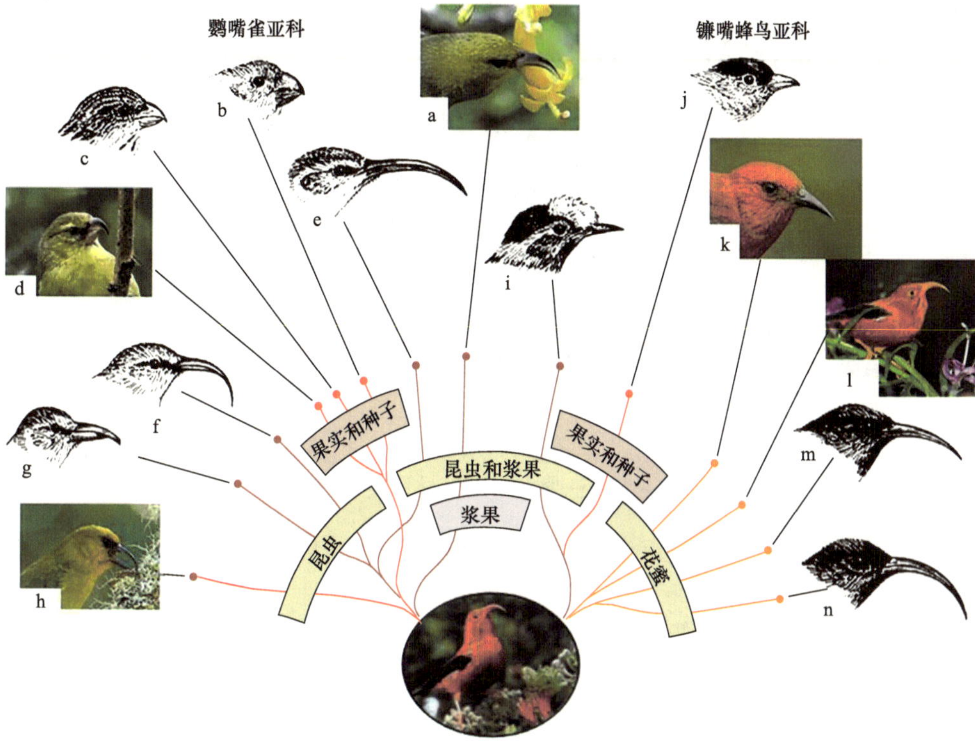

图2-25　夏威夷蜜旋木雀的物种分化示意图

a. 以树皮、叶上的昆虫或花蜜、浆果为食的夏威夷绿雀（*Loxops virens*）；b. 以种子为食的*Psittirostra kona*，已灭绝；c. 以种子和果实为食的*Psittirostra cantans*；d. 以种子为食的毛岛鹦嘴雀（*Psittirostra psittacea*），尤其喜欢以藤本的露兜树的种子为食；e. 以昆虫和花蜜为食的*Hemignathus obscurus*；f. 以昆虫为食的*Hemignathus lucidus*；g. 以昆虫为食的*Hemignathus wilsoni*；h. 以其弯曲的喙啄食昆虫的幼虫、蛹、甲虫的镰嘴绿雀（*Hemignathus munroi*）；i. 以昆虫和桃金娘的花蜜为食的*Palmeria dolei*；j. 以果实和种子为食的*Ciridops anna*，已灭绝；k. 以桃金娘的花蜜为食的*Himatione sanguinea*；l. 以多种植物的花蜜为食的镰嘴管舌雀（*Vestiaria coccinea*）；m. 以花蜜为食的*Drepanis funereal*，已灭绝；n. 以花蜜为食的*Drepanis pacifica*，已灭绝

同的遗传变异，并逐渐形成各自特有的基因库，最终与原种群产生生殖隔离，形成新的物种。包括两类：①通过大范围的地理隔离，分开的两个种各自演化，形成生殖隔离机制；②通过种群中少数个体从原种群中分离出去，到达其他空间范围并经地理隔离和独立演化而形成新种。

（2）同域型的物种形成。生活在同一区域内的物种，由于资源的限制和种群内部的激烈竞争，导致生态位出现分化。占据不同生态位的群体出现基因交流的障碍，通过生殖隔离而形成新的物种。

（3）邻域型的物种形成。邻域型的物种形成是指现在地理分布区相邻的两个种群间的物种形成。有些物种的分布区很广，但扩散能力较弱，在其分布区边缘地带的一些种群，由于栖息地环境的差别而形成基因交流的阻碍，逐渐建立起自己独特的基因库，并形成生殖隔离，最终形成了新的物种。

紫金牛属的种类喜热，一般都很矮小，在南亚热带雨林区域分化而成，在长期进化过程中，上述三种隔离机制均有，高木亚属、短序亚属与其他种类为异域型隔离分化；锯齿亚属、顶序亚属与其他种类为邻域型隔离分化；华紫金牛亚属、圆齿亚属、腋序亚属的种类为同域型隔离分化（图2-26）。

气候与物种形成

种群分离使得单一物种分化成不同的物种，这一过程叫作物种形成。例如，欧洲斑鹟和颈鹟，这两个物种的外貌极为相似，而且各自的生长区也有重叠之处，但斑鹟的生长区靠北，喜欢栖息在针叶林里，而颈鹟主要分布在欧洲的南部和西部，更喜欢栖息在落叶林里。这种种类分离的原因可能与它们的迁徙模式有关。它们冬天都离开欧洲，南下迁徙到非洲撒哈拉沙漠区域，然而，它们各自的迁徙路线不完全一样，斑鹟向西飞过西班牙和地中海西部到达撒哈拉沙漠，而颈鹟却向东飞过小亚细亚到达撒哈拉沙漠。从地质变化史上来看，这个迁徙路线可能意味着这两个种群曾一度完全分离，至少在上一次冰川期间是分离的。它们可能相互隔绝了几万年，现在由于气候变化及欧洲森林日渐增多，又重新聚集在一起。尽管它们的分布区部分相同，但它们的行为模式已变得不同，作为单一物种，各自具有与另一物种的不同之处，其中之一就是它们各自保持着自己的迁徙路线。两个有亲缘关系的物种斑鹟和颈鹟，由同一原种进化而来，生物学家认为可能在几万年前的最后一次冰川期，由于气候变化，两个种群便各自沿自己的路线迁徙，并且相互隔绝，而后来的气候变化又使这两个种群回到它们原来的中欧和东欧的生长区，但长时间的隔绝已经不能使它们之间进行杂交繁殖。

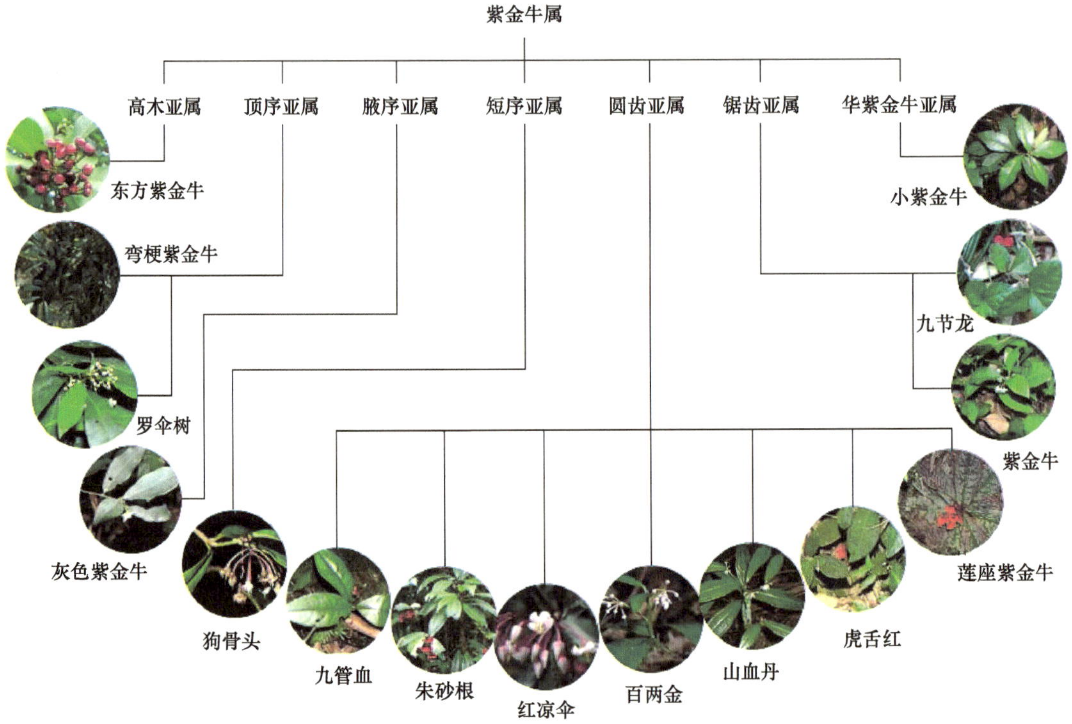

图2-26 报春花科紫金牛属物种亲缘关系图

微课堂

第六节 种 间 关 系

一、种间关系的类型

种间关系（interspecific relationship）是指不同物种之间的相互作用。两个物种可以是间接的相互影响，也可以是直接的，这种影响可能是有害的，也可能是有利的。如果用“+”表示有利，“−”表示有害，“0”表示既无利又无害，那么，物种之间的关系可以总结为表2-3。

表2-3 物种之间的关系

种间关系类型	物种		主要特征
	1	2	
中性（neutralism）	0	0	彼此互不影响
竞争（competition）	−	−	相互有害
偏害共生（amensalism）	−	0	物种1受害，物种2无影响
捕食（predation）	+	−	物种1（捕食者）有利，物种2受害
寄生（parasitism）	+	−	物种1（寄生者）有利，物种2受害
偏利共生（commensalism）	+	0	物种1有利，物种2无影响
互利共生（mutualism）	+	+	彼此都有利

物种之间的有利、有害关系只是一种便于理解的人为划分。实际上，不同生物物种都是生态系统的组成成分，它们在物质循环、能量流动和信息传递的过程中互有联系，互为依赖。例如，捕食者对猎物的种群数量起着一定的调节作用，研究表明，如果移除捕食者或减少其数量，将导致猎物的数量剧增，资源耗尽，因此捕食者对猎物的关系不能只用“有害”来概括。在表2-3中，捕食、寄生关系又统称为攻击关系，是指某种生物从另一种生物的活体身上，直接获得营养以维持自己生命的现象，实行攻击的一方称为被攻击方的天敌。在以往的一些生态学著作或刊物上，还有共生（symbiosis）一词，用来作为互利共生或偏利共生的同义语；但是，共生在字义上就是共同生活，有的学者把它用来包括物种之间的各种关系，或者包括种群内部个体之间相互有利的关系，因此，应当提倡避免单独使用这个术语，以免混淆。

二、种间竞争

竞争现象普遍存在于各种生态系统中，是调节种群增长的重要因素之一。竞争可以发生在同一物种的不同个体之间，也可以存在于不同物种的个体之间。种间竞争就是指几种生物利用同一种有限资源所产生的相互抑制作用。

（一）生态位

生态位（niche）是生态学的一个重要概念，是指在自然生态系统中一个物种的时间、空间上所占据的位置及其与其他物种之间的功能关系。换句话说，某个物种在其所处的某个群落中，比其他伴生种能更好地利用生境条件的能力，即在该微域生境中，该物种居于优势地位。

按其定义可归为以下三类：①生境生态位：是物种的最小分布单元，其中的结构和条件能够维持物种的生存（图2-27）。②功能生态位：动物的生态位，是动物在生物群落中的位置及动物与其食物和天敌的关系。从众多动物生态学家阐述生态位所给出的例子可以发现，其含义实际上是指食物是动物的食物生态位，而该动物本身又是其天敌的食物生态位。③超体积生态位：是一个允许物种无限生存的超体积。总之，生态位是指某种生物利用食物、空间等一系列资源的综合状况及由此与其他物种所产生的相互关系。生态位准确描述了某一物种所需要的各种生活条件。

根据不同的准则，可得到以下不同的生态位分类系统：①每一种生态因子对应着一种或一维特定的生态位，如光、温度、食物等生态位；②按照生态元的类别，有基因、细胞、个体、物种、生态系统、城市、生物圈、地球生态位；③根据竞争与否，生态位可分为基础生态位（竞争前）和现实生态位（竞争后），前者包括后者。

生态位的大小可以用生态位宽度（niche breadth）来衡量。所谓生态位宽度是指在环境现有的资源谱中，某种生态元能够利用多少（包括种类、数量及其均匀度）的一个指标。生态位宽度与物种的耐受性有关。如果某种生物对食物、栖息地、资源的耐受范围较广，那么它的生态位宽度也就较宽。生态位宽度可以用以Shannon-Wiener多样性指数为基础的生态位宽度指数来度量。

图2-27　北美针叶林内5种鸣鸟的生态位分化（引自Arthur，1958）
绿色阴影为该种林莺的主要取食和活动空间

（二）竞争排斥原理

由于竞争的排斥作用，生态位相似的两种生物不能在同一处永久共存。如果它们能够在同一处生活，那么，其生态位相似性必定是有限的，它们肯定在食性、栖息地或活动时间等某些方面有所不同，这就是竞争排斥原理（competition exclusion principle）。竞争排斥原理也称为高斯假说，是生物学家高斯（Gause）（1934）在研究种间竞争实验的基础上提出的。

竞争排斥原理说明，物种之间的生态位越接近，相互之间的竞争就越激烈。分类上属于同一属的物种之间由于亲缘关系较近，因此具有较为相似的生态位，可以分布在不同的区域。如果它们分布在同一区域，必然会由于竞争而逐渐导致其生态位的分离，即竞争排斥导致亲缘种的生态分离。自然生态系统中的物种都具有不同的生态位，因此避免了相互之间的竞争，同时由于提供了多条能量流动和物质循环途径，有助于生态系统的稳定性。但是，在许多动物之间，却存在着部分生态位重叠而具有部分竞争。

高斯采用两种分类上和生态位很接近的双小核草履虫（*Paramecium aurelia*）和大草履虫（*Paramecium caudatum*）来进行竞争实验。两种草履虫单独培养时都表现为S型增长；但是在混合培养时，两种草履虫开始都表现为S型增长，其中双小核草履虫增长较快，第16天以后，只有双小核草履虫存在，大草履虫则被排斥而灭亡（图2-28）。

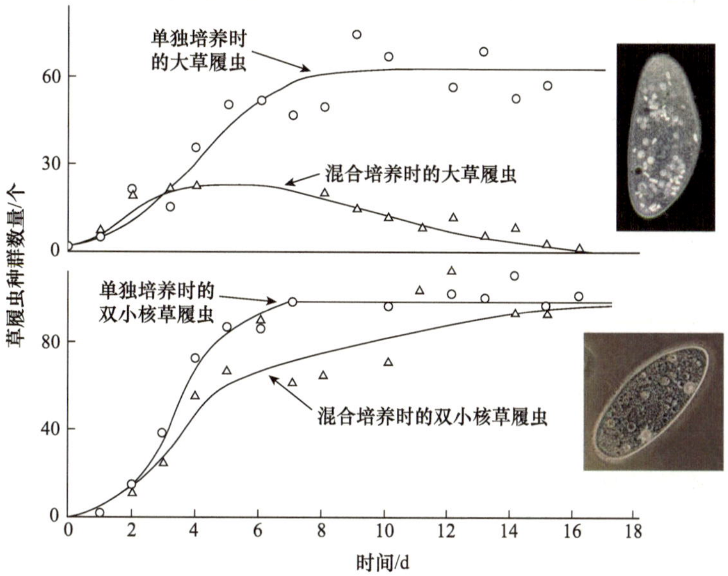

图2-28　两种草履虫单独和混合培养时的种群数量变化（引自Gause，1934）

对于自然种群，符合竞争排斥原理的例子也很多。在太平洋的许多岛屿上都曾分布有缅鼠（*Rattus exulans*），后来，随着交通运输事业的发展，黑家鼠（*Rattus rattus*）和褐家鼠（*Rattus norvegicus*）随船只来到这些岛屿。由于“外来客”与“老住户”的食性相近，彼此之间便出现了剧烈的竞争，结果，竞争能力较差的缅鼠被排挤而发生灭绝。这些例子说明外来种进入某地时，可能与当地生态位相似的物种发生竞争，这是引种工作所应重视的问题。竞争排斥原理对于种养殖业也有指导意义。例如，青鱼（*Mylopharyngodon piceus*）、草鱼（*Ctenopharyngodon idellus*）、鲢（*Hypophthalmichthys molitrix*）、鳙（*Aristichthys nobilis*）四大家鱼由于相互之间的空间或食物生态位具有差别，因此可以混合养殖在同一水域，不会发生竞争，因此四大家鱼混合养殖能够减少养殖空间而提高经济效益。

在自然界当中，我们往往可以看到许多亲缘种在同一地方共存，似乎它们在生态位上很接近。但是，如果进行深入研究，往往发现它们的生态位有差别。例如，长鼻鸬鹚（*Phalacrocorax aristotelis*）和普通鸬鹚（*Phalacrocorax carbo*）在同一水流中觅食，而且在同一峭壁上营巢繁殖，似乎二者的生态位相近，但实际上前者主要以沙鳗、鲱鱼为食，后者主要以比目鱼、小虾为食，它们的食物生态位具有较大的差别，两物种之间并没有剧烈的竞争，因此，它们能共同生活在同一生境中（表2-4）。在很多情况下，竞争的结果不仅取决于生态位，还依赖于适合度的大小。

表2-4　长鼻鸬鹚和普通鸬鹚的食谱（引自Lack，1945）

物种	各类食物所占的百分比/%						
	沙鳗	鲱鱼	比目鱼	小虾	隆头鱼	虾虎鱼	其他
长鼻鸬鹚	33	49	1	2	7	4	4
普通鸬鹚	0	1	26	33	5	17	18

（三）种间竞争模型

在本章第二节，我们介绍了种群在有限环境中的增长模型：$dN/dt=rN[(K-N)/K]$。这是单一种群的增长情况，它只考虑到种内竞争，即种群内部每增加一个个体，对种群本身增长的抑制作用为$1/K$。

如果有两个相互竞争的物种，物种1和物种2，它们都利用同一资源，那么上述的方程应当改写如下。

$$对于物种1：dN_1/dt=r_1N_1(1-N_1/K_1-\alpha N_2/K_1)$$
$$对于物种2：dN_2/dt=r_2N_2(1-N_2/K_2-\beta N_1/K_2)$$

上述方程的唯一改变只是分别增加了αN_2或βN_1，改变后的方程表明：物种1的增长，除了受种内竞争的影响，即物种1同种每增加一个个体的抑制作用（$1/K_1$）以外，也受种间竞争的抑制作用，物种2每增加一个个体，也对物种1的增长起着α/K_1的抑制作用；同样物种2的增长，也是既受同种个体的抑制作用（$1/K_2$），又受物种1个体β/K_2的抑制作用。这里α和β称为竞争系数，α表示物种2每增加一个个体对物种1增长所产生的抑制作用系数，β则表示物种1每增加一个个体对物种2增长的抑制作用系数。例如，两个物种在争夺同样的食物时，物种2所吃的量是物种1的3倍，那么，α就等于3，换句话说，物种1对自身的抑制效应是$1/K_1$，而物种2对物种1的抑制效应便是$3/K_1$（α/K_1）。

这个微分方程组表示什么意义？它们的解是什么？为了方便起见，我们可以用图解来说明。首先我们只考虑单一物种在种间竞争时的增长情况。先看看什么情况下物种1不再增长。

$$dN_1/dt=r_1N_1(1-N_1/K_1-\alpha N_2/K_1)=0$$

r_1N_1和（$1-N_1/K_1-\alpha N_2/K_1$）两式相乘要等于0；因为r_1N_1不可能等于0，因此只能是$1-N_1/K_1-\alpha N_2/K_1=0$。上式各项乘以$K_1$后移项得直线方程：$N_1+\alpha N_2=K_1$。当$N_1=0$，则$N_2=K_1/\alpha$；当$N_2=0$，则$N_1=K_1$；由此可得物种1的增长平衡线；同理可得物种2的增长平衡线分别如图2-29所示。

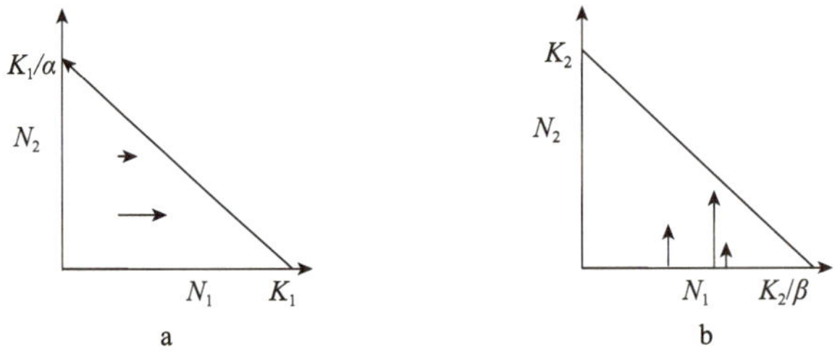

图2-29　在种间竞争时物种1（a）和物种2（b）的增长平衡线（仿Krebs，2001）

N_1表示物种1的种群大小；N_2表示物种2的种群大小

在图2-29a中，直线（增长平衡线）上的任意一点表示环境容纳量（K_1）所允许的物种1和物种2的最大个体数的总和，这时，种群停止增长。

$$N_1+\alpha N_2=K_1，dN_1/dt=0$$

当$N_2=0$，则$N_1=K_1$；当$N_1=0$，则N_2的数量等于K_1/α。

当两个物种的数量总和位于直线外侧的任一点时，假定物种2的数量不变，那么，由于$N_1+\alpha N_2>K_1$，因此N_1的数量一定会下降，向平衡线方向水平移动；相反，当两个物种的数量总和位于直线内侧的任一点时，假定物种2的数量不变，那么，由于$N_1+\alpha N_2<K_1$，因此N_1的数量一定会上升，也是向平衡线方向移动。

在图2-29b中，假定物种1的数量不变，同样地，物种2的数量无论是在平衡线的外侧或是在内侧，也都是向平衡线方向移动。

上面的数量变动分析都是只考虑单一物种的环境容纳量，而且假定另一竞争物种的数量不变。如果把两个竞争物种的平衡线放在同一图上，就能得到两个物种在一起竞争时可能产生的4种结局（图2-30）。

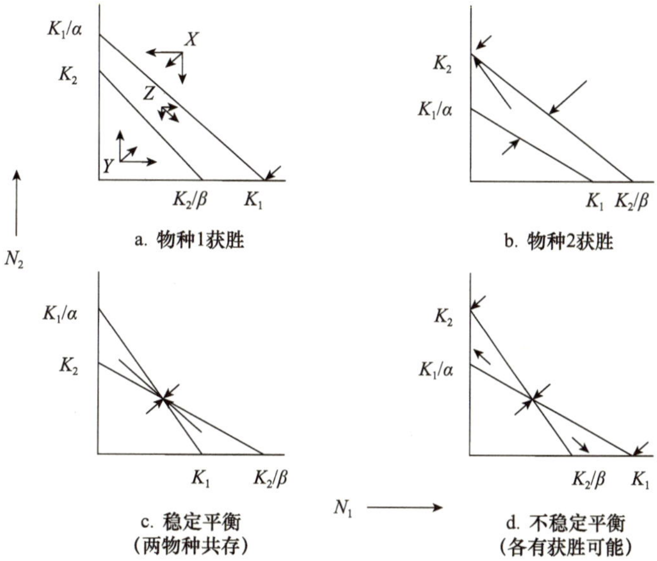

图2-30 两个物种之间竞争可能产生的4种结局（仿Krebs，2001）

在图2-30a中，当两个物种的数量总和位于X点，和图2-29说明的一样，N_1和N_2都下降，其结果矢量是向平衡线移动；当两个物种的数量总和位于Y点，则N_1和N_2都上升，其结果矢量也是向平衡线移动；但是，当两个物种的数量总和位于Z点，两条直线之间或两条直线上，则N_1上升，而N_2下降，其结果矢量向$N_1=K_1$，$N_2=0$的方向移动，也就是说，种间竞争的结果是物种1获胜，物种2灭亡。图2-30b～d也是用系统的方法导出。从图2-30可以发现，种间竞争的结果主要取决于双方的竞争抑制作用（α和β的大小）及其K值的相对大小。α、β、K与种间竞争结果的关系总结在表2-5中。

表2-5 种间竞争的4种结局与α、β、K的关系

物种1	物种2	竞争结局
$K_1>K_2/\beta$	$K_2<K_1/\alpha$	a. 物种1胜，物种2灭亡
$K_1<K_2/\beta$	$K_2>K_1/\alpha$	b. 物种2胜，物种1灭亡
$K_1<K_2/\beta$	$K_2<K_1/\alpha$	c. 稳定平衡，两物种共存
$K_1>K_2/\beta$	$K_2>K_1/\alpha$	d. 不稳定平衡，两物种各有获胜可能

如何从生态学的角度来理解这些结局与α、β、K的关系呢？显然，环境容纳量K值越大，

种内竞争强度就越小，因此$1/K$值的大小与种内竞争强度呈正比关系，可以作为衡量种内竞争强度的指标。β/K_2等于$\beta\times$（$1/K_2$），β值反映了物种1对物种2的种间竞争强度，而$1/K_2$反映了物种2的种内竞争强度。同理，K_1/α既反映了物种2对物种1的种间竞争强度，又反映了物种1的种内竞争强度。因此，种间竞争的第一种结局：$K_1>K_2/\beta$，$K_2<K_1/\alpha$。取其倒数：$1/K_1<\beta/K_2$，$1/K_2>\alpha/K_1$，它们表明，物种1的种内竞争强度小，种间竞争强度大；而物种2的种内竞争强度大，种间竞争强度小。这种情况下，会产生物种1胜，物种2灭亡的竞争结局。

种间竞争的第二种结局正好相反：$1/K_1>\beta/K_2$，$1/K_2<\alpha/K_1$，即物种2的种内竞争强度小，种间竞争强度大；而物种1的种内竞争强度大，种间竞争强度小。这种情况下，就会产生物种2胜，物种1灭亡的竞争结局。

种间竞争的第三种结局：$1/K_1>\beta/K_2$，$1/K_2>\alpha/K_1$，即两个物种都是种内竞争强度大于种间竞争强度，这时候出现稳定共存的结局。

种间竞争的第四种结局：$1/K_1<\beta/K_2$，$1/K_2<\alpha/K_1$，即两个物种都是种内竞争强度小于种间竞争强度，这时候出现不稳定的平衡，双方各自都有获胜的可能。

总之，种间竞争方程的生态学含义是如果两个竞争物种的种内竞争比种间竞争激烈，就可能出现两物种稳定的共存；否则，如果种间竞争比种内竞争激烈，就不可能有稳定的共存，结果将是一胜一亡。胜者的特征是其种间竞争强度大于种内竞争，败者的特征则相反。种间竞争方程说明了两个竞争物种在一起共同生活可能有两种结果：①一个物种竞争获胜而另一竞争物种被排斥而灭亡，即图2-30a、b、d；②两个竞争物种能够稳定共存，即图2-30c。种间竞争方程的这两种结果能够完全代表自然界当中物种之间的竞争结局。

（四）竞争与进化

生活在同一地区的不同物种，它们的生态位总有一定的差别。在漫长的进化过程中，由于种内竞争和种间竞争的作用，必然在生态位上形成各种差别。

在同一地区共存的物种，它们生态位的关系从理论上可以设想有三种形式：①生态位基本上重叠；②生态位彼此部分重叠；③生态位完全分离。我们可以以食物为例，用资源利用曲线来表示这三种生态位的关系，分析它们的进化方向（图2-31）。所谓资源利用曲线就是用来反映资源性质及生态元利用状况的关系曲线。横坐标表示资源的性质，纵坐标表示资源的数量，根据每一生态元，如物种所利用资源的性质和数量，就能得到资源利用曲线。

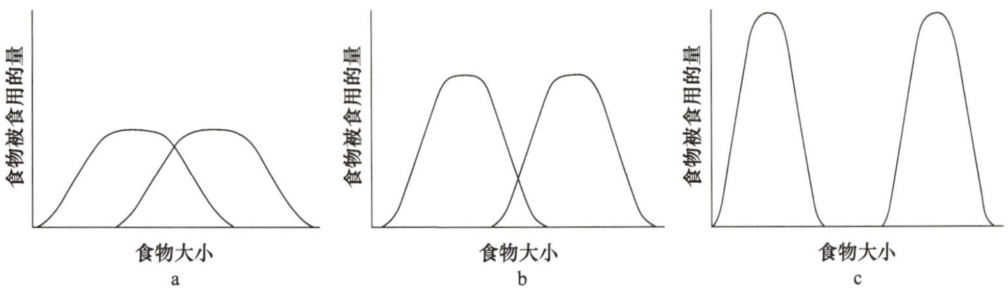

图2-31　两个物种的食物资源利用曲线（仿Mackenzie et al.，1999）

在图2-31的食物资源利用曲线上，动物取食最多的食物就是它们最喜欢吃的食物，称为喜好位置，除了最喜欢取食的食物以外，它们也取食一些不是很喜欢的其他食物，这种变化范围称为喜好位置的变异度。

从这三种食物资源利用曲线可以看出，在进化过程中，图2-31a、c的生态位关系应当向图2-31b进化。因为，在图2-31a情况下，两个物种的生态位大部分重叠，几乎利用相同的资源，因此种间竞争激烈，竞争的结果，或者是生态位缩小，往图2-31b的情况发展，即生态位分离以减少种间竞争，或者是一种被竞争排斥而灭亡；在图2-31c情况下，曲线之间仍有一些食物资源未被利用，在种内竞争的作用下，两个物种必然扩大其生态位，往图2-31b的情况发展，即生态位部分重叠。

由于食物、空间等资源有限，生物之间特别是生态位相近的物种之间难免要发生竞争。竞争的结果，可能是一种生物取得了生存和发展的机会，另一种被淘汰。但是在自然界中，往往可以看到许多亲缘种在同一地方共存。它们可能是通过资源利用的专化（specialization），缩小生态位，减少生态位重叠以减少竞争最终求得共存。相反，如果亲缘种利用资源是泛化（generalization）的，生态位扩大，相互之间存在着剧烈的潜在竞争。但是，这些泛化物种大多具有易变的生长率，在环境条件不利时停止生长，当环境条件改善则恢复生长，这种可变性缓和了种间竞争，因此彼此也能共存。

在进化过程中，两个在同一地点生存的物种由于种内竞争和种间竞争的作用，相互之间的生态位发生分离。这种进化趋势可以从生物的性状替换现象得到证实。所谓性状替换现象，即亲缘种的性状趋异、超种的性状趋同。亲缘种是指亲缘关系密切的同域型（分布在同一区域）物种，超种则是指亲缘关系密切的异域型（分布在不同区域）物种。亲缘关系越密切，生态位就越相似。亲缘种由于分布在同一区域，相互之间的激烈竞争在进化上导致其生态位的分离和性状的趋异；对于超种来说，它们是异域型的，相互之间不存在竞争，所以它们的相似性状都能表现出来，也就是性状趋同。

性状替换是亲缘种之间激烈竞争所形成的结果。在自然界中，有许多性状替换的例子。例如，两种涡虫*Planaria montenegrina*和*Planaria gonocephala*在河流中异域分布时，其分布的河流温度范围较大，其中*P. montenegrina*的分布温度为6.5～17℃，*P. gonocephala*为6.5～23℃；而同域分布时，两种涡虫只能在河流较窄的温度范围内分布，*P. montenegrina*的分布温度为6.5～14℃，*P. gonocephala*为14～23℃（图2-32）。西部岩䴓（*Sitta neumayer*）和岩䴓（*Sitta tephronota*）的性状替换现象也是典型的例子。西部岩䴓分布于希腊、土耳其和巴基斯坦，岩䴓的分布与西部岩䴓在巴基斯坦重叠，但其分布区由那里继续向东延伸。在两种䴓的同域分布区内，两者的喙长差异明显；但当它们异域分布时，喙长明显重叠。

自然界存在种间竞争的另一个证据是生态释放，即在没有种间竞争的情况下，物种将扩大其现实生态位（realized niche）。例如，以色列北部分布有两种沙鼠*Gerbillus allenbyi*和*Meriones tristrami*。在两个物种共同分布的区域，*G. allenbyi*只生存在非沙地环境；而在只有*G. allenbyi*单独分布的区域，*G. allenbyi*则在沙地和非沙地环境中都能生存。可见，在没有*M. tristrami*竞争的情况下，*G. allenbyi*能够扩大其现实生态位。

通过人为的处理，对竞争物种进行实验性研究，也是研究自然界当中物种之间是否存在种间竞争的一种好方法。Connell（1961）在苏格兰通过实验处理方法，证实了分布在海边岩石上的星地藤壶（*Chthamalus stellatus*）和栎藤壶（*Balanus balanoides*）之间的种间竞争。星地藤壶个体较小，其成体只分布在平均小潮上限以上的岩石上。栎藤壶的个体较大，其成体只分布在平均小潮上限以下的岩石上（图2-33）。然而，Connell注意到，星地藤壶的幼体曾经分布在平均小潮上限以下的岩石上，为什么后来消失了呢？为了探讨其原因，Connell在几个实验

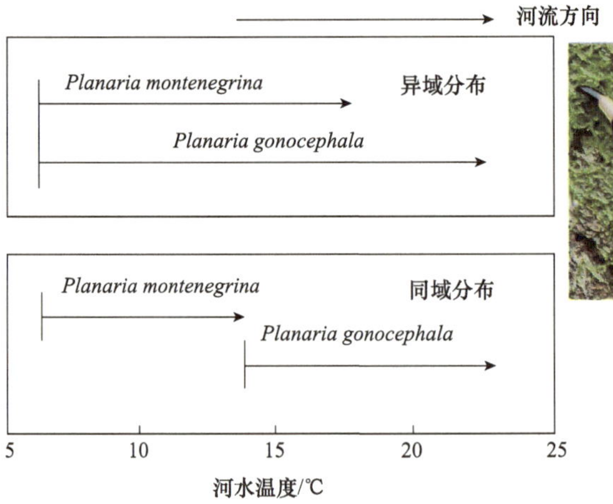

马来西亚的1种涡虫

图2-32　两种涡虫在河流中分布的温度范围（仿Miller，1967）

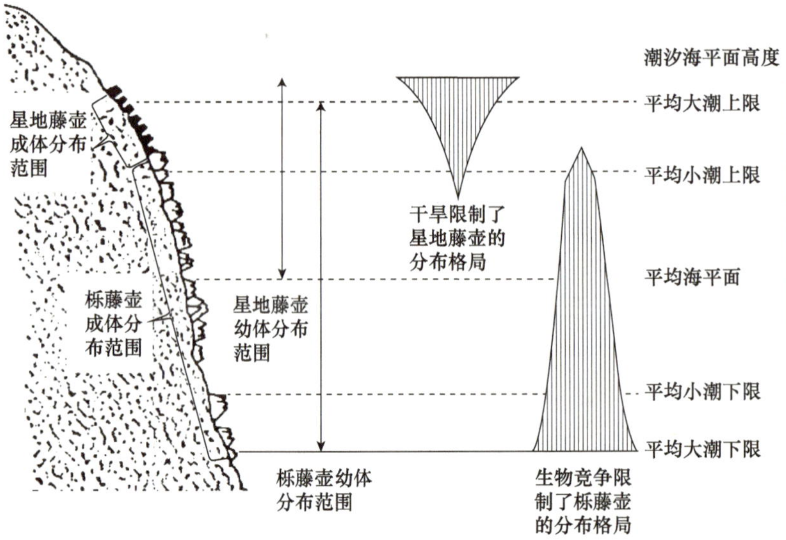

星地藤壶

图2-33　两种藤壶在海边岩石上的垂直分布（仿Connell，1961）

点将星地藤壶与栎藤壶相隔离，对照实验研究表明，在没有栎藤壶存在的情况下，星地藤壶在平均小潮上限以下的岩石上也能正常生存。可见是种间竞争的结果——栎藤壶将星地藤壶从平均小潮上限以下的岩石上排斥掉了。

三、捕食

（一）捕食概念和捕食行为生态学的主要理论

捕食（predation）是指某种生物以另一种生物活体的全部或部分身体为食，获得营养以维持自己生命的现象。前者称为捕食者（predator），后者称为猎物（prey）。广义的捕食关系包括4种类型。①食肉动物（carnivore）捕杀猎物：食肉动物捕杀其他动物并以后者为食，狭义的捕食关系就是指这种类型，食肉动物因此也称为真捕食者。②拟寄生昆虫杀死其宿主：拟寄生昆虫是指寄生蜂等昆虫，其成虫营自由生活，但产卵于宿主的卵、幼虫、蛹等体内，卵孵化为幼虫后便从宿主体内获得营养，直到宿主死亡为止。它与专性寄生虫（如血吸虫）的主要区别在于最终要杀死其宿主，而专性寄生虫不杀死其宿主。③食草动物取食绿色植物：在这种关系中，植物不一定全部被吃掉，因此可能只受损伤。④同类相食：捕食者和猎物都属于同一物种。

根据捕食者的食物类型，捕食者可以分为三种类型：①以动物为食物的食肉动物；②以植物为食物的食草动物（herbivore）；③以动物和植物为食物的杂食动物（omnivore）。

猎物，无论是动物还是植物，通常都有一定的形态结构来防御捕食者，如椰子或乌龟的硬壳等。植物不会移动，主要采用物理、化学和恐吓防御，而动物则采用各种不同的行为对策（如飞离、逃避、隐藏等）。除了鲀科鱼类等个别鱼类和海蟾蜍（*Rhinella marina*）等两栖类以外，脊椎动物一般缺乏防御性的毒性物质。猎物主要有两种行为对策，一种是不动，采用化学防御；另一种则是“可口的”猎物所采用的能动、行为复杂的防御方式。这两种对策在进化过程中使捕食者形成食草动物和食肉动物两种不同类型。在真兽类哺乳动物中，雪豹（*Panthera uncia*）等食肉目动物以其他哺乳动物为猎物；臭鼩（*Suncus murinus*）等食虫目、大耳菊头蝠（*Rhinolophus macrotis*）等翼手目和中华穿山甲（*Manis pentadactyla*）等鳞甲目动物以昆虫为食物；华南兔（*Lepus sinensis*）等兔形目、倭花鼠（*Tamiops maritimus*）等啮齿目、梅花鹿和岩羊（*Pseudois nayaur*）等偶蹄目、野马（*Equus ferus caballus*）等奇蹄目、亚洲象（*Elephas maximus*）等长鼻目的大部分动物种类以植物为食物；滇金丝猴（*Rhinopithecus bieti*）和海南长臂猿（*Nomascus hainanus*）等灵长目动物则是杂食动物。

捕食者的食谱宽窄不一。一些捕食者的食谱专一，只选择某类食物，这些动物称为专化者；而一些捕食者以多种猎物种类为食物，称为泛化者。食草动物，无论是单食性动物（以单一类型的植物为食），还是寡食性动物（以少数植物种类为食），其食谱通常会比食肉动物的相应类型专一。即使是食草的多食性动物，它们也只是以一定范围内的植物种类为食物，以避免取食有毒的部分或个体。食草动物大多选择那些具有相似化学防御方式的相近植物为食物。寄生动物大多数种类都是专化者，只从某一类型的动物或植物宿主身上获得营养。体型较大的捕食者（包括食肉动物和食草动物），通常其食谱也较宽，因此食植哺乳动物的食谱相对也较广。

如果捕食者选择猎物，那么自然选择将使捕食者选择那些最有利的猎物。最有利的猎物应当是能够使捕食者在单位时间获得最大净能的那些猎物。最有利的猎物并不一定就是最大的个体。尽管猎物个体越大，其所含的能量越多，但是因为猎物个体越大，捕食者捕获和处理猎物所花费的时间及由此所消耗的能量也就越多，甚至是冒着生命危险的，因此，净能（猎物所含能量－捕获和处理猎物所消耗的能量）获得并不一定就是最大的。例如，白鹡鸰（*Motacilla alba*）选择中等大小的蝇类个体，这些猎物使白鹡鸰在捕食过程中的单位时间净能获得达到最大（图2-34）。

有些捕食者捕食几种不同类型的猎物。当其中某类猎物的数量较多时，捕食者将更多地捕食这类猎物，因为捕食者搜寻这类猎物所花费的时间必然减少，净能获得将增多。不同类型猎物的可获得性会随着季节而发生变化，因此捕食者将捕食其他猎物。例如，给虹鳉（*Poecilia reticulata*）同时提供不同数量比例的颤蚓（*Tubifex* sp.）和水蚤（*Daphnia* sp.），虹鳉对颤蚓和水蚤将表现出转换反应——超比例地捕食数量丰富的猎物（图2-35）。有趣的是，当颤蚓和水蚤各占50%时，尽管个别个体出现选择其中某类猎物的情况，但是，就群体而言，虹鳉对两种猎物的捕食选择不出现偏向。

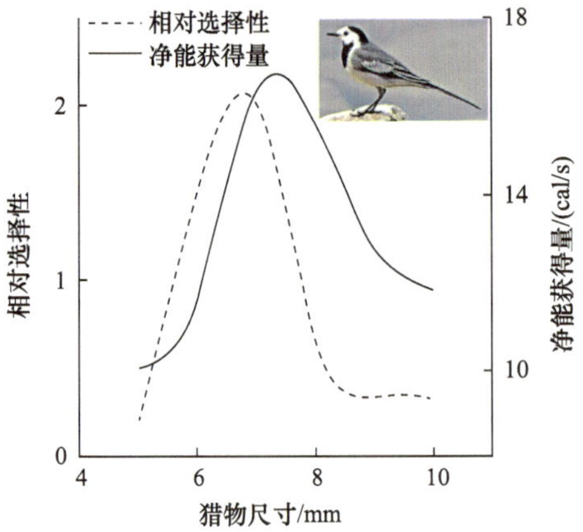

图2-34 白鹡鸰的猎物选择与单位时间净能获得的关系（仿Mackenzie et al.，1999）

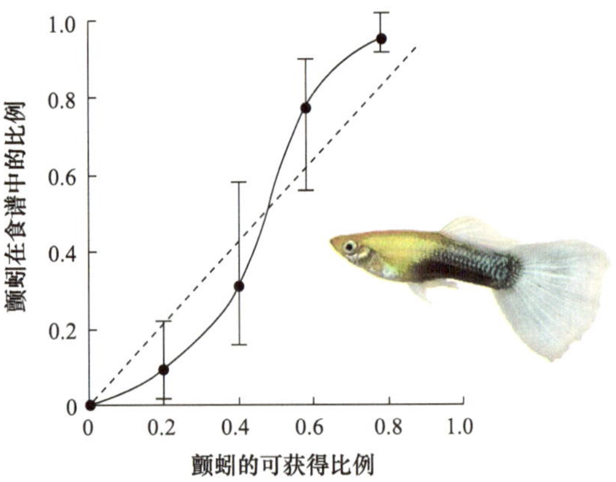

图2-35 猎物（颤蚓）的可获得性与捕食者（虹鳉）的食谱转换（仿Mackenzie et al.，1999）

从经济学角度分析，动物的任何一种行为都会给自己带来收益，同时动物也会为此付出一定的代价（投资）；自然选择总是倾向于使动物从所发生的行为中获得最大的净收益（收益/投资），这就是最佳摄食理论。动物的捕食行为包括对猎物的搜寻、捕获、处理和进食4个方面。影响捕食者收益的因素包括以下三个方面：①猎物的含能值；②搜寻猎物的时间，即发现猎物以前所花费的时间；③处理猎物的时间，即从发现猎物到完成摄食所花费的时间，其中包括捕获、处理和进食。

从最佳摄食理论可以得出以下推论：①任何捕食者都不捕食不利的猎物，无论该猎物是否容易获得；②善于搜索的捕食者应当是泛化者，否则它们将花很长时间来搜索猎物；③善于处理的捕食者一定是专化者，这样有利于减少处理猎物时间；④高生产力的环境有利于专化者，因为搜索更为容易，而非高生产力的环境（搜索需要高消耗）则有利于泛化者。

有许多例子符合这些推论：①在大黄粉虫和小黄粉虫丰富的情况下，大山雀只吃大黄粉虫，而在猎物不丰富的情况下，大山雀则两种黄粉虫都吃；②善于观察搜索的捕食者，如食虫性鸟类能够搜索树叶捕食猎物，说明它们是泛化者；③善于处理的捕食者，如睡鼠是以榛子为食的专化者，狮子善于捕食牛羚和角羚，表明它们是专化者；④大蓝鹭在美国佛罗里达州的高生产力水域是专化者，而在非高生产力水域则是泛化者。

（二）捕食者与猎物的种群数量关系

捕食者能否调节猎物的种群数量？这不是一个用“是”或“否”就能回答的简单问题。有些捕食者作用很小，去除捕食者只能对猎物种群数量的增长产生微小作用。例如，通过实验将蕨类植物叶上的蚁类移除，生活在蕨类植物叶上的蚁类猎物并没有显著的数量变化。捕食者也可能只作用于猎物超过环境容纳量的种群数量，因此对猎物种群的总数量并没有影响。例如，在杀虫剂禁止使用后，雀鹰（*Accipiter nisus*）的种群数量增加，由此也增加了对大山雀（*Parus major*）的捕食作用，由雀鹰捕食所导致的大山雀死亡率相应地从小于1%增加到大于30%，但是大山雀的种群数量并没有发生减少，因为筑巢树洞的不足才是限制大山雀种群数量的关键因素。

但是，也有大量捕食者对猎物种群数量起着显著影响的例子。例如，在西太平洋关岛，捕食者的带入，导致多种猎物灭绝。林蛇（*Boiga irregularis*）导致10种本地鸟类灭绝或濒临灭绝。在这种情况下，由于缺乏捕食作用的适应进化，即使猎物长期接触捕食者，但可能在获得适应性之前就灭绝了（表2-6）。

表2-6　捕食对猎物种群数量产生作用的一些例子

实验	结果
从菊科植物上将蚜虫捕食者（瓢虫、食蚜蝇等）去除	蚜虫数量增加30%
从鸭的繁殖地将其捕食者（狐狸、浣熊、獾）移走	鸭的筑巢密度增加300%，繁殖率增加50%
将狐狸或小型食肉动物移走	移走狐狸，兔的种群数量增加300%，但移走小型食肉动物对兔的种群数量没有影响
在澳大利亚，野犬的控制和排除	10种以上的中等体型哺乳类数量增长，野猪数量爆发

如果捕食者种群数量主要不是受猎物而是受其他因素（如营巢地或领域地的可获得性）所限制，那么，这类捕食者对猎物种群数量的调节作用则较小。例如，北非狮（*Panthera leo leo*）对迁徙性食草动物平原斑马（*Equus quagga*）等的捕食作用将受狮子固有领域面积的影响。一个生态系统如果缺乏捕食者，猎物种群数量将可能迅速增长到环境容纳量，而后由于食物等资源短缺而发生下降。从长远的观点来看，捕食者与猎物的关系对双方都是“有利”的，即捕食者获得食物而猎物则避免了过度增长。此外捕食者是选择捕食的，它们捕获的猎物通常是老、弱、病、残，从而使猎物种群的适合度得以提高。20世纪初，美国亚利桑那州凯巴布高原（Kaibab Plateau）的黑尾鹿（*Odocoileus hemionus*）种群数量稳定在4000头左右，其中美洲狮和狼的捕食作用是主要限制因素。为了发展鹿群，人们从1907年开始捕杀美洲狮和狼。鹿群的数量开始上升，到1918年约为40 000头，这时草场开始出现过度耗损迹象。1925年鹿群数量达到10万头左右，但由于草场连续7年的过度耗损，鹿群数量在两年后下降了60%，以后下降到10 000头的水平（图2-36）。19世纪末，为了保护具有重要经济价值的挪威柳雷鸟（*Lagopus lagopus*），挪威政府鼓励人们捕杀以柳雷鸟为食的猛禽和兽类，结果造成球虫病和其他疾病在柳雷鸟中流行，使柳雷鸟多次发生大量病亡。

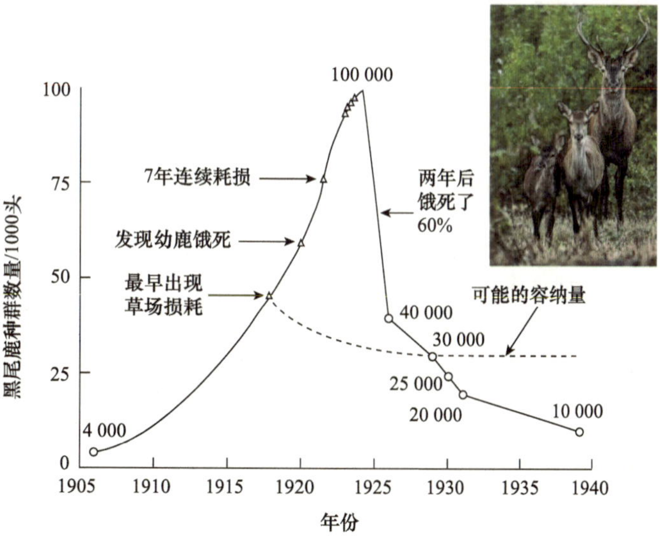

图2-36　美国亚利桑那州凯巴布高原的黑尾鹿在1906～1939年的种群动态（引自孙儒泳，1992）

（三）捕食者与猎物的共存

在自然界中，捕食者和猎物是长期共存的。在进化过程中，捕食者如果捕食太多的猎物，导致捕食者的食物不足，那么捕食者种群数量将下降，甚至灭亡，因此，捕食者和猎物之间的密度关系随着时间的变化而倾向于保持稳定。这种平衡通过以下几个方面得到实现。

（1）不同的出生率。捕食者的出生率往往比猎物低，这有利于捕食者的种群数量限制在猎物所能支持的水平上。例如，如果食草动物的密度由于某些原因而出现增长，这种增长使食肉动物的密度也能上升到更高水平；而后由于捕食作用增强，食草动物数量发生下降；食草动物数量下降又只能支持较少的食肉动物，从而导致食肉动物数量也发生下降。捕食者和猎物系统正是以这种方式共同维持平衡。除非环境突然发生改变，否则，捕食者和猎物的数量波动幅度通常是小范围的。

（2）转换猎物。生态系统中的食物网是复杂的，捕食者往往捕食几种类型的猎物，这种现象有利于稳定猎物种群的数量波动。如果某种猎物的数量增加（可获得性较高），捕食者将更多地捕食这种猎物，因为捕食这种猎物有利于减少寻找猎物的能量耗损；相反，如果这种猎物的数量减少，捕食者将转换捕食其他数量较多的猎物种类。

（3）捕食者在环境资源斑块的自由分布。环境中包含着资源质量或蕴藏量不同的资源斑块（patch）。和选择最有利的食物一样，按照最佳摄食理论，能够主动活动的捕食者应当群聚在猎物密度较高的环境斑块中觅食，但是随着捕食者种群密度的增加，种内竞争加剧使得该斑块的有利性下降，这时候，捕食者就会自由扩散到另一个有利的环境斑块。这种现象同样有利于稳定猎物种群的数量波动。

（4）环境异质性（heterogeneity）与猎物避难所（refuge）。在简单的环境中，捕食者和猎物的种群动态有两种结果：一种是捕食者捕食全部猎物，然后缺乏食物而灭亡，即两者都灭亡；另一种是捕食者不能寻找到足够的食物，结果由于饥饿而灭亡，但是猎物却得以存活。但是，在自然界当中，多样化环境为猎物提供了许多避难所，这些自然隐蔽场所使捕食者不可能把猎物全部捕食。广义上的猎物避难所也包括其他形式：①捕食者和猎物所占据的不同栖息地；②捕食者避免低猎物密度的行为（迁徙或猎物转换）；③猎物的多态性（polymorphism），猎物能够产生形态变异，其中，一些罕见变异类型的个体可以逃避捕食者的捕食；④超捕食（superpredation），在特定地点或特定时间，一些捕食者本身遭受其他更强大的捕食作用。

四、互利

互利是不同物种个体之间的互惠关系，因此，互利能够增加合作双方的适合度。如果互利合作双方是通过自然结合方式而共同生存，这种互利称为互利共生（mutualism）。相反，非互利共生的合作双方不在一起生存。

专性互利共生（obligate mutualism）是指互利双方的合作是永远的，离开合作对方将使一方或双方不能生存。地衣是藻类和真菌的互利共生体。地衣的组成包括一层真菌菌丝和镶嵌在其中的藻类或蓝细菌。藻类从真菌中获取水分，而真菌则从藻类中获得光合作用产物。因此，地衣能够生存在裸露和其他极端环境中。

菌根（mycorrhiza）也是互利共生的例子。菌根由真菌菌丝与高等植物的根构成。真菌帮助植物吸收营养，特别是磷，也从植物获得糖类营养物。在贫瘠的土壤中，菌根共生体特别重要。

因此，在实践中可以在植物根部接种菌根菌以帮助植物生存在贫瘠的土壤环境中。根据真菌菌丝与高等植物的结合方式，可以把菌根分为外生菌根和内生菌根。外生菌根存在于树上，其中真菌菌丝只包围在高等植物的小根尖上。内生菌根存在于大量的野生植物和农作物上，其中真菌菌丝穿入根细胞内。

珊瑚是由珊瑚虫和具有光合作用的沟鞭藻所形成的互利共生体。沟鞭藻给珊瑚虫提供糖类（图2-37）。珊瑚虫是食肉性的滤食动物，但是浮游动物所提供的食物只占珊瑚虫能量总需要的10%，其余大部分能量由其合作方沟鞭藻所提供。

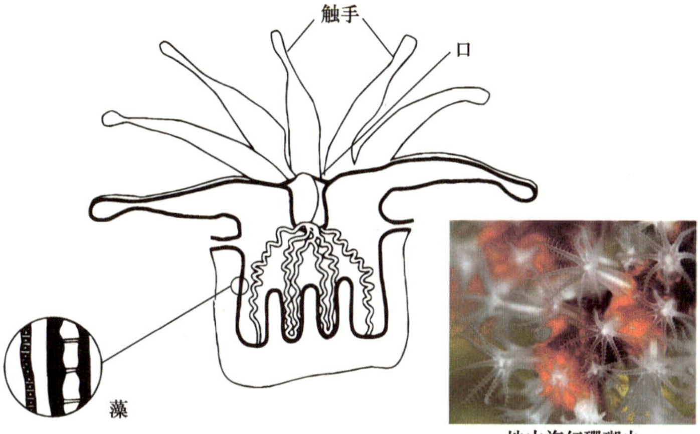

图2-37　珊瑚的水螅体与藻类的互利共生（仿Mackenzie et al.，1999）

一些鱼或虾类专门以另一种鱼类的体外寄生生物或死皮肤为食，如果将这些“清洁工”移去，其“顾客”则会发生皮肤病，造成大量死亡。

大多数互利共生现象属于兼性互利共生。兼性互利共生并不是两个物种的固定配对，合作往往是松散的，即合作一方是多物种的混合。例如，在不同季节，蜜蜂到不同植物的花上采蜜，而其他的昆虫传粉者也会到这些花上采蜜。植物与固氮菌的关系，如豆科植物和根瘤菌也是兼性互利共生。根瘤菌在豆科植物的根上形成根瘤。在缺氮的土壤中，豆科植物从根瘤菌活动中受益。但是，在含氮水平较高的土壤中，豆科植物在没有根瘤菌的情况下也能很好地生存。

异型杂交植物需要将花粉传送到其他同种植物的柱头上，并且从其他同种植物上获得花粉，这种现象对种群内部的基因交换起着重要的作用。在草原或松树林，少数的几个植物种类形成群落，风能够起到花粉传送的作用。但是，大部分有花植物的花粉传送是由传粉动物来完成的，传粉动物可以是昆虫、鸟类、蝙蝠或其他小型哺乳类。传粉动物的受益在于从有花植物获得花蜜、油或花粉等食物。一些植物和传粉动物之间是固定配对的关系，以至于两者不能各自独立生活。例如，丝兰（*Yucca smalliana*）和丝兰蛾（*Tegeticula* sp.）；榕树（*Ficus microcarpa*）和榕小蜂。但是，大部分植物和传粉动物之间的关系是松散的，每一种传粉者从多种有花植物获得花蜜或花粉，因为在不同季节有不同种类的植物开花。一些传粉者具有特化的口器或喙，如蜂鸟的不同种类具有不同形态的喙以专门采食相应形态的花（图2-38）。

风能够有效地扩散非常小的种子或孢子。但是大型的种子主要还是通过水或动物的传播来扩散。灵长类、啮齿类、蝙蝠、鸟类和蚁类都是重要的扩散体。充当扩散体的动物种类以种子

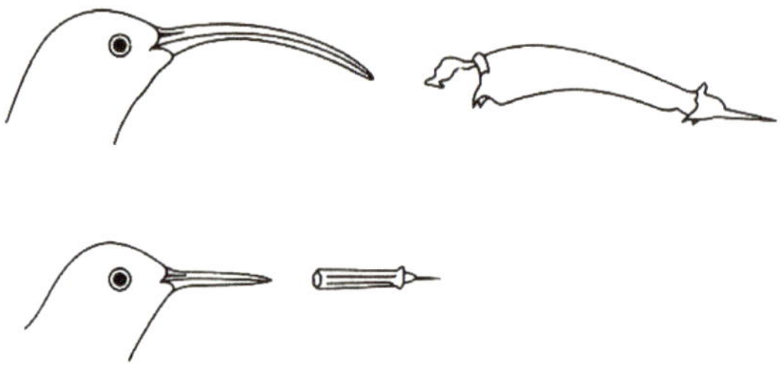

图 2-38　两种蜂鸟的喙与其采食花的形态
（仿 Mackenzie et al.，1999）

为食物，在它们的取食过程中，由于种子在采食时的掉落、种子的储存及运输当中的丢失，都可能使种子得以扩散。尽管掉落或丢失是偶然的，但这种关系对动植物合作双方都是有益的。其他的动物扩散体包括那些以肉果为食的食果动物。食果动物进食肉果时处理掉或食后排泄出种子，使种子得以扩散。在热带雨林中，75%以上的树木都能够结出肉果，它们的种子是由动物来扩散。植物进化产生这些含丰富能量的肉果以增加食果动物的注意。食果动物和植物的这种关系也是松散的，许多食果动物都会以某一植物的肉果为食。应当注意的是，一些动物扩散种子时并没有受益，如刺果挂在哺乳类毛皮上得以扩散，因此不是互利共生关系。

一些互利共生能够给合作的一方提供保护，以防御捕食者或竞争者。许多禾本科植物，如常见多年生的毒麦（*Lolium temulentum*）和麦角菌（*Claviceps purpurea*）之间的互利共生关系。麦角菌生长在毒麦内部组织或叶面上，产生剧毒的毒素——生物碱，能够使毒麦免遭食草动物的捕食。

蚁和植物之间的互利共生也是常见的。许多植物的叶或茎上有花外蜜腺，能够分泌含有丰富蛋白质和糖的液体，作为蚁类的食物来源。许多金合欢类植物具有空心的棘刺，给蚁类提供了保护场所。而蚁类能够攻击外来者，也为它的“宿主”防御了食草动物。有时候，蚁类还能除去金合欢周围的植被，为“宿主”减少竞争者。试验表明，如果将蚁类从金合欢上移去，金合欢被采食的频率会增加，结果证明了蚁类的保护作用。金合欢与蚁类的互利共生是兼性的。如果没有蚁类，金合欢则通过增加具有保护作用的次级代谢物含量以保护自己，但是与蚁类合作的金合欢能够减少在次级化合物方面的投资，可见，蚁类在作为食草动物拒食剂方面具有一定的作用。

共生互利现象在动物消化道和细胞中也是常见的。反刍动物（鹿和家畜等）的多室胃中具有细菌和原生动物，这些细菌和原生动物从反刍动物多室胃中获取养料，同时能够发酵分解纤维素、纤维二糖、木糖等动物不能消化的物质及合成一些维生素，帮助反刍动物消化食物。以木材为食的一些白蚁种类，其用于分解纤维素的纤维素酶是由生活在消化道的细菌所提供的。白蚁增加从食物中获得能量的方式就是吃进自己的粪便。和豆科植物一样，一些白蚁还具有能够从大气中固氮的细菌；当木材含氮较少时，这种关系对白蚁来说是有重要意义的。在一些昆虫中，如蚜虫和蟑螂，其细胞内的细菌共生体能够合成基本氨基酸以帮助氮代谢；这些细菌共生体与其宿主的关系是相互进化的结果。

五、协同进化

许多物种之间的关系是一种相互作用、相互影响的关系，表现在一个物种的性状作为对另一物种性状的反应而进化，而后一物种的这一性状本身又作为前一物种性状的反应而进化，这种方式的进化称为协同进化（coevolution）。

协同进化的研究内容相当广泛，包括种间竞争的协同进化、捕食者-猎物的协同进化及互利共生的协同进化等。其中，捕食者-猎物的协同进化是协同进化的最好例证。捕食作用对于捕食者和猎物都是一种强大的选择压力。捕食者为了生存必须成功地获得猎物，而猎物的生存则依赖于逃避被捕食的能力。在捕食者的压力下，猎物必须通过增加隐蔽性、提高感觉器官的敏锐性和快速逃跑能力来减少被捕食的危险。因此，瞪羚为了不成为猎豹的牺牲品就会变得越跑越快，瞪羚奔跑速度的加快反过来又成为猎豹的选择压力，促使猎豹也增加奔跑速度，捕食者-猎物的协同进化就好像是军备竞赛。

协同进化需要两个物种都做出特定的进化反应。例如，猎物的一个新的特定防御行为必须不断受到捕食者的新的特定反防御行为的作用，反之也一样。在织网蛛中，加纳圆蛛的织网行为相当独特，它在黄昏时把网织成，而到黎明时又把网拆毁，这是一种特定的防御行为，专门对付其捕食者——猎蛛蜂在白天对它的捕食。但是，猎蛛蜂也有专门对付加纳圆蛛的反防御措施，就是逐渐改为在傍晚时出来捕食。在捕食者-猎物系统中，这种一个物种对另一个物种的协同进化关系很少见。自然界存在的捕食者和猎物之间的特定适应性，通常都是一个猎物群体（包括许多物种）与一个捕食者群体之间的协同进化关系，这种方式的协同进化称为扩展协同进化。软体动物和其他有壳动物的化石记录为这种扩展协同进化提供了最好的例证（图2-39）。

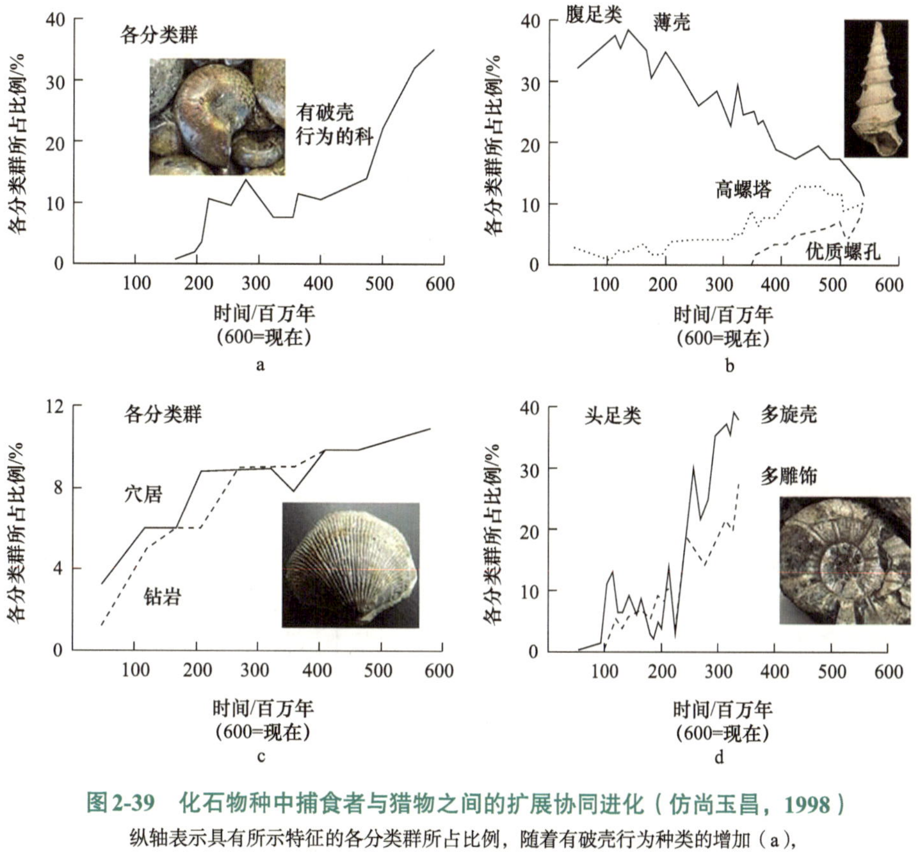

图2-39 化石物种中捕食者与猎物之间的扩展协同进化（仿尚玉昌，1998）

纵轴表示具有所示特征的各分类群所占比例，随着有破壳行为种类的增加（a），有壳动物的防御方法也随之增加，如高螺塔和优质螺孔（b），穴居和钻岩（c），多旋壳和多雕饰（d），但薄壳物种越来越少（b）

与捕食者反防御的进化速度相比，猎物防御的进化速度较快，因此，具有特化防御方法的猎物很多，而具有特化捕食机制的捕食者较少。猎物防御与捕食者反防御两者进化速度不对称的主要原因有以下几方面。

（1）捕食者大多都是以多种猎物为食物，因此，难以对其中的某一种猎物形成专门的有效捕杀。

（2）捕食者的避稀行为也是其难以形成捕食特化的原因。捕食者对某种猎物的特化将导致该猎物数量的减少，在这种情况下，捕食者就会转而捕食其他种类的猎物，从而降低使双方朝着特化方向进化的选择压力。

（3）在捕食者的捕食过程中，猎物的一般性（泛化）防御出现较早，而特化防御大多出现在捕食者捕食的后期阶段，因此捕食者经常遇到的是一般性防御，对一般性防御的适应也就更多。

（4）“活命-饱餐”原理也可以解释猎物防御与捕食者反防御两者进化速度的不对称。“活命-饱餐”原理指出，捕食者的一次捕食失败只是失去一顿饭，而猎物的一次失败则是丧失生命，因此，选择压力对于猎物防御要比捕食者反防御大得多。

（5）捕食者的种群密度往往小于猎物的种群密度，因此，与猎物相比，捕食者物种具有较高的遗传漂变率和近亲交配率，发生遗传变异的机会也就比较少，结果将减缓捕食者对定向自然选择所做出的反应。

（6）在大部分捕食者-猎物系统中，猎物物种的世代时间比捕食者物种短，猎物繁殖好几代，捕食者才繁殖一代，因此猎物的进化速度比捕食者快。

与捕食者-猎物的相互作用相似，食草动物（昆虫或大型食草动物）和被它们所取食的植物之间的相互作用也存在着协同进化。食草动物对植物产生危害，这对于植物来说是一种选择压力。作为对这种选择压力的反应，植物就会产生特定的防御。例如，许多植物都具有防止被食的结构，如玫瑰茎上带刺、茅膏菜叶片上具腺毛、不少植物的表皮加厚变得坚韧。草本植物的生长点不在顶尖而是在基部使得被啃食后的生长不会受到严重影响。一些植物还发展了化学防御，如体内含有单宁或生物碱。食草动物也有一系列对获取和消化食物的适应，如有蹄类具有强大的臼齿，便于磨碎粗糙的食物；牛、羊等反刍动物具有构造复杂的胃等。

在马利筋（*Asclepias curassavica*）的叶片中含有一种叫作强心苷的物质，这种化学物质能使脊椎动物的心肌收缩力加强，用适当的剂量可以治疗心功能不全的病症，但是，若剂量过高则会产生危害。因此，一般食草动物都对它敬而远之，但是斑蝶却能取食它。斑蝶具有某种特殊的生化机制，能分解马利筋的这种化学物质，并将其贮存于身体组织之中，因此，斑蝶的捕食者也像食草动物害怕马利筋一样，不敢捕食斑蝶。

在草原生态系统中，牧草和以草为食的有蹄动物在共同进化过程中形成了相互作用、相互依赖的复杂关系。食草动物在草原生态系统里的采食活动，淘汰了那些对啃食敏感的植物，还能够抑制抗性较强的植物生长，从而减弱种间竞争，使某些植物得以在此定居，因此，食草动物对维持物种多样性有一定的作用。由于啃掉衰老的部分和刺激再生，适当的采食活动能加速植物生长，提高净生产力，如同人们对某些植物进行打叶处理刺激植物生长。但是，过度采食会破坏草场植被，一方面是由于牧草被过度消耗，植物叶片减少而不能维持有效的光合作用并导致生产力下降，另一方面动物的过度践踏还会破坏土壤的团粒结构，使土壤水分快速蒸发，盐渍度加大。可见，食草动物和植物间的共同进化已发展到密不可分的地步，因此，人类在对自然生态系统进行干预时，必须认真研究它们之间复杂而微妙的关系，要掌握好放牧强度，当然，放牧强度又是随土壤的含水量、营养物质的丰富度、气候条件等因素而变化的。

协同进化的物种之间，选择压力不断地起作用，在这种适应与反适应的发展过程中，双方可能产生一种互利的稳定状态。捕食者-猎物、寄生物-宿主或是相互没有利害关系的共生物种之间的一些协同进化可能逐渐发展为互利关系。例如，昆虫授粉作用可能只是从昆虫采花粉的单方获利开始，而后昆虫与其采花粉的植物之间的协同进化改变使得双方从这种关系中共同获利，因此，在植物-授粉者的关系中，授粉成功性提高的利益使植物进化形成招引昆虫的花，如花的鲜艳颜色、气味和花蜜。反之，互利关系也可能恶化成单方受益的寄生关系。例如，许多种类的兰花并没有从其授粉者身上获得回报，取而代之的是，这些兰花利用气味、形状或颜色模拟蜜蜂和胡蜂等雌性昆虫来减少这种寄生关系。真核细胞的起源涉及原核生物共生体的获得，这已经广为人们所接受。真核细胞中的线粒体和叶绿体可能是来自自由生活的原核生物，它们都有环状的DNA基因组和其他细菌所具有的特征，因此，线粒体和叶绿体原来也是寄生细菌，后来才逐渐演化成共生体。同样，地衣中的藻类和菌类之间、有蹄动物与其瘤胃当中的共生菌，也都是从寄生关系发展成互利关系。

第七节　课堂思辨案例：对青海三江源鼠兔的认知

青海三江源：消灭鼠患保卫草原

2014年4月5日　来源：新华社

近两个月来，位于三江源地区的青海果洛藏族自治州甘德县投资401万元，组织群众开展春季草原灭鼠活动，涉及草场面积5.35万公顷。鼠害猖獗被认为是三江源地区生态恶化的原因之一，根据青海省农牧厅安排，包括甘德县在内的三江源地区多个州县从2013年起实施草原有害生物防控项目，划定草场区域，逐步撒药灭鼠。

鼠兔的生物学知识

高原鼠兔（图2-40）是兔形目鼠兔科鼠兔属的小型哺乳动物，而非啮齿目的鼠类，与鼠类亲缘关系比较近。鼠兔的耳朵短而圆，前肢五指，后肢四趾，后肢比前肢略长，爪细而弯，适合掘土，尾巴短到几乎没有，从面相看像鼠类，但生理特性和食性更接近兔子。多栖息于草原、裸岩、崖壁等植被矮小稀疏的地区，通常在白天活动，主食绿色植物。

图2-40　高原鼠兔（摄于三江源）

鼠兔的种类与分布

目前，全球共有30种鼠兔，除了两种生活在北美地区外，其余28种都生活在欧亚大陆。生活在中国的24种鼠兔中，有一半是中国特有种，栖息地以我国中西部至喜马拉雅地区为主。北美的鼠兔受到较好的保护，欧亚大陆的28种鼠兔则命运殊途，高原鼠兔和伊犁鼠兔是其中稍有知名度的两种。

高原鼠兔也叫作黑唇鼠兔，主要分布在青藏高原及与其毗邻的尼泊尔、印度锡金等地，住处的植被以开阔的矮嵩草草甸为主，是青藏高原的特有物种，是鼠兔家族属中原始的种类。高原鼠兔栖息在高原海拔3200～5000m的高原草甸区。在低海拔地区，体型较小，每只体重120～130g，一次可以繁殖3～4胎。随着海拔升高，体型变大，体重甚至可达200多克，但每次繁殖只有1～2胎。

在中国还有伊犁鼠兔、柯氏鼠兔、黑鼠兔、灰颈鼠兔、高黎贡鼠兔、红鼠兔、藏鼠兔、青海鼠兔、宁夏鼠兔、东北鼠兔、喜马拉雅鼠兔等种类，其中伊犁鼠兔、柯氏鼠兔都处于濒危状态。

对鼠兔的科学认知

生活在草甸的鼠兔能挖出最大深度40～50cm的洞穴，洞道系统错综复杂，贯通有4～6个洞口，这方便它们在外活动时随时躲避天敌的捕杀。鼠兔还善于给洞穴系统做“居室”分工，如建储藏室，存放干草作为房子的垫料；在通道旁留一些小槽沟当便池，保证起居空间的卫生；打造专门的“育婴室”供幼崽生活。更有趣的是，青藏高原草甸上常见的雪雀和褐背拟地鸦等鸟类，还会在白天利用鼠兔的洞穴躲避烈日、风暴和冰雹，而鼠兔则利用鸟类的叫声来探听天敌出没的情报，互惠互利。

鼠兔是典型的社会性动物，以家族为单位生活，一个家族由两三只雄性搭配两三只雌性和一些幼崽构成。其中一只雄性是家族的老大，拥有绝对的主导权。每个家族的活动面积为100～200m^2。鼠兔的领地意识很强，不同家族之间的洞穴系统会有界限分割，但彼此之间又有重叠。

多年来，国内外学者对鼠兔进行了大量研究，结果如下。

第一，鼠兔不爱住在优质草场。在草场长势好的地区，鼠兔因为密集高草的遮挡更难发现捕食者，存活率显著下降，退化的草场才引来了高密度的鼠兔族群。

第二，鼠兔挖洞有益土壤健康。鼠兔活跃的区域，土壤水分渗透率是没有鼠兔区域的2～3倍，可以减缓水土流失；掘洞翻土促进了土壤的营养物质循环，有利于植被恢复，提高生物多样性。

第三，鼠兔提供了健康的生态系统食物网的底座。在青藏高原这样特殊的生境中，几乎所有食肉动物都依赖捕食鼠兔维持生存，鼬科动物甚至会进洞捕杀鼠兔。调查显示，毒杀鼠兔的区域不但使猛禽基本消失，连许多依靠鼠兔洞穴生存的地栖性鸟类数量也明显减少。

鼠兔数量多是高原草甸退化的结果，而不是原因，它们对于维系高原生态系统完整性功不可没，是其中的关键物种。

关于叫停一刀切式灭鼠、加强三江源生态系统基础修复的建议（节选）

2024年6月21日青海省人大代表公保才让提出建议，叫停“一刀切”式灭鼠，呼吁加强原管护修复及基础，加强三江源草原生态系统性治理。

多位专家提出，针对农、林和草原鼠害持续有效的解决方法必须建立在对鼠兔的种间、鼠兔与环境间相互作用及其繁殖生物学充分了解的基础之上。

赵新全等受访专家建议，叫停“一刀切”式的“灭鼠”。草原无论是退化，还是修复，都是一个长期的过程。要立足青藏高原未来可持续发展，基于基础科学研究和生态知识为引导，兼顾牧民生计的前提下，根据草场退化情况和鼠害危害面积，因地制宜地在中、重度危害地区开展药物防治，最大限度地降低种群数量，控制已经泛滥的鼠害。

“中华水塔”是中华民族的水源地，是可持续发展的重要支撑，其健康状况至关重要。应持续加大三江源地区的草原生态系统研究与治理，实现生态环境保护与区域经济发展的共赢，确保“中华水塔”安澜稳固。

建议对半个多世纪以来的鼠害防治与草原治理效果，包括“中华水塔”水环境影响等进行全面评估与总结，用生态方法解决草原鼠害。多位专家建议，在草原鼠害治理中，可改用引进天敌的办法，通过生物链作用达到生态平衡，从而避免人为过度干预。

本章提要

1．种群是由一定区域内的同种个体所组成的生命系统。种群具有数量、空间分布和遗传三个主要方面的特征。

2．出生和迁入使种群数量增加，死亡和迁出使种群数量减少。因此，种群数量的变动取决于种群的4个基本参数，即出生率、死亡率、迁入率和迁出率。研究种群的年龄结构和性比有助于了解种群的发展趋势，预测种群的兴衰。

3．种群在无限制环境中为“J”型增长，在有限环境中为“S”型增长。在种群增长模型中，内禀增长率是物种所固有的，由遗传特性所决定，环境容纳量则是由种群所在的环境条件所决定。

4．生物种群由若干个体所组成，这些个体在生活空间中的位置状态或排布方式称为种群的分布格局。种群的分布格局可以分为随机分布、均匀分布和集群分布三种类型。

5．种群的延续，有赖于同种群内部的各种社会关系的协调，如集群、竞争、通信、领域及社会等级等，种群内部的各种社会关系具有特定的生态学意义，从而保证了种群的生存和繁殖。

6．生态对策是指生物在进化过程中，适应于特定环境所形成的一系列生物学特性的设计。r对策者和K对策者就是适应特定环境的两种极端生态对策的生物类型。

7．种群是进化的基本单元。种群内的个体变异逐渐变化，随着时间的推移与隔离机制，最后导致新种的形成。自然选择有利于那些能最大限度地将自身基因传递到后代的群体。

8．物种形成过程可以分地理隔离、独立进化和生殖隔离机制建立三个步骤。

9．自然种群的数量具有波动性和稳定性两个特征。大部分自然种群不会无限制地增长或无限制地下降，因为种群具有一系列的机制调节着种群的增长。

10．竞争是调节种群增长的重要因素之一。种内竞争发生在同一物种的不同个体之间，种间竞争则发生于不同物种的个体之间。种间关系有中性、竞争、偏害共生、捕食、寄生、偏利共生和互利共生等类型。

11．生态位是指在自然生态系统中一个物种的时间、空间上所占据的位置及其与相关种间的功能关系。物种的生态位越相似，竞争就越激烈。

12．竞争排斥原理认为生态位相似的两种生物不能在同一处永久共存。经过漫长的进化过程，在种内竞争和种间竞争的作用下，生活在同一区域的物种将在生态位上产生分化。

13．最佳摄食理论认为，动物的任何一种行为都会给自己带来收益，同时动物也会为此付出一定的代价（投资）；自然选择总是倾向于使动物从所发生的行为中获得最大的净收益（收益/投资）。从长远的观点来看，捕食者与猎物的关系对双方都是“有利”的，即捕食者获得食物，而猎物则既避免了过度增长，同时又提高了种群的适合度。

14. 互利共生是指不同物种个体之间的互惠关系，包括专性互利共生和兼性互利共生，互利能够增加合作双方适合度。

概念与术语

种群（population）、密度（density）、构件（module）、出生率（natality）、死亡率（mortality）、迁入（immigration）、迁出（emigration）、生命表（life table）、存活曲线（survival curve）、年龄结构（age structure）、性比（sex ratio）、增长率（rate of increase）、分布格局（distribution pattern）、随机分布（random distribution）、均匀分布（uniform distribution）、集群分布（clumped distribution）、扩散（dispersal）、集群（assembly）、化感作用（allelopathy）、竞争（competition）、种内竞争（intraspecific competition）、通信（communication）、领域（territory）、社会等级（social hierarchy）、利他行为（altruism）、生活史（life cycle）、生态对策（ecological strategy）、种间关系（interspecific relationship）、生态位（niche）、竞争排斥原理（competition exclusion principle）、专化（specialization）、泛化（generalization）、捕食（predation）、互利共生（mutualism）、协同进化（coevolution）

复习与练习

复习题

1. 如何定义种群？种群具有哪些主要特征？
2. 什么是种群动态？种群的增长受哪些种群参数的影响？
3. 为什么要进行生命表统计？存活曲线主要有哪些类型？
4. 请举例说明种群年龄结构对预测种群的兴衰的作用。
5. 请说明集群的类型与产生原因。
6. 种内竞争和种间竞争有何区别？
7. 生物间的通信有哪些类型？
8. 领域有何生态学意义？
9. 请举例说明动物的社会等级。
10. 种群的空间分布格局有几种类型？
11. 什么是生态对策？r对策和K对策有何特征？
12. 物种的进化一般经历哪些过程？
13. 种间竞争与生态位有何关系？
14. 举例说明互利关系及其意义。
15. 举例说明协同进化。

讨论题

1. logistic增长曲线有何理论意义和现实意义？
2. 种群密度如何随着食物链的营养级而发生变化？
3. 请根据种群内在增长率的主要影响因素探讨如何合理地控制人口。
4. 集群与竞争有何关系？
5. 捕食者对猎物只是产生危害吗？

参考读物

陈品健，陈小麟．1986. 动物生物学．厦门：厦门大学出版社

单国桢．1983. 动物繁群生态学．北京：科学出版社

尚玉昌．1998. 行为生态学．北京：北京大学出版社

孙儒泳．1992. 动物生态学原理．2版．北京：北京师范大学出版社

周纪伦．1993. 植物种群生态学．北京：高等教育出版社

Silvertown J, Charlesworth D. 2003. 简明植物种群生物学．李博，董慧琴，陆建忠，等，译．北京：高等教育出版社

Begon M, Mortimer M. 1981. Population Ecology. Oxford: Blackwell Scientific Publications

Mcfarland D. 1981. The Oxford Companion to Animal Behaviour. London: Oxford University Press

第三章　群落生态学

学习目的

通过本章学习，掌握一般生物群落的外貌与结构特点，并了解以下知识点：生物群落的数量特征和综合特征；生物群落的物种多样性、丰富度、均匀度；群落演替的一般规律；群落演替的有关概念和不同演替系列的演替过程；植被的分布规律；中国的植被分布特点，以及世界各地地带性植被的群落特征、种类组成和分布范围。

第一节　生物群落的概念与基本特征

微课堂

一、生物群落的概念

生物群落（biocommunity）是指在一定空间内，生活在一起的各种动物、植物或微生物的集合体（图3-1）。这些物种集合在一起，彼此相互作用，具有独特的成分、结构和功能。一片树林或一块草地，都可以看作一个群落。群落内的各种生物由于彼此的相互影响、紧密联系和对环境的共同响应，使群落构成一个具有内在联系和共同规律的整体。

图3-1　福建虎伯寮国家级自然保护区的植物群落外貌

Odum（1957）认为群落除物种组成与外貌一致外，还具有一定的营养结构和代谢格局，是一个结构单元，他提出了群落的概念并强调了各种生物能以和谐的方式共处。

综上所述，生物群落可定义为特定空间或特定生境下生物物种有规律的组合。它们之间及它们与环境之间彼此影响、相互作用，具有一定的形态结构与营养结构，执行一定的功能。生物群落的概念有具体和抽象两重含义：说它是具体的，是因为我们能很容易地在某个区域或地段观察或研究某一个群落的结构和功能；它同时又是一个抽象的概念，泛指所有生物集合体的总称。

二、群落的基本特征

从上述定义中，可知一个生物群落具有下列基本特征。

（1）具有一定的物种组成：每个群落都是由一定的植物、动物或微生物种群组成的。

（2）物种之间的相互作用：生物群落是不同生物物种的有规律共处的集合体。

（3）对群落环境具有建设功能：生物群落中的物种对其居住环境产生重大影响，并形成群落环境。

（4）具有一定的外貌和结构：生物群落是生态系统的一个结构单位，具有外貌和一系列的结构特点，包括形态结构与生态结构，如生活型组成、层次多少、季相等。

（5）一定的动态特征：其动态过程包括季节动态、年际动态、演替与演化。

（6）一定的分布范围：各群落分布在特定地段或特定生境上，不同群落的生境和分布范围不同。

（7）群落的边界特征：在自然条件下，有些群落具有明显的边界，可以清楚地加以区分；当然，也有些群落处于连续变化中，不具有明显边界。在多数情况下，不同群落之间都存在过渡带，被称为群落交错区，具有明显的边缘效应。

第二节　群落的物种组成

微课堂

物种组成是决定群落性质最重要的因素，也是鉴别不同群落类型的基本特征。一般来说，组成群落的物种越丰富，单位面积的物种数也越多。

一、物种组成的性质

群落的物种组成情况在一定程度上能反映群落的性质。

以我国亚热带常绿阔叶林为例，群落乔木层的优势种类由甜槠（*Castanopsis eyrei*）、米槠（*Castanopsis carlesii*）、木荷（*Schima superba*）、铁冬青（*Ilex rotunda*）、刨花润楠（*Machilus pauhoi*）等植物组成，灌木层由鹿角杜鹃（*Rhododendron latoucheae*）、阔叶箬竹（*Indocalamus latifolius*）、朱砂根（*Ardisia crenata*）、九节（*Psychotria asiatica*）等植物组成，草本层由里白（*Diplopterygium glaucum*）、狗脊（*Woodwardia japonica*）、淡竹叶（*Lophatherum gracile*）、山姜（*Alpinia japonica*）等种类组成（图3-2）。

又如，在亚热带广泛分布的马尾松林，主要由马尾松（*Pinus massoniana*）、枫香树

图3-2　武夷山国家公园内大王峰顶部的米槠林群落

群落中：乔木层有49种，有米槠、弯蒴杜鹃、峨眉鼠刺、窄基红褐柃、木荷、细柄蕈树、铁冬青等；灌木层有44种，有杜茎山、草珊瑚、日本五月茶、山血丹、九管血、短刺虎刺、栀子等；草本层有10种，有狗脊、镜子薹草、寒兰、光里白、深绿卷柏等；层间植物有12种，有网脉酸藤子、流苏子等

（*Liquidambar formosana*）、白栎（*Quercus fabri*）、杜鹃（*Rhododendron simsii*）、檵木（*Loropetalum chinense*）、桃金娘（*Rhodomyrtus tomentosa*）、芒萁（*Dicranopteris pedata*）等组成；山地的植物群落中，可以看到虎耳草科、石竹科、龙胆科、十字花科、景天科植物的身影；而村庄、农舍周围的群落中，多半由一些伴人植物如鬼针草（*Bidens pilosa*）、苍耳（*Xanthium strumarium*）、牛膝（*Achyranthes bidentata*）、益母草、车前草等植物组成。

可以根据各个种在群落中的作用来划分群落成员型，下面是植物群落等研究中常见的群落成员型分类。

（1）建群种（constructive species）：对群落的结构和群落环境的形成起建设性作用的植物称为建群种，它们往往指乔木层中个体数量多、投影盖度大、出现频度高、体积大、生物量高、生活能力强的植物种类。在热带森林，往往由多个物种共同形成建群种，而在北方森林中，则多由单一物种形成建群种。在草原或荒漠中，由于没有乔木树种，其中占优势的草本植物或灌木也就是建群种。

生态学上的建群种对整个群落具有建设性的影响，如果把群落中的建群种去除，必然导致群落性质和环境的变化；但若把非建群种去除，则群落未必发生显著的变化，因此不仅要保护那些珍稀濒危物种，还要保护那些建群种。

（2）优势种（dominant species）：在群落各层次起主要作用的植物称为优势种，建群种是当然的优势种，但在森林群落中，还有灌木层、草本层、层间植物，在这些层次中个体数量多、投影盖度大、出现频度高、生活能力强的物种就是各层的优势种，以南亚热带马尾松林为例，其乔木层可能以马尾松（建群种）占优势，灌木层可能以桃金娘占优势，草本层可能以芒萁占优势，层间植物可能以钩吻（*Gelsemium elegans*）、鸡矢藤（*Paederia scandens*）占优势。

（3）亚优势种（subdominant species）：亚优势种是指个体数量与作用都次于优势种，但在决定群落性质和控制群落环境方面仍起着一定作用的植物种。

（4）伴生种（companion species）：伴生种为群落的常见物种，它与优势种相伴存在，但不起主要作用，如马尾松林中的江南越橘（*Vaccinium mandarinorum*）、南烛（*Vaccinium bracteatum*）等。

（5）偶见种（accidental species）：偶见种是那些在群落中出现频率很低的物种，一般数量稀少，如常绿阔叶林区域分布的观光木（*Michelia odora*），随着生境的缩小濒临灭绝，应该加强保护。偶见种也可能偶然地由人们带入或随着某种条件的改变而进入群落中，也可能随着生境的改善而退出，如某些阔叶林区域的伯乐树（*Bretschneidera sinensis*）。有些偶见种的出现具有生态指示意义，有些还可以作为地方性特征种来看待。

二、物种组成的数量特征和综合特征

物种组成的数量特征和综合特征可以较好地说明这些物种在群落中的地位。

（一）数量特征

（1）密度（density）：密度是指单位面积或单位空间内的个体数。乔木、灌木和丛生草本一般以植株或株丛计数，根茎植物以地上枝条计数。样地内某一物种的个体数占全部物种个体数之和的百分比称为相对密度或相对多度（relative abundance，RA）。

（2）多度（abundance）：多度是对物种个体数量多少的一种估测指标，多用于群落内草本植物的调查。可采用7级制，即Soc（极多）、Cop^3（很多）、Cop^2（多）、Cop^1（尚多）、Sp（不多而分散）、Sol（很少而稀疏）、Un（个别或单株）。

（3）盖度（coverage）：盖度是指植物地上部分垂直投影，即投影盖度。对于草原群落，常以离地面3cm高度的断面积计算；对森林群落，则以树木胸高（1.3m处）断面积计算。乔木的盖度特称为显著度。盖度可分为种盖度、层盖度、总盖度（群落盖度）。林业上常用郁闭度来表示林木层的盖度。通常，种盖度或层盖度之和大于总盖度。群落中某一物种的盖度或显著度占所有物种盖度或显著度之和的百分比，即相对盖度（RC）或相对显著度（RS）。

（4）频度（frequency）：频度是指某个物种在所调查样地内的不同样方内出现的频率，群落中某一物种的频度占所有物种频度之和的百分比，即相对频度（relative frequency，RF）。

丹麦生态学家瑙基耶尔（Raunkiaer）（1934）根据8000多种植物的频度进行统计，把频度1%～20%的植物归为A级，21%～40%为B级，41%～60%为C级，61%～80%为D级，81%～100%为E级。结果显示，频度属于A级的植物种类占53%，B级占14%，C级占9%，D级占8%，E级占16%，在有些样地中，C级可能等于D级，这样按其所占比例的大小，5个频度级的关系是A>B>C≥D<E，这就是频度定律。E级物种，即偶见种通常很多，这些物种往往在群落调查的过程中随着样方面积的扩大才陆续出现（图3-3）。调查的样方数越多，这些物种也越多。A级物种往往是群落中的优势种，甚至是建群种，其种群数量较大，多于B、C、D级的物种。

（5）高度（height）或长度（length）：高度或长度常作为测量植物体的一个指标。根据高度可以确定物种在群落中所处的垂直高度与层次，可以了解群落的垂直结构。

（6）生物量（biomass）和现存量（standing crop）：生物量和现存量用来衡量生态系统中各物种在单位时间内或总的重量，可用干重与鲜重衡量，是研究与理解生态系统生产力的基础。

（7）木材蓄积量（timber storage）：木材蓄积量是指生物所占空间大小的度量，主要用在森林经营中，可以通过高度与形数计算获得。

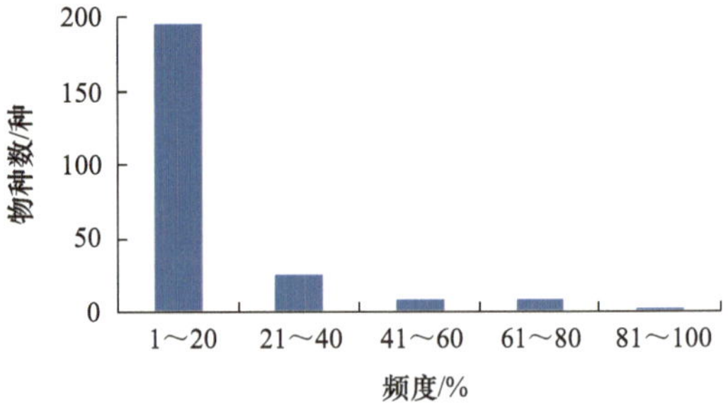

图3-3　武夷山国家公园雷公口米槠林100个样方内238个物种的频度分布（引自李振基等，2021）

（二）综合特征

（1）优势度（dominance）：表示一个种在群落中的地位与作用。某一个种的数量可以不多，但它对群落的作用可能要比数量多但体积小的种类大得多。草原上的某些大型反刍动物要比无数食草昆虫的影响大得多，因此称这些物种是优势种。

（2）重要值（importance value，IV）：是用来表示某个种在群落中的地位和作用的综合数量指标。重要值是柯蒂斯（Curtis）和麦金托什（McIntosh）（1951）在研究美国威斯康星州森林群落连续体时提出的，用来确定乔木的优势度或显著度，计算的公式如下：

重要值（IV）＝相对多度（RA）＋相对频度（RF）＋相对显著度（RS）

上式用于草原群落或森林群落灌木与草本层时，相对显著度可用相对盖度代替：

重要值（IV）＝相对多度（RA）＋相对频度（RF）＋相对盖度（RC）

表3-1是武夷山国家公园雷公口米槠群落乔木层的重要值。

由于动物有运动能力，动物群落研究中多以数量或生物量为优势度指标；水生群落中的浮游生物多以生物量为指标。最好能同时以数量和生物量为指标，并计算出变化率和能流。

三、物种多样性

在生物多样性的保护宣传中，生物多样性一般有3～4个水平，即遗传多样性，指地球上各个物种所包含的遗传信息总和；物种多样性，是指地球上生物种类的多样化；生态系统多样性，指的是生物圈中生物群落、生境与生态过程的多样化；有些还加上景观多样性。

这里从群落特征角度来叙述物种多样性（species diversity），其内涵不同于生物多样性保护宣传中所指的物种多样性。

（一）物种多样性的定义

费舍尔（Fisher）等（1943）第一次使用“物种多样性”这个名词时，指的是群落中物种的数目和每一物种的个体数目。在有利的环境条件下，生物群落中可能有大量的物种，但每一个物种的个体数量不大，这时多样性指标高；而当环境条件不利时，种类少，数量多，这时多样性指标低。

表3-1 武夷山国家公园雷公口米槠群落乔木层的重要值（引自李振基等，2021）

植物名称	数量/株	相对多度/%	样方数	相对频度/%	相对显著度/%	重要值
米槠（*Castanopsis carlesii*）	141	5.89	65	5.50	34.93	46.32
罗浮锥（*Castanopsis faberi*）	85	3.55	41	3.47	10.53	17.55
细柄蕈树（*Altingia gracilipes*）	149	6.22	63	5.33	5.86	17.41
木荷（*Schima superba*）	81	3.38	46	3.90	8.47	15.75
峨眉鼠刺（*Itea omeiensis*）	188	7.85	64	5.42	1.09	14.36
窄基红褐柃（*Eurya rubiginosa* var. *attenuata*）	218	9.10	50	4.23	0.79	14.12
细枝柃（*Eurya loquaiana*）	209	8.73	49	4.15	0.82	13.70
黄杞（*Engelhardia roxburghiana*）	144	6.01	58	4.91	2.67	13.59
弯蒴杜鹃（*Rhododendron henryi*）	103	4.30	39	3.30	2.07	9.67
杨桐（*Adinandra millettii*）	69	2.87	43	3.62	0.54	7.03
刺毛杜鹃（*Rhododendron championiae*）	68	2.83	28	2.35	1.31	6.49
树参（*Dendropanax dentiger*）	49	2.04	28	2.35	0.23	4.62
铁冬青（*Ilex rotunda*）	38	1.58	26	2.19	0.59	4.36
木荚红豆（*Ormosia xylocarpa*）	22	0.92	12	1.01	1.81	3.74
贵州石楠（*Photinia bodinieri*）	28	1.16	14	1.18	1.22	3.56
刺叶桂樱（*Laurocerasus spinulosa*）	29	1.21	20	1.68	0.18	3.07
苦槠（*Castanopsis sclerophylla*）	17	0.71	14	1.18	1.00	2.89
野含笑（*Michelia skinneriana*）	27	1.12	19	1.60	0.09	2.81
虎皮楠（*Daphniphyllum oldhamii*）	17	0.71	14	1.18	0.58	2.47
其他89种植物	722	29.82	494	41.45	25.22	96.49

自从MacArthur（1957）关于鸟类物种多度的短文发表后，几十年来讨论物种多样性的文章很多，归纳起来，通常物种多样性具有以下两方面含义。

（1）物种数（number of species）或物种丰富度（species richness）。物种数是指一个群落或生境中物种数目的多寡，这个指标是很客观的多样性指标。在统计物种数时需要说明面积，以便于比较。在多层次的森林群落中必须说明层次和径级，否则无法比较。

（2）物种均匀度（species evenness）。物种均匀度是指一个群落或生境中全部物种个体数目的分配状况，它反映的是各物种个体数目分配的均匀程度。例如，甲群落中有100个个体，其中90个为种A，另外10个为种B。乙群落中也有100个个体，但种A、种B各占50%。那么，甲群落的物种均匀度就比乙群落低得多。

（二）物种多样性的度量

衡量物种多样性的公式很多，可参考Magurran和McGill（2011）的《生物多样性》一书，这里仅选几种有代表性的衡量指数加以介绍。

1. 丰富度指数（richness index） 由于群落中物种的总数与样本含量有关，所以这类指数应限定为可比较的。生态学上用过的丰富度指数很多，现举两例。

（1）Gleason指数：

$$d_{Gl}=(S-1)/\ln A \quad (3\text{-}1)$$

式中，A为单位面积；S为群落中物种数目。物种丰富度是最简单、最古老的物种多样性测定方法，它可以表明一定面积的生境内生物种类的数目。

（2）Margalef指数：

$$d_M=(S-1)/\ln N \tag{3-2}$$

式中，S的含义同式（3-1）；N为样方中观察到的个体总数（随样本大小而增减）。

2. 多样性指数（diversity index） 多样性指数是丰富度和均匀性的综合指标。以下是两个最著名的计算公式。

（1）Shannon-Wiener指数：其计算公式来自信息论中熵的计算公式，可以用它来描述物种个体出现的不确定性，这就是物种多样性。其计算公式为

$$H'=-\sum_{i=1}^{S}P_i\log_2 P_i \tag{3-3}$$

式中，H'为信息量，即物种的多样性指数；S为物种数目；P_i为属于种i的个体数n_i在全部个体数N中的比例。信息量H'越大，不确定性也越大，多样性也就越高。

在Shannon-Wiener指数中包含了两个因素：①物种的数目，即丰富度；②物种中个体分配上的平均性或均匀性。物种的数目多，可增加多样性；同样，物种中个体分配的均匀性增加也会使多样性提高。

（2）Simpson指数：Simpson曾经提出过这样的问题——在很大的群落中，随机取样得到同样的两个样本，它们属于同一个物种的概率是多少呢？如果在加拿大北部寒带森林中，随机选取两株树，属同一种的概率就很高。相反，如果在热带雨林随机取样，两株树属于同一种的概率很低，他从这个想法出发得出多样性指数。

Simpson指数＝随机取样的两个个体属于不同种的概率
＝1－随机取样的两个个体属于同种的概率

设种i的个体数n_i占群落中总个体数N的比例为P_i，那么，随机取种i两个个体的联合概率应为$P_i\times(P_i-1)$。如果我们将群落中全部种的概率合起来，就可得到Simpson指数，即

$$D=\sum_{i=1}^{S}n_i(n_i-1)/[N(N-1)] \tag{3-4}$$

Simpson指数的最低值是$1/S$，最高值是1。前一种情况出现在全部个体均属于一个种的时候，后一种情况出现在每个个体分别属于不同种的时候。

例如，甲群落中A、B两种的个体数分别为99和1，而乙群落中A、B两种的个体数均为50，按Simpson指数计算，则甲群落的多样性指数为0.98，而乙群落的多样性指数为0.495。造成这两个群落多样性差异的主要原因是种的不均匀性，从丰富度来看，两个群落是一样的，但均匀度不同。

（3）Pielou均匀度指数：均匀度（J）是指群落的实测多样性（H'）与最大多样性（H'_{max}，即物种数相同的情况下完全均匀群落的多样性）之比，以Shannon-Wiener指数H'为基础的群落的均匀度为

$$J=-H'/S\log_2(N/S) \tag{3-5}$$

式中，H'的含义同式（3-3）；S的含义同式（3-1）；N为全部物种个体数；N/S为平均物种个体数，底数也可以用e或10。

（三）物种多样性梯度

（1）物种多样性随纬度的变化。从热带往两极，随着纬度的增加，物种多样性有逐渐减少的趋势。在乔木树种、鱼类、蚂蚁、蜥蜴、鸟、兽等许多类群中均有充分数据说明这一点，在陆地、淡水和海洋环境中，都有相同的趋势。当然也有例外，如企鹅和海豹在极地物种最多，而针叶树和姬蜂在温带物种最丰富。以Shannon-Wiener指数H'等衡量我国从吉林长白山到北京灵山，再到福建武夷山、三明、南靖，到广东鼎湖山，最后到海南霸王岭森林中木本植物的物种多样性，表明越靠近热带地区，单位面积内的物种越丰富，物种多样性指数也越高（图3-4）。

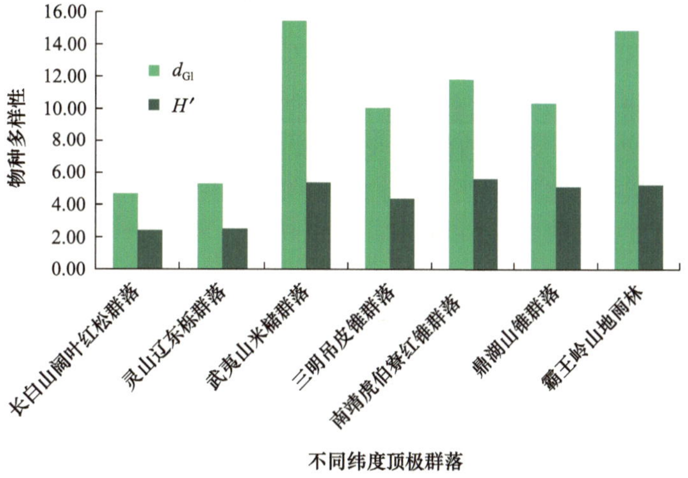

图3-4　不同地区顶极群落木本植物物种多样性比较

（2）多样性随海拔的变化。如果在赤道地区登山，随着海拔的升高，能见到与热带、温带、寒带相似的环境，同样也能发现物种多样性随海拔升高而逐渐降低。

（3）在海洋或淡水水体中物种多样性有随深度增加而降低的趋势。显然，在大型湖泊中，温度低、含氧量少、黑暗的深水层，其水生生物种类明显低于浅水区；同样，海洋中植物分布也仅限于光线能透入的光亮区，一般很少超过30m。

我国土地辽阔，南北跨越30余个纬度，由东南向西北干旱度逐渐增加，而西南则是高寒的青藏高原。我国陆生哺乳类（除翼手目外）的多样性变化有以下规律：①种数随纬度的增加而降低，在北纬40°～50°降到最低；②种数随着年降水量由50mm上升到500mm而增加；③在喜马拉雅-横断山脉地区，从低海拔到高海拔，平均种数逐渐降低。

（四）决定物种多样性梯度的因素

为什么热带地区生物群落的物种多样性高于温带和极地？这由什么因素所决定的？对此，一般认为是6方面因素综合作用的结果。

（1）时间因素。时间可以分为两个等级，即进化时间等级和生态时间等级。热带群落比较古老，进化时间较长，并且在地质年代中环境条件稳定，很少遭受灾害性气候变化（如冰期），所以群落的物种多样性较高。相反，温带和极地遭受的灾难性气候多，所以多样性较低。同一地带的生物群落也可以说明问题，例如，贝加尔湖是世界上最古老的湖泊之一，尽管位于温带，但动物区系非常丰富，湖中底栖无脊椎动物达580种，而地处同一纬度的大奴湖，由于比较年轻，仅有4种底栖无脊椎动物。这就是说，所有群落随时间的推移其种数越多，比较年轻的群落可能没有足够的时间发展到高样化的程度。有些事实能为此学说提供证据，如北半球白垩纪的浮游性有孔虫化石，也和现存的有孔虫类一样，从热带到极地，物种多样性逐渐降低。

从另一个角度来看，目前森林的砍伐和破坏，使得大面积的生物群落变得年轻，比较研究了南靖和溪的南亚热带雨林和周边的森林，和溪的南亚热带雨林受保护时间在760年以上，这里单位面积的植物种类丰富，在$1200m^2$内有128种，同一地带的广东鼎湖山、台湾莲花池受保护的时间不及和溪，单位面积的物种数低一些，未受保护的生物群落、若干年前遭受皆伐过的生物群落、若干年前遭受过毁灭性炼山的生物群落物种多样性依次降低。因此对目前仅有的小面积的天然森林的保护非常必要。

（2）空间异质性因素。当人们由寒带经温带到热带，会注意到，环境的复杂性随之而增加，物理环境越复杂，或空间异质程度越高，动植物群落的复杂性也越高，物种多样性也越大。空间异质性有不同的尺度，属于宏观尺度的，如地形的变化，山区的物种多样性明显高于平原区，因为山区有更多样的生境，支持更多样的物种生存。岩石、土壤、植被垂直结构的变化是微观的空间异质性，群落中因这些变化使小生境丰富多样，物种多样性也高。支持这种学说的证据，如群落的垂直结构越复杂，群落中的鸟类和昆虫物种也就越丰富。

（3）气候稳定性因素。气候越稳定，变化越小，动植物的物种就越丰富，在生物进化的地质年代中，地球上唯有热带的气候可能是最稳定的。所以，通过自然选择，热带出现大量狭生态位和特化的物种。热带有许多狭食性昆虫，有的甚至只取食一种植物。在高纬度地区，自然选择有利于广适应性的生物。

（4）竞争因素。在物理环境严酷的地区，如在极地和高山，自然选择主要受物理因素控制，但在气候温和而稳定的热带地区，生物之间的竞争则成为进化和生态位分化的主要动力。由于生态位分化，热带的动植物要求的生境条件往往很狭窄，其食性特化，物种之间的生态位重叠也比较多。因此，热带动植物较温带的常有更精细的适应性。

（5）捕食因素。因为热带的捕食者比其他地区多，捕食者可以将猎物的种群数量控制在较低水平，从而减轻了猎物的种间竞争，竞争的减弱允许有更多的猎物物种的共存，丰富的物种又支持了更多的捕食者。

（6）生产力因素。如果其他条件相同，群落的生产力越高，生产的食物越多，通过食物网的能流量越大，物种多样性就越高。热带地区的生长季节较长，所以热带群落的物种无论从时间上或空间上分隔环境资源的可能性都较大，从而使共存的种数更多。例如，热带森林鸟类较温带的多，这是因为生产力高的热带森林能提供更多的生存途径；温带森林中没有鹦鹉等食果鸟，没有专食爬行类和蚁群的鸟等。热带比温带有更丰富的食物来源和营养生态位。

第三节　生物群落的结构

微课堂

一、垂直结构

生物在整个群落中的分布是不均匀的。它们的分布可以从垂直面和水平面去考察。

在某些森林群落中，可以明显地把森林群落分为乔木层、灌木层、草本层、地被层和层间植物，这就是群落的分层现象。

最高大的树木占据森林的最上层，形成乔木层（林冠），往下是灌木层和草本层。北方的森林分层简单而明显。热带雨林很高，分层很不明显，各层还能分出2～3个亚层，由于到达地表的光照强度很弱，所以地被层不发达，林内有丰富的藤本植物和附生植物，这些植物难以归入某一层，我们把这些植物称为层间植物。一般阳光从天空射入森林，绝大部分被树冠所截取。越是底层的植物，所获得的阳光越少。分配到灌木层的阳光大概只有10%，而到达地面的阳光不到1%。因此，在最底层的植物，只能在微弱阳光的条件下进行光合作用（图3-5）。灌丛或荒漠群落缺少乔木层。草原、草甸和苔原群落一般仅有草本层。稀树干草原则以占优势的草本层为主，稀疏分布着乔木树种。

图3-5 福建南靖南亚热带雨林自然保护区内森林群落的垂直结构（引自林鹏，1990）

1.红锥；2.淋漓锥；3.红鳞蒲桃；4.厚壳桂；5.黄桐；6.中华杜英；7.翅子树；8.鹅掌柴；16.罗伞树；17.九节木；18.斜基粗叶木；19.柏拉木；21.刺桫椤；22.海芋；23.华山姜；25.单叶新月蕨；26.密花豆藤；27.扁担藤；28.花皮胶藤；29.白背瓜馥木；其余略

以上是植物垂直分布的情况。动物在林间或土壤里的分布情况也很类似。鸟类学家在野外观察时，能很清楚地看到鸟类的垂直分布。鸟类虽然能在不同高度的林间活动，但是它们经常只在一定高度的林层营巢和取食。在我国珠穆朗玛峰的河谷森林里，白翅拟蜡嘴雀（*Mycerobas carnipes*）总是成群地在森林的最上层活动，取食大量的滇藏方枝柏（*Juniperus saltuaria*）种子。而血雉（*Ithaginis cruentus*）和棕尾虹雉（*Lophophorus impejanus*）则是典型的森林底层鸟类，取食地面的苔藓和昆虫。煤山雀（*Parus ater*）、黄腰柳莺（*Phylloscopus proregulus*）和橙胸姬鹟（*Ficedula strophiata*）则喜欢在森林中层营巢。

在水域环境中，植物可分为挺水植物、浮叶植物、漂浮植物、沉水植物等；动物有水面生活的水黾、水层中生活的仰泳蝽和水底生活的红娘华等。鱼类经常活动在特殊的水域。如前所述，四大家鱼就分布在不同层次上，这些动物的垂直分布都同水体的物理条件（温度、盐度和氧气含量）和生物条件（食物、天敌）有密切的关系。

二、水平结构

植物群落中某个物种或不同物种的水平配置也不一致。多数群落中的各个物种常形成斑块状镶嵌，也可能均匀分布。导致水平结构的复杂性有三方面的原因。

（1）亲代的扩散。风传播植物、动物传播植物、水传播植物可能分布范围较大，而种子较重或行无性繁殖的植物，往往在母株周围呈群聚状。同样是风传播植物，在单株、疏林、密林的情况下扩散能力也各不相同。动物传播植物受到昆虫、两栖动物产卵的选择性影响，幼体经常集中在一些适于生活的生境。

（2）生境异质性。成土母质、土壤质地和结构、水分条件的异质性导致动植物形成各自的水平分布格局。

（3）种间相互作用的结果。食草动物明显地依赖于它所取食的植物的分布。还有竞争、互利共生、偏利共生等的结果。

第四节　生物群落的动态

微课堂

“动态”一词含义十分广泛，生物群落的动态至少应包括4方面的内容：①昼夜活动节律；②群落内部的季节变化与年变化；③群落的演替；④生物群落的进化。下面主要介绍前三种。

一、昼夜活动节律

动物并不是每天24h都在连续进行活动。大多数鸟类在白天特别活跃，称为昼行性动物。另一些动物如蛾类、蝙蝠和许多其他哺乳类只在夜间活动，称为夜行性动物。还有一些动物如果蝇只在拂晓或黄昏时活动，称为晓暮行性动物。

几乎所有生物都有上述昼夜活动节律，这种与地球24h自转相适应、有规律的节奏，就叫作时辰节律。时辰节律也表现在代谢、细胞分裂、生长、心脏跳动、光合作用、细胞酶活动和其他一系列活动方面。其中一个最突出的时辰节律就是湖泊中浮游生物的垂直分布。淡水藻类在阳光照射下，在水的表面进行光合作用。中午阳光最强时，许多浮游动物就沉到水的深处。当黑夜来临时，这些浮游动物又洄游到水的上层来取食浮游植物或彼此互相为食。到了太阳上升时，它们又下沉到底层。垂直洄游的距离随种类而异，原生动物只上升几厘米，而大型动物可能上升数米。

海洋浮游动物的垂直洄游也是一样。这种现象曾经迷惑过一些海洋学家。在海洋深处，大量的浮游动物和鱼群构成了一个分散层，使得船上放出的超声探深仪失去作用，误把分散层的回波当成了海底回波。

二、季节变化

生物群落的季节变化受环境条件（特别是气候）周期性变化的制约，并与生物的生活周期关联。特别是在温带地区，物候的季节变化极为明显：树木和野草在春季发芽、生长，夏季开花，秋季结果并产生种子，到了冬季，则落叶休眠或死去。由此带来了中纬度、高纬度地区或山地落叶阔叶林（图3-6）或落叶针叶林明显的季节变化。但群落的季节变化并不影响群落的性质，只是群落内部的动态变化。

a　　b　　c

图3-6　落叶阔叶林的季相（引自李振基等，2021）

a. 3月中旬的落叶阔叶林；b. 7月的落叶阔叶林；c. 10月底的落叶阔叶林

草原的季节变化也非常明显，我国北方以羊草（*Leymus chinensis*）为优势种的草原一般5月初植物萌动返青，7月开花结实，8月中旬地上生物量达到高峰值，9月下旬植物地上部分枯黄并停止生长。

动物也同样有周期活动：青蛙、蛇和刺猬一到冬季就进行冬眠，春季来了就苏醒过来；浮游生物的数量变动也按季节上下波动。

三、年变化

在不同年度之间，生物群落的物种组成常发生明显的变动。这种变化反映了群落内部的变化，不产生群落的更替现象，一般称为波动（fluctuation）。群落的波动多数是由群落所在地区气候条件的不规则变化引起的，其特点是群落区系成分的相对稳定性，群落数量特征变化的不定性及变化的可逆性。在波动中，群落在生产量、各成分的数量比例、优势种的重要值及物质和能量的平衡方面，也会发生相应的变化。

根据群落变化的形式，可将波动划分为以下三种类型。

（1）不明显波动。其特点是群落各成员的数量关系变化很小，群落外貌和结构基本保持不变。这种波动可能出现在不同年份的气象、水文状况差不多一致的情况下。

（2）摆动性波动。其特点是群落成分在个体数量和生产量方面的短期变动（1～5年），它与群落优势种的逐年交替有关。例如，在乌克兰草原上，遇干旱年份，旱生植物（针茅和羊茅等）占优势，草原兔尾鼠（*Lagurus lagurus*）和社田鼠（*Microtus socialis*）也繁盛起来；而在气温较高且降水较丰富的年份，群落以中生植物占优势，同时喜湿性动物，如普通田鼠与大林姬鼠增多。

（3）偏途性波动。这是气候和水分条件的长期偏离而引起的一个或几个优势种明显变更的结果。通过群落的自我调节作用，群落还可回复到接近于原来的状态。这种波动的时期可能较长（5～10年）。例如，大看麦娘（*Alopecurus pratensis*）占优势的群落在缺水的情况下可能转变为匍枝毛茛（*Ranunculus repens*）占优势，之后水分充足时又会回复到大看麦娘占优势的状态。

四、演替

（一）演替的概念

演替（succession）是指某一地段上一种生物群落被另一种生物群落所取代的过程。

（二）控制演替的几种主要因素

生物群落的演替是群落内部关系（包括种内和种间关系）与外界环境中各种生态因子综合作用的结果，主要涉及下述5个方面。

（1）植物繁殖体的迁移、散布和动物的影响。当植物繁殖体到达一个新环境时，植物的定居过程就开始了。植物的定居包括植物的发芽、生长和繁殖三个方面，一个种只有在新的地点能繁殖时，定居才算成功。对于动物来说，植物群落成为它们取食、营巢、繁殖的场所，动物可能取食，导致某种植物生物量的减少，也可能帮助播种。

（2）群落内部环境的变化。由于群落中植物种类特别是优势种的发育而导致群落内光照、温度、湿度、土壤状况的改变，也可为演替创造条件。例如，在紫果云杉（*Picea purpurea*）林采伐后的林间空旷地段，首先出现的是喜光草本植物。但当喜光阔叶树种定居下来并在草本层上形成郁闭树冠时，喜光草本便被耐阴草本所取代。以后当紫果云杉伸到群落上层并郁闭时，原来发育很好的喜光阔叶树种已不能更新。这样，随着群落内光照由强到弱及温度变化，由不稳定到稳定，依次发生了喜光草本植物阶段、喜光阔叶树种阶段和紫果云杉阶段的更替过程，也就是演替的过程。

（3）种内和种间关系的改变。组成一个群落的物种在其内部及物种之间都存在特定的相互关系。这种关系随着外部环境条件和群落内环境的改变而不断地进行调整。当密度增加时，种群内部的关系紧张化，竞争能力强的物种得以充分发展，而竞争能力弱的物种则逐步缩小自己的地盘，甚至被排挤到群落之外。这种情形常见于尚未发育成熟的群落。

（4）外界环境条件的变化。群落之外的环境条件，如气候、地貌、土壤和火等也可成为引起演替的重要条件，大规模的地壳运动（冰川、地震、火山活动等）可使地球表面的生物部分或完全毁灭，从而使演替从头开始。火也是一个重要的诱发演替的因子，火烧可以造成大面积的次生裸地，演替可以从裸地上重新开始；火也是群落发育的一种刺激因素，它可使耐火的物种更旺盛地发育，而使不耐火的物种受到抑制。

（5）人类的活动。人对生物群落演替的影响远远超过其他所有的自然因子，人类社会活动有意识、有目的地进行，可以对自然环境中的生态关系起着促进、抑制、改造和建设的作用。炼山、砍伐森林、开垦土地等，都可使生物群落改变面貌。经营、抚育、管理导致群落的演替不同于自然演替。

（三）演替的基本类型

按照演替发生的时间进程，演替可以分为地史演替、长期演替和快速演替。地史演替一般以地质年代计算，常伴随气候的历史变迁或地貌的大规模改变而发生；长期演替延续达几十年，甚至达几百年；而快速演替延续几年，有时达十几年，草原弃耕地的恢复可以作为快速演替的例子。

按演替发生的起始条件，演替可以分为原生演替与次生演替。原生演替（primary succession）是指开始于原生裸地（没有植物繁殖体存在的裸露地段）上的群落演替。例如，从火山喷发过的裸露岩石或冰川迹地上所开始的演替过程。遭受火山活动所破坏的地区，是研究原生演替最理想的地区。次生演替（secondary succession）指开始于次生裸地（在土壤或基质中保留有植物繁殖体的裸地）上的群落演替，虽然生态系统被破坏，但原来群落中的一些种子、原生动物、微生物和有机物质仍被保留下来，因此这种演替过程不是从一无所有开始的。所以，次生演替比原生演替更迅速。森林被火烧或被砍伐以后所经历的演替过程，就是次生演替。弃耕地也是如此。

按基质性质，演替可以分为水生演替、旱生演替和中生演替。水生演替开始于水生环境，一般最后发展到陆生群落。例如，淡水湖或池塘中水生群落向中生群落的转变过程，一般依次出现沉水植物群落、浮水植物群落、香蒲沼泽、薹草群落（图3-7），最后演替形成木本植物群落。旱生演替从干旱缺水的基质上开始。例如，裸露的岩石表面上生物群落的形成过程。中生演替从中生湿润的基质上开始。例如，沙丘上生物群落的形成过程。

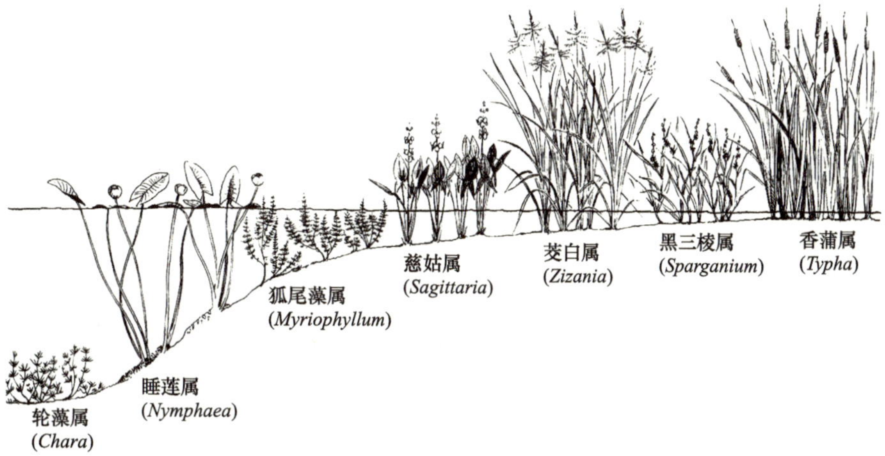

图3-7　水生植物群落的演替系列（引自Smith and Smith，1998）

按控制演替的主导因素，演替可以分为内因性演替和外因性演替。内因性演替的特点在于群落中生物生命活动的结果首先使它的生境得到改造，然后反作用于群落本身，如此相互促进，使演替不断向前发展。而外因性演替是由于外界环境因素的作用引起群落变化，包括气候发生演替、地貌发生演替、土壤发生演替、火成演替和人为发生演替。

（四）演替系列

演替系列（sere）是指从生物侵入开始直至顶极群落的整个顺序演变过程。导致一个阔叶林出现的原生演替，会依次出现下列几个演替阶段。

（1）地衣阶段。地衣是在一些裸露的地方首先立足的植物，因为它们能够在极为严酷的自然条件下存活，所以叫作开拓植物。它们在岩石表面生长，地衣通过代谢酸的作用和地衣死后所产生的腐殖酸的作用，可以加速岩石风化。于是，土壤和腐殖质逐渐发展起来，但只有薄薄的一层。

（2）苔藓阶段。苔藓的孢子落在这里，并且萌发，由于苔藓比地衣高大，可以接受光照，利用季节性获得的水分生长，从而把地衣排挤掉。

（3）草本植物阶段。当土壤厚度增加到保持足够湿度的时候，草本植物的幼苗就有了立足点，最后取代苔藓，使蕨类、禾草植物占优势。这时，蜗牛、各种昆虫，甚至小型哺乳动物开始进入。

（4）灌丛阶段。随后，灌木和小树开始取代草本植物。土壤有利于它们生长，它们植株比较高大，低矮的草本植物无法获得光照，逐渐退出；昆虫和鸟类的种类也不一样。

（5）森林阶段。各种树木在潮湿的、遮阴的地面上生长起来，最终形成森林，随着树木的成林，一个阔叶林演替的顶极群落将成为优势种，因为它们更适合在该地区生长。

（五）演替的实例

这里举例说明群落演替过程中优势植物的取代和动物物种组成的相应变化。

美国密执安湖沙丘上群落的演替是一种原生演替。沙丘是湖水退却后由于风对沉积在水边沙的搬运而形成的，从未被任何生物群落占据过，因此其基质条件属于原生裸地性质。湖水退却过程中不同时期形成的陆生群落沿湖边向外围形成一个演替系列。沙丘上，携带着沙的风碰到障碍物时，携带力受到削弱，沙在障碍物周围积聚。当障碍物是植物时，它面临着干旱、沙的磨蚀、风的毁损及其他不利因素（图3-8）。沙丘上的先锋群落由一些先锋植物（如沙生草、沙柳、毛牧豆树等）和无脊椎动物（如虎甲、穴蛛和蝗虫等）构成。沙生草能在每年堆积沙90cm高的生境中继续存活。接着，它上面的先锋群落依次被桧柏松林、黑栎林、栎-山核桃林所取代，最后发展为稳定的水青冈-槭树林群落。群落演替开始于极端干燥的沙丘之上，最后

图3-8　沙对植物的磨蚀

形成次生的群落环境，形成富有深厚腐殖质层的土壤，土壤中出现了蜗牛和蚯蚓。在此发展过程中，不同演替阶段上群落中的动物物种是不一样的。少数动物可以跨越两个或三个演替阶段，更多的则是只存留一个阶段便消失了。整个演替过程进行得十分缓慢。从裸露的沙丘到稳定的森林群落，要花1000年左右的时间。

（六）演替顶极

演替就是在地表上同一地段顺序地分布着各种不同植物群落的时间过程。任何一类演替都经过迁移、定居、群聚、竞争、反应、稳定6个阶段。到达稳定阶段的植被，就是和当地气候条件保持协调和平衡的植被。这是演替的终点，这个终点称为顶极群落（climax）。在某一地段上从先锋群落到顶极群落按顺序发育着的那些植物群落，都可以称为演替系列。

在同一气候区内，无论演替初期的条件多么不同，植被总是趋于减轻极端情况而向顶极方向发展，从而使生境适合更多的生物生长。于是，旱生和水生的生境都逐渐变得中生一些。演替可以从千差万别的生境上开始，先锋群落可能极不相同，但在演替过程中植物群落间的差异会逐渐缩小，并逐渐趋向一致。因此，无论水生型的生境，还是旱生型的生境，最终都趋向于中生型的生境并发展成为一个相对稳定的气候顶极。

在一个气候区内，除了气候顶极之外，还会出现一些由于地形、土壤或人为等因素所决定的稳定群落。例如，内蒙古高原典型草原气候区的气候顶极是大针茅（*Stipa grandis*）草原，但松厚土壤上的羊草草原是在大针茅草原之前出现的一个比较稳定的阶段，称为亚顶极。

在美国东部的气候顶极是夏绿阔叶林，但因常受火烧而长期保留在松林阶段。又如，内蒙古高原的典型草原，由于过度放牧，其长期停留在冷蒿阶段，称为偏途顶极或干扰顶极。无论是哪种形式的前顶极，如果给予时间，都可能发展为气候顶极。在自然状态下，演替总是向前发展的，称为正向演替，经历剧烈环境变化后，向着越来越差的方向发展，称为逆向演替（图3-9）。

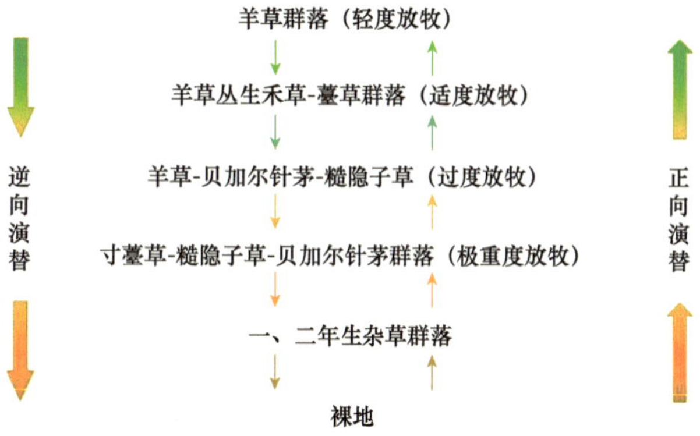

图3-9 呼伦贝尔地区羊草群落的演替

坦斯利（Tansley）（1939）认为：如果一个群落在某种生境中基本稳定，通过物种自行繁殖维持群落，从而结束其演替过程，就可看作顶极群落。在一个气候区域内，群落演替的最终结果不一定都汇集于一个共同的气候顶极终点。除了气候顶极之外，还可能有土壤顶极、地形顶极、火成顶极、动物顶极；同时还可能存在一些复合型顶极。

第五节　地球上的生物群落

微课堂

一、陆地生物群落的分布格局

（一）影响陆地生物群落分布的因素

陆地生物群落分布受多种因素影响，其中起主导作用的是海陆分布、大气环流和由各地太阳高度角差异所导致的太阳辐射量多少及其季节分配的不同，即与此相联系的水热状况。

（1）纬度。太阳高度角及其季节变化因纬度而不同，太阳辐射量及与其相关的热量也因纬度而异。从赤道向两极，每移动一个纬度（平均111km，在0～10°低纬度地区第一纬度约110.57km，90°时为111.7km），气温平均降低0.5～0.7℃。由于热量沿纬度的变化，因此出现生态系统类型有规律地更替，如从赤道向北极依次出现热带雨林、常绿阔叶林、落叶阔叶林、寒温带针叶林与苔原，即纬度地带性。

（2）经度。在北美大陆和欧亚大陆，由于海陆分布格局和大气环流特点，水分梯度常沿经向变化，因此导致生态系统的经向分异，即由沿海湿润区的森林，经半干旱区的草原到干旱区的荒漠（图3-10）。有人把这种变化与纬度地带性并列，称为经度地带性。

（3）海拔。海拔每升高100m，气温下降0.6℃左右，或每升高180m，气温下降1℃左右。降水量最初随海拔的升高而增加，到一定高度后，降水量开始降低。海拔的变化，常引起自然生态系统有规律地更替，有人称此现象为垂直地带性。

此外，地形与岩石性质对陆地生物群落的分布也有重大影响。例如，我国青藏高原的隆起改变了大气环流，使我国亚热带出现了大面积常绿阔叶林。又如，在同一地区范围内，酸性岩石与碱性岩石分布着性质不同的生物群落。

（二）陆地生物群落的水平分布

如果把地球上所有的大陆排在一起，并保持它们的纬度，那么生物群落带大致与纬度平行，说明纬度地带性的存在，但南半球没有与北半球相对应的寒温带针叶林与苔原，而且在北纬40°和南纬40°之间由于信风的影响，东南两侧不对称，大部分大陆上西侧为干旱地区，而东侧为湿润的森林（图3-10）。

（三）陆地生物群落的垂直分布

如前所述，在山地上，随海拔升高，气候发生有规律的变化，从而导致山地垂直带的出现。山地生物群落的带状排列是按一定顺序出现的，称为山地垂直带谱。

在不同自然地带，山地垂直带谱是不同的。一般而言，在山地分布着当地平原上的生物群落类型，在海拔高一些的垂直带上，为对温度要求较低的类型所代替。垂直带谱大致反映了不同生物群落类型沿纬度向北交替分布的规律。它们与水平带的关系如图3-11所示。

最理想的山地垂直带谱是热带岛屿上的高山，这里可以看到从赤道至两极的所有生物群落类型。应指出的是，垂直带永远不能完全符合水平带。其原因是：①最理想的垂直带是热带岛屿山地，但这里的温度条件缺少年变化；②各地垂直带的降水状况（特别是季节变化），反映

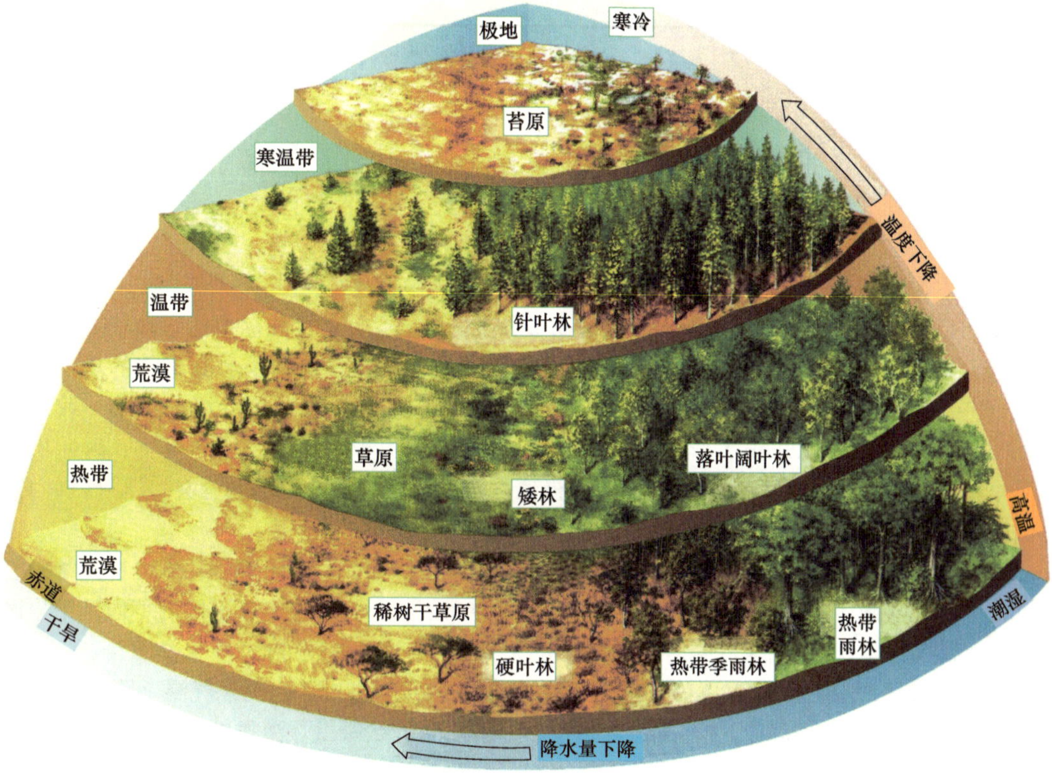

图3-10　世界植被的水平分布规律（引自Miller，2001）

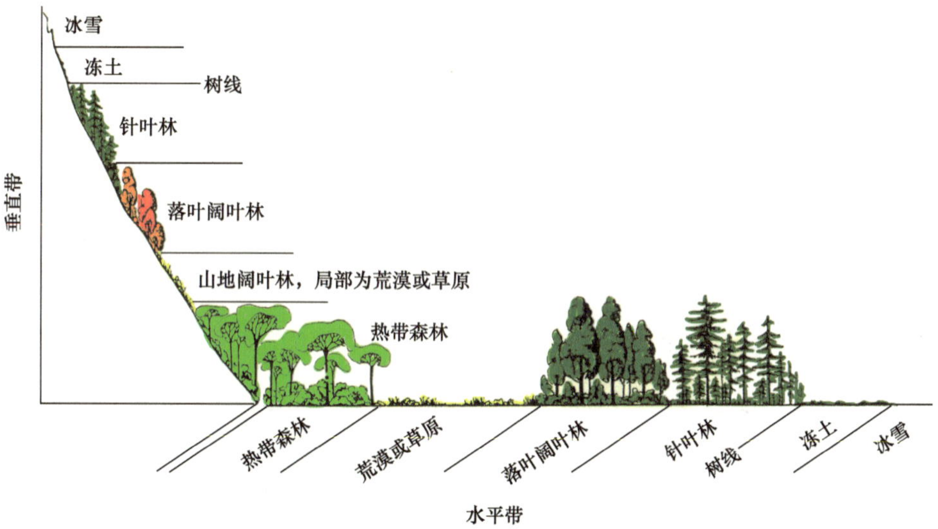

图3-11　山地植被垂直分布规律（引自郝道猛，1978）

了当地降水特点；③大陆性气候区，山体下部缺水，不会出现森林带，垂直带往往受到破坏；④高山上光照强烈，紫外线强，空气稀薄，与极地条件有很大的不同；⑤垂直带的厚度远较水平带窄，山地每升高1000m，温度下降5～6℃，等于北半球平地向北移600km。

垂直带从赤道向两极移动时，所有各带的界线下降，各自与其相适应的水平带汇合，而缺少基带与赤道之间的水平带。关于山麓第一个带（基带）的上升幅度，因地区而异，平均约为500m，极地为0，赤道地区达800～1000m。

中国植被的分布与特点

中国国土辽阔，气候及地貌类型多样，河流纵横，湖泊星布，海岸线长，因此植被类型繁多。中国的植被类型有森林、灌丛、草原和稀树干草原、草甸、沼泽、荒漠、苔原、人工植被八大类型，每个大类型下面又可以分为很多较大的类型，如森林可分为寒温带针叶林、温带针阔叶混交林、温带落叶阔叶林、常绿落叶阔叶混交林、亚热带常绿阔叶林、热带季雨林、热带雨林、竹林、红树林、苔藓矮曲林等，较大的类型又可以根据其各层次的优势种相同与否再分为很多小类型。这些植被类型分布在热带季雨林与雨林区域、亚热带常绿阔叶林区域、暖温带落叶阔叶林区域、温带针阔叶混交林区域、寒温带针叶林区域、温带草原区域、温带荒漠区域、青藏高原高寒植被区域八大区域内。

由于降水来源于夏季风，降水量和湿度由东南向西北递减，因此植被分布有东北-西南斜行的特点。在东部季风区，从南到北依次分布着热带季雨林与雨林、亚热带常绿阔叶林、暖温带落叶阔叶林、温带针阔叶混交林、寒温带针叶林；东北的松嫩平原、呼伦贝尔高原、蒙古高原和鄂尔多斯高原分布着草甸草原、典型草原等草原植被类型；西北内陆地区分布着荒漠植被类型；青藏高原分布着我国特有的高寒植被类型。

由于工农业发展和城市化，大面积的天然森林、草原已不复存在。截至2024年10月，我国的森林面积达231km^2，森林覆盖率达24.02%，草地面积达265km^2，草原综合植被盖度达50.32%。

二、地球上的主要植被类型

覆盖在地球表面的主要植被类型有热带雨林、亚热带常绿阔叶林、温带落叶阔叶林、寒温带针叶林、草原、沼泽、水生植物群落和荒漠等。

（一）热带雨林

热带雨林（tropical rain forest）是在热带地区雨热资源优越的环境条件下发育起来的植被类型。

1. 分布范围　分布在地球赤道及其南北的热带湿润区域，集中在印度-马来区域、非洲刚果盆地和南美洲亚马孙盆地三个区域。现存面积约1700万km^2。我国的热带雨林属于印度-马来西亚雨林系统，分布在海南及云南、西藏、广东、广西和台湾南部，面积约5万km^2。

2. 气候特点　热带雨林的环境可以概括为高温、多雨、高湿，为赤道周日气候型；水热条件充沛，全年平均气温为25～30℃，月均温多高于20℃；降水量高达2500～4500mm，个别地区可以达到12 000～20 000mm，全年分布均匀；相对湿度常达到90%，常年多云雾。

3. 土壤特点　风化过程强烈，母岩崩解层深厚，深达几米；土壤强烈淋溶，极性离子和硅酸盐被冲走，留下氧化物（Al_2O_3，Fe_2O_3），称为砖红壤化过程；土壤养分极为贫瘠，呈强酸性（pH 4.5～5.5）；枯枝落叶腐烂快，很快矿质化；森林所需要的几乎全部营养成分都储备在地上部分植物量中。

4. 群落特征

（1）生物多样性丰富。热带雨林与其他群落迥然不同，生物多样性特别丰富。在巴西，777hm^{2}的面积内有4000种乔木树种；在爪哇岛西部，280hm^{2}左右的面积内有250种不同的树木；在我国西双版纳的热带雨林，2500m^{2}内有植物130种之多。因此，热带雨林是数量占绝对优势的木本植物森林（图3-12）。

图3-12　马来西亚热带雨林内丰富的物种

（2）物种组成。在物种组成上，尽管许多物种分属于不同的科属，但常以龙脑香科、豆科、锦葵科、茜草科、棕榈科、报春花科等的植物为主。

（3）生长迅速。热带雨林内不仅植物种类繁多，而且生长极为迅速。在爪哇岛，豆科金合欢属植物，10年便可以长到35m高，而在我国东北的红皮云杉（*Picea koraiensis*）要经过150年才能达到这样的高度。雨林内的空间几乎被植物占满，林缘经常被藤本、灌木所密集封闭。热带雨林里的树木几乎都是速生树种。

（4）树干挺直，树皮光滑，色浅而薄。

（5）乔木层高达50～55m，林冠茂密，高低不平，色彩不一，层次多，分层不明显。乔木层可辨别出三层，上层稀疏，由少数巨大的彼此孤立的树木组成，它们高耸于顶部；中层高20～30m，树冠彼此交错，相互连接，形成密集的林冠；下层由幼小的乔木组成，林中剩下的空间差不多为它们的树冠所占据，较为空旷，容易通行。

（6）板状根（图3-13a）。热带雨林的大乔木一般都具有板状根，可以起支持作用。因为热带多雨，根系不需要扎入很深的土层去吸收水分，多属于浅根植物。浅根植物经受不住风吹雨淋，容易倒伏。板状根从树干基部生长出来，可高达10m甚至更高，像一块块三角形的木板，支持着树干。热带雨林还有一种“独树成林”的现象，多半在村寨附近，远眺像一片森林，仔细看去原来是一棵大榕树。它从树枝上垂直向下生长出许多气生根，气生根插入土壤后很快长粗长大，支持着粗大的树枝。这样由一棵母株不断地向外展开，覆盖地面1000～2000m^2，俨然一座郁葱的森林。

（7）老茎生花（图3-13b）。老茎生花也是热带雨林的奇观之一。热带雨林中，某些乔木树种的花从树干上长出。在热带，老茎生花植物达1000种以上。这些树种多属于下层林木，往往是蝠媒植物或蝙蝠播种植物。波罗蜜、番木瓜（*Carica papaya*）、可可等都是著名的老茎生花树种。

（8）绞杀现象（图3-13c）。绞杀植物以桑科榕属（*Ficus* spp.）植物为主，当果实或种子被带到其他树种的枝杈上时，它们能像附生植物一样发芽，首先只生出一个小枝和一条长根，根迅速往下生长，到达地表后，才开始抽枝，然后根变粗，形成根网，阻碍支撑树木的直径生长，根网进而形成树干，宽阔的树冠也开始形成。

（9）高大木质藤本（图3-13d）。林内有密花豆（*Spatholobus suberectus*）和扁担藤（*Tetrastigma planicaule*）等各种藤本植物，有的形似细丝，枝头高悬；有的粗大，老态龙钟；有的穿山越岭，不见首尾。藤本植物和附生植物都能以简单的方式获得有利的光照条件，棘刺攀缘藤本植物以刺来防止滑落，如棕榈科的杖藤（*Calamus rhabdocladus*），根攀缘藤本植物则长出不定根，如地锦（*Parthenocissus tricuspidata*）以吸盘来固着。

a　　b　　c　　d

图3-13　热带雨林中的群落特征

a. 板状根；b. 老茎生花；c. 绞杀现象；d. 高大木质藤本

（10）附生植物。兰科植物和巢蕨（*Asplenium nidus*）等一些蕨类植物，往往在林木的树杈上落足并发芽，获得有利的光照条件，但它们存在水分供应问题。许多兰科植物以假鳞茎作为水分储存器，大多数兰科、凤梨科、胡椒科植物具有肉质的叶片，兰科植物气生根的根被能在阵雨期间迅速吸收水分。

5. 生物量和生产力　　群落的地上部分生物量可达300t/hm^2以上，净初级生产力平均为20t/（hm^2·年），据不完全测算，全世界热带雨林的净生产量高达3.4×10^{10}t/年。

6. 保护意义　　热带雨林的生态系统服务功能极大。热带雨林中的桃花心木（*Swietenia mahagoni*）、紫檀（*Pterocarpus indicus*）、肉豆蔻（*Myristica fragrans*）和望天树（*Parashorea chinensis*）等树种都是珍稀的木材资源。我国的热带雨林仅存在于边远山区和自然保护区（面积2400km^2），拥有大量珍贵的树种，如纤细龙脑香（*Dipterocarpus gracilis*）、见血封喉（*Antiaris toxicaria*）、榄仁（*Terminalia catappa*）、肉豆蔻和望天树等，还有很多经济价值较高的资源植物，如名贵木材、药材和水果，其中分布着亚洲象、西黑冠长臂猿（*Nomascus concolor*）等珍稀动物。我国的热带雨林地区已经大面积栽培橡胶树、椰子、油棕（*Elaeis *guineensis*)、可可、咖啡、胡椒(*Piper nigrum*)、波罗蜜、番荔枝(*Annona squamosa*)、榴莲(*Durio zibethinus*)、腰果(*Anacardium occidentale*)、龙眼(*Dimocarpus longan*)、凤梨等。

红　树　林

红树林(mangrove)是热带亚热带海岸潮间带的木本植物群落，主要分布于亚洲、非洲和美洲的海岸、河口，由红树植物组成。红树植物为特有的具有“胎生现象”的植物，这种盐生植物分布范围很广，特别喜欢生长在风平浪静、淤泥深厚、潮水涨落淹没的海滩上。在我国，红树林分布于海南岛、广东、广西、福建及台湾沿海。

我国有红树植物12科27种，由它们组成的群落一般高6～15m，外表深绿色，枝叶密布，支柱根密集。在淤泥深厚的海滩上，一般只有红树林能够生长。涨潮的时候，海水淹没了红树林，在水面上仅仅露出冠层，很像是一个绿色的岛屿。

红树植物的“胎生现象”最为引人注目。红树上悬挂着既像果，又不是果；既像枝，又不是枝的胚轴，实际上已经是一株幼苗。红树植物的果实成熟以后，不离开母株，也不开裂抛撒种子，而是存留在母株上开始萌芽，形成幼苗后，借本身的重量脱离母体插入淤泥中。

淤泥的通气性极差，长期被海水淹没，含盐量极高，又缺氧，红树的根怎么能够生活呢？原来许多红树植物有呼吸根，能从淤泥里伸到空气中进行呼吸。红树植物还具备支柱根，能从树干上长出，呈拱形弯入泥滩中，以抵抗海风的袭击和海潮的冲击(图3-14)。

图3-14　海南八门湾的红树林

红树林为2000多种鱼类、无脊椎动物、附生植物提供了栖息地，也是全球水鸟迁徙的重要歇脚站和繁殖地，大量红树植物的枯枝落叶成为许多水生动物的直接或间接的食物来源，间接影响河口海湾社区的可持续发展，在维护海岸生态平衡、保护堤岸、生态旅游等方面都有重要价值。

（二）亚热带常绿阔叶林

常绿阔叶林（evergreen broad-leaved forest）是在亚热带地区雨热资源丰沛的环境条件下发育起来的植被类型。

1. 分布与生境特点　常绿阔叶林分布在地球的中纬度地区，我国长江流域、朝鲜南部、日本、美国东南部、智利、阿根廷、玻利维亚、巴西部分地区及大洋洲的新西兰、非洲的东南沿海等地都有分布。在历史上，我国总面积的1/4分布着常绿阔叶林，北界在秦岭-淮河一线，南界大致在北回归线附近，西界沿青藏高原的东坡向南延至云南西部，共涉及18个省份。常绿阔叶林区域属于亚热带气候，在北半球受季风影响，夏季高温湿润，冬季寒冷干燥，虽无严寒，但有时出现霜雪。四季分明，年平均温度15～18℃，夏季最有利于植物生长。土壤为红壤、山地红壤、山地黄红壤，pH 5.5～6.5。

2. 群落特征

（1）物种组成。群落由樟科、壳斗科、山茶科、木兰科、金缕梅科的常绿树组成。亚洲的常绿阔叶林以中国长江流域和日本为典型，常以锥（*Castanopsis* spp.）、青冈（*Cyclobalanopsis* spp.）、柯（*Lithocarpus* spp.）、润楠（*Machilus* spp.）、木荷、厚壳桂（*Cryptocarya* spp.）、桂（*Cinnamomum* spp.）、含笑（*Michelia* spp.）等为优势代表。

（2）外貌与结构。群落外貌暗绿，结构简单、整齐，似馒头状（图3-15），分层清晰。热带雨林中的板状根、老茎生花、高大木质藤本等特征在这里不明显。常绿阔叶林区域内还有铁杉（*Tsuga* spp.）、红豆杉（*Taxus* spp.）等一些针叶树组成的常绿针叶林，它与常绿阔叶林的生态特性相似，其针叶扁平而具光泽，且与光线垂直。

a　　　　　b

图3-15　常绿阔叶林的外貌与结构

a. 福建汀江源以甜槠为建群种的常绿阔叶林；b. 江西九岭山以樟为建群种的常绿阔叶林

3. 森林动物　我国的常绿阔叶林内野生动物十分丰富，脊椎动物达1000余种，有少量藏酋猴（*Macaca thibetana*）、川金丝猴（*Rhinopithecus roxellana*）、倭花鼠、中国豪猪（*Hystrix hodgsoni*）、野猪（*Sus scrofa*）、华南兔、食蟹獴（*Herpestes urva*）等。属国家重点保护的动物有大熊猫（*Ailuropoda melanoleuca*）、云豹（*Neofelis nebulosa*）、黄腹角雉（*Tragopan caboti*）、秦岭羚牛（*Budorcas bedfordi*）等80余种。

4. 特产　常绿阔叶林有特别丰富的资源，如我国的常绿阔叶林区域盛产桐油、香樟、漆、芳香油、鞣料、柑类水果等。松、杉、柏等是这一区域的优质木材。

（三）温带落叶阔叶林

落叶阔叶林（deciduous broad-leaved forest）是温带气候条件下形成的顶极植被类型。

1. 分布与生境特点　落叶阔叶林最主要的分布区是中国和日本，在欧洲、北美也有分布。中国华北和东北沿海地区是落叶阔叶林分布的典型地区。一年四季分明，夏季炎热多雨，冬季寒冷干燥，具有海洋性气候特点。

2. 群落特征

（1）物种组成。乔木多由落叶树种组成，夏季叶茂，冬季凋落，常见的树种有水青冈（*Fagus* spp.）、栎树（*Quercus* spp.）、椴树（*Tilia* spp.）、槭树（*Acer* spp.）、桦木（*Betula* spp.）等，并混生有若干针叶树种，如红松、油松（*Pinus tabuliformis*）、华山松（*Pinus armandii*）等，有时还形成纯林。

（2）外貌与结构。外貌上一般叶片较薄、无毛，呈鲜绿色，冬季全部落叶，春季重新长出新叶，并有芽鳞或树脂保护冬芽，季相变化非常明显。地面芽植物和地下芽植物比例较高。结构上层次简单清晰，乔木层通常只有1～2亚层，林冠整齐（图3-16）。林下的植物在冬季落叶或以根状茎、鳞茎的方式度过不良季节。草本层在一年四季变化明显：冬季因乔木落叶，林下阳光充足，草本植物枯萎，整个森林除了一些枯枝落叶以外一无所有；来年春暖，许多乔木都未叶先花，争相开放，林下的草本层多属多年生的短命植物，借春季林内较强的光照，争先吐蕊；到夏季，乔木长满叶片，林冠郁闭，林内光照减弱，短命的草本植物枯死，耐阴草本植物相继出现；进入秋季，随着乔木落叶，草本植物也开始干枯。这类森林中大部分乔木的种子和果实都有翅，以适应风力传播，林中的藤本植物和附生植物都不发达。

3. 森林动物　有脊椎动物200余种，在我国属国家重点保护的动物有金钱豹（*Panthera pardus*）、猕猴、褐马鸡（*Crossoptilon mantchuricum*）、中华斑羚（*Naemorhedus griseus*）、金雕、红腹锦鸡（*Chrysolophus pictus*）等。

图3-16　河南宝天曼国家级自然保护区内以锐齿槲栎（*Quercus aliena* var. *acuteserrata*）为建群种的落叶阔叶林（刘晓静供图）

（四）寒温带针叶林

针叶林（coniferous forest）是由针叶树（conifer）组成的植被类型。主要是寒温带针叶林，也包括高山和其他地带的寒温带针叶林、温性针叶林、暖性针叶林和热性针叶林。

1．分布与生境特点　针叶林几乎都分布在北半球的高纬度温带和亚寒带的广大区域，也分布在其他区域的山地、欧亚大陆北部及北美洲。气候夏季温暖，冬季严寒。雨量仅300～600mm，都集中在夏季。林地土壤有很厚的枯枝落叶层，腐殖质分解缓慢，土壤呈酸性。

2．群落特征　物种组成单调，多为纯林。不同区域优势种不一，有落叶松（*Larix* spp.）、云杉（*Picea* spp.）、冷杉（*Abies* spp.）、松（*Pinus* spp.）等。外貌明显，多呈圆锥形或尖塔形树冠（图3-17），除落叶松、金钱松（*Pseudolarix amabilis*）、水松（*Glyptostrobus pensilis*）等落叶树外，其他针叶树都是常绿的，形成了常绿针叶林。在外貌色泽方面非常单调，一般冷杉林为暗绿色，云杉林为灰绿色，松林为深绿色，而落叶林呈鲜绿色。由云杉或冷杉组成的森林称为阴暗针叶林，落叶松林则称为明亮针叶林。结构简单，仅有乔木层、灌木层、草本层和苔藓层4个基本层次。

a　　　　b

图3-17　寒温带针叶林的外貌与结构

a．新疆喀纳斯的寒温带针叶林；b．四川王朗的寒温带针叶林

3．类型　泰加林（taiga）是著名的阴暗针叶林，分布在西伯利亚低洼处，阴暗、沼泽化是其主要的特征；美洲针叶林基本上与欧亚大陆针叶林相同，但美洲针叶林物种丰富，树形巨大；我国的寒温带针叶林面积不大，分布在北纬46°以北的大兴安岭，是泰加林南延的一部分，混生少量阔叶树种，主要是由落叶松（*Larix gmelinii*）组成的纯林。含阔叶成分的针叶林分布在小兴安岭和长白山，以红松林、黄花落叶松（*Larix olgensis*）林为主，落叶树常为槭树、桦木、山杨（*Populus davidiana*）、蒙古栎（*Quercus mongolica*）、椴树、榆树（*Ulmus* spp.）等。亚高山针叶林分布在我国中纬度的高山上，出现在海拔2500～4000m处，不同的高度上分布着冷杉、云杉、落叶松和油松等，垂直分布非常明显。与针叶树混生的常有桦木、槭树、杨树、柳树（*Salix* spp.）等。暖性针叶林和热性针叶林分布于亚热带和热带地区，如铁杉（*Tsuga chinensis*）林、南方红豆杉（*Taxus wallichiana* var. *mairei*）林等。

4．森林动物　林内有野生动物200余种，以有蹄类的驼鹿（*Alces alces*）、马鹿（*Cervus canadensis*）、獐（*Hydropotes inermis*）、狍（*Capreolus pygargus*）和野猪最普遍；啮齿类以欧

亚红松鼠（*Sciurus vulgaris*）、倭花鼠为主；食肉类有棕熊（*Ursus arctos*）、赤狐、黄鼬、水獭（*Lutra lutra*）等；鸟类以柳雷鸟（*Lagopus lagopus*）、榛鸡、黑嘴松鸡（*Tetrao urogalloides*）、黑琴鸡（*Lyrurus tetrix*）等为主；爬行动物和两栖类也很多。我国重点保护的动物有紫貂（*Martes zibellina*）、棕熊、驼鹿、马鹿、猞猁等。

5. 保护与开发利用 这类群落多为木材基地，林副产品及其他资源植物也极其丰富。但是如何合理开发利用，以及进一步造林、抚育等，一直是林业研究上的重大课题。

（五）草原

草原（steppe）是一种温带地区的旱生草本植物群落，这里几乎没有乔木，完全是多年生禾本科、菊科、豆科和唇形科等旱生草本植物为主的连绵成片的群落（图3-18）。

图3-18 内蒙古干草原的外貌

1. 分布与生境特点 草原是在辽阔的地球中纬度地带黑钙土或栗钙土上发育起来的植被类型。在欧亚大陆上，从黑海沿岸往东，横贯中亚细亚，经蒙古国至我国。在我国境内包括东北平原、黄土高原、内蒙古及宁夏和甘肃的中北部地区，连成一条连续而宽大的草原地带。这里的气候条件较差，雨量稀少，集中在春末夏初，并且每年的雨量都不一样，有的年份多暴雨，有的年份几乎无雨，年降水量为100～500mm。年平均温度常在0℃以下。这样的条件不利于树木的生长。

2. 群落特征 草原可以分为干草原和草甸草原。干草原群落以禾本科的针茅（*Stipa* spp.）、羊草、芨芨草（*Neotrinia splendens*）和菊科蒿（*Artemisia* spp.）、唇形科百里香（*Thymus mongolicus*）等为主。它们成丛分布，根扎得很深，几乎都是旱生类型的植物，叶片狭窄，有茸毛，卷叶，或具蜡质等抗旱结构。有趣的是，常常可以看到风滚草型植物，如刺藜（*Teloxys aristata*）、茵陈蒿（*Artemisia capillaris*）、鞑靼狗娃花（*Aster neobiennis*）等。风滚草是干草原的一种特殊适应方式和生活型，当其种子成熟后，植株与地下部分脱离，在干草原上随风滚动，在滚动的同时撒播种子。

3. 动物区系 草原上有丰富的动物种类，由于草原十分开阔，善于奔跑的有蹄类及地下穴居的啮齿类种类多，数量大，如普氏原羚（*Procapra przewalskii*）、高鼻羚羊（*Saiga* *tatarica*）、野骆驼（*Camelus ferus*）、野牦牛（*Bos mutus*）、鼠兔（*Ochotona* spp.）、黄鼠（*Citellus dauricus*）、布氏田鼠（*Lasiopodomys brandtii*）等；食肉动物则有赤狐、黄鼬、狼、黑鸢（*Milvus migrans lineatus*）及草原雕（*Aquila nipalensis*）等。草原上数量最多的鸟类是云雀（*Alauda arvensis*）、蒙古百灵（*Melanocorypha monolica*）、毛腿沙鸡（*Syrrhaptes paradoxus*）；常见的两栖和爬行动物有丽斑麻蜥（*Eremias argus*）、水游蛇（*Natrix natrix*）、中华蟾蜍；昆虫种类很多，仅蝗虫就有100多种，蛱蝶、金龟子、蜣螂、草蛉的种类也很多。

4. 中国的草原 可分为草甸草原、典型草原、荒漠草原和高寒草原四大类。草甸草原以狼针草（*Stipa baicalensis*）、羊草和线叶菊（*Filifolium sibiricum*）为代表；典型草原以大针茅为代表；荒漠草原由针茅（*Stipa capillata*）、小半灌木等组成；高寒草原以嵩草、紫花针茅（*Stipa purpurea*）为代表。

5. 保护与开发利用 草原是发展畜牧业的良好基地。在草场经营中最重要的是适度放牧，避免因过度放牧引起草原退化。草甸草原饲草的质量和数量比干草原高。

稀树干草原

稀树干草原（图3-19）又称为萨瓦纳或热带草原。它是一种热带的旱生草本植物群落。主要分布在非洲东部、南美洲（圭亚那、巴西）、大洋洲，以及亚洲的印度和缅甸等地。

图3-19 肯尼亚稀树干草原的外貌（卓强供图）

稀树干草原不同于温带的草原，这里气温高，干湿季分明，雨量集中，干季长而无水，高温干燥的条件限制了乔木的发展。这类群落的特点是草本层构成了群落的背景，其上生长着旱生型、非常分散的，甚至是单株生长的矮生乔木。这些乔木以金合欢为优势种，最醒目的特点是树冠扁平、伞状，这是稀树干草原独特的景观，是对热带干旱地区的强风和干燥的一种适应。群落中草本植物通常密实，透过草丛可以看到红色的土壤。

（六）沼泽

沼泽（marsh或swamp）是在土壤水分过饱和的条件下形成的以沼生植物占优势的植被类型。沼泽在全世界均有分布，主要分布在加拿大、俄罗斯和我国。沼泽可分为森林沼泽（图3-20a）、草本沼泽（图3-20b）和藓类沼泽三种。草本沼泽的优势植物有嵩草（*Carex myosuroides*）、芦苇、睡莲等。沼泽的特殊生境为各种涉禽、游禽提供了丰富的食物来源和营巢避敌的良好条件，因此，沼泽中水鸟繁多，而且多为候鸟。鹤类和雁鸭类是典型的沼泽鸟类，丹顶鹤（*Grus japonensis*）、白鹤（*Grus leucogeranus*）、黑颈鹤（*Grus nigricollis*）、疣鼻天鹅（*Cygnus olor*）、斑嘴鸭（*Anas zonorhyncha*）、鸿雁（*Anser cygnoides*）常在沼泽地繁殖。沼泽中鱼类、两栖类、昆虫也都不少。

a

b

图3-20　福建峨嵋峰国家级自然保护区内的沼泽

a. 以江南桤木（*Alnus trabeculosa*）为建群种的森林沼泽；b. 以睡莲为优势种的草本沼泽

我国沼泽面积约14万km^2，集中分布在三江平原、东北山地、若尔盖高原等地，以乌拉草（*Carex meyeriana*）等多种薹草、落叶松、泥炭藓等为主。

（七）水生植物群落

水生植物群落由水生植物组成，分布于河流、湖泊和海洋等各种水生环境中。环境的最大特点是水分超饱和，以致多数水生植物沉没于水中生活，或根固着水底，仅花露出水面或浮于水面，有的甚至根部脱离土壤，漂浮于水中生活。

沉水植物群落以各种眼子菜（*Potamogeton* spp.）为优势种，还有硬叶水毛茛（*Batrachium foeniculaceum*）、苦草、狐尾藻及各种藻类植物（图3-21）。

浮叶植物群落以莲、水鳖（*Hydrocharis dubia*）、细果野菱（*Trapa incisa*）及热带地区的王莲为优势种。

漂浮植物群落以浮萍、满江红、槐叶蘋（*Salvinia natans*）、大薸（*Pistia stratiotes*）、凤眼蓝为优势种，植物体漂浮在水面，根悬垂于水中，营不固定的漂泊生活。

水生植物遍布于全世界，由于水生生境的一致性，水生植物群落类型都非常相近。

（八）荒漠

荒漠（desert）是在降水稀少、蒸发强烈、极端干旱的条件下发育起来的植被类型。在地球上，荒漠占有很大的面积，包括撒哈拉、中亚细亚、阿拉伯、南非、大洋洲等地。我国的荒漠属于中亚荒漠的一部分，分布在西北各省，约占国土面积的1/5，其中，沙漠和戈壁面积共100余万km^2。其特征可概括为干旱、风沙、盐碱、贫瘠、植被稀疏。这里的环境条件异常苛刻，雨水极缺，年降水量不超过300mm，有的地方仅5mm，甚至无雨，而蒸发量却很大。因此荒漠

图3-21　青海省冬格措纳湖以硬叶水毛茛为优势种的沉水植物群落（繁殖季节花露出水面）

的生境条件非常干燥，温差大、日照强烈、风大等。在这样恶劣的条件下，仅有两类植物能够生存，一类是那些具有高度忍耐干旱能力的植物，旱生结构非常明显，根系能伸到地表以下10～15m的地方吸取水分，而地上部分的叶非常小，甚至叶片退化成刺，以茎进行光合作用。有些植物体内具有特殊的储水器官，成为肉质茎、叶，如仙人掌类、类仙人掌植物等（图3-22）。另一类荒漠植物是“短命植物”，又称为春季短命植物。它们的生活期很短，当有限的降雨到来时便开花结果，干旱季节到来时，种子已进入休眠状态，三周左右即可完成整个生活周期。

图3-22　由仙人掌类植物构成的荒漠景观（金文驰供图）

中国的荒漠可以分为小乔木荒漠、灌木荒漠、半灌木与小半灌木荒漠三个类型。沙拐枣、乌拉尔虫实（*Corispermum squarrosum*）、梭梭（*Haloxylon ammodendron*）、沙生柽柳（*Tamarix taklamakanensis*）等都是我国砂地荒漠的典型植物。在我国的戈壁滩石质荒漠上，通常寸草不生，稍湿润的地方偶见荒漠锦鸡儿（*Caragana roborovskyi*）、蒿、麻黄（*Ephedra* spp.）等。在盐荒漠中则以碱蓬为主。荒漠上的多数哺乳动物都是夜行性动物，或晨昏活动以避开白天的炎热，如塔里木兔（*Lepus yarkandensis*）、五趾跳鼠（*Allactaga sibirica*）、赤狐，鸟类少，蜥蜴和蛇的种类较多，常以昆虫为食。

苔　原

苔原（tundra）是在极端寒冷的环境条件下发育起来的。可分为极地苔原和高山苔原两大类型。极地苔原分布在南北两极。这里终年严寒，年无四季，植物生长期仅2～3个月，雨量稀少，风大，地表下即为冻土层。苔原以苔藓、地衣占优势，很少出现散生的灌木或草本植物。土壤中植物残体不易分解，常形成泥炭层苔原土（即冰沼土）。越接近极地，条件越坏，灌木、草本完全消失，苔藓、地衣占绝对优势，以石蕊、冰岛衣等地衣为主。这些植物是驯鹿的良好饲料。越靠近极地，苔原越稀疏，仅呈斑点状分散附着在石缝间生长，其他地区均被冰雪所覆盖。

在高山海拔4500m以上，即树线和高山草甸之上则分布着高山苔原。我国的青藏高原和西北部高山地区，常出现这类高山苔原。

上述植物群落类型都是非常大的单位。按照植物群落分类的原则，还可以划分出若干细小的植物群落单位。

第六节　课堂思辨案例：追寻人为干扰下森林演替的奥秘[①]

强度人为干扰导致森林的偏途演替

1986年8月28日，长白山西坡和南坡遭受从朝鲜半岛登陆的台风席卷，近1万hm^2森林发生倒伏，风倒强度78.2%。其后，在风倒区进行了长达7年之久的木材生产作业。

说到生态演替，除了原生演替与次生演替之外，还有一种常被忽视的偏途演替。

偏途演替是在强烈而频繁的人为干扰下，植物群落按照不同于自然发展道路的演替，往往表现为从顶极群落向先锋群落的逆行演变。偏途演替的结果形成偏途顶极群落，它偏离了原生顶极群落，群落结构与生物多样性呈简单化，生产力降低，属于生态系统的退行演变。

长白山西坡有一片次生草地，就是偏途演替形成的偏途顶极群落。在产生这片次生草地之前，这里曾经是茂密的暗针叶原生林顶极群落。由于高强度持续进行风倒木生产作业，又铲除了剩余的活立木，在清林之后将所有的木质生物遗存几乎全部移出，从而彻底破坏了森林环境、幼树幼苗和土壤结构等森林更新的条件，造成了事实上的皆伐迹地；在皆伐迹地之上，繁殖力更强的阳性杂草便抢占先机，率先侵入，蔓延疯长。在这种情况之下，乔木种子无法接触土壤扎根生长，森林无法自然更新，群落无法生态恢复，从而在长白山中海拔地带偏途演替为次生草地。

这种亚高山带的次生草地也属于顶极群落，十分顽固稳定。就是说，按照自然演替的规律，再也不可能恢复为森林了。次生草地空旷，在春秋两季干燥易燃，又地处长白山自然保护区的核心区，因而成为吉林省森林防火的心腹大患。

我国的科学工作者与自然保护工作者曾对这片次生草地进行过多次恢复森林的试验，都不尽如人意，收效甚微，足见破坏易而恢复难。

① 内容节选自沈孝辉《追寻人为干扰下森林演替的奥秘》（2023）

单一性导致脆弱性，多样性导致稳定性，这是生态学的基本原理。生态平衡靠的就是生物多样性，其中包括昆虫的多样性。若是某个物种有害，只有该物种发生种群暴发，超常繁衍，打破与其他物种间的生态平衡，方可为害一方。健康的森林系统存在完整的食物链和生物控制机制，确保各个物种之间形成相互影响、相互制约的动态平衡。即使是人们认为的那些害虫，也不足为害。反之，往往由于各种对自然不当的人为干预，造成生态失衡，才酿成了森林病虫害的肆虐。

据此不难判断，若是长白山西坡没有风倒木生产作业的人为干扰活动，任凭森林自然演替，也必定像长白山东坡风倒区那样，森林生态将迅速恢复，并向原生林的顶极群落发展，根本不会形成触目惊心的次生草地景观。

轻度人为干扰对森林生态的影响

云冷杉林是长白山垂直分布的地带性植被，也是原生植被。如果被自然干扰而未经人为干扰的森林，都会继续向着其原生林顶极群落的方向演替，这种生态过程早已存在并将持续存在下去。可以预见，再过几十年，这一片曾经被强风"摧残"过的重度自然干扰而未被人为叠加干扰过的森林，势必将完全恢复到初始状态，将与原生林并无二致。

我们必须认识到，对长白山森林生态系统来说，风，不是"灾害"，以往称之为"风灾""风灾区"，都是错误的；科学正确的称呼是"风干扰""风倒区"。事实上，在自然保护区，由于强自然干扰形成的风倒区是正常的森林演替过程，绝非"灾害"，更与"灾区"风马牛不相及。因此，用对待人工系统的"抢险救灾"模式来对待自然生态系统，就好比堂吉诃德大战风车，认错了对象，闹出笑话，又造成恶果。好在我们今天已经认识到，风干扰是长白山森林生态系统的有机构成，长白山森林正是通过不断的风干扰在可持续地更新换代，生生不息，绵延不绝。

生态学认为：对于自然生态系统而言，适度的自然干扰，尽管也能造成生物群落或生态系统某种程度的损毁，然而从长计议，却有助于自然演替、有利于保护生物多样性。自然干扰表面上是一种破坏力，而实质上是一种建设力；与此相反，凡属人为干扰，若不遵循自然规律，那么表面是一种建设力，而实质上是一种破坏力。掌握了这个生态学理念，我们对大自然要持敬畏之心，特别是在自然保护区和国家公园之内，不能总想着要做些什么、干些什么；而要经常想着"不能做什么，不要做什么"，才是正道。

本章提要

1．一个生物群落，就是在一定区域内生活在一起的各种动物、植物和微生物物种的集合体。可定义为特定空间或特定生境下生物物种有规律的组合。生物群落具有一定的物种组成。物种有规律地共处，在有序状态下生存，形成群落环境。具有一定结构和功能。具有季节动态、年际动态、演替与演化。具有一定的分布范围和边界特征等基本特征。

2．物种多样性是指群落中物种的数目和每一物种的个体数量，可以用丰富度指数或多样性指数加以度量。常用的物种多样性指数有Shannon-Wiener指数和Simpson指数。

3．森林群落在垂直结构上分层明显，可以分为乔木层、灌木层、草本层、地被层和层间植物。在水平结构上，多数群落中的各个物种常形成斑块状镶嵌，也可能均匀分布。

4．生物群落的动态至少应包括4方面的内容：①昼夜活动节律；②群落内部的季节变化与年变化；③群落的演替；④生物群落的进化。

5. 演替是指某一地段上一种生物群落被另一种生物群落所取代的过程。按演替发生的起始条件划分，演替可分为原生演替和次生演替。按基质性质划分可以分为水生演替、旱生演替和中生演替。

6. 开始于原生裸地或原生芜原上的群落演替，叫作原生演替。开始于次生裸地或次生芜原上的群落演替，叫作次生演替。

7. 演替系列是指从生物侵入开始直至顶极群落的整个顺序演变过程。导致一个阔叶林出现的原生演替会依次出现地衣阶段、苔藓阶段、草本植物阶段、灌丛阶段和森林阶段几个演替阶段。

8. 任何一类演替都经过迁移、定居、群聚、竞争、反应、稳定6个阶段。到达稳定阶段的植被，就是和当地气候条件保持协调和平衡的植被。这是演替的终点，这个终点称为顶极群落。

9. 陆地生物群落分布受海陆分布、大气环流和由各地太阳高度角的差异所导致的太阳辐射量的多少及其季节分配多种因素影响，形成了纬度地带性、经度地带性、垂直地带性。

10. 地球上植被的主要类型有热带雨林、亚热带常绿阔叶林、温带落叶阔叶林、寒温带针叶林、草原和荒漠等。

11. 热带雨林是在热带地区雨热资源优越的环境条件下发育起来的森林植被类型。

12. 常绿阔叶林是在中国为主的亚热带气候下发育起来的，由樟科、木兰科、壳斗科、山茶科等常绿树种占优势的植被类型。

13. 落叶阔叶林是在温带气候条件下发育起来的，由冬季落叶树种占优势的植被类型。

14. 寒温带针叶林是在北半球寒温带气候条件下发育起来的，由针叶树占优势的植被类型。

15. 草原是在温带地区较为干旱的气候条件下发育起来的，由禾草占优势的草本植被类型。

16. 荒漠是在降水稀少、蒸发强烈、极端干旱的气候条件下发育起来的，由灌木种类占优势的植被类型。

概念与术语

生物群落（biocommunity）、建群种（constructive species）、优势种（dominant species）、多度（abundance）、盖度（coverage）、频度（frequency）、优势度（dominance）、物种多样性（species diversity）、丰富度（richness）、多样性指数（diversity index）、物种均匀度（species evenness）、演替（succession）、原生演替（primary succession）、次生演替（secondary succession）、演替系列（sere）、顶极群落（climax）、热带雨林（tropical rain forest）、红树林（mangrove）、常绿阔叶林（evergreen broad-leaved forest）、落叶阔叶林（deciduous broad-leaved forest）、针叶林（coniferous forest ）、草原（steppe）、沼泽（marsh 或 swamp）、荒漠（desert）、苔原（tundra）

复习与练习

复习题

1. 何谓生物群落？生物群落有哪些基本特征？
2. 如何确定一个群落的建群种、优势种和伴生种？
3. 如何衡量生物群落中物种的丰富度、多样性和均匀度？
4. 举例说明生物群落的垂直结构和水平结构。
5. 生物群落的演替与哪些因素有关？演替可以分为哪些类型？
6. 纬度地带性和经度地带性有何区别？山地植被垂直分布理想图式如何？

7. 列举热带雨林的特征。热带雨林、常绿阔叶林和落叶阔叶林有何异同？
8. 森林、草原、荒漠的特征有何异同，其分布有何规律？
9. 群落形成需经历哪些阶段，每个发育阶段各有哪些特征？

讨论题

1. 为什么说群落演替过程中的每一过渡群落的发生与发展，必然导致自身的灭亡？
2. 怎样理解群落稳定性与多样性之间的关系？
3. 伐木、轮作、牧业和其他农业发展手段对森林有何影响？
4. 热带森林在遭到人为破坏后会有什么样的长期后果？
5. 如何应用次生演替原理来恢复受到破坏的生态系统？

参考读物

李振基，陈圣宾. 2011. 群落生态学. 北京：气象出版社

林鹏. 1986. 植物群落学. 上海：上海科学技术出版社

世界野生动物基金会网站. http://www.worldwildlife.org/

中国植被编辑委员会. 1980. 中国植被. 北京：科学出版社

Daubenmire R F. 1981. 植物群落：植物群落生态学教程. 陈庆诚，译. 北京：人民教育出版社

Walter H. 1984. 世界植被. 中国科学院植物研究所生态室，译. 北京：科学出版社

Krebs C. 2001. Ecology: The Experimental Analysis of Distribution and Abundance. 5th ed. San Francisco: Benjamin Cummings

Magurran A E, McGill B J. 2011. Biological Diversity: Frontiers in Measurement and Assessment. New York: Oxford University Press

Whittaker R H. 1975. Communities and Ecosystems. 2nd ed. New York: Macmillan Publishing Company

第四章 生 态 系 统

学习目的

通过本章学习，掌握生态系统的基本概念，包括生态系统的组成、结构、功能等，并了解以下知识点：生态系统的不同类型及其特征；生态系统生产力、能量流动、物质循环的内容；生态效率原则及生态金字塔原理；食物链的类型和食物网的构成；生态系统的动态与演化规律；生态平衡的意义；生态系统服务的功能；生态系统管理的办法。

第一节 生态系统概论

一、生态系统的概念与内涵

生态系统（ecosystem）是生态学中最重要的一个概念，也是自然界最重要的功能单位。生态系统这一概念并不难理解——在群落概念的基础上，再加上非生物环境成分（如温度、湿度、土壤、各种有机物质和无机物质等），就构成了生态系统。如果将生态系统用一个简单明了的公式概括，可表示为生态系统＝非生物环境＋生物群落。生态系统可以表述为：生态系统是在一定的时间和空间范围内，生物与生物之间、生物与非生物（如温度、湿度、土壤、各种有机物质和无机物质等）之间，通过不断的物质循环和能量流动而形成的相互作用、相互依存的一个生态学功能单位（图4-1）。

图4-1　内蒙古锡林浩特典型的草原生态系统

在任何情况下，生物群落都不是孤立存在的，总是和环境密切相关、相互作用着。气候和土壤决定着一个地区具有什么样的群落，而群落对气候和土壤也有明显的影响。来自非生物环境的能量和物质使生物群落的生命机能运转起来，使得能量和物质从生物群落中一个子系统转移到另一个子系统，最终又回到环境系统中去。生物群落与非生物环境的这种互补关系，以及能量在生物之间的流动和物质循环的现象，就是典型的生态系统行为。

地球上有无数大大小小的生态系统。大到整个海洋、整块大陆，小至一片森林、一块草地、一个小池塘等，都可看作生态系统。地球上的自然生态系统都是开放的，有物质和能量的流进和流出。

二、研究历史

“生态系统”一词是英国生态学家Tansley于1935年首先使用的。1940年，苏联的苏卡乔夫提出了概念上类似的“生物地理群落”：生物地理群落＝生物群落＋生境。生物群落包括植物群落、动物群落和微生物群落；生境包括气候和土壤。

对生态系统理论建立有重大贡献的还有Lindeman，他于20世纪30年代末在美国明尼苏达湖进行了详细的生态学研究，对于养分从一个营养级向另一个营养级移动有了本质的了解，创立了“营养的动态观点”。Leopold（1949）有关生态系统及其管理的理念很有远见，这可以说是生态系统管理的开始。当代生态学家中对生态系统理论贡献较大的首推Odum，他于1953年出版的《生态学基础》一书对生态系统理论发展起到了很大的推动作用，此书已被译成20多种语言，受到广泛重视。

20世纪70年代以来，联合国教科文组织发起的“国际生物圈计划”（IBP）、“人与生物圈计划”（MAB）、“国际地圈-生物圈计划”（IGBP）等国际大协作，工作内容大致可归纳为以下三个方面：一为合理利用和保存生物圈资源的科学基础；二为改善人与环境的关系；三为预测人类活动对自然界未来的影响和后果。研究的中心内容就是生态系统的结构与功能、生态系统模型等。

20世纪80年代后期和90年代初期，生态系统的可持续性问题成为焦点。1997年开始，生态系统服务和生态系统管理理念一经科斯坦扎（Costanza）等提出，就为生态学家所重视。接着，基于生态系统服务与生态系统管理，联合国提出了“千年生态系统评估”（millennium ecosystem assessment）这样的巨大生态工程，于2001年6月启动，95个国家的1300多位学者参与了这项工作。生态系统服务功能成为当前国际上生态学研究的前沿和热点领域。

三、研究对象

生态系统研究的对象可以是自然界的任何一部分。自然界的每一部分，如森林、草地、苔原、湖泊、河流、海洋、河口、农田等，都是不同的生态系统类型，甚至包括城市、工矿在内，都是生态系统研究的对象。其中生物和它们的非生物环境有着不可分割的相互联系和相互作用，彼此进行着能量流动和物质循环。无论是陆地还是海洋，田野还是实验室，生态系统的差异大小如何；也无论生命和非生命成分以什么样的方式结合，它们的结构与功能如何，都可以成为生态系统研究的对象。

微课堂

第二节　生态系统的组成和结构

尽管在自然界有多种多样的不同生态系统类型，但作为生态系统，它们还是有着相同的组成成分和组成结构。如前所述，除了非生物环境以外，生态系统还包括生物成分。生态系统中生物成分有三大功能类群：生产者、消费者和分解者。

一、生态系统的组成成分

（一）非生物环境

非生物环境，即无机环境。它包括驱动整个生态系统运转的能源和热量等气候因子、生物生长的基质和媒介、生物生长代谢的材料等。驱动整个生态系统运转的能源主要是太阳能，太阳能是所有生态系统运转直至整个地球气候系统变化的最重要的能源，它提供了生物生长发育所必需的热量。此外，驱动生态系统的能源还包括地热能和化学能等其他形式的能源，气候因子还包括风、温度、湿度等；生长的基质和媒介包括岩石、砂砾、土壤、空气和水等，它们构成生物生长和活动的空间；生物生长代谢的材料包括CO_2、O_2、无机盐类和水等。

生态系统
- 非生物环境（无机环境）
  - 气候因子（太阳辐射、温度、湿度、风等）
  - 生物生长代谢的材料（CO_2、O_2、无机盐类和水等）
  - 媒介（水、空气、土壤等）
  - 生长基质（岩石、砂砾、泥土等）
- 生物成分
  - 生产者（绿色植物和自养细菌）
  - 消费者（动物）
  - 分解者（真菌和细菌）

（二）生产者

生产者（producer）也叫作初级生产者，包括所有的绿色植物和自养细菌等，是生态系统中最积极和最稳定的因素。一般生产者主要是指绿色植物，绿色植物能利用太阳能把CO_2和水转变为碳水化合物，同时，把太阳能转变为化学能储存在三磷酸腺苷（ATP）中，驱动"植物工厂"源源不断地生产，太阳能和化学能只有通过生产者才能源源不断输入生态系统，成为消费者和分解者的唯一能源。

所有自我维持的生态系统都必须有能从事生产的生物，其中最重要的就是绿色植物。各种藻类是水生生态系统中最重要的生产者。陆地生态系统的生产者则有乔木、灌木、草本植物和苔藓等，它们对不同类型的生态系统服务各有不同的重要性。

（三）消费者

消费者（consumer）主要由动物组成，它们自己不能生产食物，必须以其他生物为食，只能直接或间接地从植物中获得能量。消费者又可分为：食草动物（herbivore）、食肉动物（carnivore）和杂食动物（omnivore）等。

食草动物也称为一级消费者或初级消费者，它们直接以植物为食，如马、牛、羊、兔、鹿、大象、凤蝶、蟠象、蜜蜂、蜗牛等（图4-2）。食肉动物主要是指以其他动物为食的动物，也称为次级消费者，包括一级食肉动物、二级食肉动物、三级食肉动物等。一级食肉动物也称为二级消费者，它们以食草动物为食，如某些鸟类、蝙蝠、螳螂、胡蜂、蜘蛛等；二级食肉动物也称为三级消费者，是以一级食肉动物为食的动物，如狼、狐狸、蛇等；三级食肉动物也称为四级消费者，是以二级食肉动物为食的动物，又称为顶级食肉动物，这一类食肉动物都是一些凶禽猛兽，如狮、虎、豹、鹰等。杂食动物也称为兼食性动物，是介于食草动物和食肉动物之间，既吃植物又吃动物的动物。

图4-2　光顾风箱树（*Cephalanthus tetrandrus*）的斐豹蛱蝶（*Argynnis hyperbius*）

此外，在植物界还有能捕食昆虫的植物，称为食虫植物，如猪笼草、茅膏菜，它们捕食昆虫是基于防御机制还是消费机制，还有待进一步研究。

（四）分解者

分解者（decomposer）又称为还原者，是分解已死的动植物残体的异养生物，主要是细菌、真菌和某些营腐生生活的原生动物及小型土壤动物（如甲虫、白蚁、某些软体动物等）。分解者有不同的分工，有些以枯叶为分解对象，有些以死根为分解对象，有些以树桩为分解对象（图4-3）。虫草以直翅目、半翅目或鳞翅目昆虫等为分解对象。枯枝落叶在被分解的不同阶段，也会有不同的分解者（图4-4）。

图4-3　以枯枝为分解对象的真菌

分解者把酶分泌到动植物残体的表面或内部，酶能把生物残体消化为极小的颗粒或分子，最终分解为无机物质，归还到环境中，再被生产者利用，它们在生态系统的物质循环和能量流动中具有重要的意义。大约有90%的初级生产量，都须经过分解者分解归还大地；所有动物的尸体和植物的枯枝落叶，都必须经过分解者进行分解，如果没有分解者的分解作用，地球表面将堆满动植物的尸体残骸，一些重要元素就会出现短缺，生态系统就不能维持。虽然从能量的角度来看，分解者对生态系统是无关紧要的，但从物质循环的角度来看，它们是生态系统不可缺少的重要组成部分。

二、生态系统的结构

有了生态系统的组分，并不能说一个生态系统就可以运转了，还需要有合理的结构，即各组分只有通过一定的方式组成一个完整的、可以实现一定功能的系统，才能称得上是完整的生

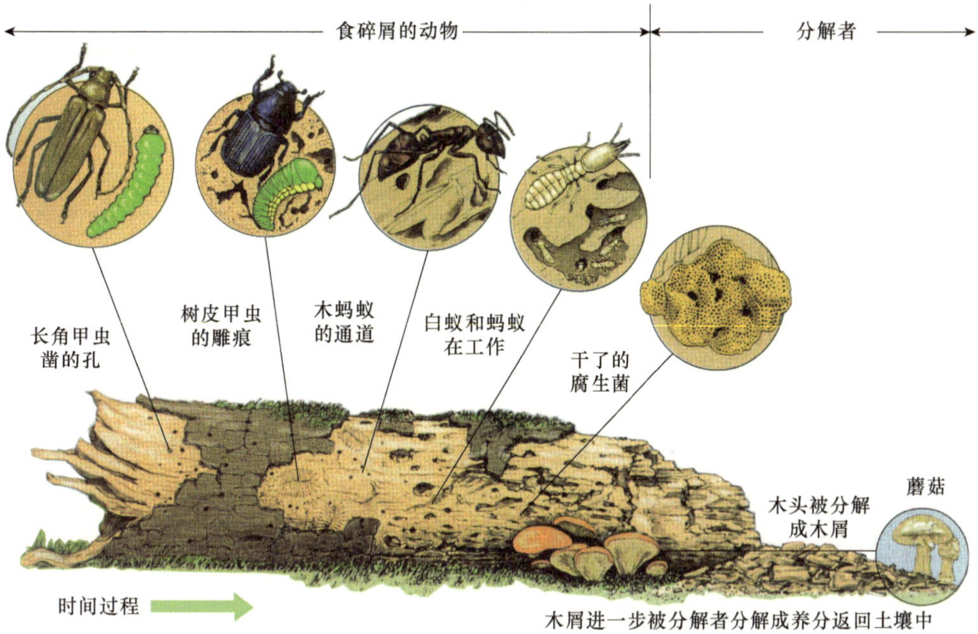

图4-4 生态系统中的分解者（引自Miller，2001）

态系统。生态系统结构包括两方面的内容：一是形态结构；二是营养结构。

（一）形态结构

生态系统的形态结构是指生态系统在内部和外部的配置、质地与色彩。例如，绿色植物在垂直方向上的成层现象，就是根据光在垂直方向上沿高度变化的规律，在不同高度上出现不同的植物种类、数量的现象。由于植物的成层现象，动物在垂直方向上也有一定的空间分布特征，如不同的节肢动物、鸟类在不同的高度上觅食、生存。在地面以下，也有成层现象，如植物的根系在土壤的不同深度的配置，构成地下部分的结构特征。与之相对应的动物和微生物分布在根际周围或穴居在土壤的不同深度。常绿阔叶林生态系统外貌整齐，而热带雨林生态系统冠层参差不齐。

（二）营养结构

生态系统的营养结构是一种以营养为纽带把生物和非生物紧密结合起来，构成以生产者、消费者、分解者为中心的抽象结构。它们和环境之间发生密切的物质循环。这种关系是生态系统功能研究的基础。生态系统的营养结构对于每一个生态系统都有其特殊性和复杂性。但总的来说，生态系统中物质是处在经常不断的循环之中的。

三、食物链和食物网

（一）食物链

植物所固定的太阳能通过一系列的取食和被取食在生态系统内不同生物之间的传递关系

称为食物链（food chain）。例如，绿色植物的茎叶被食草动物采食，食草动物成为食肉动物的猎物，弱小的食肉动物又被凶猛的大动物捕食（图4-5）。

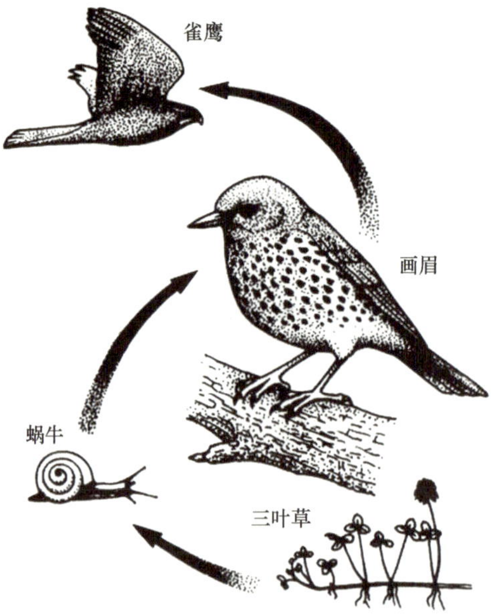

图4-5 草地生态系统中的一条食物链
（引自Chapman and Reiss，1992）

古语“螳螂捕蝉，黄雀在后”生动地描绘了食物链。最简单的食物链由三个环节构成。例如，兔子吃草，而狐狸吃兔子；田鼠吃粮食，而猫头鹰或狐狸吃田鼠。一般的食物链都由4个或5个环节构成。例如，湖泊中许多甲壳动物和昆虫幼虫都吃藻类，但前者又是小鱼的食料，小鱼又被鲈鱼所食，狗熊又捕捉鲈鱼，正如古代一句谚语所描绘的“大鱼吃小鱼，小鱼吃虾，虾吃泥巴”那样。在草地生态系统中，昆虫吃草，蛙吃昆虫，蛇吃蛙，鹰吃蛇，共有5个营养级。在森林生态系统中，昆虫吃树叶，鸟吃昆虫，蛇吃鸟，野猪吃蛇，虎吃野猪。虎是山中之王，位于食物链的最末端。

（二）食物链类型

在自然界中，存在着三种食物链类型：碎屑食物链、捕食食物链和寄生食物链。在不同的生态系统中占优势的食物链会有所不同。

（1）碎屑食物链或腐食食物链（detrital food chain）。碎屑食物链是以碎屑为基础，高等植物的枯枝落叶或动物尸体被分解者所利用，分解成碎屑，然后再被多种动物所食，也称为分解食物链（decomposer food chain）。其构成方式为枯枝落叶→分解者或碎屑→食碎屑动物→小型食肉动物→大型食肉动物，如图4-6所示。例如，枯枝落叶→真菌→伞状体内的昆虫幼虫→蛞蝓；枯枝落叶→真菌→红松鼠、花鼠；动物尸体→丽蝇；动物尸体→秃鹰。

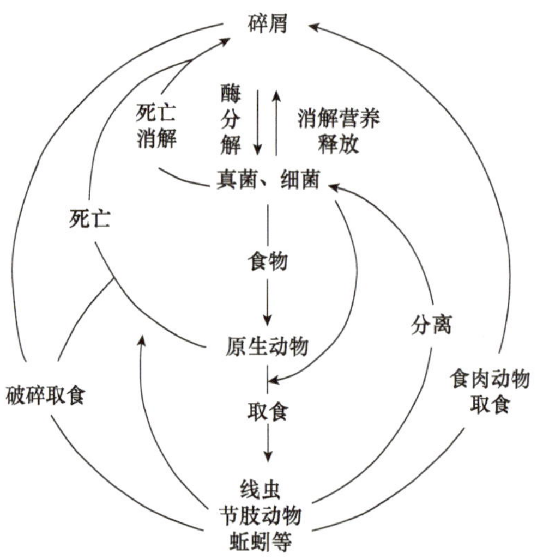

图4-6 碎屑食物链基本形式示意图
（引自祝廷成和董厚德，1983）

在大多数陆地生态系统和浅水生态系统中，生物量的大部分不是被取食，而是死后被微生物所分解，因此，能流以通过碎屑食物链为主。在碎屑食物链中，能量从太阳到绿色植物，接着便通向分解者——细菌和真菌或食碎屑动物，它们把死的植物体直接分解成无机物质。在热带雨林等生态系统中，植物能量的90%都是沿着这个通道流动的。据研究，一片杨树林中，生物量只有6%被动物取食，其余94%都在死后被食腐动物和微生物所利用。

红树林生态系统的碎屑食物链

红树林生态系统是世界上生产力较高、生物种类繁多的生态系统之一，它为2000多种鱼类、无脊椎动物和附生植物提供了栖息地，大量的红树植物枝、叶、花凋落腐烂后，逐渐变成富有蛋白质的有机碎屑和无机物质，是软体动物、蟹类和多毛类蠕虫等滤食性、碎食性和泥食性动物的饵料来源。这些初级消费者又成为次级消费者的饵料。在世界上许多地方，鲻鱼和遮目鱼等鱼类通常是高级蛋白的重要来源，而这些鱼类就利用红树林河口区作为栖息地和饵料来源，在澳大利亚，墨吉对虾、巴拉蒙达鱼、鳊鱼等都被认为是与红树林生态系统密切相关的种类……在我国广西沿海，有100多种大型底栖动物在红树林区生活，其中光裸星虫、可口革囊虫、合浦珠母贝、文蛤、青蟹都有较大的经济价值。海南东寨港红树林区每年产锯缘青蟹30t以上。

引自林鹏《中国红树林生态系》(1997)

(2) 捕食食物链（predator food chain）。捕食食物链直接以生产者为基础，继之以食植动物和食肉动物。后两者是捕食性关系。能量沿着太阳→生产者→食植动物→食肉动物→分解者的途径流动。例如，在草原上，青草→野兔→狐狸→狼；在湖泊中，藻类→甲壳类→小鱼→大鱼。捕食食物链只在某些水生生态系统中才成为能流的主要渠道。例如，浮游藻类→食植原生动物；浮游植物→滤食浮游动物→食肉浮游动物。

(3) 寄生食物链（parasite food chain）。寄生食物链由宿主和寄生生物构成，由于寄生生物的生活史很复杂，所以寄生食物链也很复杂。例如，哺乳动物、鸟类→跳蚤→细滴虫（寄生原生动物）(→细菌→病毒)；昆虫幼虫→姬蜂幼虫、寄生蝇幼虫→小蜂幼虫。

一般来说，食物链的环节不会多于5个，道理很简单，因为能量在沿着食物链的营养级流动时不断地减少，根据热力学第二定律，在流经几个营养级之后，所剩下的能量已经少到不足以再维持一个营养级的生命。

（三）食物网

生态系统中有许多食物链，各种食物链并不是孤立的，它们往往纵横交织，紧密结合在一起，形成复杂的多方向的网状结构（图4-7）。例如，田间的田鼠可能取食好几种植物的种子，而田鼠也是好几种食肉动物的捕食对象，每一种食肉动物又以多种动物为食。这种多个食物链交织在一起、相互联系而成的网叫作食物网（food web）。生态系统越稳定，生物种类越丰富，食物网也越复杂。

食物网是自然界普遍存在的现象。生产者制造有机物质，各级消费者消耗这些有机物质，生产者和消费者之间相互矛盾又相互依存。无论是生产者还是消费者，其中某一种群数量突然发生变化，必然牵动整个食物网，在食物链上反映出来。

在一个森林生态系统中，如果某种鸟类减少，某些昆虫因失去其消费者而爆发性增加，树木的枝叶因昆虫取食而受到危害。同样，草原上鼠类数量的突然增加，必将引起草原产草量大幅度下降，而捕食鼠类的沙狐种群也因有丰富的食物而迅速增加。

食物网是在生态系统长期发展的进化过程中形成的。人为地去除其中的某个环节将导致生态平衡失调，甚至是生态系统崩溃。因此，研究食物网各营养级的能量关系，对于维持生态系统的稳定，以及利用动物间的相互制约来控制动植物的种群爆发有着重要意义。

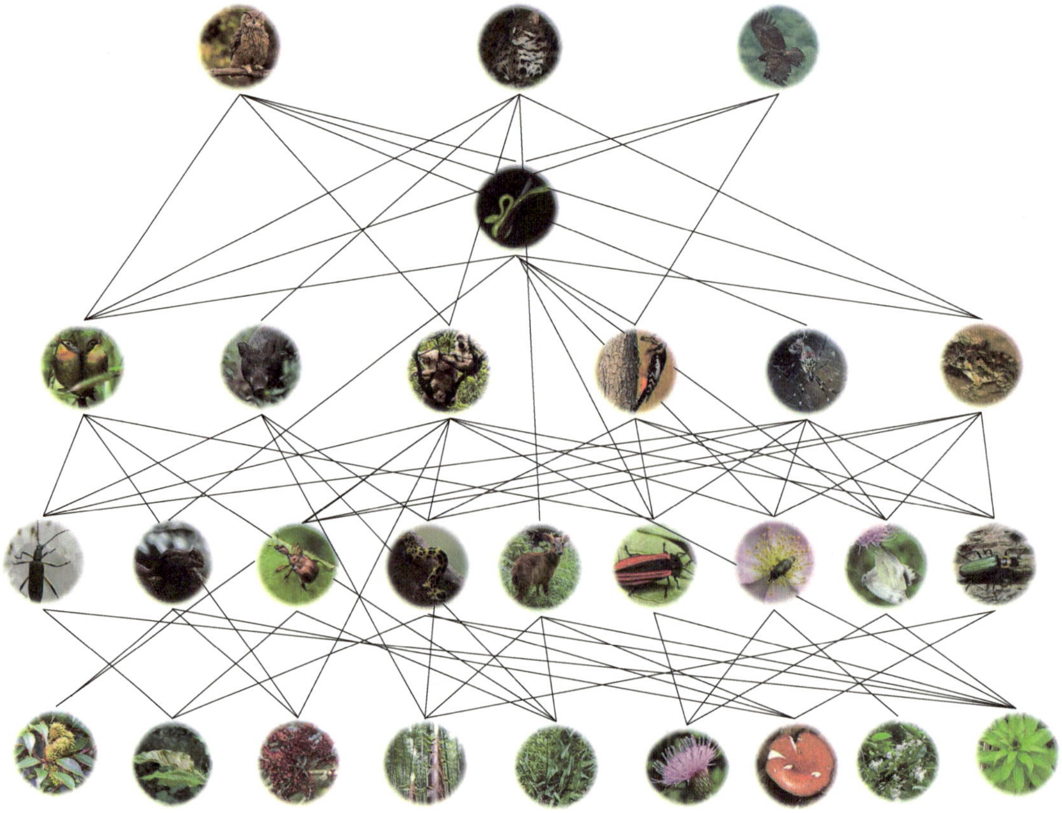

图 4-7 一个简化的亚热带竹林中的食物网

四、营养级和生态金字塔

（一）营养级

自然界中的食物链和食物网是物种和物种之间的营养关系，这种关系是错综复杂的。为了更简单明了地表达复杂的营养关系，以及便于进行定量的能流分析和对于物质循环的研究，生态学家引入了营养级（trophic level）的概念。

森林中倒木的意义何在?

人类总是从不断地犯错中来认识自然。在工业发展的社会阶段，人们也喜欢森林，但更喜欢的是其木材价值和优美环境，现在这种看法在变化，人们不仅看到森林的经济效益和环境效益，还看到森林的生态效益和科学效益。有些游客对不清理森林中的病虫树和风倒木不理解，认为这不好看。但我们不搬走，就是要让人们认识到病树、死树、倒木都是森林生态系统的组成部分，是不可缺少的部分。一棵大树常常是在倒了死了以后，显得更为重要，是许多甲虫、白蚁、真菌及树木本身所不可缺少的生存条件。它们活着，大自然需要它们，它们死了，大自然同样需要它们，也同时在处理它们，通过动物、微生物等，把这些腐朽的东西转化为新的营养，参与新的物质和能量的转换。大自然不是一个经过修剪的公园，而是一个不断自我复制、不断交换信息的反馈过程，是一个富有生气的、连续的、复杂的统一体。因此，存在病树、死树、倒木，是国家公园的森林不同于一般人工林的一种标志，也说明了国家公园在建立生态学基础上的彻底改革。我们要让人们了解这些现象，在新的水平上认识自然，热爱自然，保护自然。

引自唐锡阳和马霞·玛尔柯斯《环球绿色行》(1997)

一个营养级是指处于食物链某一环节上的所有生物的总和。营养级之间的关系已经不是指一种生物同另一种生物之间的关系了，而是指某一层次上的生物和另一层次上的生物之间的关系。前面所说的构成食物链的每一个环节都可作为一个营养级，能量沿着食物链从上一个营养级流动到下一个营养级，在这个流动过程中，能量不断地耗散，因此能量不断地减少。

通过对捕食者和被捕食者之间关系、食草动物和植物之间关系的广泛研究表明，在输入一个营养级的能量中，只有10%～20%能够流通到下一个营养级，其余的则被呼吸所消耗。虽然与各种机械系统相比，这种能量转化效率很低，但值得注意的是，生态系统是自我维持和自我繁殖的系统，正因如此，生态系统必须消耗大量的呼吸能。

在自然界里的动物，既有食草动物和食肉动物，也有动植物都取食的杂食动物。杂食动物可以同时占有几个营养级。例如，以粮食、蔬菜和肉类为食的人类，就既是一级消费者又是二级消费者，甚至是三级消费者。捕食鼠类的猫头鹰是二级消费者，但当它们捕杀鼬鼠时就又成为三级消费者。

一个物种同时占有两个或更多营养级的这种情况，虽然给生态系统中的能流研究带来困难，但是这并不影响营养级概念的重要性。

（二）生态金字塔

我们可以用生态金字塔（ecological pyramid）来形象地描绘各个营养级之间量的关系，在营养级序列上，上一营养级总是依赖于下一营养级，下一营养级只能满足上一营养级中少数消费者的需要，逐级向上，营养级的物质、能量和数量呈阶梯状递减。于是形成一个底部宽、上部窄的尖塔形，称为生态金字塔（图4-8）。生态金字塔可以用能量或生物量描绘，也可以用数量描绘。

（1）能量金字塔也叫作生产力金字塔，是从能量的角度来形象地描述其在生态系统中的转化。金字塔的每一等级都代表一个营养级，而每一等级的宽度则代表一定时期内通过该营养级的能量值。从一个营养级到下一营养级，能量的传递效率是10%～20%，因此，下一营养级只有上一营养级的1/10～1/5那么大。按通过各营养级的能量值从小到大把各营养级自上而下排列成图便成为一个能量金字塔，它是用来表示生态系统结构的最好图解方式。Odum（1981）提出在理想生态系统中，各个成分可连接成一条简单的食物链，以4hm^{2}地中的苜蓿为生产者，假设苜蓿是牛犊的唯一食物，牛犊又作为12岁儿童的食物。根据计算可知，要使1个儿童保持健康状态，需要饲养4.5头牛犊，而养活4.5头牛犊又需要2000万株苜蓿。当然，这是理想的模式，因为人是杂食动物，但这一模式提供了一个关于生态系统能量金字塔的清晰概念。

（2）数量金字塔和生物量金字塔，它们的意义不像能量金字塔那么大，而且它们的形状并不

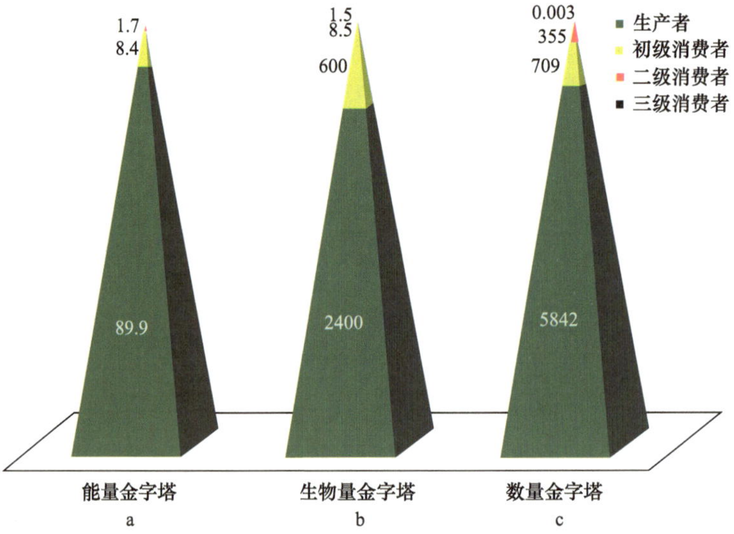

图4-8 三种生态金字塔（仿郝道猛，1978）

a. 明尼苏达湖的能量金字塔（占总能量的百分比）；b. 北海大叶藻群落生物量金字塔（×20 000t）；
c. 1英亩[①]草地上的数量金字塔（个体数×1000）

总是正塔形的。数量金字塔表明，在一个生态系统中，生产者的数量大于食草动物，食草动物的数量又大于食肉动物，而顶级食肉动物的数量在所有种群中通常是最小的。生物量金字塔表明，生产者的生物量一般大于食草动物，而食草动物的生物量一般又大于食肉动物。

有时候，数量金字塔和生物量金字塔是倒塔形的。在森林中，一棵倒下的大树上可能有数以万计的蚂蚁。在湖泊和海洋中，春季，藻类繁殖，浮游植物的数量必定大于浮游动物，在其他季节，可能测定到藻类的生物量要比消费者的生物量小。但实际上，生产者生产的总能量远远大于通过消费者的能量。

第三节 生态系统的功能

生态系统的组成和结构为了解生态系统的功能奠定了基础。生态系统的基础功能（function）包括两个方面的内容，即物质循环和能量流动，两者不可分割，成为生态系统的核心。能量的单向流动和物质周而复始的循环，是一切生命活动的齿轮。如果说生态系统的能量来自太阳，那么构成生态系统所需要的物质就必须由地球供给。

一、生态系统的生产力

（一）生物量

在介绍生产力之前有必要介绍一下生物量（biomass）的概念。生物量是单位面积上动物、

① 1英亩=$4.046\ 856 \times 10^3\ m^2$

植物或微生物的质量，如一片森林中的松树或松树上的叶片、这片林中的啄木鸟或松塔牛肝菌的质量，都可认为是生物量。如果我们知道了一个个体的生物量，同时还知道每一种生物的总个体数，就可以对整个群落或生态系统做合理的估计。例如，对一批田鼠称重，知道每只田鼠平均体重约为20g。如果一块撂荒地里大约有1000只田鼠，那么，我们就可以认为该田鼠种群的生物量是20 000g。生物量通常用干重表示。

在生态系统演替的不同时间，生物量是不同的。冬季，在结了冰的湖水中藻类的生物量很低；夏季，湖中到处都可能有藻类生长，生物量相应较高。在一年四季中，阔叶树长叶、开花、结实，随之又凋萎、脱落，生物量也随之发生变化。

（二）生产力

生产力（productivity）是指单位时间内生态系统把从外界摄取的能量转化为自身的能量（或物质）的能力（或速率）。生产力又可以分为初级生产力和次级生产力。

初级生产也就是第一性生产，是指植物把太阳能转化为化学能的过程。初级生产积累能量的速率就称为初级生产力（primary productivity），通常以单位时间单位面积内累积的能量或生产的干物质来表示［g/（m^2·年）］或［kg/（hm^2·年）］。一般用初级生产力来衡量整个生态系统生产力的高低。

初级生产是指能量从太阳能到化学能，物质从无机物质到有机物质的同化过程。可以概括表示为

$$6CO_2+12H_2O+\text{光}\longrightarrow C_6H_{12}O_6+6O_2\uparrow+6H_2O$$

初级生产的一部分被植物自身用于呼吸而消耗，另一部分储藏于植物体内用于自身的积累。因此，初级生产可分为总初级生产和净初级生产。净初级生产量是从总初级生产量中减掉植物自身消耗掉的部分。净初级生产是生态系统生物生产的主要环节。

地球上有各种各样的生态系统类型，它们的净初级生产力有着很大的不同（表4-1）。

表4-1 地球上各种生态系统的净初级生产力（引自Smith and Smith，1998）

生态系统类型	面积/（10^6 km^2）	净初级生产力/［g/（m^2·年）］	正常范围/［g/（m^2·年）］
热带雨林	17.0	2000	1000～3500
热带季雨林	7.5	1500	1000～2500
常绿阔叶林	5.0	1300	600～2500
落叶阔叶林	7.0	1200	600～2500
北方针叶林	12.0	800	400～2000
灌丛	8.0	600	250～1200
稀树干草原	15.0	700	200～2000
温带草原	9.0	500	200～1500
苔原	8.0	144	10～400
荒漠	18.0	71	10～250
极地	24.0	3	0～10
农地	14.0	644	100～3500
沼泽和湿地	2.0	2500	800～3500

续表

生态系统类型	面积/（10^6 km^2）	净初级生产力/[（g/（m^2·年）]	正常范围/[g/（m^2·年）]
湖泊和河流	2.5	500	100～1500
陆地生态系统	149.0	720	—
大洋	332.0	127	2～400
上涌流水域	0.4	500	400～1000
珊瑚礁	0.6	2000	400～500
大陆架	26.6	360	200～600
河口湾	1.4	1800	200～3500
海洋生态系统	361.0	153	—
全球	510.0	320	—

热带雨林生态系统中，植物可以全年生长，并有充足的水、热和养分供应，是地球上净初级生产力最高的生态系统。温带森林生态系统因为生长期中有比较充足的水分，其净初级生产力较高。荒漠生态系统由于缺乏足够的水分，其净初级生产力最低。

影响生态系统初级生产力的因素很多，如光照、温度、生长期长短、水分供应状况、可吸收矿物养分的多少和动物采食摄取等。

在林业上，要想增加木材产量，就必须提高森林生态系统的净初级生产力。在牧业上，要想获得更多的肉类和其他畜牧产品，首先要提高草原生态系统的净初级生产力。人类食用的粮食本身就是农田生态系统初级生产的产物。因此，提高净初级生产力是我们研究生态系统的目的之一。

次级生产力也就是第二性生产力，同初级生产力一样，次级生产力是指次级生产的效率，而次级生产是指除初级生产者以外的其他有机体的生产，即消费者和分解者利用初级生产量进行同化作用，表现为动物和微生物的生长、繁殖和营养物质的贮存等其他生命活动的过程。例如，牛、羊采食牧草以后，体重增加，繁殖后代等过程就是次级生产。

从理论上讲，绿色植物的净初级生产量都可被该生态系统的次级生产者（消费者和分解者）利用。但是，实际上大多数次级生产者只能利用其中的一小部分。对陆地生态系统和浅水生态系统来说，一般只有10%的净初级生产量被消费者转化为次级生产量，其余90%被分解者分解。例如，阔叶林只有1.5%～2.5%的净初级生产量被昆虫和其他动物所利用，大部分留给了分解者。深水生态系统正好相反，如海洋60%～90%的净初级生产量（浮游植物）被消费者转化为次级生产量，小部分留给了分解者，

食肉动物以食草动物为食，属于二级消费者。食肉动物捕食食草动物以后，一部分用于自身的积累，这是对次级生产产品的再利用和再生产，叫作三级生产。食肉动物之间弱肉强食，还会有四级生产和五级生产。由此可见，广义上次级生产是由一系列二级生产、三级生产、四级生产等组成的。

二、能量流动

微课堂

（一）能量的固定

植物和某些细菌从太阳中获取光能，它们是进行光合作用的生物。少数细菌能够借助各种

无机化学反应获取能量，它们是进行化学能合成作用的生物。光合作用的生物和化学能合成作用的生物都是自养生物，因为它们都能从非生物的各种来源获取能量。动物、真菌和一些细菌，只能消耗其他生物已制造好的有机物质以获取能量，这些生物都是异养生物。实际上除了少数进行化学能合成作用的细菌之外，地球上所有的生物都能直接或间接地依赖太阳以获取能量。

太阳能输入地球的生态系统，并与熵产生保持平衡。这个系统将会以某种形式继续下去，直到太阳毁灭为止。

（二）能量的逐级流动

生态系统的能量流动（energy flow）是在各营养级间进行流动。当太阳能输入生态系统后，能量不断地沿着生产者、食草动物、一级食肉动物、二级食肉动物等逐级流动（图4-9）。这种能量的流动是单方向、逐级的，不会循环，只有消耗和变为其他形式的能量。

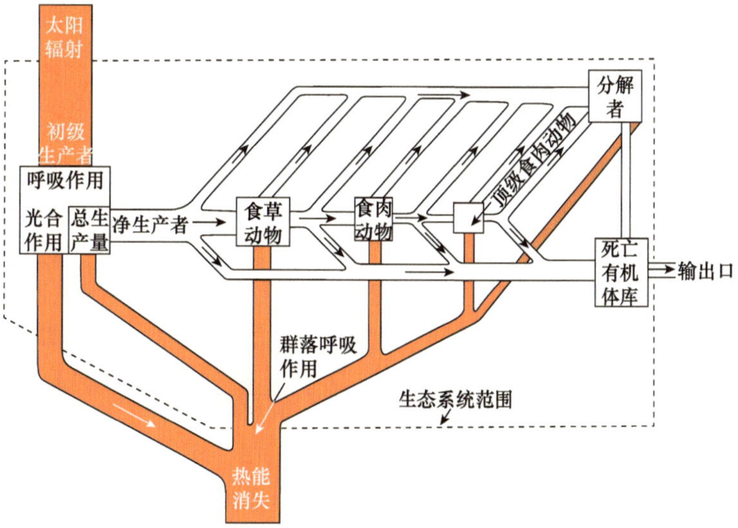

图4-9 生态系统中的能量流动（仿林鹏，1986）

（三）生态效率和百分之十定律

热力学第一定律指出，能量不能被创造，也不能被消灭，但可以从一种形态转化为另一种形态。热力学第二定律又指出，由于某些能量常常变成不可能利用的热能而散失掉，因此没有一种能量能百分之百地从某一形态转变为其他形态。

从太阳能到植物的化学能，然后通过食物链的联系，使能量在各级消费者之间流动，这样就构成了能流，如图4-9所示。能流是单向性的，每经过食物链的一个环节，能流都有不同程度的散失，食物链越长，散失的能量越多。由于生态系统中的能量在流动中是层层递减的，所以需要由太阳不断地补充能流，才能维持下去。如果在一定时间内，断绝了生态系统的能源供应，那么就再不会有能量的流动，生态系统将彻底崩溃。

生态系统的能量损耗主要存在于无效能、未消化的多余能、吃剩的遗留能、未消化的粪便和呼吸作用产生的热散失等，都是不能作为净生产量被有机体利用的能量。所谓无效能是指那些单一食物链上，不能被下一营养级的有机体直接利用的净生产量。未消化的多余能是指生态系统所产生的、超过有机体利用的那部分富余的能量。吃剩的遗留能是指有机体吃剩下的物质。非同化的能量是指物质被有机体吸收以后，没有全部被同化为有机体利用而被抛弃的物质。维持能也是生态系统中能量损耗的一部分，这种能量只用于维持有机体而不用于有机体的生长。

在能量流动过程中，能量的利用效率叫作生态效率（ecological efficiency）。生态效率从根本上讲就是能量输出和输入之间的比例，即所生产的物质量或产量，与生产这些物质所消耗物质量的比例。从能量流动来说，次一营养级的生产力与前一营养级生产力的比例，就是生态效率。生态效率的表示方法很多，常用的主要有光合效率、同化效率、生长效率等。

计算生态系统中能流的效率公式：

同化效率（A_n/I_n）＝固定的太阳能/吸收的太阳能（植物）

＝同化的食物能/摄取的食物能（动物）

生长效率（P_n/A_n）＝n营养级的净生产量/n营养级的同化量

消费或利用效率（I_{n+1}/P_n）＝$n+1$营养级的摄食量/n营养级的净生产量

林德曼效率（I_{n+1}/I_n）＝$n+1$营养级摄取的食物能/n营养级摄取的食物能

在营养级n相同的情况下：

林德曼效率（I_{n+1}/I_n）＝同化效率（A_n/I_n）×生长效率（P_n/A_n）×消费效率（I_{n+1}/P_n）

一般来说，大型动物的生态效率低于小型动物，老年动物的生态效率低于幼年动物，食肉动物的同化效率高于食草动物，原因是植物性食物中难以消化的成分高。食肉动物的净增长率比食草动物的低，因为它们在追捕猎物时要消耗更多能量。食物链越长，损失的能量就越多。从这个原理出发，应尽量缩短食物链长度，直接以谷物为主食，这样效率才比较高。因此，如果以植物性食物为主，就可以养活更多的人口。

随着营养级的增加，呼吸所占的比例也相应增加。导致高营养级的动物净生产量相应下降。例如，在非洲象的栖息地，植物的初级生产量为3.1×10^6 J/m^2，大象只能利用3.0×10^5J/m^2，其利用效率为9.7%。又如，在一条捕食食物链中，植物将1%的太阳能转化为净初级生产量，其中2%的植物被田鼠所食，田鼠的31%又被鼬所食，即鼬所利用的太阳能只有0.0062%，它们还得把其中的93%用于呼吸。

按林德曼的百分之十定律，从一个营养级到另一个营养级的能量转换效率为10%，也就是说，能量流动过程中有90%的能量损失掉了（图4-10），这就是营养级不能超过4级的原因。

在海洋生态系统中，生态金字塔的底层是海洋里的浮游植物，它们能进行光合作用，生产有机物质，是生产者，也是生态金字塔的基础。第二层是浮游动物——小虾、小虫，它们吃浮游植物，把植物体内的有机物质转移到自身体内。第三层是鱼，它们吃浮游动物，然后又被更高一层的人吃掉，于是，有机物质最后就被转移到人的体内。从质量上来说，大约1000kg浮游植物只能满足100kg浮游动物，100kg浮游动物才能满足10kg鱼，而10kg鱼大致是人增加1kg体重所需要的食物。

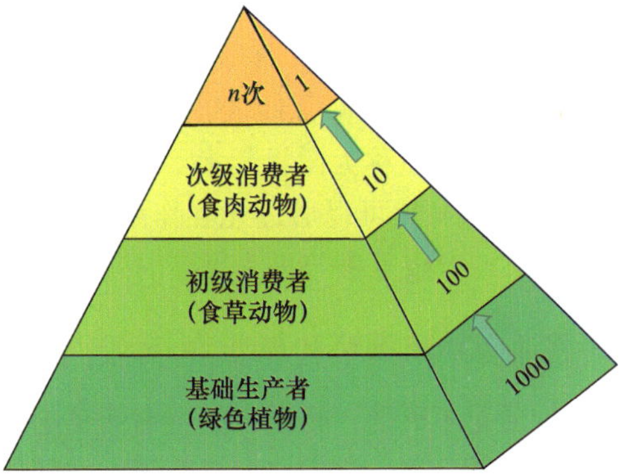

图4-10 能量转换的百分之十定律
（仿祝廷成和董厚德，1983）

金字塔层次的多少，与能量的消耗关系密

切，层次越多，能量的利用率越低。塔基越宽，生态系统越稳定。不过，塔基太宽时能量转化率不高，浪费大。从农业生产角度来看，不仅需要稳定性强，还需要能量转化率高的金字塔，这样从生态系统中获得的产品才是多的。

（四）维持生命所消耗的能量和能量补给

维持生命所消耗的能量，因生物种类和系统所受压力的不同而不同。有些物种有较高的基础代谢率，内稳定机制或调节机制越发达，需要付出的能量越多。因此，在脊椎动物中，温血动物（鸟类和哺乳类）比冷血动物有更高的呼吸速率。内环境的调节，能使生物不受环境危机的不利影响，但需要付出昂贵的代价。

一个具有调节机制的生物，生活在具有压力的环境中比生活在有利的环境中需要消耗更多的能量。

在演替的早期，总初级生产量只有很少一部分用于呼吸消耗，其余的则用来构成群落生物量。随着演替的进行，越来越多的能量用于呼吸，到演替的顶极阶段，用于呼吸的能量可占80%～100%。

农作物的净初级生产量与初级生产量的比值往往很高，这是因为人对农田生态系统进行了能量补给。所谓能量补给就是通过补给能源，降低生态系统用于内部自我维持的能量，而使转化为净初级生产量的能量增加。能量以肥料、害虫防治、灌溉、遗传育种和栽培等形式补给农田。这样，农作物原来用于抵御害虫和用于其他的维持活动（如与营养贫乏和缺水做斗争等）的能量就能够转移到形成更高的净初级生产量（增加生物量）上。已经适应高能量补给的作物，在缺乏能量补给时常发育不好。例如，如果把在美国选育的农作物种植在印度，往往生长很差，除非同时给以施肥、灌溉和其他的能量补给。美国的单位面积产量约为亚洲和非洲的三倍，但花费了10倍于这两洲的能量补给。

三、物质循环

微课堂

（一）生命与元素

生命的维持不仅依赖于能量的供应，也依赖于各种营养物质的供应。生物需要的养分很多，如碳（C）、氢（H）、氧（O）、氮（N）、磷（P）、钾（K）、钙（Ca）、镁（Mg）、硫（S）、铁（Fe）、钠（Na）等。其中C、H、O占生物总重量的95%左右，需要量最大，最为重要，称为能量元素；N、P、Ca、K、Mg、S、Fe、Na称为大量元素；生物对硼（B）、铜（Cu）、锌（Zn）、锰（Mn）、钼（Mo）、钴（Co）、碘（I）、硅（Si）、硒（Se）、铝（Al）、氟（F）等的需要量很小，称为微量元素。这些元素对生物来说缺一不可，作用各不相同。生物所需要的碳水化合物虽然可以通过光合作用利用H_2O和CO_2来合成，但是还需要其他一些元素，如N、P、K、Ca、Mg等参与更为复杂的有机物质（如叶绿素等）的合成。

（二）物质循环的概念和特点

物质是不灭的，物质也是生命活动的基础，生态系统中的物质主要指生物为维持生命所需的各种营养元素，它们在各个营养级之间传递，并联合起来构成物质流。物质从大气、水域或土壤中，首先通过以绿色植物为代表的生产者进入食物链，然后转移到食草动物和食肉动物等消费者，最后被以微生物为代表的分解者分解转化回到环境中。这些释放出的物质再一次被植物利用，重新进入食物链，参加生态系统的物质再循环，这个过程就是物质循环。物质循环（matter cycle）又称为生物地球化学循环（biogeochemical cycle）或生物地化循环，简而言之，是指各种化学物质在生物和非生物之间的循环运转。循环一词意味着这些化学物质可以被多次重复利用。

生物在地球上存在的范围不外乎四大圈。生物界形成生物圈（biosphere），非生物界形成三大圈——大气圈（atmosphere）（如空气中气态的N_2、以CO_2形式存在的C）、岩石圈（lithosphere）（如Ca以石灰石$CaCO_3$形式存在）和水圈（hydrosphere）（如以碳酸H_2CO_3形式存在的C）。这四大圈彼此不断进行着各种物质的交换，但是在每一圈中，各种元素的相对数量和绝对数量是明显不同的。生物从土壤里、水里和空气中吸收无机养料，又反过来向环境中排出废物，而且这些废物自身又重新还原为无机分子。水和矿物质在空气、陆地和水域之间反复地来回移动，只是暂时地在生物体内停留。

我们可以把生态系统的各个部分看成不同的子系统，一种特定的营养物质可能在子系统中滞留一段时间。我们可以对各种元素在各子系统中的滞留时间做出估计。物质的某一特定原子的滞留时间依元素的总量和流动速度而定。

为了方便，可以把生态系统中有元素滞留的各子系统看成一个个的库（pool）。库是研究生态系统物质循环时经常用到的一个概念，它是指某物质在生物和非生物中储存的数量。例如，大气中的C是一个库，植物体内的C又是一个库。C在大气和植物之间的循环，实际是C在库与库之间的迁移。我们常把大的、缓慢移动的库叫作储存库；而把小的、迅速移动的库叫作交换库或循环库。在多数营养物质的循环中，把无机物质沉淀看作储存库；而把生物看作交换库的一部分，因为它们与栖息地迅速地进行着各种物质交换。

物质在生态系统中的流通可以用单位时间、单位面积（或体积）通过的数量来表示。库量与流通率之比，即周转时间。例如，大气库和植物库之间CO_2的周转时间为3000年，也就是说植物和动物呼出的CO_2，在大气库中可停留3000年，再被植物细胞所固定。在正常情况下，在整个物质流中，各个库之间的物质流动，收入与支出应该是平衡的，否则生态系统的功能将发生障碍。

（三）物质循环的类型

物质循环可分为三大类型，即水循环、沉积型循环和气体型循环。

沉积型循环的营养物质储存库在地球的沉积物中。气体型循环的储存库在大气圈和水圈中。原生质中含量最丰富的4种元素（H、C、O、N），基本上都属于气体型循环类型。H作为水和水蒸气的构成物而存在，C作为CO_2的构成物而存在，O作为O_2和H_2O的构成物而存在，N_2则占大气成分的79%。

气体型循环是相当完善的系统，因为大气或海洋储存库的局部变化很快就会分摊开来，各种元素过分集聚或短缺的现象都不会发生。相反，沉积型循环（包括Ca、P等元素）大都是不太完善的循环。一种元素的局部过量或短缺是经常发生的，因为储存库是由缓慢移动的沉积物层组成的。循环物质可能在很长时期内都不参与各库之间的循环，因此，从生物的角度来看，沉积型循环系统可以说是一个很不完善的反馈控制系统，因为生物总是要求一种营养物质能保持相当稳定的供应。

（四）水的全球循环

水是大自然的驱动力。没有水循环，生物地球化学循环就不能存在，生态系统就无法运转，生命就不能维持。各种物质只有借助于水才能在生态系统中进行永无止境的流动。

海洋的水量占地球总水量的97%，人类所能利用的淡水只占地球总水量的3%，在地球的淡水总量中，又有75%被束缚在冰川和大陆冰块里（这些水足可维持地球上所有河流以现在的流速流 900年），因此，实际上只剩不到1%的淡水可供利用，在这不到1%的淡水中，湖水约占0.03%，江河和溪流的水约占0.005%，土壤含水量总计约占0.3%，而生物含水量只占很小的一部分。大气圈与水循环密切相关，但大气圈仅含有地球淡水量的0.035%。能够维持水的全球性循环的正是大气圈及它与陆地和海洋的关系。最稳定的淡水供应是陆地水，约占人类淡水需要量的25%。可更新的循环水约为淡水供应量的11%。

水在循环中不断更新，估计大气中的水分子每9d可更新一次。土壤中的水更新一次约需280d，地下水要300年，海洋中的水全部更新一次需要37 000年。降雨中的水分子，在几周之前很可能还是墨西哥湾洋流的一部分，而在此之前它也可能已在非洲热带雨林停留了一些时间。水循环受太阳辐射、大气环流和洋流、热量收支情况及陆地、海洋之间水的平衡影响。蒸发、降水、滞留和传送，使地球上的水量维持一种稳定的平衡（图4-11）。

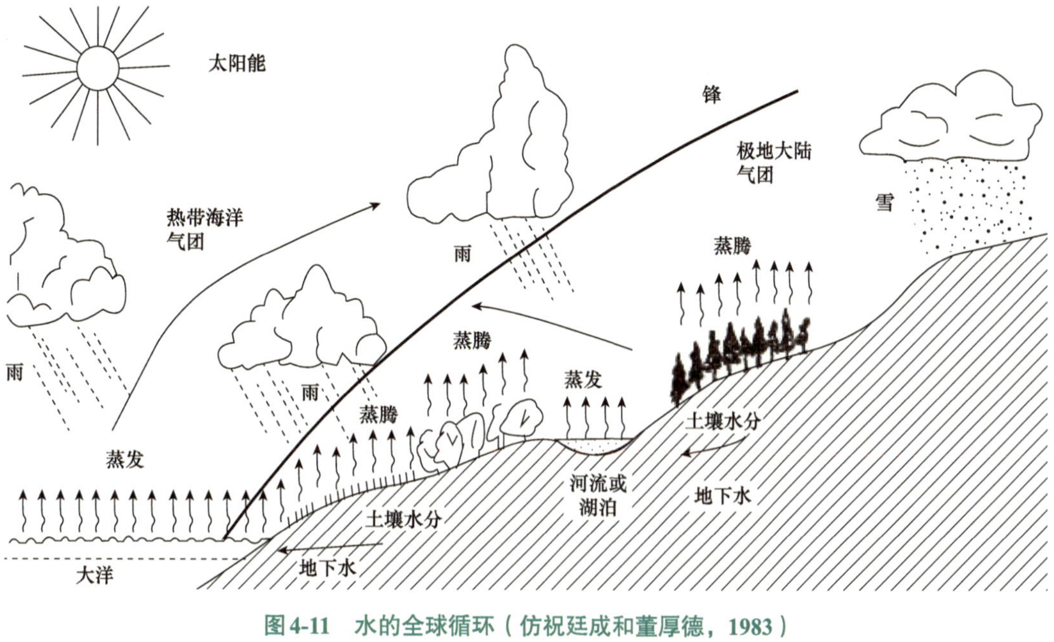

图4-11　水的全球循环（仿祝廷成和董厚德，1983）

地球表面与大气通过降水量和蒸发量之间的相互变化来实现水循环平衡的稳定，因为总的蒸发量和总的降水量是相对平衡的。但是在陆地上降水量大于蒸发量，在海洋上蒸发量大于降水量，而陆地上的径流量则弥补了海洋的蒸发量。如果把地球的降水量看作100个单位，那么，平均海洋蒸发量为84个单位，海洋接受降水量为77个单位；陆地蒸发量为16个单位，陆地接受降水量为23个单位，从陆地流入海洋的水量为7个单位，从而使海洋的蒸发亏损得到平衡。大气圈中的循环水为7个单位。

植物在水循环过程中起着重要的作用，植物从环境中摄取的物质中，数量最大的是水分。

只有约5%的水用于维持原生质的功能和光合作用，而另外的95%通过气孔蒸腾成为水蒸气，又返回到大气中去。

（五）碳的生物地球化学循环

碳（C）是生命的骨干元素。C有着独一无二的本领，可以结合成一个长链——C链，这个C链为蛋白质、脂肪、碳水化合物和核酸等有机大分子提供骨架。

据估计，煤和石油的含C量大约是所有生物体含C量的50倍。从含C量来看，空气中所含的C量并不高，CO_2仅占大气总量的0.03%。有人估计过，如果大气中的CO_2得不到由呼吸和燃烧所放出的CO_2补充，那么一年之内大气中的CO_2就会被绿色植物全部吸收。有机体干重的49%都是由C构成的。海洋是最大的C储存库，据估计比空气中的要多50倍。

C的主要循环是在空气和水（以溶解的CO_2和碳酸盐两种形式）与生物体之间进行的（图4-12）。在这种循环中，C迅速地周转着；但若与碳酸盐沉积物和有机化石沉积物中的含C量相比，C周转一次的总量是很小的。空气和水中的CO_2容易交换。水中的CO_2是溶解态的或与水结合成H_2CO_3，H_2CO_3则电离成氢离子和碳酸氢根离子。大气中每年约有1000亿t CO_2进入水中，同时水中每年也有相等数量的CO_2进入大气。

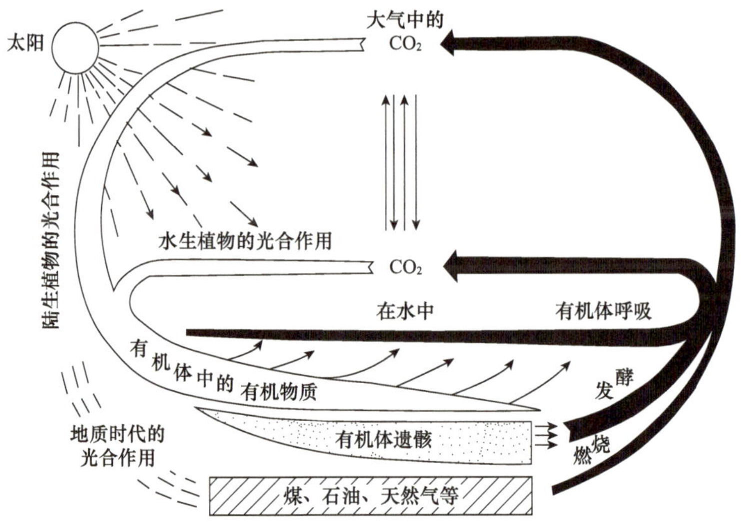

图4-12 碳的循环（引自祝廷成和董厚德，1983）

绿色植物借助光能吸收CO_2和水，进行光合作用，生成碳水化合物，进一步被动物、细菌和其他异养生物所消耗。这些生物又把呼吸的代谢产物CO_2和水排出体外。如果生物在腐败之前被保存在海洋、沼泽和湖泊的沉积物中，那么其中含有的C就会在相当长的一段时间内脱离C循环。呼出的CO_2被植物直接再利用的过程是C循环的最简单形式。

各类生态系统固定CO_2的速率差别很大。北极苔原和干燥沙漠只能固定热带雨林1%的CO_2，海洋每年的固C量仅为陆地的27%。陆地各生态系统类型中，森林生态系统是C的最大储存库。全世界森林的C储存量为4000亿～5000亿t。

陆地上的碳酸盐（主要是$CaCO_3$）被缓慢地淋溶，并被水流带入海洋。在海洋中，碳酸盐沉降下来，形成海底沉积物。珊瑚虫和红藻从水中吸收CO_2，并形成不溶解的化合物，如珊瑚的骨骼。所有的这些交换会使各种循环的营养库趋于稳定，然而如果系统一旦发生变化，要恢复到原来的状况就需要很长的时间。自工业革命以来，煤、石油和天然气的消耗量与日俱增，森林面积日趋减少。结果，越来越多的CO_2进入大气，引起了全球性的温室效应（greenhouse effect）。

（六）氮的生物地球化学循环

氮（N）也是生命的重要元素之一。N是氨基酸、各种蛋白质和核酸的主要组成成分。在生态系统非生物组分中，有三个含N的库：大气、水体和土壤。N在这三个库中的留存时间分别是3亿年、2500年和1年以下。大气中N_2的含量占79%，N_2是惰性气体，不能被绿色植物直接利用，N必须以铵盐、亚硝酸盐和硝酸盐的形式从土壤或水体中被植物吸收。

N_2转变成氨、硝酸盐和亚硝酸盐的过程叫作硝化作用，这一过程由固氮菌、蓝绿藻和根瘤菌等完成。进入植物体的硝酸盐和铵盐进一步与植物中的C结合，形成氨基酸，进而形成蛋白质和核酸，这些物质再和其他化合物共同组成植物有机体。当动物啃食后，N被摄入并结合到动物体内。

动植物死后，蛋白质被微生物分解成简单的氨基酸，进而被分解成氨、CO_2和水，返还到环境中，这一过程叫作氨化作用，也叫作反硝化作用。在土壤中的氨可再一次被植物利用。反硝化作用在北极苔原、多水的沼泽和地下深层缺O_2的条件下进行得比较强烈（图4-13）。

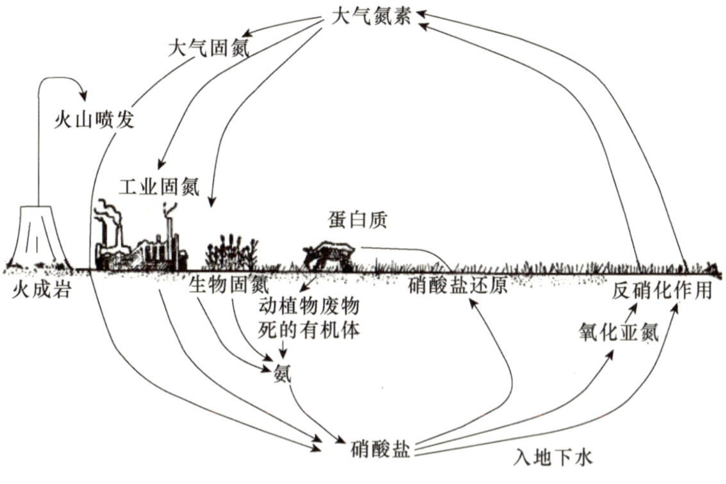

图4-13　氮的循环（仿祝廷成和董厚德，1983）

自然界中生物的硝化作用和反硝化作用处于平衡状态。近代工业的发展，人们开始通过工厂来固氮，导致了N的不平衡现象。工业固定的N_2比反硝化作用释放的N_2还要多900万t。汽车尾气和光化学烟雾等对大气环境的污染，以及盲目的砍伐森林、开发草原，也破坏了自然界中N循环的平衡。

（七）磷的生物地球化学循环

磷（P）是生物体不可缺少的重要元素，生物体中的能量物质三磷酸腺苷（ATP）和遗传物质——核酸（DNA或RNA）中都有P的存在。

P在生态系统中的循环是很典型的沉积循环。大气中的P主要来自磷酸盐岩石、有机体的尸体和废料而形成的有机磷酸盐。P可以可溶性磷酸盐的形式进入循环。它溶于水而不挥发，所以P通过降水从岩石圈淋溶到水圈里，形成可溶性的磷酸盐，而被植物吸收；再经过一系列消费者的利用，将含P的废料、有机化合物归还到土壤中；通过分解者一系列的分解作用，转变为可溶性磷酸盐，又供有机体利用。生物体所需要的P比较多，但是不溶性的磷酸盐一般滞留在土壤表层，常常被侵蚀而带入大海。因此，许多地区P含量很低，以致影响生态系统的发展。P一旦进入大海，就很难参与陆地的循环。虽然捕捞的海鱼可以返还部分P，但是数量很少。人类开采的P矿有100万～200万t，但大多数被冲洗和流失。

（八）矿物在生态系统中的循环

生态系统除了需要上述各种元素以外，还需要以钙、镁等营养元素为代表的矿质元素。因此，这种循环也称为营养循环。矿质元素的来源主要是由风化和水的溶蚀而从岩石中获取的。这些物质或因灰尘的形成被风吹向空中，或者作为土壤而暂时存留下来。作为土壤的一部分，它可以被植物的根系吸收，进入生物体内。然后，由各种消费者和分解者来传送，最后又被带进空气和土壤中。由于水不停地沿着所有陆地生态系统的地表进行流动，当水流到海洋时，便把各种元素和碎屑也带进海洋。结果，陆地的一些物质缓慢而不断地冲进海洋并形成了海洋沉积物。一些元素进入海洋，可能被吸收而进入海洋食物链，并在食物链中沿着生产者、消费者和分解者进行再循环。由于生物的死亡，不断地会有一些元素进入海底沉积层，一旦进入海底沉积层就会在那里停留下来，停留时间的长短不一，这取决于海底的循环和活动。一些物质会重新回到水中，再一次加入生物群落的循环中去。另一些物质则长期存留在沉积层中。

由于各种元素的溶解度、数量和被生物利用的情况不同，因此它们在海洋中循环时间的长短各不相同。有人计算过一些元素在海洋中的滞留时间，如Na的存留时间为2亿6000万年，Mg为4500万年，K为1100万年，Ca为800万年，Si为8000年，Mn为1400年。

进入海洋中的物质通过一定方式也可以重新回到陆地生态系统：①海水中的各种元素被浪花飞沫带进大气中；②鱼类、海藻和其他海洋生物是人类和海鸟的食物，其中一些海洋生物因此而进入陆地生态系统；③海陆变迁，使过去曾被海水淹没的许多地区成为大陆，通过地质史上的造山运动，地球表面的许多地方隆起。这些地质变动，使得曾经是海洋沉积层的地区变为陆地生态系统；④通过火山喷发回到陆地。

四、信息传递

微课堂

生态系统中的信息传递（information transfer）是一个比较新的研究领域。在生态系统中，种群与种群之间，同一个种群内部个体与个体之间，甚至生物与环境之间都可以表达、传递信息（information）。信息传递与能量流动和物质循环一样，都是生态系统的重要功能，它通过多种方式的传递把生态系统的各组分联系成一个整体，具有调节系统稳定性的功能。

（一）信息的概念

“信息”一词来源于拉丁文“*informatio*”，原意是指解释、陈述。狭义上是指通信系统中用于传送的消息、情报、指令、数据和信号等，用来消除对客观事物认识的不确定性。广义上可理解为事物存在的方式或运动状态及各种方式、状态的表达。信息是现实世界物质客体间相互联系的形式。所以，信息以相互联系为前提，没有联系也就不存在什么信息。对于生态系统而言，信息就是自然、社会间的普遍联系。

Shannon（1948）在《通讯的数学理论》中指出信息是不肯定程度减小的量，即信息这个概念具有信源对信宿（信息接收者）的不确定性的含义。不确定程度越大，则信宿从中可以获得的信息量就越大。可以看出，他的基本出发点是把信息看为消除不确定性的东西。通过信息传输可以沟通信息接收者与发送信息者之间的联系，可以将不确定性转化为确定性。

Wiener（1948）是控制论的创始人。他在理论上给信息下了另外一个定义："信息就是信息，不是物质也不是能量""信息是系统状态的组织程度或有序程度的标志"。他认为信息的实质是负熵。

现在人们对信息的定义各种各样。有人把信息与物质状态的变异度相联系，定义为差异度；有人把它与物质的能量不均匀性相联系，定义为物质和能量在时空中分布的不均匀程度的标志；有人简单定义为"信息是系统的复杂性"等。

对信息我们有如下的共识：信息是客观存在的，来源于物质，与能量也有密切关系。但信息既不是物质本身，也不是能量。人类信息具有知识的秉性，能给人们提供关于事物存在的方式或运动状态的表述。所以，信息是重要资源，可以采（收）集、生（加工）成、压缩、更新和共享。

（二）信息的一般特征

信息具有一些与物质、能量不同的性质和特征。正因为这点，信息显得特别重要。信息存在于自然界、存在于人类社会，横贯物质与精神两个世界，这正是信息普遍性所在。信息的主要特征有以下几点。

（1）传扩性。信息通过传输，可沟通发送者和接收者双方之间的联系。经过传输将不确定性消息转化为确定性信息。信息的传播可通过多种途径和方式，从一个地方传播到另一个地方。正因为信息是事物运动的状态及状态变化的方式而不是事物本身，所以它可以离开该事物母体，载荷于别的事物介质而得以散布。信息作为一种资源，随着对它的利用而不断扩充。

（2）永续性。信息作为一种资源，是取之不尽、用之不竭的。信息普遍存在于生态系统中。生态系统中的有机物质和无机物质可通过信息来表达它们的存在。考古学上常使用同位素碳-14（^{14}C）测定距今48亿～1万年前的生物遗体或生物活动所遗留下的遗迹。信息可在时间上无限延续，也可在空间上无限扩散。

（3）时效性。信息可以提高人们的认识，可以给观察者提供关于事物运动状态的知识，但不一定能了解事物未来的状态。因此，信息具有时效性，不能因为有了某些信息而一劳永逸，而是应当经常实践，不断捕捉新的信息。

（4）分享性。信息与实物不同，信息可以通过双方交换，相互补充。由于信息可以被传播，通常在传播中不但不会失去原有的信息，而且还会增加新的信息，被更多的人所共享。

（5）转化性。信息是一种不可缺少的资源，有效地利用信息可以节约材料、时间、人力和财力，这就等于把信息转化成了人力和财力。信息在采集、生成中可以压缩、加工和更新。

（6）层次性。根据不同条件区分不同层次的信息概念。最普遍的、无条件约束的是称为"本体论"的层次信息，这是适用范围最广义的信息。即使根本不存在人、生物等主体，信息仍然存在。例如，地球上出现人类以前，信息就已经存在了，只是没有人去感知和利用罢了。

（三）生态系统中信息的类型

我们一般把信息归纳为以下4类。

（1）物理信息。声、光、颜色等是生态系统的物理信息，如青蛙的鸣声、鸟的啼叫、狮虎的咆哮、蝴蝶的飞舞、花的颜色等都起着吸引异性、种间识别、威吓、警告等信息作用。萤火虫通过闪光来识别它的同伴，红车轴草花的色彩和形状正是传递给当地土蜂和其他昆虫的物理信息。草地里蟋蟀的鸣叫构成了优雅的交响乐，这些曲子是由雄性蟋蟀组成的交响乐队所演奏的。蟋蟀通过刮擦其小搓板似的前翅基部，发出颤音，以表明它的存在和勇敢，这颤音包含两种意思：一是邀请雌蟋到来；二是让其他雄性竞争对手离得远一点。

（2）化学信息。生物代谢产生的物质，如酶、维生素、生长素、抗生素、性诱激素、香精油、酚及其衍生物、不饱和内酯、生物碱等均属于传递信息的化学物质。虽然其量不多，但作为信息传递却深深地影响着生物种间与种内的关系。有的相互克制，有的相互促进，有的相互吸引，有的相互排斥。近年来，关于化学信息的研究有较大的进展，已形成一个分支学科——化学生态学。

例如，红车轴草（*Trifolium pratense*）是繁殖力很强的牧草植物，它常形成较纯的群落，排挤其他的杂草植物。红车轴草含有多种异黄酮类物质，这些异黄酮类物质及其在土壤中被微生物分解而成的衍生物对其他植物的发芽起抑制作用，因此其他植物不易生长，同时也是土壤不易连作的原因。

雌蚕蛾释放一种性引诱剂，可以把3km外的雄蚕蛾吸引过来，虽然释放的剂量不到0.01μg，但雄性个体仍然对其做出反应。而雄性个体虽然看得见密封在玻璃瓶中的雌蚕蛾，但却无动于衷，说明这是化学信息在起作用，而不是视觉引起的反应。昆虫的信息素种类很多，有报警、集合、食物、性信息素等。

20世纪70年代，英国昆虫学家约翰·布拉德肖（John Bradshaw）等发现非洲织叶蚁可以先后发送多种信息素用于警报，当一只工蚁在巢内或者群体地盘上遭遇敌人时，它从上颚部位的腺体中排出4种化合物，按不同的速度扩散到空气中：①其姐妹工蚁首先接收到乙醛，引起警觉；②于是它们来回舞动触角，搜索其他气味，等接收到足够乙醇时，马上警觉起来，去搜索气味来自何方；③进一步接收到的是十一烷，它能吸引工蚁更靠近事发地点，并刺激其叮咬任何异物；④最后一种是油酸辛烯醇，它能增加蚂蚁的进攻动力，促使蚂蚁进行袭击和叮咬。

（3）营养信息。食物和养分也是一种信息。例如，田鼠是老鹰的食物，便是老鹰的营养信息。田鼠多的地区老鹰也多，田鼠少时，饥饿的老鹰就飞到其他地方去觅食。又如，云杉林中松鼠的消长与云杉种子的丰收密切相关，在云杉种子丰收的次年，由于食物充沛，松鼠种群数量达到高峰，接下来2～3年，云杉种子歉收，松鼠种群数量也下降。因此，在某种意义上，食物链、食物网就代表着一种信息传递系统。

（4）行为信息。同一种群中两个个体相遇时，常表现出有趣的行为信息，可能是识别、威吓或挑战的信号。例如，一种典型的草原鸟——地鹟，发现“敌情”时，雄鸟急速起飞，扇动两翼，给孵卵的雌鸟发出信号。另一种鸟叫双领鸻，遇到“敌情”时却显得很冷静、很有智慧，这种鸟的巢建在岩石岸边，呈灰白色，与背景色融为一体，不易辨认。鸟看到你时，不会紧张，它不快速逃走，也不和你对峙，而是假装受伤似的拖着翅膀，和你保持一定距离，摇摇摆摆地向前方跳跃，把你从它的巢穴引开。如果你没上当而是朝着它的巢穴走去，它就会一跛一拐可怜地绕着你转。一旦你被彻底引开，它就会飞得无影无踪。我们在野外也经常遇到褐河乌采用类似的办法把我们引开。

总之，生态系统确实有巧妙的信息传递，形成一个信息流。但是，目前科学上只是模糊地了解一些现象；越来越多的生态学家正在探究其实质问题。

（四）生态系统信息流动的过程

生态系统信息流动是一个复杂过程：一方面信息流动过程总是包含着生产者、消费者和分解者子系统，每个子系统又包含着更多的系统；另一方面信息在流动的过程中不断发生着复杂的信息转换。归纳起来，信息流动可有以下一些基本的过程。

1. 信息产生 系统中信息的产生过程是一种自然的过程。只要有事物存在，就会有运动，就具有运动的状态和方式的变化，这就是生态系统中的信息，属本体论的信息。

2. 信息获取 信息的获取包括信息的感知和识别。信息的感知是指对事物运动状态及变化方式的知觉力。当然，仅有知觉还是不够的，还要有识别能力，对信息加以分辨，它必须同时考虑到事物运动状态的形式、含义和效用三个方面因素。这就是信息科学中的全信息。其中形式因素的信息部分称为语法信息（syntax information），含义因素的信息部分称为语义信息（semantic information），效用因素的信息部分称为语用信息（pragmatic information）。换句话说，在全信息层次，已经把语法信息、语义信息和语用信息都包含在内了。

对比较高级信息的获取常采用机械工具，机器学习从环境中自动提取。为了获取更丰富的有用信息，不仅要获取和利用语法信息因素，同时还需要语义信息和语用信息。理想的机器学习能力应当能够使人工系统自动地从环境中获取那些有利于达到它目的的信息，希望机器能从环境中获取全信息。系统利用全信息的能力越强，它获取有用信息的能力也就越强。

3. 信息传递 信息传递包括信息的发送处理、传输处理和接收处理等环节。发送信息不仅包括信息在空中的传递，也包括信息在时间上的传递。前者称为通信（communication），后者称为存储（storage）。通信就是要使接收者获得与发送端尽可能相同的消息内容和特征。生态系统信息传递的实质性过程都可描述为这样的模型（图4-14）。该模型可以分为信源、发送器、信道、接收器和信宿5个主要部分。

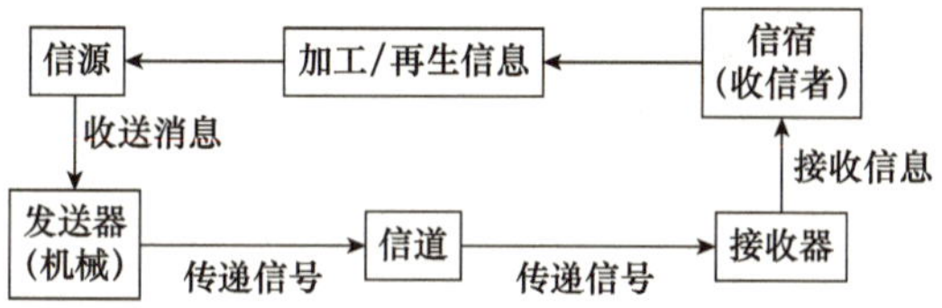

图4-14 信息传递系统模型

（1）信源。信源常称为信息源（source），它产生要传输的信号。

（2）发送器（或机械）。发送器（sender）要把传递的消息变换成适合于信道上传输的信号。一般由编码器按照信道类型进行编码。

（3）信道。信道（channel）是连接发送端与接收端的信息媒介。传递的信号通过此媒介从一个有机体到另一个有机体；从这一种群到另一种群；从一个群落进入另一个群落。空气、水域、导线和光纤维等都是一些典型的信道。一个信息的传递有时仅通过一种信道，而有时要经过多种信道。

（4）接收器。接收器（receiver）执行与发送器（或机械）相反的功能，把通过信道后的信号接收，或再加以变换成能被接收者所理解的消息或信号。

（5）信宿（收信者）。信宿（sink）即收到信息者，是信息传递的目的地。

信息传递的目的就是要使接收端获得一个与发送端相同的复现消息，包括全部内容和特征。然而，在实际中不可避免地会产生噪声的干扰。所以，接收信息和发送信息之间总会有差别，信息传递的过程会失真，如无线电接收中的静电干扰，雨雪对电视信号的干扰，发射机的热干扰等。在环境中有距离不同、方向不同、自身或周围反射的干扰等，统称为噪声（noise）。噪声是生态系统中所有信息传递中有限制性的因素。

研究表明，信息存储的规律和原理完全可以通过通信的规律和原理来说明。为了安全可靠地传递信息，要充分利用全信息的因素。

4. 信息处理系统　信息处理系统（information processing system）是指为了不同目的和背景而实施的对信息进行的加工和变换。例如，为了提高抗干扰性而进行的纠错编码处理，为了提高效率而进行的信息压缩和信息加密处理等。一般分为浅层信息处理和深层信息处理。前者基本上是对信息的形式化所做的处理，如匹配、压缩、纠错和加密等；后者不仅仅利用语法信息的因素，还要考虑全信息的因素，特别是与优化、决策等联系的信息因素等信息处理的层次越深，越是要充分利用全信息的因素。

5. 信息再生　信息再生（regeneration）是利用已有的信息来产生信息的过程，它在整个信息过程中起着十分重要的作用。信息再生表明它是一个由客观信息转变为主观信息的过程，是主体思考升华转变的过程。决策（decision making）是根据具体的环境和任务决定行动的策略，它是一个典型的信息再生过程。

6. 信息施效　使信息发挥作用是研究整个信息过程的目的。人们通过获取信息、传递信息、处理信息、再生信息、利用信息等，让信息发挥效益，其中包括控制、优化的增广智能，最终把信息和规律运用于实践中，造福人类。

第四节　生态系统动态与平衡

微课堂

一、生态系统动态

生态系统并不是固定不变的，而是在不断变化、不断发展的。换句话说，它是一个动态系统。生态系统动态包括两方面内容：生态系统进化和生态系统演替。

生态系统进化是长期的地质、气候等外部变化与生态系统生物组分活动所引起的内部过程相互作用的结果。一般来说，长期进化发展的总策略是增加对物理环境的控制，或与物理环境保持一种稳定，以便对外界扰乱达到最大的防护。

生态系统演替就是生态系统的结构和功能随时间的改变，即在某一生态系统中，同一地段上不同生物群落相继更替的过程。例如，在落叶阔叶林区的撂荒地，经过一系列暂时性的群落更替，最后又恢复到落叶阔叶林，这是森林群落的演替。而且随着植物群落的更替，栖息在其中的动物消费者、微生物分解者，以及群落环境都在发生改变、更替，因此植物群落的演替实际上是整个生态系统的演替。

生态系统演替是系统内部的发展过程与外界加给的物理力量相互作用的结果。生态系统演替是有次序的改变过程，这种改变是定向的，因此是可以预测的，演替最后导致建立一个更加稳定的生态系统而达到顶极状态。

Odum将生态系统随时间而演替的三种状态描述如下：①增长系统，其能量输入大于能量输出，剩余的能量用于系统内部结构的改变，使系统增大；②衰老系统，其能量输入小于能量输出，无法维持系统的运转；③稳定状态，也称为平衡系统，在这样的系统中，能量输入和输出大致保持平衡。

生态系统演替的一个重要特点是趋向于多样化：食物链由简单的线状发展成为复杂的网状，种类组成和群落结构，成层现象及生态位等变得复杂多样。但自养有机体的多样性出现在演替发展阶段，当有机体体积增加和竞争加强时，多样性减少。

二、生态平衡

生态平衡（ecological balance）是在现代生态学发展的理论上提出的新概念。当前，人们经常谈到在自然界中出现森林面积缩小、草原退化、气候恶化、水土流失、洪水泛滥、沙漠扩大、风沙肆虐、环境污染、人口膨胀等现象，这些都是生态平衡失调的表现。调整、恢复和维护生态平衡是摆在我们面前的艰巨任务。

在一般情况下，能量和物质的输入大于输出，生物量增加；反之，生物量减少。如果输入和输出在较长时间内趋于相等，生态系统的结构和功能长期处于稳定状态，在轻度干扰下能通过自我调节恢复到原初的稳定状态。生态系统的这种状态就叫作生态系统的平衡，也就是人们常说的生态平衡。显然生态平衡是动态的、相对的，是一个运动着的平衡状态。在自然界中，一个正常运转的生态系统，其能量和物质的输入和输出总是自动趋于平衡，这时动植物的种类和数量保持相对恒定。

在一个相对平衡的生态系统中，物种数达到最多和最适量，物种之间彼此适应、相互制约，各自在系统中进行正常的生长发育、繁衍后代，并保持一定数量的种群，能够排斥其他物种的入侵。生物多样性丰富、结构复杂、生物量最大、环境的生产潜力充分地发挥出来，是衡量生态平衡的指标。

但是，生态系统的自动调节能力具有一定的限度，即使调节能力很强的生态系统对外来冲击的耐受力也是有限度的，只有在某一限度内可以自我调节，这个限度就是生态阈限。超越了生态阈限，自动调节降低甚至消失，生态平衡失调，系统中有机体的数量减少，生物量下降，能量流动和物质循环发生障碍，这一系列连锁反应导致整个系统慢性崩溃。例如，在上述例子中，如果干旱过于严重，或放牧过度，使大多数植物无法生长，草地鼠大多数因饥饿而死亡，那么该生态系统就不可能在短期内得到恢复，甚至形成恶性循环而衰退。

生态阈限的大小取决于生态系统的成熟性。系统越成熟，表示它的种类组成越多，营养结构越复杂，因此稳定性越大，对外界压力和冲击的抵抗力也越大。相反，一个简单的系统，则阈限低。

人类在不了解自然规律的情况下大规模盲目开发，导致生态系统平衡破坏，使人类自己遭受损失的历史事件不胜枚举。例如，埃及的阿斯旺水坝带来了许多后果，尤其对地中海东部沙丁鱼渔业的影响是灾难性的——原来尼罗河定期带来的养分（硝酸盐和磷酸盐）在坝修起来之后就不再到达那里了，因此引起初级生产力降低和浮游动物种群减少，进而导致沙丁鱼捕获量下降。还有一个影响是血吸虫病在埃及迅速蔓延——血吸虫的中间宿主是钉螺，钉螺通过沟渠散布，为了充分利用水坝所提供的水，这种沟渠还将扩大分布，造成的结果就是钉螺的生境扩大，血吸虫病加剧。最后，必须考虑水库的寿命——尼罗河含沙量很大，水库很快就会被泥沙所淤满。

以上说明，生态系统受到不同类型的干扰，其长期的后果当时往往不能预测。特别是由于生态系统有了一种缓冲能力，不平衡现象可能在长时间内不会被发现，所以重要的是对可能导致各种生态系统受到严重干扰的现象，以及这种干扰将会发生的危险及时进行纠正。这就要求对各种生态系统的结构、调节机制和稳定性阈限进行深入研究，以便在对生态系统采取措施时，能预测该措施对整个生态系统可能产生的后果，既发挥经济效益，又防止对环境的破坏。

微课堂

第五节　生态系统类型

地球上的生态系统，根据人类活动的影响大小可以分为自然生态系统和人工生态系统。根据能量的来源可以分为4种主要类型：无补助的太阳供能生态系统、自然补助的太阳供能生态系统、人类补助的太阳供能生态系统、燃料供能的城市-工业系统。

根据环境中水分的情况，可将生态系统划分为水生生态系统和陆地生态系统两大类型，在两大类型之下再分为15个主要生态系统类型（表4-2）。图4-15形象地说明了地球上各种生态系统类型的分布情况。实际上在不同的生态系统之间还有一些过渡类型，如淡水生态系统与咸水生态系统之间，沼泽生态系统与水生生态系统之间，水生生态系统与陆地生态系统之间都有过渡地带，很难将其归于某种生态系统类型，又如农业生态系统、城市生态系统等人工生态系统的归属划分等都有待进一步研究。

表4-2　生态系统类型划分表（引自Mcnaughton，1973）

水生生态系统				陆地生态系统	
淡水生态系统		海洋生态系统			
流水（溪、河）	急流	海岸线	岩石岸	荒漠	热荒漠
	缓流		沙岸		冷荒漠
静水（湖、池）	滨水带	浅海		苔原	
	表水层	上涌带		极地	
	深水层	珊瑚礁		高山	
		远洋	远洋上层（表层）	草原	干草原
			远洋中层（中层）		草甸草原
			远洋深层（中层）	稀树干草原	
			极深海（底层）		
				针叶林	寒温性针叶林
					温性针叶林
					暖性针叶林
					热性针叶林
				阔叶林	温带落叶阔叶林
					亚热带常绿阔叶林
					热带雨林
					热带季雨林

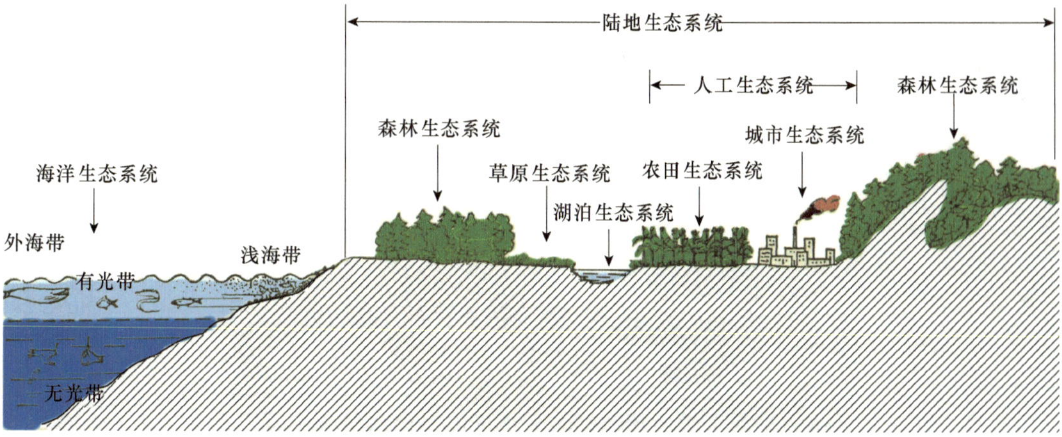

图4-15 地球上生态系统类型示意图（仿祝廷成和董厚德，1983）

一、陆地生态系统

虽然陆地的总面积只占地球总表面积的1/3，但是从气候炎热的赤道到气候严寒的两极；从气候湿润的近海地区到大陆腹地的干燥荒漠，生态环境极其复杂，因此也就形成了多种多样的陆地生态系统。一般在湿润地区分布着森林生态系统。在极地地区，因气温过低、风力过强，林木已不能生长，形成了苔原生态系统。在湿度小的干旱和半干旱地区，生物难以生长，主要分布着草原生态系统和荒漠生态系统。它们的组成、结构、初级生产力及净初级生产力、能量流动和物质循环等，均存在较大差异。其中，森林生态系统垂直厚度最大，生物种类最多，生物生产量最高。例如，热带雨林生态系统的地上部分和地下部分垂直厚度达100m以上，几乎是荒漠生态系统的20倍。

（一）森林生态系统

森林生态系统占世界陆地面积的22%，森林生态系统的生产者包括林内的乔木、灌木、草本植物、藤本植物、附生植物，其中木本植物是主要建群者，同时也是主要生产者。

无论是形态结构还是营养结构，森林生态系统都是极为复杂的，具有最复杂的营养级和食物网关系，也是生产力最大的生态系统。它以巨大的生产力维持着各种类型的消费者，从最大型的食草类消费者（如大象），到最凶猛的食肉类消费者，构成了长短不一的食物链和食物网，因此，研究它们的功能和结构也是最困难的。

热量的多少和生长季节的长度决定着森林生态系统的结构成分、能量流动和物质循环的速率及生产力的高低。根据这些特征，森林生态系统可划分出一系列不同的类型：在赤道及其邻近地区，终年高温多雨，植物可以全年生长，形成高大茂密的热带雨林生态系统；在南北纬25°～35°地区，最冷月气温低于0℃，出现了亚热带常绿阔叶林生态系统；在温带地区，四季分明，有一个或长或短的冰冻期，在这个时期，植物停止活动，进入休眠状态，形成了温带落叶阔叶林生态系统；在高纬度的亚寒带，冬季漫长，温度低，落叶阔叶林被针叶林所取代，形成亚寒带针叶林生态系统。

（二）草原生态系统

全世界的草原有 3000万km^2，约占陆地面积的24%。欧亚大陆，自匈牙利中部开始，向东经中亚细亚、西伯利亚、蒙古国，直到我国的内蒙古、东北大草原，形成了一条宽阔的草原带。此外，在北美中部、南美南部、非洲南部和大洋洲等地也有草原分布。草原地区的气候大陆性较强，雨量较少，一般为180～500mm，蒸发量远超降水量。

草原生态系统的结构可分为三层：地上层、地面层和根层，其种类组成、生产力、高度和盖度随着雨量的变化而变化。在我国内蒙古典型草原中，年平均降水量约350mm，植物生长周期为3年，地上部分净初级生产力为120～170g/（m^2・年）。

稀树干草原（steppe savanna）生态系统的特点是降雨不多，但降雨集中，全年干湿季节交替出现。初级生产者有热带型干旱草本植物与稀疏生长的伞形树冠状乔木。动物以斑马、长颈鹿、狮子等大型动物为主。稀树干草原的净初级生产力，依植物生活型的不同而有较大的变幅，一般在生长季节中，初级生产力在37～800g/（m^2・年）。

放牧是草原生态系统能量流动和物质循环的一个重要因子，适度放牧可以促进草原生产力的发展，因为食草动物剩余的、不能利用的物质（如粪便等）又归还给草原，使初级生产者得到丰富的养分而提高生产力，并且牲畜的适当践踏还有助于种子进入土壤。但是如果放牧量过大，草原将逆向演替。

（三）荒漠生态系统

荒漠生态系统的最大特点是水分非常稀少，年降水量一般不超过250mm，有的地区只有5mm，甚至无雨。根据温度和热量条件，可将荒漠分为热荒漠和冷荒漠两大类。荒漠的植被稀疏，初级生产者十分分散，有的呈灌木状或匍匐状生长，主要是一些有很强抗旱性的植物，如柽柳属、梭梭属、沙拐枣属、锦鸡儿属、仙人掌属植物。消费者主要有昆虫、爬行类、啮齿类和鸟类等。

二、水生生态系统

地球上的水域，包括海洋、江河、湖泊、沼泽等，到处生存着生物。其中海洋面积约为36 100万km^2，占地球面积的71%。水生生态系统包括淡水生态系统和海洋生态系统两大类。淡水生态系统可根据水的流速分为河流生态系统和湖泊生态系统两大类型。

（一）河流生态系统

长江、黄河、恒河、尼罗河、密西西比河、澜沧江等都是河流生态系统，河流生态系统是非常庞大的。从源头到河口，往往包括源头、汇水区、支流、主流。例如，黄河是中国第二长河、世界第五长河，全长约5464km，流域面积约752 443km^2。黄河发源于青海省青藏高原的巴颜喀拉山脉北麓约古宗列盆地的玛曲，呈“几”字形。自西向东分别流经青海、四川、甘肃、宁夏、内蒙古、陕西、山西、河南及山东9个省（自治区），最后流入渤海。黄河的水面落差达4480m，泛滥的洪水带来了丰富的营养物质，为鱼类和多种水生动物提供了丰富的食物。

在横截面上，溪流中包括潜流带，是河流地表水和地下水相互作用的界面，占据着在地表水、河道之下的可渗透的沉积缓冲带、侧向的河岸带和地下水之间的中心位置。河流生态系统的特点是水的流动性受落差垂直变化的影响，流速受流量及河床大小之间比例的影响。在河流生态系统中，初级生产者为藻类构成的黏附性群落、水生植物等，另外，陆地植物叶片的凋落物也是水生生态系统重要的物质和能量来源。在这样的生态系统中，消费者主要是一些昆虫、无脊椎动物、两栖类及鱼类，其食物链的基本形式是水生植物→无脊椎动物→鱼类。

（二）湖泊生态系统

湖泊生态系统是指陆地上的淡水湖泊、沼泽、池塘和水库等流动性较弱的水体所形成的生态系统。静水是相对的，任何一个湖泊、沼泽、池塘和水库的水都会流动，只不过这种流动和水的交换较为缓慢。湖泊生态系统是一个典型的静水生态系统（图4-16）。

图4-16 鄱阳湖畔的湿地植物（王小龙供图）

湖泊是地面上长期存水的洼地，任何一个湖泊生态系统在结构上可分为三个层次：沿岸带、表水层和深水层。在沿岸带，湖水较浅，阳光较强，O_2充足，温度也高，营养物质丰富。因此，沿岸带聚集着大量的植物和动物。其中，挺水植物和浮游藻类等生产者尤为繁盛，并且由湖岸向湖心的方向深入，植物带呈同心圆状分布。表水层也叫作湖沼带，阳光充足，温度较高，浮游植物及其他自养生物占优势，包括沉水植物、硅藻、蓝藻、绿藻、双鞭甲藻等，它们的光合作用旺盛。水域中的O_2含量高，因此吸引了许多消费者，如浮游动物中的原生动物、轮虫、枝角类或桡足类等。而浮游生物又为自游生物——各种鱼类提供了丰富的食饵，所以很多鱼类也在表水层中生活。在深水层中，因为光线微弱，不能满足绿色植物光合作用的需要，所以深水层中以异养动物和兼气性细菌为主。异养动物以各种小型浮游动物为食饵，细菌则分解沉落下来的有机残体，所产生的无机物质一部分再度被藻类利用。因此表水层和深水层之间存在着复杂的关系。

（三）海洋生态系统

地球表层大部分被海水所覆盖，整个海洋是一个连续的整体。其面积为$362\times10^6\ km^2$，约占地球表面积的71%，平均深度约为3750m，现在已经知道的最大深度是太平洋的马里亚纳海沟，深11 036m。海洋的平均含盐量为30‰左右，但随着水深和地形的变化而有所变化。海洋具有三大环境梯度：①从赤道到两极的纬度梯度，主要表现为赤道向两极的太阳辐射强度逐渐减弱，季节差异逐渐增大，直接影响光合作用的季节差异和不同海区的温跃层模式；②从海面到深海海底的深度梯度，由于光照只能透入海洋的表层，其下方只有微弱的光或几乎无光，温度也有明显的垂直变化，底层温度较低且较恒定，压力也逐渐增加，有机食物在深层稀少；③从沿岸向外延伸到开阔大洋的水平梯度，由于深度、营养物含量和海水混合作用，盐度等其他环境因素从沿岸向外洋减弱，海水具有流动性，溶于水中物质扩散，具有均一性和稳定性。

Tait（1981）将海洋分为水层部分和海底部分：前者是指海洋的整个水体，可以分为浅海区和大洋区；后者是指整个海底，可以分为滨海带、浅海带和深海带。

按传统分法，海洋生态系统包括海岸带、浅海带、上涌带、远洋和珊瑚礁等部分（图4-17）。在这些部分中，远洋约占整个海洋面积的90%，浅海带占7.5%，海岸带、上涌带和珊瑚礁约共占2.5%。

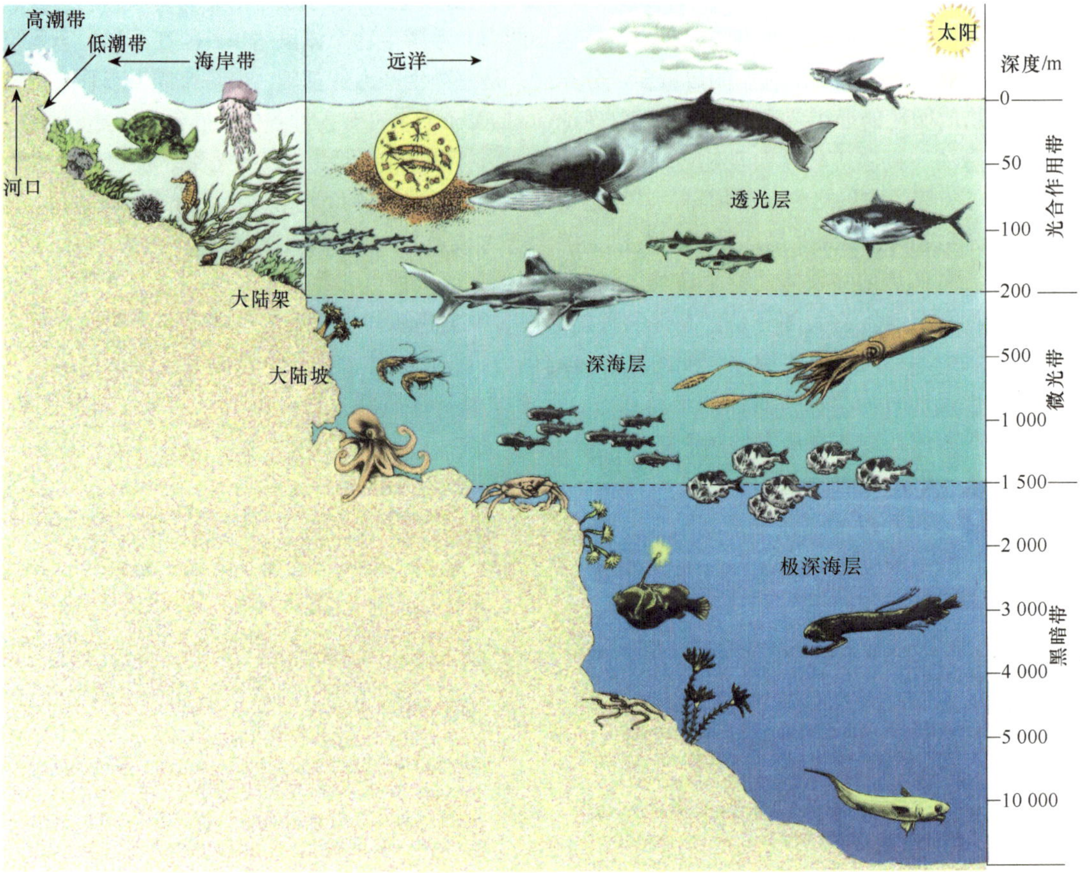

图4-17 海洋生态系统中的主要生物带（引自Miller，2001）

海岸带（coastal zone）是海洋与陆地交界的区域，这一区域的主要生产者是许多固着生长的大型藻类，如海带、裙带菜及紫菜等。它们固着在岩石等界面上，形成水下植被，有时也称为“海底森林”。消费者是许多消费大型藻类的海洋动物和滤食性动物。

浅海带（sublittoral zone）水深200m左右，主要是大陆架。这里接受了河流带来的大量有机物质，光线充足，温度适宜，有大量生物，是海洋生命最活跃的地带。浅海带中的主要生产者是大量的单细胞浮游藻类，如各种绿藻、硅藻等。一级消费者是食草性的浮游动物。浮游植物和食草性浮游动物为其他更高营养级的动物提供了充足的食物。

上涌带中，上升流（upwelling）可以将许多矿物质带到浅海带或远洋的表层，常见的是群生硅藻形成的大的胶团和长丝状体，许多滤食性鱼类直接取食这些浮游植物。

远洋（pelagic）包括透光层、深海层、极深海层。含有大量的碎屑食物，所以固着生长的动物种类很多。远洋的动物各自占领着一定的深度，分层生活，并发展出一系列的适应特征，如发光器官、口腔扩大、承受压力大等。它们都属于食肉动物，有的吞食活动物，有的专门吃动物尸体，形成了一条长长的食物链。海洋生态系统的消费者通常分布在海底。

珊瑚礁（coral reef）是一种耐侵蚀的海中山岭或高地，主要由珊瑚、海藻物质及经过生化反应而沉积下来的镁和碳酸钙结合在一起而形成。

海洋中至少生活着25万种生物。海洋生物按其生活习性可以分为浮游生物、游泳生物和底栖生物三大生态类群。

浮游生物（plankton）是指在水流运动的作用下，被动地漂浮在水层中的生物群。它们一般缺乏发达的运动器官，运动能力弱或完全没有运动能力。浮游生物个体虽然小，但在海洋生态系统中占有非常重要的地位。它们的数量多、分布广，是海洋生产力的基础，也是海洋生态系统能量流动和物质循环的最主要环节。浮游植物（phytoplankton）主要有各种各样的硅藻、甲藻、蓝藻、金藻、绿藻、黄藻等。浮游动物（zooplankton）有鞭毛类、有孔虫类、纤毛类、桡足类、磷虾类、水母类等，它们摄食浮游植物，其生物量变化进而影响许多鱼类和其他动物的生物量。

游泳生物（nekton）是运动器官发达、游泳能力很强的大型动物，包括海洋鱼类、哺乳类、爬行类、海鸟及某些软体动物（乌贼）和一些虾类等。从种类和数量上来看，鱼类是最重要的游泳生物。游泳生物大部分是食肉性的种类，很多种类是海洋生态系统中的高级消费者。游泳动物在水中运动时，要克服水介质对其身体的阻力，它们在体型上通常都具有流线型身体；它们在停止运动时为了保持身体的漂浮状态，又必须具备某些浮力适应机制，大部分鱼类具鳔。很多海洋游泳动物还有周期性的洄游（migration）习性，如产卵洄游、索饵洄游或越冬洄游。

底栖生物（benthos）由生活在海洋基底表面或沉积物中的各种生物组成，包括底栖植物和底栖动物，前者包括许多单细胞藻类、大型海藻和被子植物（海草），底栖动物是海洋生物中最多样化的一个生态类群，有海绵、珊瑚、有孔虫、星虫、章鱼、海星、海参、海百合、剑水蚤、藤壶、蟹、龙虾等。

第六节　生态系统服务

微课堂

一、什么是生态系统服务

生态系统为人类提供了许多社会、经济和文化生活必不可少的物质资源和生存条件。这些由生态系统的物种、群体、群落、生境及其生态过程所生产的物质及其所维持的良好生活环境对人类与环境的服务性能称为生态系统服务（ecosystem service）（表4-3）。

表4-3 生态系统服务项目一览表（引自Costanza et al.，1992；孙儒泳等，2002）

生态系统服务	生态系统功能	举例
气体平衡	大气化学成分调节	CO_2/O_2平衡，O_3防紫外线等
气候调节	森林气候、区域气候、全球气候调节	城市绿地的温度调节、温室气体调节
干扰调节	生态系统对环境扰动的容量、衰减和综合反应	红树林可以缓冲潮汐波动，带来中度扰动后生物多样性增加、风暴防止、洪水控制等
水文调节	水文流动调节	为农业、工业和运输提供用水
水利供应	森林对降水的贮存和保持	向集水区、水库和含水岩层供水
保持水土	生态系统内的水资源与土壤保持	防止土壤被侵蚀，把淤泥保存在湿地中
控制侵蚀	土壤形成过程	岩石风化和有机物质积累
养分循环	养分的贮存、内循环和获取	固氮，N、P和其他元素及养分循环
废弃物处理	易流失养分的再获取，外来养分或化合物的去除或降解	废弃物处理，污染控制，解除毒性
种子传播与传粉	通过动物传播种子，有花植物配子的运动	各种动物为许多种子传播到新的区域奠定基础，提供传粉者以便植物繁殖
生物防治	生物种群的营养动力学控制	关键捕食者控制被食者种群，食肉动物使食草动物减少
避难所	为常居和迁徙种群提供生境	育雏地、迁徙动物栖息地、当地收获物种栖息地或越冬场所
食物生产	总初级生产中可为食物的部分	通过采集和农耕收获的作物、坚果、水果等
原材料	总初级生产中可用为原材料的部分	木材、燃料和饲料产品
生物多样性	独一无二的生物材料和产品的来源	医药产品，用于农作物抗病和抗虫的基因
休闲娱乐	提供休闲旅游活动机会	生态旅游、钓鱼运动及其他户外游乐活动
文化	提供非商业性用途的机会	生态系统的美学、艺术、教育、精神价值

生态系统功能是构建生物有机体生理功能的过程，是维持为人类提供各种产品和服务的基础。产品是指在市场上用货币表现的商品。服务不能够在市场上买卖，但它有重要的价值。生态系统是我们获得自然资源的源泉，也是人类赖以生存的环境条件。

近年来，以Daily主编的《生态系统服务：人类社会对自然生态系统的依赖性》（1997）一书为标志，研究生态系统服务的热潮正在兴起。

二、生态系统服务的主要类型

（一）生物多样性的维持

生物多样性是地球上经过几十亿年发展进化的生命总和，是生物圈不可缺少的组成部分，支撑着人类社会的生存和发展。生物多样性也是人类赖以生存的物质基础，是自然科学、社会科学、旅游观赏、文化历史、精神文明等多门学科教育和研究的重要材料。每一种生物都是大自然的杰出创造，失去则不可复得。不管对于人类社会的物质价值如何，物种都具有自身的价值，其进化历史、独特的生态作用及其存在本身赋予了它们这种固有价值。

地球上的生物多样性大部分都存在于森林、草原、荒漠、河流、湖泊和海洋等自然生态系统中，农地、风景林地、药材基地、果园等环境中也保存了部分生物多样性。

热带森林的面积虽然只有全球陆地面积的7%，但至少拥有世界上一半的物种数。厄瓜多尔西部、巴西大西洋沿岸、喜马拉雅东部等全球12个热带热点地区的面积加起来才占热带森林面积的3.5%，但其中高等植物种类占全球高等植物总种数的27%。巴西拥有世界上最郁闭的热带森林，是世界上物种多样性最丰富的国家，这里有野生动物3000种，种子植物55 000种。哥伦比亚、印度尼西亚华莱士区、澳大利亚昆士兰北部、马达加斯加、马来西亚沙巴地区和我国的西南部都有着非常丰富的生物多样性。

由于不同的物种对生境需求存在差异，许多生物为某一地区、山区、河谷或岛屿所特有，如非洲南部的南非、博茨瓦纳、纳米比亚等，温带地区约23 200种植物中，有80%为该地区所特有。

生物多样性提供了多种生态系统服务，保证了大自然生命的必需进程，这类生态系统服务包括调节大气中的气体组成、保护海岸带、调节水循环和气候、形成并保护肥沃土壤、分散和分解废弃物、吸收污染物和使多种作物受粉等，其中15种生态系统服务的总经济价值达每年16万亿～54万亿美元。

生物多样性为食物和农业提供遗传资源，因此它构成了世界食物安全的生物基础并维持着人类的生计。许多野生植物资源对国家和全球的经济具有重要作用。例如，埃塞俄比亚的作物品种可为加利福尼亚大麦免受病毒性病原菌危害提供保护，每年创造经济价值1.6亿美元。从野生小麦中获取的对病害的遗传抗性在土耳其每年创造的价值达0.5亿美元（UNEP，1995）。

人类的健康和幸福直接依赖于生物多样性。许多重要的抗生素，如青霉素和四环素，是从真菌和其他微生物中获得的。紫杉醇是一种众所周知的抗癌化合物，可以用于治疗乳腺癌、卵巢癌和肺癌。1962年，紫杉醇首次在太平洋红豆杉中被发现。后来，科学家发现，不仅太平洋红豆杉中含有紫杉醇，在中国分布的红豆杉、南方红豆杉（图4-18）、东北红豆杉等中也都含有紫杉醇，但紫杉醇在树皮内的含量仅为0.004%。为了避免野生红豆杉被砍伐，我国在福建明溪等地建设了红豆杉种植基地，利用种植的红豆杉来提纯紫杉醇。

图4-18　南方红豆杉

1997年世界上最畅销的25种药中有10种来源于自然资源。全球来自遗传资源的药物市场价值估计为每年750亿～1500亿美元。非洲80%的人口在初级卫生保健中使用传统医学，有些国家的大部分人口甚至完全依赖于传统医学提供的卫生保健；在拉丁美洲，智利人口的71%和古巴人口的60%使用传统医学；在亚洲，传统医学是印度65%人口唯一可获得的医疗卫生服务。

（二）传粉、传播种子

植物靠动物传粉是互利共生的特殊形式。在已知繁殖方式的24万种植物中，约有22万种植物需要动物帮助，植物与授粉动物之间形成了协同进化的关系。参与授粉的野生动物有蜜蜂等昆虫，以及蝙蝠和鸟类等10万种以上的物种。约有70%的农作物需要动物授粉。

许多植物靠动物传播果实或种子，动物把果实或种子从树冠下搬运到其林下的洞穴中，由于动物很少经过撂荒地，森林内的植物果实或种子也就难以传播到撂荒地上，妨碍了森林在废弃牧场上的恢复。在热带非洲，由于森林植物的种子多集中在林内，且传播种子的蝙蝠和鸟类多在大树下活动，刀耕火种以后，由撂荒地向天然森林的演替进程很慢。

在秘鲁东南热带雨林中，蜘蛛猴（*Ateles paniscus*）在6个月内能够帮忙传播71种植物的种子，红吼猴（*Alouatta seniculus*）能够传播14种植物的种子。猴子的粪便进一步招引27种蜣螂，这些蜣螂将41%的种子包被在粪便中，未被包被的种子在30d内被啮齿动物搬走，再传播动物在种子传播过程中也非常重要。

传粉播种的动物在一定的生境里取食、生长、发育、交配和繁殖，完成生活史中各个特定阶段。不同物种有不一样的生活史，有其各自的生态对策，对生态环境条件有严格的要求。它们与许多植物形成紧密的联系，环环相扣，相互共生。由于人为活动导致栖息地减少，传粉播种的动物多样性明显减少，对生态系统服务带来了不良效应。

（三）土壤形成及其改良

土壤层是自然生态系统经过千百年来生物过程、物理过程和化学过程综合作用形成的，并由生态系统维持更新。土壤是植物生长的基质和营养库，每块土壤都在不断地进行着物质循环和能量流动。绝大多数植物以土壤作为生活的基质。土壤提供了植物生活的空间、水分和必需的矿质元素。

土壤生物是土壤积极的改良者。土壤中有数以亿计的微生物，50%以上的菌种栖息于土壤之中。微生物对枯枝落叶或尸体进行分解，把它们降解为简单的有机物质或进一步降解为无机物质，还原成有用的营养物质。有些土壤细菌可吸收空气中的氮元素，转化为植物可以吸收的状态。

栖居土壤中的动物有原生动物、线虫、蚯蚓、蜗牛、马陆、蚂蚁、蜱螨、啮齿类等。这些动物参与土壤有机物质的捣碎、分解和腐烂等过程，并把有机物质运到较深的土层中去，起到了维持孔隙、改善土壤性质的作用。

土壤中还有 50种以上的酶与之结合，不易分离。这些酶有的是生物分泌的胞外酶，有的是细胞死后释放出来的胞内酶。土壤中存在大量能分解酶的微生物，它们在将酶分解后再充分利用其中的碳和能量。

（四）涵养水源，减缓干旱

森林生态系统的重要功能之一是承接雨水，减少落地降水量，能使地表径流变为地下径流，涵养水源，减缓干旱。群落中的植物以自己的枝叶、根系和地面的腐殖质把降水阻截和保持在群落的内部。森林里面的空气经常是湿润的，森林土壤富含水分，如同水库一样含蓄着大量的水分。即使是大旱之年，山溪依然是潺潺流水，细水长流，清晨，树叶上还凝结着露珠，像这样的森林，人们称之为水源涵养林。由于植物群落阻截了降水，大大减少地表径流，所以可防止水土流失。森林土壤中的水充分保证了植物的需要，多余的水便源源不断地流入江河。这也避免了江河暴涨暴落，避免了泥沙被冲刷带进江河。因此，在江河上游，水库四周营造大面积的水源林，可起到涵养水源、保持水土、调节气候的作用。

据测定，林冠所截留的雨水能占到降水量的15%～40%，5%～10%的降水可被枯枝落叶层吸收。例如，云杉林冠能截留总降水量的30%，松林为18%，木林则只有9%。

另外，林地的土壤疏松，孔隙多，对雨水的渗透性能强，降水的50%～80%可以渗入地下，成为地下“水库”。一般而言，每公顷森林所含蓄的水分至少比无林地多300m^3，1万hm^{2}森林所含蓄的水分就相当于一个容量为300万m^{3}的水库。降水经过林冠的截留和林地的渗透贮存，以及受到林下灌木、草本植物和枯枝落叶阻挡，流速大为下降，不容易形成冲刷土壤的径流。根据对祁连山水源林的观测，雨后69.5d，雨水才能从海拔2000m的山上流到山下。森林可减少全年径流量的50%以上，有的可达90%以上。“山上多栽树，等于修水库，有雨它能吞，无雨它能吐”，这是对森林水源涵养作用的生动描述。中国科学院沈阳应用生态研究所的科研人员曾在抚顺县两个流域研究了“95·7”暴雨径流全过程。1995年7月25～30日当地连降暴雨，总降水量450.6mm，森林小流域洪峰流量0.162m^3/s，皆伐迹地小流域洪峰流量0.251m^3/s，森林小流域洪峰流量比皆伐迹地小流域削减35.2%，峰现时间推迟1h，径流历时延长14h，为森林减轻洪涝灾害提供了佐证。河南“75·8”水灾中，驻马店地区的板桥水库和石漫滩水库大坝崩塌，造成了巨大损失，而同一地区的薄山水库和东风水库上游森林覆盖率达90%，降水被森林截留，滞缓了洪水入库时间，这两座水库在特大暴雨期间安然无恙。

2009～2012年，云南、贵州、广西、重庆、四川等地年降水量持续偏少，气温持续偏高，出现了严重的干旱，干旱造成了2010年云南省742万人、459万头大牲畜饮水困难。小麦受灾面积3148万亩①，占播种面积的85%。在这样严重干旱的情况下，云南省元阳县红河哈尼梯田却没有受到大旱的影响，这受益于哈尼人在发展农业过程中保留了山体上部的茂密森林。哈尼人一直都认为，没有森林就没有水，没有水就没有粮，没有粮就没有寨子，所以田边、沟边都有树。他们过的昂玛突节就有专门祭祀林木的活动，以表达对树林的感恩之心。

（五）调节与改善气候

由于森林林冠阻挡，林内的最高气温与最低气温相差较小，冬暖夏凉；林内的地表蒸发比无林地显著减小，一般只相当于无林地的40%～80%；林内相对湿度却比林外高，一般可高出10%～26%。不仅如此，植被还在调节与改善区域气候方面起着重要作用。

森林的蒸腾作用，在自然界水分循环和改善区域气候方面有重要作用。研究表明，1hm^{2}森林每天要从地下吸收70～100t水，这些水大部分通过枝叶蒸发回到大气中；水变成水蒸气的过程中要吸收一定的热量，所以大面积森林上空的空气湿润，林地的雾、露、霜、雪都比无林地多，区域的气候得到明显改善。例如，广东省雷州半岛在1949年以后造林24万hm^2，森

① 1亩≈666.67m^2

林覆盖率达到 36%，改变了过去林木稀少时的严重干旱。据当地气象站的记载，造林20年后，年平均降水量增加到1855mm，比造林前40年的平均降水量增加了31%，蒸发量减少75%，相对湿度增加1.5%。

在现代城市中，楼房林立，存在着大量不透水的水泥地面，人为释放的热量用在了加热大气和下垫面的热量储存上，而热量的蒸发支出很小，导致城市的温度高于郊区的热岛效应。城市及城市周边，一定面积的近自然林地、公园、行道树、绿地及水面，可以大量增加潜热通量，甚至可能超过净辐射，并使感热通量减少或改变热量的传输方向，调节空气中的湿度，从而较好地调节城市气候。

研究表明，当夏天城市气温为 27.5℃时，草坪上气温仅22～24.5℃，比裸露地面低6～7℃，比柏油路面低8～20.5℃。又如，在上海，夏天紫藤绿化的墙面比无绿化的墙面温度平均降低5℃，太阳辐射强度可降低至1/15～1/4。

（六）保护和改善环境质量

植物和微生物在自然生长过程中吸附周围空气中或者水中的悬浮颗粒，以及有机的/无机的化合物，把它们吸收、分解、同化或者排出。动物则对活的或死的有机体进行机械的或生物化学的切割和分解，然后把这些物质加以吸收、加工、利用或者排出。生物在自然系统中进行新陈代谢的摄食、吸收、分解、组合，并伴随着氧化/还原作用使化学元素进入循环过程，有效地防止了物质过度积累所形成的污染。环境中的有毒物质经过生物的吸收和降解得以消除或减少，环境质量得到改善。

植物通过光合作用能大量吸收CO_2和放出O_2，起着固碳和提供充足氧气的作用。1hm^2的阔叶林一天可以吸收1t CO_2，释放出0.73t O_2，可供1000人呼吸。

植物对烟尘和粉尘有明显的过滤和阻滞作用。茂密的枝叶能够降低风速，而且叶表面不平，多茸毛，能分泌黏性油脂及汁液，滞留灰尘。一般每公顷松林每年可滞留灰尘36.4t，绿地上空空气含尘量比城市中没有绿地的街道减少37.1%～60%。

柳杉、槐树、桑树、木槿、紫穗槐、垂柳、罗汉松等对SO_2的吸收量与抗性都较大；夹竹桃、海桐、荷花玉兰、梧桐等吸收HF的能力比较强；槭树、柏木、白皮松、柳杉、稠李、雪松、樟树、紫薇等还能分泌杀菌素，杀死结核分枝杆菌、痢疾杆菌、伤寒沙门菌、白喉杆菌等多种病菌。众多的植物起着良好的净化空气的作用。

（七）防风固沙，保堤护田

风蚀也是土壤流失的一种灾害。风力可以吹失表土中的肥土和细粒，使土壤移动、转移。在防护林和林带，刮风时，气流受到林木的阻挡和分割，部分气流从树梢上绕过，部分气流透过林间枝叶，分割成许多方向不同的小股气流，风力互相抵消，强风变成了弱风。据各地观测表明，一条10m 高的林带，在其背风面150m范围内，风力平均降低50%以上；在 250m范围内，降低30%以上。

在我国的沙漠区域，每亩流动沙丘种上240丛沙柳或1000株沙蒿，或两种组合种植，4年后就能固定沙丘，近地表的风速由原来的8级降为5级；而每亩种上旱柳50株，灌木和草各200丛，5年就能固定沙丘，风速削弱为3～4级。

我国南方沿海的海岸线很长，沿海居民常受到台风的影响，严重时危及人民生命财产安全，海岸潮间带的红树林可以消滞潮汐的影响，起着保护堤岸的作用。

（八）生物防治

各种农作物从播种到收获，常常受到病虫、杂草、鸟、鼠等的侵害，承受重大损失。据估计，全球因病虫害损失的粮食占10%～15%，棉花占20%～25%。

在自然生态系统中，有害生物往往受到天敌的有效控制。利用天敌或某些生物的代谢物去防治有害生物，称为生物防治（biological control）。天敌多种多样，有瓢虫、步行虫、蜘蛛和鸟类等捕食者，有寄生蜂、寄生蝇和线虫等寄生物，有真菌、细菌和病毒等分解者。这些天敌在自然生态系统中发挥着控制有害生物、限制潜在有害生物数量的作用。在我国晋代和唐代古书中，就记载了在广州附近利用黄猄蚁（*Oecophylla smaragdina*）防治柑橘害虫的事例，至今已有1700多年。

现代农业多采用机械化生产，作物单一，依赖化肥与农药，常通过喷洒多次杀虫剂、除草剂和灭菌剂来防治病虫害，导致天敌和有益生物被杀灭，土壤微生物死亡，土壤结构遭到破坏，农作物免疫力下降，出现了每几年到十几年就面临病虫害大暴发的问题。

生物防治没有副作用，最大的特点是一旦建立起天敌种群就可发挥长期控制害虫的作用，达到一劳永逸的控制效果。1888年，美国由澳大利亚引进澳洲瓢虫（*Rodolia cardinalis*）防治柑橘吹绵蚧（*Icerya purchasi*）的危害，挽救了加利福尼亚州的柑橘业。目前澳洲瓢虫已在当地定居，建立了种群，控制作用已持续一个多世纪。

（九）休闲、娱乐

自然与生命之间相互依赖、相互支持、不断发展。生命进化的层次越高，生物多样性越多，关系也就越复杂。都市长期单调的生活、单纯的室内生活方式往往使人情绪低落，对外反应迟钝，情感流通渠道不畅，人们称之为“自然缺失症”。人一旦进入自然的怀抱之中，便会感受到自然界的宽广胸怀，油然而生的平和、宽松、友好的情绪使人精神抖擞，压抑减轻，心理和生理病态得到缓解。洁净的空气和水有助于人身心健康。不少野生动植物以其美妙的形色、姿态、声韵或习性给人以享受，带来生活情趣。

离开自己的日常居住地到异地进行休疗、度假、观光和康乐，可达到求美、求乐、求知和求新等目的。山山水水，其审美方式不在于游，而在于移步换景，所得无穷。

生态系统服务价值的比较

在主要生态系统中，单位面积服务价值最高的是湿地（平均每年每公顷14 785美元），其次是湖泊和河流（8494美元），然后是近海水域（4052美元）、热带雨林（2007美元）、其他森林（302美元）、海洋（252美元）、草地（232美元），而农田最低（92美元）。

从全球总价值来看，大约63%来自海洋，其中大多来自近海（或海岸）（12.6万亿美元）和远洋（8.4万亿美元），有37%来自陆地，主要来自湿地（4.9万亿美元）、热带森林（3.8万亿美元），然后是湖泊和河流（1.7万亿美元）、其他森林和草地（0.9万亿美元），而农田最少（0.1万亿美元）。

引自孙儒泳等《基础生态学》（2002）

第七节 生态系统管理

微课堂

由于人口的增长，私利的驱使，大片森林遭砍伐，许多物种濒临灭绝，生物圈与生物多样性受到了严重的影响，过度开发造成的破坏和环境的恶化已危及人类自身的生存。今天，我们应该应用生态学知识，由生态学家、社会学家与经济学家合作，共同研究解决问题的方法，也就是生态系统管理的方法。

其实，生态系统管理方法古已有之，如老子说过“生而不有，为而不持，长而不宰，是为玄德”。荀子也说过“天行有常，不为尧存，不为桀亡。应之以治则吉；应之以乱则凶。”荀子讲的“应之以治”就是生态系统管理的方法，“吉”就是可持续的意思，他还提出了具体的方法，如“草木荣华滋硕之时，则斧斤不入山林，不夭其生，不绝其长也；鼋鼍、鱼、鳖、鳅鳣孕别之时，网罟毒药不入泽，不夭其生，不绝其长也。”

生态系统管理与可持续发展思想的提出，在很大程度上可以缓解人类与自然的紧张关系。

一、生态系统管理的概念与内涵

生态系统管理（ecosystem management）是一种运用生态学、社会学与管理学原理，以生态系统健康、生物多样性保护和可持续发展为目标，对整个生态系统的内外环境进行生物学、物理学和化学的调控管理手段。

生态系统管理涉及社会、经济及其他非常重要的管理观念和行动方式，其内涵是用我们所掌握的生态学及其他学科的知识来保护和可持续利用地球上的生物资源，使之全方位地造福于不同社会的各个方面。

生态系统管理必须超越人类对生态系统的价值判定，必须以生物学和生态学信息为基础，而不是从人本出发来衡量生态系统的各种价值。生态系统管理的尺度必须有足够的弹性，以满足管理目标和管理对象的变化，以适应环境变化、人类行为变化、对象的变化及科学的发展。

二、生态系统管理的目的与原则

生态系统管理的目的在于宏观调控，是超越过去环境问题分割处理的唯一途径，通过生态系统管理可以化解潜在的问题、预测灾害、维持系统功能，减少未来的风险，最大限度地保全生物多样性。通过生态系统管理可以设法让立法者、政策制定者、决策者认识到现行政策会对生态系统今后的功能产生短期、中期或长期（通常是有害）的影响，并及时调整政策与实施步骤。

判定阈值是生态系统管理必不可少的，当生态系统退化到阈值水平以下时，一些属性和功能会丧失，甚至可能导致生态系统的一些组分崩溃，通过生态系统管理方法，可以及时判定与识别阈值，并将相关数据反馈给决策者。

莫尔特比（Maltby）等（1999）认为，虽然不能告诉生态系统管理者应该做什么，但可以帮助他们，提供必需的信息，使他们选择最适当的管理方式来管理生态系统。

生态系统管理的原则包括指导性原则和操作性原则两方面。指导性原则有：①目标是社会的选择结果；②必须考虑人的因素；③必须在自然的分界内管理；④必须认识到动态变化规律；⑤必须在适当的尺度内进行。操作性原则有：①必须从全球考虑，从局部着手；②必须寻求维持或加强生态系统的结构和功能的办法；③决策者应当以源于科学的适当工具为指导；④必须谨慎行事；⑤多学科交叉的途径是必要的。

三、生态系统管理的内容与参数

生态系统管理的内容包括：①向立法者、政策制定者、决策者解释其行为对区域生态系统甚至是生物圈的潜在影响；②通过控制污染，改变向各种生态系统中输入养分的成分与浓度，改善生态系统健康；③调节物理参数，如通过堤坝等来控制水的排放或者控制盐水侵入沿岸蓄水区；④改变生物间的相互关系，如依靠控制放牧和捕食强度以防止灌木和树木侵入草地和灌丛；⑤控制人类对化学制品和其他制品的使用，如限制化肥、杀虫剂、除草剂使用，调节渔网网孔大小，设定禁渔期；⑥在考虑保护利益时，介入文化、社会和经济过程，如提高农民的补贴以降低生态系统的负荷。

生态系统管理的参数与标准包括以下几个方面：①生态系统持续性；②生态学过程；③生态系统功能；④生态系统的结构与组成；⑤丰富度与生态多样性；⑥连通性；⑦未来选择的机会；⑧美学价值。

生态系统管理的参数实际上也就是衡量生态系统是否健康的标准，因此可以说生态系统健康是生态系统管理的目标。

四、生态系统健康的度量与监测指标

生态系统健康（ecosystem health）是生态系统的综合特性，它具有活力、稳定和自我调节的能力。换言之，一个生态系统的生物群落在结构、功能上与理论上所描述的相近，那么它们就是健康的，否则就是不健康的。病态的生态系统往往处于衰退、逐渐趋向于不可逆的崩溃状态。

由于生态系统是多变量的，那么生态系统健康标准也是多尺度的、动态的。它是有结构（组织）、有功能（活力）、有适应力（弹性）的。综合这三方面，组织、活力和弹性就是生态系统健康的具体反映。随着人们对生态系统更加深入地了解和认识，这个价值就能从主观的、表面的数量化转化为较客观的、更本质的丰富内涵。表4-4列出了生态系统健康度量4项指标的相关概念和度量法。

表4-4　生态系统健康度量成分、有关概念及方法（引自Costanza et al.，1992）

健康的成分	有关概念	相关度量	起源学科	可能的方法
活力	功能	GPP，NPP	生态学	度量
	生产力	GNP，GEP	经济学	
	通过量	新陈代谢	生物学	
组织	结构	多样性指数	生态学	网络分析
	生物多样性		生态学	

续表

健康的成分	有关概念	相关度量	起源学科	可能的方法
弹性		生长范围	生态学	模型模拟
联合性		优势	生态学	

注：GPP为总初级生产力（gross primary productivity）；NPP为净初级生产力（net primary productivity）；GNP为国民生产总值（gross national product）；GEP为生态系统生产总值（gross ecosystem product），是指生态系统为人类福祉和经济社会可持续发展提供的各种最终物质产品与服务价值的总和

一个生态系统是否健康，可以用特征种的年龄结构、优势度、恢复时间、新陈代谢、物种多样性、初级生产力、光合作用与呼吸作用的比例、病虫害状况等作为指标。

在正常情况下，生态系统稳定，其潜力能够发挥，遇到干扰时有自我修复能力，能够依靠最少的外界支持来维持其自身运转、在一段时间后自动地从胁迫状态恢复过来；而在胁迫的情况下，生态系统可能出现初级生产力降低、养分流失、生物多样性下降、r对策的物种增加、种群剧烈波动、共生作用减少、组织结构衰退、病虫害严重、生态系统完整性破坏等一系列问题。

第八节　课堂思辨案例：有关雅鲁藏布大峡谷的认知

雅鲁藏布江位于中国西南部的西藏自治区，是世界上海拔最高的大河，属印度洋水系，发源于西藏西南部喜马拉雅山脉北麓的杰马央宗冰川。雅鲁藏布江自西向东横贯西藏南部，流经米林后折向北、东，继而又急转南流，于巴昔卡出境流入印度，改称布拉马普特拉河，进入孟加拉国后称贾木纳河，后与恒河相汇，最后由孟加拉湾注入印度洋。这样一条河流在生态、动物、植物、景观、林业、农业、旅游、电力、水利、矿产等不同专业人的眼里，所呈现出来的形象是大相径庭的。

地质地貌

雅鲁藏布大峡谷的形成与该地区地壳300万年来的快速抬升及深部地质作用有关。15万年来，大峡谷地区的抬升速度达30mm/年，是世界上抬升最快的地区之一。最新地质考察表明，大峡谷形成的根本原因是该地区存在软流圈地幔上涌体，地幔上涌体可能是大峡谷水汽通道形成的一个重要因素，也可能是以该地区为中心的藏东南成为所谓“气候启动区”的原因，还可能是该地区生物纬向分布北移3°～5°的重要原因。

高峰与拐弯峡谷的组合，在世界峡谷河流发育史上是罕见的，这本身就是一种自然奇观。大拐弯峡谷由若干个拐弯相连组成。峡谷北侧的加拉白垒峰也是冰川发育的中心，其东坡列曲冰川是一条大型的山谷冰川，雪线从海拔4700m延至海拔2850m。在大峡谷水汽通道北行的当口部位，念青唐古拉山脉东段北坡，有卡钦冰川，长达33km；帕隆藏布上游的来古冰川，长达35km。它们都是我国海洋性温性冰川中较长的山谷冰川，冰川末段伸入亚热带常绿阔叶林中，最低可以到达海拔2500m左右的地方，构成了奇特的自然景观。

水文

雅鲁藏布大峡谷区域汇集了数条世界级的大江大河，雅鲁藏布、帕隆藏布、易贡藏布、波德藏布、东久河等数条大河全部在大峡谷附近汇合。因此，这里水资源极其丰富。雅鲁藏布大峡谷是青藏高原上最大的水汽通道，受印度洋暖湿气流的影响，大峡谷南段年降水量高达

4000mm，北段也在1500～2000mm，所以整个大峡谷地区异常湿润。水汽输送强度与自长江以南向北输送的夏季水汽强度相当，使得沿大峡谷水汽通道上，热带山地环境北移6个纬度，藏东南呈现一片绿色。雅鲁藏布江所蕴藏的水力资源在我国仅次于长江。

生物多样性[①]

（1）生态景观。雅鲁藏布大峡谷拥有举世罕见的壮美自然景观，汇集了大量雪山、峡谷、冰川、瀑布、湿地、湖泊等景观，包含了从高山冰雪带到低海拔河谷热带季雨林等9个垂直自然带，也是世界山地垂直自然带最齐全、最完整的地方。世界第三大峡谷帕隆藏布大峡谷也位于雅鲁藏布国家公园建议区内。在这里，湖区与雪山、森林、峡谷交相辉映，形成了独一无二的生态景观。

（2）植被类型。从墨脱南部海拔550m 的雅鲁藏布江面，到海拔7782m 的南迦巴瓦峰，水平距离不过 40km，却具有热带、亚热带、温带、寒带、高原、干旱河谷[②]和高寒冰川的自然条件，集中了从热带到寒带几乎所有的植被类型，是我国乃至世界范围内罕见的多种气候带原始植被聚集分布区域。

（3）植物多样性。这里是中国植物多样性最高的地区之一，且珍稀度高，稀有性和特有性极其明显。目前已发现维管植物5039种，苔藓植物512种。这里有大量西藏特有种，包括巨柏、西藏柏木、林芝云杉、墨脱冷杉、西藏天料木等，其中名字中含有“墨脱”的植物达到 40 多种。国家重点保护野生植物有20余种，该地区是我国Ⅰ级重点保护野生植物、雅江河谷的旗舰物种——巨柏的核心分布区。2023年5月，研究人员在位于雅鲁藏布大峡谷发现了高达102.3m的巨树——西藏柏木。其高度刷新了中国与亚洲的最高树纪录，仅次于美国红杉（116.07m）。

（4）动物多样性。这里位于古北界与东洋界两大动物地理区系交汇区，区内动物物种组成极其多样。交叉的区系组成导致这里成为物种多样性的集中分布地，例如，本区栖息有斑羚属的赤斑羚、中华斑羚和喜马拉雅斑羚；也分布有麝属的喜马拉雅麝、林麝、黑麝。这里是我国乃至全世界有蹄类与食肉类等动物类群种类最丰富的地方之一，有蹄类记录种类达15种。保存着我国亚热带独一无二的完整食肉动物群落。虎、花豹、云豹、金猫、豺、斑林狸等不但在这里并存，而且都保持着一定的种群数量；这里也是全世界唯一同时有虎、豹、雪豹、云豹4种大猫分布的区域。同时，以雅鲁藏布大峡谷为代表的峡谷区域也是南北动物迁徙与交流的廊道，是北方繁殖的候鸟迁往阿萨姆平原越冬的重要通道，绿宽嘴鸫、楔尾绿鸠等大量热带鸟类则在夏季通过本区峡谷到高山森林进行繁殖。2005年以来发表了多种两栖动物和爬行动物：墨脱湍蛙、墨脱臭蛙、墨脱弯脚虎、墨脱树蜥、墨脱角蟾、墨脱舌突蛙等，2015年发表了兽类新种——白颊猕猴，2021年发表了兽类新属——高山鼹属，以及新种——墨脱鼹，最新发布的国家重点保护动物名录中，这里有记录的国家Ⅰ级保护动物达到近30种。由于生境独特，这一片区在世界老虎保护版图上具有重要意义，且本区原始森林生产力高、面积巨大，该老虎种群极具保护和恢复的潜力，是雅鲁藏布国家公园建议区的旗舰保护物种。云豹、豺、棕颈犀鸟等一些大型食肉动物与大型食果鸟类物种，在我国其他区域已经灭绝或处于极度濒危状态，但在本区域仍然拥有健康的种群。金猫在我国内地已退缩至四川、甘肃和云南的零星地区，但这里不仅拥有非常健康的金猫种群，而且是全世界金猫毛色最多样的地区之一，从空心斑、实心麻

① 内容节选自山水自然保护中心公众号发布的文章，有删减

② 干旱河谷可以进一步分为干热河谷、干暖河谷、干温河谷等，从林芝往西的河谷应是干温河谷

点到纯黑、灰色、深红和橘红色的个体都已被自动相机记录到。

建立国家公园的建议

2021年4月13日，来自北京大学、复旦大学、北京林业大学、西子江生态保育中心、中国林业科学院及山水自然保护中心的6位研究者在*Nature*（《自然》）杂志上共同发表题为“Add Himalavas' Grand Canyon to China's first national parks”的短文（《雅鲁藏布大峡谷应首批建立国家公园》）。文中提到，雅鲁藏布大峡谷区域具有全球瞩目的生态价值，同时也面临着旅游、气候变化及开发项目的威胁和挑战。文章建议在雅鲁藏布江下游及支流区域生态与景观价值最典型、最集中的区域建立国家公园。若将这片峡谷纳入国家公园保护范围，将会向世界宣示中国为保护生物多样性的决心和贡献。

本章提要

1. 生态系统是在一定的时间和空间范围内，生物与生物之间、生物与非生物环境之间，通过不断的物质循环和能量流动而形成的相互作用、相互依存的统一整体。

2. 生态系统的生物组分可分为生产者、消费者和分解者三部分。非生物环境包括驱动整个生态系统运转的能源和热量等气候因子、生物生长的基质和媒介、生物生长代谢的材料等。

3. 生产者包括所有的绿色植物和自养细菌等，它们都是自养型生物。消费者由动物组成，只能直接或间接从生产者中获得能量，包括食草动物、食肉动物和杂食动物。分解者包括真菌、细菌、一些原生动物及食腐动物，能把复杂的动物、植物等有机体残体分解为简单的化合物。

4. 在一个生态系统中的各种生物彼此相互关联，构成食物链。食物网是生态系统长期发展形成的，是指食物链之间形成的网状结构。生态系统越稳定，生物种类越丰富，食物网也越复杂。

5. 生态系统的金字塔可以表示为数量金字塔、生物量金字塔和能量金字塔。

6. 生态系统主要有4个方面的功能，即能量流动、物质循环、信息传递、生态系统服务。

7. 能量流动是能量从太阳到生产者到消费者再到分解者的流动过程。

8. 初级生产是指能量从太阳能到化学能，物质从无机物质到有机物质的同化过程。而次级生产是指除初级生产者以外的其他有机体的生产，即消费者和分解者利用初级生产量进行同化作用，表现为动物和微生物的生长、繁殖和营养物质的贮存等其他生命活动的过程。

9. 对于生态系统来说，一般只有10%的净初级生产量被消费者所利用，其余90%被分解者分解。在能量流动过程中，能量的利用效率就叫作生态效率。

10. 物质循环是指物质从大气、水域或土壤中，首先通过生产者进入食物链，然后转移到消费者体内，最后被分解者分解转化回到环境中的过程。水、C、N、O、P、S、矿质元素等的生物地球化学循环是物质循环的重要组成部分。

11. 信息传递通过多种方式把生态系统的各组分联系成一个整体，具有调节系统稳定性的功能。在生态系统中，同一个种群内部个体与个体之间，种群与种群之间，甚至生物与环境之间都可以表达、传递信息。可以把信息分为物理信息、化学信息、营养信息、行为信息4类。

12. 根据环境中水分的情况，可将地球上的生态系统划分为水生生态系统和陆地生态系统两大类群。陆地生态系统又可分为森林生态系统、草原生态系统、荒漠生态系统、高山生态系统、苔原生态系统等。水生生态系统包括淡水生态系统和海洋生态系统两大类。淡水生态系统可根据水的流速分为河流和湖泊两种类型生态系统。海洋生态系统是地球上最大的生态系统。

13．生态平衡是指能量和物质在生态系统中输入和输出达到平衡的状态，也称为自然平衡。能保持平衡的系统是稳定的系统。自然和人为的因素都能影响生态平衡，可表现为植被破坏、生物种类的减少、食物链被破坏等。

14．生态系统服务主要表现在生物多样性的维持、传粉与传播种子、土壤形成及其改良、涵养水源与减缓干旱、调节与改善气候、保护和改善环境质量、防风固沙与保堤护田、生物防治、休闲与娱乐等方面。

15．生态系统管理是一种应用生态学、社会学与管理学原理，以生态系统健康、生物多样性保护和可持续发展为目标，对整个生态系统的内外环境进行生物学、物理学和化学调控的管理手段。

概念与术语

生态系统（ecosystem）、生产者（producer）、消费者（consumer）、食草动物（herbivore）、食肉动物（carnivore）、杂食动物（omnivore）、分解者（decomposer）、结构（structure）、食物链（food chain）、食物网（food web）、营养级（trophic level）、生态金字塔（ecological pyramid）、功能（function）、生物量（biomass）、生产力（productivity）、能量流动（energy flow）、生态效率（ecological efficiency）、物质循环（matter cycle）、生物地球化学循环（biogeochemical cycle）、生物圈（biosphere）、信息传递（information transfer）、生态平衡（ecological balance）、反馈（feedback）、生态系统服务（ecosystem service）、生态系统管理（ecosystem management）、生态系统健康（ecosystem health）

复习与练习

复习题

1．什么是生态系统？生态系统包括哪些组成成分？其结构和功能有哪些？
2．解释食物链、食物网和营养级的含义。不同类型的食物链在生态系统中有什么意义？
3．试列举常见的初级消费者和二级消费者、食草动物和食肉动物。
4．请简述生态效率及生态金字塔的含义，并说明在每个较高营养级上生物量为什么减少？
5．生态系统初级生产力、次级生产力是指什么？
6．画出并标出一个说明生态系统能量流动和物质循环的简略图。
7．简述碳循环、磷循环和其他的营养循环。
8．信息传递有哪几种类型？其过程如何？
9．地球上的生态系统可以分为哪些不同类型？

讨论题

1．生态系统有何共同特性？
2．能量以什么形式和从何处流入生态系统？在何处储存？以什么形式和从何处流出？
3．为什么会出现富营养化？
4．如何在实际中运用生态平衡的原理来解决问题？
5．人类是否可以不要生态系统服务？你是怎么认识的？
6．为什么说生态系统管理必须从全球考虑、从局部着手？
7．论述生态系统健康的有关概念。为什么说生态系统健康是生态系统管理的目标？

参考读物

傅伯杰. 2013. 生态系统服务与生态安全. 北京: 高等教育出版社

李博. 2000. 生态学. 北京: 高等教育出版社

绿色和平组织网站. http://www.greenpeace.org

孙儒泳, 李博, 诸葛阳, 等. 1993. 普通生态学. 北京: 高等教育出版社

祝廷成, 董厚德. 1983. 生态系统浅说. 北京: 科学出版社

Nebel B J. 1987. 环境科学: 世界存在与发展的途径. 范淑琴, 译. 北京: 科学出版社

Odum E P. 1981. 生态学基础. 孙儒泳, 译. 北京: 人民教育出版社

第五章　景观生态学

学习目的

通过本章学习，了解以下知识点：景观的概念；景观的基本要素；景观的组成、结构与格局对生物多样性等的影响；景观的基本类型；景观生态学在农村规划、城市规划及保护地规划中的意义。

微课堂

第一节　景观的概念

景观（landscape）是指由相互作用的生态系统组合而成的异质性区域；地貌、植被、土地利用和人类居住地格局的特别结构；个体—种群—群落向上延伸的组织层次；综合了人类活动与土地区域的整体系统；具体有由文化决定的美学价值的风景，或者是遥感图像中的像元排列。这取决于观察者的感受，景观可以是以上表述中的任意一种或全部，甚至含义更多。例如，从空中或高处看到的某地由农田、森林、河流、居民点……组成的风景即景观（图5-1）。

微课堂

图5-1　云南白马雪山农田景观

这些对景观的不同理解，既有所联系，又不完全一致，主要表现在以下四个方面。

第一是从景观的直观景象来认识。这是景观最原始和最普通的概念，它主要应用于景观建筑学，这里寓有美学含义。这依然是景观建筑学的主要目标。

第二是从个体的属性结构上理解景观。在地质学、地貌学、土壤学和植被科学中，景观原理用以说明个体各属性在地表的结构格局，这个属性是这些学科的研究对象，如岩石、地形、土壤、群落等常被用来描述格局。

第三是综合的概念。认为景观是地球表层自然的、生物的和人为的因素相互作用形成的复合生态系统（图5-2）。景观层次的生态系统具有自然环境的整体观念，强调人地关系在其中的地位，将人类作为景观的一个要素，使各个要素得以综合分析，从而研究其间的相互作用、相互制约和相互联系，克服了分析上的片面性和孤立性。

第四是尺度上的差异。欧洲学派往往以人类的需求为核心，注重大区域上的土地开发利用研究，而北美和澳大利亚学派更注重于生物、生态过程、尺度、空间格局的因果关系研究。因此，对于溪流里的无脊椎动物而言，河床可视为景观；对于小型植物或微生物而言，细小尺度上具有空间异质性的土壤也可被看作景观。

图5-2　福建南靖农村的复合生态系统

第二节　景观的基本要素

景观中任何一点都是属于斑块、廊道和基质的，它们构成了景观的基本要素。山地景观中的森林、草甸、沼泽、溪流、池塘、露出的岩层，农业景观中的农田、田埂、树篱、林地、院落、土路（图5-3），城镇景观中的公园、工业区、居民区、道路、河流、污水处理厂等都是景观要素。斑块-廊道-基质的组合是最常见、最简单的景观空间格局构型，是景观功能、格局和过程随时间发生变化的主要决定因素。景观的这种简单空间构型模型是进行景观生态学研究的基础，通过描述这些基本单元的组合结构特征，可对景观镶嵌格局进行分析和量化，进而与生态过程相联系，研究格局与过程之间相互作用、相互影响的机制。

斑块有大有小，有方有圆，有规则和不规则之分；廊道也是有宽有窄，其连接度有高有低，形状有曲有直；而基质更是从无限到有限，从连续状到多孔状，从聚集态到分散态，多种多样；异质和同质都是相对的，在同一斑块、廊道或基质内部，可以认为是相对同质的。

一、斑块

斑块（patch）是在外观上不同于周围环境的非线性地表区域。由于成因不同，斑块的大小、形状及外部特征各异，可以是有生命的，如动植物群落，也可以是无生命的，如裸岩或建

图5-3 福建长汀濯田水头村的典型农业景观

在这一景观中，农田、田埂、篱笆、阔叶林、竹林、院落、土路、池塘、果园应有尽有

筑物等。它可能是自然的，也可能是人工的。

斑块主要由于保护、建设、砍伐、环境异质性和耕作而形成，可以归纳为干扰斑块、残存斑块、环境资源斑块和引进斑块等不同类型。不同斑块在物种流动、演化过程等方面存在很大差异。例如，位于福建省南靖县和溪镇乐土村的一片面积仅22hm^2的南亚热带雨林就是最典型的残存斑块（图5-4），其周边大面积的林海由于20世纪50年代以来的砍伐已不复存在。

图5-4 福建省南靖县和溪镇乐土村的南亚热带雨林残存斑块

（一）斑块面积

斑块面积即斑块的大小，通常以m^2或hm^2为单位来度量。最小和最适斑块面积往往是研

究人员和决策者共同关心的问题，因为它不仅关系到斑块生态功能的发挥，也关系到土地分配、地价税收等与社会、经济效益有关的一些活动。

一般来说，斑块内的物质、能量与斑块面积的大小呈正相关，但这种相关并非线性，而是呈楼梯状逐渐升高的形状。开始时物种随斑块面积的增大而快速增加，但随后这种增加会越来越慢，一旦超出这一斑块的范围，会出现不少新的物种，然后又恢复平静。

大斑块内的物种，尤其是处于高营养级的动物种类，一般会比小斑块内高。就大斑块本身而言，边缘地带的生物生产量和物种丰度也往往高于斑块内部。这就造成另一种情况，即小斑块由于边缘部分所占的面积比例较大，物种会相对富集。因此斑块大小与物质、能量之间的关系不能一概而论。

（二）斑块形状指数

斑块形状给人的直观印象是不规则斑块与圆形或正方形斑块之间在边界长度和内部面积上有很大不同，因此物种丰富度和种群数量也必然受其影响。物种分布的格局形状变化相当大，从狭长形到圆形，从平滑边界到回旋边界。生物地理学家可以通过分析这些形状来了解物种动态，包括物种分布的稳定性，以及扩展、收缩、迁移的趋势等。

斑块形状指数（S）可以用斑块边界实际长度（L）与同面积（A）圆周的比值来表示：

$$S=\frac{L}{2\sqrt{\pi A}}$$

S值越高，斑块形状越复杂。斑块形状指数是常用的定量指标之一。面积加权的斑块形状指数可以体现不同类型景观斑块的边界特征。例如，农田斑块的形状比较规则，接近于长条形，边界也比较平滑，而自然植被、小型集水区等的形状则比较复杂。

（三）斑块数量

景观是由许多斑块共同构成的一个镶嵌体（mosaic），其中同类斑块的数量和面积往往决定着景观中的物种动态和分布。斑块密度对野生动物保护和林业管理具有重要意义。

研究表明，单一的大斑块所含的物种数量往往比总面积相同的几个小斑块要多得多，但如果小斑块散布范围较广，则会发现几个小斑块的物种较多。这是因为所有的斑块都含有类似的边缘物种，而大斑块通常还含有敏感的内部物种。广泛分布的斑块可包含不同的动植物区系。在景观附近局部地区至少需要三个大斑块才能使景观中的物种多样性达到最大。

景观中斑块的数量可以根据以下4个方面的标准来分别确定：①每一群落类型的斑块数量；②斑块的起源和成因；③斑块的大小；④斑块的形状。

（四）空间构型

要全面认识景观，还要了解景观斑块的空间构型。景观中同类斑块集中分布与分散分布所带来的影响必然是不同的。例如，在聚居斑块中，居民点密度较大的区域（城市或近郊区）与居民点分散分布的区域（偏远山区）在人口流、物流、能流、信息流等方面的能量必然存在很大差异。不管特定斑块是干扰源还是干扰障碍，斑块的空间构型对干扰的扩散都具有重要影响。例如，某一森林斑块若突遭火灾，如果其他森林斑块相距甚远，且斑块之间是抗火性强的覆盖类型，就不会有太大影响；反之，如果森林斑块密集分布，或者与大火容易蔓延的其他覆盖类型所连通，其后果就会相去甚远。

二、廊道

廊道（corridor）是指不同于两侧基质的狭长地带，它既可以呈隔离的条状，如公路、河道；也可以与周围基质呈过渡性连续分布，如某些更新过程中的带状采伐迹地。廊道两端通常与大型斑块相连，如树篱两端连接着自然植被斑块等。

廊道按起源可分为干扰廊道、残存廊道、环境资源廊道、种植廊道、再生廊道等。例如，采伐时保留的林带、为动物迁徙保留的植被带都属于残存廊道，河流、山脊线、谷底动物路径都属于环境资源廊道。

从廊道的结构角度来分，廊道有三个基本类型，即线状廊道、带状廊道和河流廊道。

（1）线状廊道。线状廊道是指全部由边缘环境组成的狭长条带。物种主要由边缘物种和广布物种组成，没有内部物种存在，如道路、堤坝、沟渠、输电线、树篱、动物迁移保留廊道等。道路廊道除了路面本身以外，还包括路旁的绿化带，在城市景观中，绿化带的生态效应已引起广泛关注；在农业景观中，道路则往往因就地取土而与沟渠伴生。堤坝的生态效应主要是通过由此带来的生态后果而间接体现的。沿河流走向的堤坝因束缚了水的自然漫溢，往往使原本逐渐变化的景观变得迥然不同；而沿海岸线修筑的堤坝则会因阻断了潮汐通道而破坏了原有的生态洄游路线，以致造成严重的生态后果。

树篱（hedgerow）是一种很常见的线状廊道，通常与耕地相邻接，我国的防火林带与农田防护林体系就是由这种树篱廊道构成的，在防火、防风固沙、改善小气候、提高作物产量方面起着很大的作用。防护林的树种往往比较单一，如木荷、杨树、刺槐（*Robinia pseudoacacia*）、柳树、泡桐、木麻黄（*Casuarina* spp.）等，且树龄相差无几，可以是单行，也可以栽成多行，水平和垂直结构都较均一，生物多样性低，也有一些沿篱笆或沟渠形成的再生树篱和林区采伐形成的残存树篱，生物多样性相对较高些。

树篱既可以为一些动物提供隐蔽场所，又可以为其觅食提供方便，但树篱内的鸟类和其他动物区系有明显的季节变化，对鸟类种类组成的影响较大。植物果实能吸引许多鸟类，鸟类又能传播种子，二者之间形成一个正反馈系统。树篱中的哺乳动物以田鼠、野兔等居多。此外，树篱中也含有丰富的昆虫种类，甚至高于附近的农田。

（2）带状廊道。带状廊道是指包含丰富内部物种的较宽条带。常见的带状廊道有采伐保留带、高压线路和宽的树篱等，如较宽的防火林带，我国北方地区沿铁路或高速公路栽植的白杨林带，以及东南沿海地区较宽的木麻黄防护林带。有些地方，铁路、公路与河流并行，形成较宽阔的人工-自然相混合的带状廊道。研究表明，树篱廊道和物种多样性之间在树篱宽度为12m时存在一个明显阈值，当廊道宽度为3～12m时，宽度与物种多样性之间的相关性接近于0，当宽度大于12m时，植物物种多样性平均为狭窄树篱的两倍以上。

边缘物种与廊道宽度无关。可以认为，就草本植物而言，树篱宽度小于12m的为线状廊道，大于12m的为带状廊道。当然，这两种廊道的区分应与研究对象和尺度相联系，不能一概而论。

（3）河流廊道（图5-5）。河流廊道是指河流本身及沿河流分布而不同于周围基质的植被带。完整的河流廊道包括河道本身，以及河道两侧的河漫滩、堤坝、部分高地及河岸植被，宽度随河流大小而变化。河流廊道的主要功能在于为洄游的鱼类提供产卵的生境、为两栖动物提供容易获取的水分与陆地、促进高地森林内部动植物沿河系迁移、控制水流和矿质养分的流

图5-5　江西婺源饶河源国家湿地公园月亮湾段的河流廊道

动、对一些物种的迁移起着通行或阻断作用。河道多以富含营养物质的冲积物为主，因此河漫滩的植物生产力较高，且能在遭受洪水破坏后很快恢复。

河流植被对河流本身也有一定的影响，如护岸护堤，防止水流冲刷河岸；郁闭水面以保持水温的稳定；凋落物可沉积于河流中，成为许多河流食物链的基础。河流廊道中的动物对河流也有一定的作用，其中最值得一提的是河狸（beaver），它们通过啃伐河漫滩上及河流两岸森林中的林木，沿河构筑堤坝和水塘，使河流沿岸景观大大改变。凡是有河狸生存的河流，其生境多样性和物种多样性都较高。对于人类来说，河流廊道还是重要的水上运输通道，尤其在水面较宽、水深较深的河段。

河岸植被由于具有特别重要的功能，被认为是最需要保护的景观元素。

三、基质

基质（matrix）是景观中面积最大、连通性最好、在景观中起控制作用的景观要素。控制景观动态是基质的最根本特征，基质在景观功能上起着重要作用，能够影响能流、物流、信息流和物种流，如广阔的草原、沙漠，连片分布的森林、农田等。

基质的判定标准如下。

（1）相对面积。当景观中某一要素所占的面积比其他要素大得多时，这种要素类型就可能是基质，它控制着景观中的主体。相对面积大小决定着基质对整个景观的控制程度。可以用相对面积作为衡量基质的第一条标准，通常基质的面积超过现存的任何其他景观要素类型的总面积；或者说，如果某种景观要素占景观面积的50%以上，那么它就很可能是基质。

表5-1列出的是两个景观，一个是纽约市北面120km处伍德斯托克附近的景观，人们在那里可以看到吃草的奶牛、伐木工人、迷人的村庄和孤立的小屋；另一个是法国地中海沿岸阿格德附近的耕作平原，在那里可以看到大量葡萄园和村庄中的石屋。通过在景观图上设置一条长为8.2km的线，将样线128等分，每一线段长64m，统计每一段所包含的景观要素，结果表明，第一个景观中，围绕伍德斯托克地区的基质是落叶阔叶林，而在第二个景观中，阿格德附近耕

作平原的基质是葡萄园。

表5-1 美国伍德斯托克和法国阿格德地区景观要素分析*

景观要素	伍德斯托克		阿格德	
	具有该景观要素的线段数	相对频率/%	具有该景观要素的线段数	相对频率/%
森林和林地	91	71.09	0	0
农田	55	42.97	9	7.03
公路和高速公路	16	12.50	5	3.91
住宅	8	6.25	0	0
河流	7	5.47	8	6.25
采石场	3	2.34	0	0
水体	2	1.56	1	0.78
小路	3	2.34	36	28.13
动力线	1	0.78	0	0
葡萄园	0	0	119	92.97
裸地	0	0	2	1.56
树篱	0	0	10	7.81
果园	0	0	3	2.34
铁路	0	0	1	0.78
合计	186	145.31	194	151.56

*由于有时几个景观要素同时分布在一个线段上，因此合计的出现频率大于128、相对频率也超过100%

但是，景观中的基质不一定是均匀分布的，景观要素面积也不是判定基质的唯一充分条件。在异质性很强的镶嵌景观中，可能任何一种要素的面积都不会超过50%，这时候就需要用其他标准来判定。

（2）连通性（connectedness）。如果景观中的某一要素（通常为线状或带状要素）连接得较为完好，并环绕所有其他现存景观要素，可以认为是基质，如具有一定规模的农田、林网、树篱等。这类基质就像是围绕和连接不同独立要素的“黏合物质”，把整个景观联系在一起。连通性具有三个方面的作用：①该要素具有分隔其他景观要素的物理屏障作用；②当以细长条带相交形式连接时，景观要素可起一组廊道的作用，便于物种迁移和基因交换；③该要素可环绕其他景观要素而使其形成孤立的“生物岛屿”。由于这三个方面的作用，当某一景观要素连接得完好（完全连接），并环绕所有其他景观要素时，应看作基质。例如，在某一农业区中既有林地又有鱼塘，而农田环绕着林地与鱼塘，这时，基质就是农田。

（3）动态控制程度。如果景观中的某一要素对景观的动态控制程度比其他景观要素大也可以认为是基质。在人为干扰较为强烈的地区，尽管现状物种可能占优势，如果原生性的物种仍在新的环境动态中影响着区域内的鸟类和哺乳动物，并随时可能恢复为以原生性物种为主的群落，这时可以将这些原生性的物种所构成的景观看作基质。例如，在欧洲的一些树篱网络中，树篱变化较大，由樱桃（*Prunus* spp.）、山楂（*Crataegus* spp.）和栎树（*Quercus* spp.）形成的树篱起着物种源的作用，很容易影响这一区域的景观，这时树篱就是其基质。

在许多景观中，动态控制的重要性往往比相对面积和连接度要大。实际判定基质时，可以将三个标准结合起来使用。在确定不熟悉的景观中哪种景观要素类型是基质时，最好先计算全部景观要素类型的相对面积和连接度水平。如果某种景观要素类型的面积较其他景观要素大得多，就可确定其为基质；如果经常出现的景观要素类型面积大体相似，则连接度最高的要素类型可视为基质；如果还不能确定哪种景观要素可作为基质，则需进行野外观测或查阅有关资料来判定哪一种景观要素对景观动态的控制作用最大。

第三节 景观的结构

微课堂

生态学在每个层次上都强调结构、过程与功能的研究，景观层次也不例外。景观的结构主要是指景观内生态系统的大小、形状、组成、数量和位置。当观察某一景观时，通常会发现组成这一景观的生态系统很有特色，由林地、农田、池塘或城镇等斑块组成，这样的斑块形成了镶嵌体，也就是景观的结构。景观的结构决定了景观的生态学过程，又反过来被生态学过程所影响。

景观在空间构型上留给人们的第一印象就是景观异质性。例如，我国的江南丘陵区，一片面积不足10km^{2}的土地就可能有旱田、水田、茶园、林地等在视觉上存在明显差异的不同空间组分。而山地的阴坡、阳坡及山麓等不同部位也会由于水热条件的不同而产生空间特征分异。

一、景观粒度

水泥地面和砂石路面给我们留下的印象是水泥地面比较光滑、均匀，如果仔细观察，会发现它是由非常细小的砂粒组成的，而砂石路面则非常粗糙，大小不同的石子清晰可辨。如果把这种粗细不同的表面异质性推广到景观尺度上，就有了粗粒与细粒景观之分。当然，粗粒与细粒都是相对而言的，依据观察尺度的不同，对粗粒与细粒景观也就有不同的定义。例如，在大兴安岭林区，尤其是人工林集中的地方，可以认为是细粒景观，而在武夷山的山顶，分布着草甸、苔藓矮曲林等天然植被，就可以认为是粗粒景观（图5-6）。又如三江平原

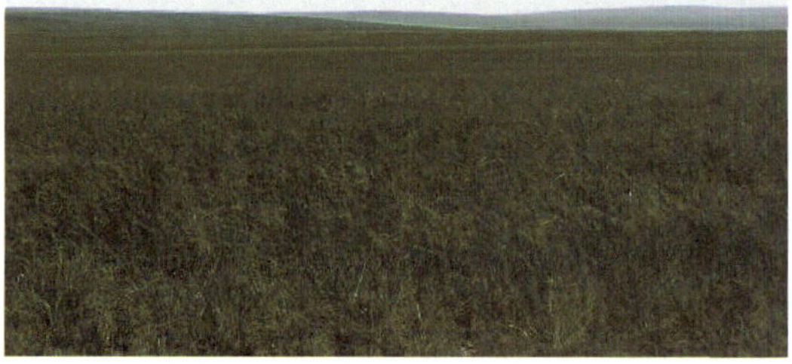

a

b

图5-6 景观粒度

a. 锡林郭勒一望无际的干草原形成的细粒景观；b. 武夷山主峰的矮林与草甸镶嵌分布形成的粗粒景观

集中分布着大面积的湿地、水田，也可以认为是细粒景观，而在城乡交接地带，则是城市用地与各种类型的农业用地交错分布，就称得上是粗粒景观了。这时观察的尺度在几公顷到上百公顷不等。

景观镶嵌体的粒度可以用现存所有斑块的平均直径来量度。粗粒结构景观多样性高，但局部地点的多样性却低，当然边界附近例外。这样的景观结构可以为保护水源或内部特有物种提供大型自然植被斑块，却不利于多生境物种的生存，因为需要移动很长的距离才能实现从一种生境到另一生境的转移。相比之下，细粒景观更有利于多生境物种的生存，但不利于要求大斑块的内部特有种生存。细粒景观整体单调（景观的每一部分都大致相同），但局部多样性高（相邻点的异质性高）。

二、景观对比度

景观对比度是指邻近景观单元之间的相异程度。如果相邻景观要素间差异很大，过渡带窄而清晰，就可以认为是高对比度景观，反之，则为低对比度景观。

高对比度景观的一个常见例子是由水热条件不同引起的山地植被带的垂直分布，从坡麓的农田、草地，到山腰各种类型的阔叶林、针阔混交林、针叶林，以及灌丛、草甸等，彼此界线往往比较清晰，通过遥感影像可以很容易判别出来，如在武夷山国家公园内从山麓到黄岗山山顶。受水盐条件控制的香港米埔基围景观也是一种高对比度景观，红树林、虾塘、滩涂等不同的景观要素相对集中成片分布。

低对比度景观往往出现在大面积自然条件相对均一的地带，如热带雨林、温带草原、沙漠等。人为活动会引起景观对比度的增加，如采伐森林、开采矿产资源、城乡建设、铺路筑桥等。但有些人类活动也会造成景观对比度的降低，如在辽河三角洲地区，大规模的农田开发使原本异质的三角洲景观变成单一的水田景观。华北平原、东北平原、长江中下游平原也都由于农业活动的影响，景观的对比度相对较低。

景观对比度只是描述景观外貌特征的一个指标，其高低大小无绝对的优劣之分。有些动物在选择栖息地时，往往对景观对比度的高低有一定的喜好，因此在涉及物种多样性保护时，应注意对个别物种生境的保护，在了解受保护物种的行为特点之前，不要轻易地人为改变其景观对比度。

此外，景观对比度也存在季节上的差异，尤其在季节分明的地区。例如，我国温带大部分地区，由于不同植物种类在物候上的差异，一般春秋季节景观对比度较高，冬夏季节对比度相对较低，在运用遥感图像研究景观时，应注意选取强对比度时相的图像，便于判读和识别。

三、孔隙度

孔隙度（porosity）是景观基质中所含斑块密度的量度，即包括在基质内的单位面积的闭合边界（不接触所研究空间或景观的周界）数目，与研究对象的尺度和分辨率有关。具有闭合边界的斑块数量越多，基质的孔隙度越高。在有些情况下，如图5-7所示，孔隙度可能与连接度无关。

孔隙度是基质内斑块数量的量度，与斑块大小无关。研究景观时还要结合不同面积斑块的

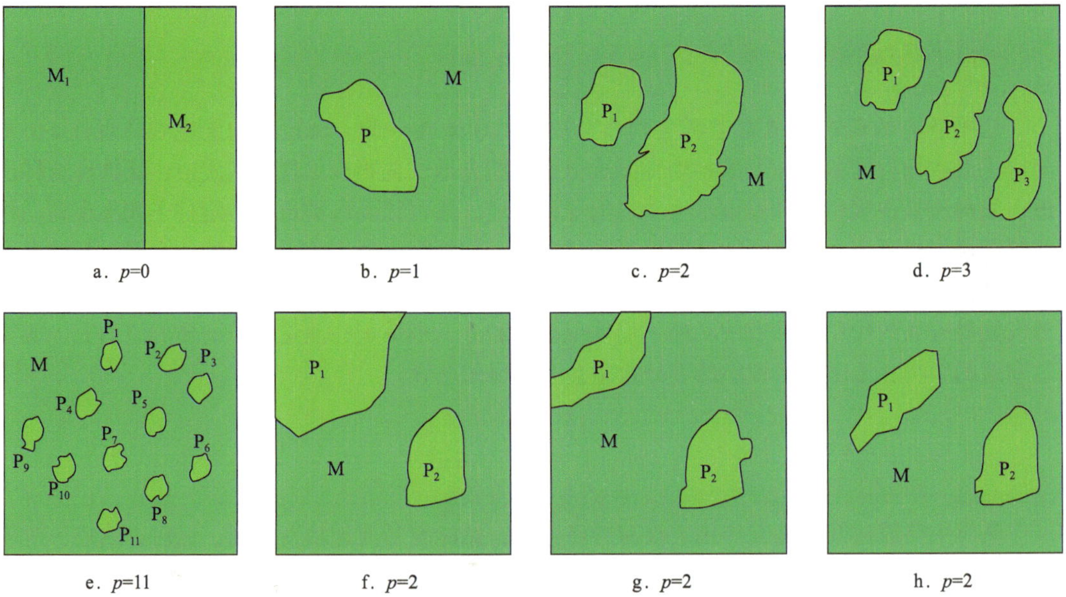

图 5-7　基质的孔隙度和连接度

M为基质，P为斑块，p为孔隙度。a. M_1和M_2均为基质，无法判定斑块的存在；b～e. 基质完全连接；f. 基质完全连接，但M和P何者为基质不能断定；g. 基质不完全连接，需扩大到h之后才能确定P_1的边界是闭合的

影响，以及不同要素的相对面积，讨论景观的总体格局才有实际意义。

孔隙度可指示现有景观中物种的隔离程度和潜在基因变异的可能性，是边缘效应总量的一个指标，对野生动物管理有重要的指导意义，对物流、能流和物种流也有重要影响。对于许多物种而言，由于隔离作用，孔隙度低可能会抑制斑块间的物种交换，但对森林物种的研究表明，这种影响并不明显。基质孔隙度对流的影响最终取决于斑块和基质间流的性质。如果斑块不适宜生存，或者有捕食者集中在斑块内等待动物通过基质，那么动物在基质内的迁移就会缓慢下来，甚至会遇到危险。相反，由特别适宜的斑块构成的多孔景观，则能促进动物以跳跃形式通过景观。

相似斑块间的相互作用程度取决于二者之间的距离大小。对某些类型的流来说，斑块的面积也相当重要。但是迄今还没有统一的准则能将连接度、阻力、狭窄地带出现频率和孔隙度等因素结合在一起来共同描述物体在基质内的运动。

第四节　景观的功能

一、斑块的功能

斑块的类型、大小、形状和动态都能对植物多样性产生影响。一般认为，要阻止生物多样性丧失，唯有建立大面积的自然保护区，Leigh等（1993）在巴拿马运河由于泄洪产生的岛屿状森林群落研究中发现，6个岛屿内的植物多样性明显低于连续的森林斑块。

二、廊道的功能

几乎所有的景观都被廊道所分割，又被廊道联系在一起。廊道的功能主要体现在4个方面：①某些物种的栖息地，某些物种以廊道作为栖息地，而很少出现在基质中；②物种迁移通道，如河流是许多鱼类和其他水生动物的迁移通道，树可以为鸟类传播植物种子和中小型动物穿越斑块提供通道；③分隔地区的屏障和过滤器，如抵挡自然灾害或外来种的入侵，与梯田平行的植被对水土流失的控制作用等；④影响周围基质的环境和生物源，如农田林网的防风、改善气候等方面的作用。廊道的功能不仅体现在物种上，也体现在能量和矿物质的流动上，如经过廊道的影响，土壤或水域中的养分含量会有明显的差异。

三、基质的功能

基质主要通过其连接起作用。没有屏障存在，意味着基质连接度较高。这时，热量、尘埃和风播种子、花粉可以相对均匀的层流形式在基质上空运动，病害虫、火灾可以迅速蔓延。因此，在基质连接度较高的地方，物种具有较高的迁移速度，遗传变异和种群差别相对较小。基质异质性的变化可能造成生境斑块的“岛屿化效应”，进而影响斑块间物种的迁移，引起植物种群波动和多样性变化。

影响物体流动速度的景观结构特征称为景观阻力，景观阻力来源于两个边界特征和两个景观要素特征：①界面的通过频率；②界面的不连续性；③适宜性；④各景观要素的长度。例如，水、风和运动驱动的流在通过界面时，一般比较缓慢。

在基质中还有特殊类型的瓶颈基质、高孔隙度基质、半岛交错基质、受流影响的基质等，都对物种、物质、能量的流动起着促进或减缓的作用。

四、网络的功能

在许多景观中，网络分布广泛，而且相互重叠，类型繁多，在景观生态学及其应用上有重要意义。

节点是网络中廊道的交接区，是流动物体的源或汇，如水坑是干旱区动物迁移路径的节点。廊道或道路常与节点相连，网络实际上是由一系列相互连接的廊道所构成的。节点通常可以起到中继点的作用，通过中继点，可能扩大或加速物流；可以降低流中的“噪声”或“不相关性”；可以提供临时储存地，如不同大小的湖泊可以提供水鸟的食物、淘汰弱鸟和让鸟类聚集越冬。

第五节　景观规划的应用

微课堂

景观规划的应用范围很广，内容很多，在国土整治、资源开发、土地利用、生物生产、自然保护、环境治理、区域规划、城乡建设、旅游发展、乡村振兴等领域，景观规划都大有可为。景观规划可以分为景观生态管理与景观生态设计两个互相联系而又各有所侧重的方面。

一、农村景观规划

理想的农村景观规划应能体现出村落传统文化、农产品生产、生态环境和旅游资源内容。根据生态规律，通过景观规划应使农业生态系统不仅获得较高的生产力，还要保持可持续性。农村景观规划应该注重保护或恢复村落传统文化，增加景观异质性，营造生物廊道，或是改变斑块的形状、大小与镶嵌方式，形成均匀或不均匀散布与聚集的细粒或粗粒的景观格局。这些景观的空间构型是在原有风貌的基础上注入新的人类文化特征后形成的（图5-8），是人类寻求与自然和谐、协调，改善与优化土地利用方式的产物，是在景观尺度上实现可持续发展的积极探索；另外，要注意在原有的生态平衡中引进新的负反馈环，以保持系统的稳定性。实行多种经营，通过农林牧、农林果或种养结合，提高景观中各要素的生产力，取得经济效益与生态效益同步增长。

图5-8 江西婺源人与自然和谐的景观

基于经济发展水平、人口资源状况的差异，不同国家和地区农村景观规划各有侧重。从长远角度来看，应该注重生态环境保护及生态旅游价值，如高强度农业景观生物多样性与陆地表面覆盖物的空间异质性关系，农田树篱结构变化对鸟类多样性的影响，促进哺乳动物和鸟类自由运动与水土流失调节的景观设计。对应于旅游业中人们回归自然的要求，农村景观规划中可设计一些富有特色的生态旅游模式，可以保护和增加景观中的自然植被斑块，通过景观空间结构的调整，使耕作斑块、居住斑块和自然斑块大集中、小分散，通过确立景观的异质性来实现生态保护。该模型的要点是通过集中使用土地以确保大型植被斑块的完整性，充分发挥其生态功能；引导和设计自然斑块以廊道或碎片形式分散渗入人为活动控制的建筑地段或农业耕作地段；在自然植被斑块和农田斑块的边缘，按距离建筑区的远近布设若干分散的居民点；在大型自然植被斑块和建筑斑块之间也可增加一些农业小斑块。

二、城市景观规划

城市景观是指城市地域内的景物或景象。城市景观与自然景观、农业景观不同的是，它是在一定区域内以从事第二产业和第三产业为主的高密度人群、人工建筑体的集合，是由人类凭借其强大的经济与技术能力而建设起来的人造景观。

城市景观最大的特点是以人为主体。在人为活动下，城市中的自然条件，从下垫面性质到区域小气候，从动植物区系到景观外貌，都受到人为活动的影响和干扰。不同地区的城市景观面貌，在一定程度上反映了当地的社会经济发展状况和历史文化特点。城市内部及与外部系统之间物质、能量、信息的交换，主要靠人为活动来协调和维持。城市景观具有不稳定性、较低的景观多样性、较高的破碎性、梯度性等特点。

城市景观在区域尺度上可以看作一个异质性的引进斑块。城市景观实际上由工业区、居住区、公园、道路和河流等不同的景观要素构成，城市景观中的斑块主要是指城市中的各个不同功能分区，其间被道路、河流、绿带等廊道所分割，相互之间连续或岛状镶嵌分布。最明显的斑块为城市中的绿地，如公园、街头绿地等，是城市景观中最具有异质性特征的斑块。城市廊道主要是绿化带和大量以交通为目的的公路、街道、铁路等，相互之间构成了巨大的网络。城市廊道不仅有平面的，还有立体的。此外，沿道路或河流廊道，常分布有植被廊道，成为城市动物运动迁移的重要载体，在城市自然保护与品位提升上具有重要意义。城市景观基质由人工建造的街道和街区构成，不同功能、性质和外貌的建筑物成为城市的主题背景，交通网络贯穿其间。

三、保护地规划

保护地的发展已有100多年的历史，但其选址和设计一直缺乏严谨科学的理论指导。景观生态学的兴起给保护地的设计带来了新思想、新理论和新方法。景观生态学强调系统的等级结构、空间异质性、时空尺度效应、干扰作用、人类对景观的影响及景观管理，许多理论和学说可直接应用于保护地的类型划分、区划、研究和管理之中。

一个保护地可以看作一个由不同群落组成的景观。在该景观上存在地带性植被、森林、灌丛、湖泊、沼泽、河流等景观要素，这些景观要素在大小、形状、数目、类型和外貌上的变化，直接影响着保护地的景观结构与功能。保护地或其特征的变异程度体现了景观异质性，对保护地的功能与过程有重要的影响，它可以影响资源、物种或干扰在景观上的流动与传播。保护地内的群落或保护地与保护地之间在空间上的排列格局可能为点格局、线格局、网格局、平面格局或立体格局等。时间和空间尺度包含在保护地的任何生态过程中，其景观格局、景观异质性、生态过程、约束体系及其他景观特征都因尺度而变化。保护地的景观系统在小尺度上可能是异质的，在较大尺度上却可能视为同质。保护地也只是更大时空尺度体系中的一个组成部分。因此，在对区内景观的研究和管理中，不仅要加强保护地景观内的研究，还应注重研究保护地与周边社区，以及保护地和保护地之间的关系。在保护地设计时考虑过渡带的相似性，可提高保护地的有效性和连续性等。随着景观生态学等级尺度理论的发展，人们希望在更大时空尺度上寻求稳定性，提出了流动镶嵌稳态理论，保护地景观可以看作由不同演替阶段、不同类型斑块构成的镶嵌体，这种镶嵌体结构由处于稳定性和不稳定性状态的景观要素构成。

保护地的选址必须充分考虑：①保护对象的典型性或代表性；②保护重点的稀有性；③保护生态系统的脆弱性；④生物多样性或生态过程的多样性；⑤一定的面积以确保重点保护对象的繁衍；⑥保护地内植被的天然性；⑦美学感染力；⑧潜在的保护价值；⑨科研潜力等。

1967年，MacArthur和Wilson提出了岛屿生物地理学理论，Diamond 等（1975）根据岛屿生物地理学的物种-面积关系和平衡理论提出了保护最大物种多样性的保护地设计原则（图5-9）。

保护地面积越大，其保护生物多样性和生态系统的作用越大。但保护地面积越大，可供生产和资源开发的区域越小，这与人口众多和土地资源贫乏的经济发展不相适应，为了兼顾长远利益和眼前利益，保护地只能限于一定的面积，因此保护地面积的适宜性是十分重要的，保护地面积应根据保护对象和目的而定，以物种-面积关系、生态系统的物种多样性与稳定性及岛屿生物地理学为理论基础来确定。

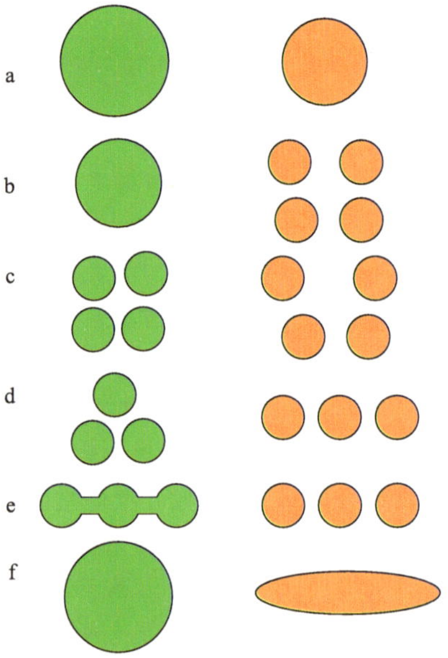

图5-9 保护地设计原则
（引自Sharon，2002）

a. 大保护地比小保护地好；b. 完整比零散好；
c. 靠近比疏远好；d. 等距排列比一字排开好；
e. 以廊道相连比没有廊道相连好；
f. 保护地形状的周长/面积比越小越好

此前，我国的保护地由核心区、缓冲区、实验区3个功能区域组成。核心区内的生物群落和物种受到绝对保护，禁止一切人类的干扰活动；缓冲区围绕核心区，起缓冲作用，在生物、生态、景观上与核心区保持一致，可进行以资源保护为目的的科研活动和以恢复原生性植被为目的的生态工程，以及可以有限度地进行生态旅游；实验区在生物、生态、景观上与核心区和缓冲区保持一致，区内可以进行一些科研和社区居民的可持续性的经济活动，以协调当地社区及研究人员的关系。未来，核心区与缓冲区将合并为核心保护区，而实验区将更名为一般控制区。

保护地的规划建设仅考虑单个保护地是不够的，应该在更大的范围内采用节点-网络-模块-廊道模式来考虑与设计保护地网。节点是指具有特别高的保护价值、高生物多样性、高濒危性或具有关键资源的地区，但是节点不可能维持和保护所有的生物多样性。所以，必须建设保护地网来连接各种节点，通过合适的生境走廊将这些节点连接成为大的网络，允许物种、基因、能量、物质在走廊中流动。一个区域的保护地网包括核心保护区、生境走廊带和缓冲带。人类活动所导致的生境破碎化是生物多样性面临的最大威胁，通过生境走廊的保护与建设可将保护地之间或与其他隔离生境相连。生境走廊作为适应于生物移动的通道，把不同地方的保护地构成了大范围的保护地网。

不同物种的扩散能力差异很大，所以不同物种需要的廊道不一样。野生动物的廊道有两种主要类型：第一种是为了动物交配、繁殖、取食、休息而需要周期性地在不同生境类型中迁移的廊道；第二种是在异质种群中个体在不同生境斑块间的廊道，以进行永久的迁入迁出，促进基因流动及在当地物种灭绝后重新定居。诺斯（Noss）和哈里斯（Harris）（1986）根据不同时空尺度、生物的不同组织水平、不同的生境连接问题提出了三种在不同时空尺度上的野生动物走廊类型：①以篱笆墙等将小尺度相邻生境斑块相连接；②以山脊、河谷等建立景观尺度上的更长更宽的连接廊道；③连接区域内的保护地网。

实际上，各种网络除了有利于动物的扩散，也同样有利于植物的扩散。在我国广大地区遭受景观破碎以后，不仅许多动物物种濒临灭绝，许多植物物种也面临同样的处境，我国的热带雨林区域、常绿阔叶林区域、硬叶林区域、落叶阔叶林区域等都有待建立大范围的保护地网。

第六节　课堂思辨案例：如何营造美丽乡村

自2009年开展美丽乡村建设以来，浙江、北京、江苏、重庆、江西、贵州、广东、广西、福建等都先后开始推动美丽乡村的规划与建设工作，以下是两则美丽乡村的建设经验，以供讨论。

重庆市竹溪镇灵泉村美丽乡村建设经验

竹溪镇灵泉村作为首批启动的美丽乡村建设试点村，在统一建设标准、解决用地瓶颈、拓宽资金来源、推动群众自治等方面进行了积极探索与实践，逐渐走出了一条美丽乡村建设新路，顺利启动了200户农户集中居住点建设，第一期68户即将顺利入住，通过土地合作集中土地2300亩，实现规模经营，美丽乡村初具雏形。

科学定位美丽乡村，准确把握建设标准

竹溪镇灵泉村地处开州区西部，渝巫路主干道贯穿该镇，是三峡库区移民安置乡镇和县生态农业科技示范园区，属于环汉丰湖经济圈。全镇面积84km^2，下辖14个行政村和1个居委会，辖区人口4.23万人。规划并着力打造“十里竹溪，百片荷塘，千顷蔬菜，万亩黄花”产业布局。

灵泉村地处澎溪河北岸，与竹溪场隔岸相望，灵溪大桥连接两岸。该村与九龙山镇幺店村、镇安镇永共村相邻，面积3.4km，辖8个村民小组，现有农村居民780户2910人，拥有耕地面积2480亩、林地1172亩。

严格遵守土地法规，规范七大建设流程

竹溪镇灵泉村在建设过程中，严格遵守《中华人民共和国土地管理法》《中华人民共和国城乡规划法》等法律法规，新村建设立足旧村改造，农房建设不允许买卖土地搞开发，坚决杜绝小产权房；坚持一户一宅，严格按照农村宅基地建设规定划地和审批手续，建设农房实行耕地占补平衡，凡在集中居住点建新房的农户必须拆除旧房并复垦。发展产业靠土地合作实现规模经营，目前，灵泉村已集中土地500亩，发展绿色生态蔬菜；集中土地1000亩，发展油菜产业；集中土地800亩，发展星级农家乐和蔬菜加工企业。

江苏省黄龙岘村村民自治，共树环保公约

走进江宁街道牌坊社区的黄龙岘茶文化旅游村，除了感受到古朴清新之外，细心的游客还会发现黄龙岘整个村子看起来非常干净整洁，只有少许被春雨打落的花瓣。如此景象，离不开黄龙岘村民的自我保护，更离不开村民自治的环保公约。

为何制定环保公约

环保公约本身并不少见，但是在农村中还是个稀罕物，是什么促成了黄龙岘村环保公约的建立呢？牌坊社区党委书记张书记说：“一是黄龙岘村目前共有50多户人家，使用砂石等建筑材料进行农家乐的装修，产生了不少建筑垃圾；二是黄龙岘村有农家乐餐馆20多家，还有2家宾馆，2家土特产专卖店，有的村民因为经营场所不足，为了扩大经营面积，还存在乱搭建现象；三是黄龙岘村所属的牌坊社区没有执法权，所以让村民以座谈会的形式实现自我约束。”

村民座谈会集体商定环保公约

环保工作通常是一个知易行难的工作，单单以口头的形式传达，往往难以落到实处，黄龙岘村村民也想用集体的力量保护赖以生存的美丽家园，村民杨大妈对记者说：“我们村民开展座谈会集体商定环保公约，大家保护好环境，游客就多了，这样我们的收入也上来了。”

“环保公约包含8方面的内容。”张书记娓娓道来，“①不准乱搭乱建；②不准乱堆乱放；③不准垦地开荒；④不准在黄龙潭中清洗鱼肉；⑤污水排放到指定的污水处理系统，实现雨污分流；⑥村民装修产生的建筑垃圾堆放到指定的地点；⑦4月1日起不再放养家禽，只允许在家中后院少量圈养；⑧不随意放养犬、羊、牛等家畜，如需喂养必须拴在自己家中。”

坐实环保公约的实施

黄龙岘村有了环保公约之后，也跟着制定了落实公约的相关规定。张书记表示，每户农家自愿缴纳1000元保证金，如果违反环保公约，首先责令更改，如未及时改正则扣除100元，扣除5次后将退还保证金，同时将不再享受村内各项扶持、优惠政策。同时还将张贴红黑榜，每月评选3户卫生环境良好、经营业绩佳的农户，入选红榜；评选0～3户欺诈游客或者环境不够好的农户入选黑榜。

少数服从多数，小利服从大利。黄龙岘村村民通过环保公约自治，共同维护了黄龙岘村的共同利益。环保公约在提升环保意识的同时，更是换被动为主动，实现共同监督、互相监督的机制，从而让村民积极主动地保护环境。

接下来社区街道还会出台“小手拉大手”的活动，街道指的是黄龙岘村所属的江宁街道，小手指的是家中在校小学生，大手指的是家里的成人。通过小朋友带动家里人，实现垃圾分类从小抓起；同时建立垃圾分类试点，进行垃圾的专业化处理。让村民以户为单位，从“小家”做起，共同保护“大家”的环境。

本章提要

1. 景观是指由相互作用的生态系统组合而成的异质地表。
2. 斑块、廊道和基质构成了景观的基本空间单元。
3. 斑块是在外观上不同于周围环境的非线性地表区域。
4. 廊道是指不同于两侧基质的狭长地带，按起源可分为干扰廊道、残存廊道、环境资源廊道、种植廊道、再生廊道等，从结构角度来划分，有线状廊道、带状廊道和河流廊道三个基本类型。
5. 基质是景观中面积最大、连通性最好的景观要素类型。
6. 农村景观规划应体现出农村景观资源，提供农产品的生产、生态环境和旅游资源等功能。
7. 城市景观是由工业区、居住区、公园、道路和河流等不同景观要素在区域尺度上所构成的异质性景观。
8. 保护地的选址与设计必须考虑保护对象、生物多样性、保护面积、形状与功能分区。

概念与术语

景观（landscape）、斑块（patch）、廊道（corridor）、基质（matrix）、镶嵌体（mosaic）、连通性（connectedness）、孔隙度（porosity）

复习与练习

复习题

1. 何谓景观？景观有哪些类型？

2．如何区分景观中的斑块、廊道和基质？

3．景观中河流廊道对于物种的迁移有哪些功能？

讨论题

如何应用景观生态学知识来进行自然保护区的规划？

参考读物

傅伯杰, 陈利顶, 马克明, 等. 2002. 景观生态学原理及应用. 北京: 科学出版社

肖笃宁, 李秀珍, 高峻, 等. 2003. 景观生态学: 北京: 科学出版社

英国森林景观生态学研究信息网站． http://www.forestresearch.gov.uk/landscapeecology

Forman R T T, Godron M. 1990. 景观生态学. 肖笃宁, 张启德, 赵羿, 等, 译. 北京: 科学出版社

第六章　全球生态学

学习目的

通过本章学习，了解以下知识点：全球范围的生态学相互作用机制与相关的学说；盖亚假说的概念与内涵；全球生态学的基本原理；温室气体变化及其全球影响；平流层臭氧洞形成机制、后果与缓解措施；酸雨的形成及其对生态系统、人类健康、建筑物的影响；持久性有机污染物的影响机制；厄尔尼诺及相关的涛动对全球的影响；物种灭绝的原因及其后果；荒漠化的全球影响及其防治措施；植被对全球变化的响应过程。

第一节　全球生态学的产生与概念

微课堂

一、盖亚假说

盖亚假说（Gaia hypothesis）是由英国的洛夫洛克（Lovelock）在20世纪60年代末提出的（Lovelock，1990），得到了美国的马古利斯（Margulis）和萨甘（Sagan）（1997）的共同推进，逐步受到西方科学界的重视，对人们的地球观有着越来越大的影响。

盖亚假说认为，我们一切生物赖以生存的地球，不仅是宇宙间有生命的环境，而且她自身也是一个生命有机体，是能够自我适应和自我调节的体系，以及可以改变自身环境并使之顽强存活下去的系统。这样一种全新的、自组织的地球生态观，很容易让人联想到古希腊神话中的大地女神盖亚，于是这一假说也被称为大地女神假说。

根据盖亚假说，地球是一个由生物圈、大气圈、海洋、土壤等各部分组成的反馈系统或控制系统，这个系统通过自身调节和控制而寻求并达到一个适合于大多数生命生存的最佳物理-化学环境条件。系统的关键是生物，特别是微生物，因为早在动植物出现以前，微生物已统治了地球生命历史的80%以上的时间。地球表层的复杂性和多样性主要是通过生命和生命活动而表现出来的，而地球表层系统的复杂性和多样性决定了地球的自我调节、自我控制的功能。假如地球上生物消失，地球环境就会大变样。

二、基于盖亚假说的新生命观

盖亚假说注意到了全球生命系统与其他圈层的功能关系，但过分强调生物改造环境以适合自身生存的有利一面，认为生物的作用就是力图维护全球环境的有益平衡，有较为明显的单一目的性。虽然盖亚假说也承认“自然选择”等观点，但主要突出了一方（生命）对另一方（地球环境）的改造，而未将系统进化的基本思想——“系统与环境协同进化”融入理论体系。生物圈已经进化成为一个自组织系统，自组织理论是研究全球生命系统与其环境协同进化的有力工具。

早在2000多年以前，老子在《道德经》中就指出了“故有无相生，难易相成，长短相形，高下相倾，音声相和，前后相随……生之，畜之，生而不有，为而不恃，长而不宰，是谓玄德……有物混成，先天地生。寂兮寥兮。独立而不改。周行而不殆。可以为天地母。吾不知其名，字之曰道……天无以清，将恐裂。地无以宁，将恐发。神无以灵，将恐歇。谷无以盈，将恐竭。万物无以生，将恐灭……爱以身为天下，乃可托于天下。”正如老子所说，一般人的地球观仅把地球看作一个物理学意义上的物体，是一种非历史、非演化、有机界与无机界孤立分割的观点。

到20世纪70年代末，新的地球观重新被人们所认识。新地球观描绘的是一个有生命特征的地球，一个活的地球，反映了一种历史的、演化的、有机界与无机界统一的新观点。所谓的生物行星，就是指地球具有类似生命系统的自我调节、自我控制的特征，这种特征正是生命赋予地球的。全球自组织系统新观点的基本点可概括如下。

（1）由生物圈、岩石圈、大气圈和水圈组成的地球表层部分是一个远离物理学和化学平衡态的开放巨系统。该系统靠植物获得太阳能并转换为化学能，靠生命活动驱动物质流并完成元素循环，靠生命活动调节、控制和保持其相对稳定，生物是这个系统的中心。

（2）以生物圈为中心的地球表层系统在地球上存在了35亿年以上，生命活动几乎贯穿整个地质历史。地质历史实质上是生物圈与其他圈层相互作用、协同进化的历史。

（3）自生命诞生以来80%以上的历史长河中，环境主要是由以蓝细菌为主的单细胞生物调控的。多细胞生物出现后环境的化学构成几乎没有多大改变。多细胞生物的作用是在维持大气圈和水圈成分的同时，加大了地球表面的物质循环强度和能量储量。

三、全球生态学的概念

全球生态学（global ecology）是研究地球有机体的生态过程、化学过程和物理过程对生态系统的影响及其响应的科学。全球生态学主要起源于对全球变化的关注，因此也可以称为全球变化生态学。

“全球变化”（global change）一词首次出现于20世纪70年代，主要是表达人类社会、经济和政治系统越来越不稳定，特别是国际安全和生活质量逐渐降低这一特定意义。20世纪80年代，自然科学界借用并拓展了全球变化的内涵，将原先的定义延伸到全球环境，即将地球的大气圈、水圈、生物圈和岩石圈的变化纳入全球变化范畴，并强调地球环境系统及其变化。

引起全球变化的根本原因在于人类活动：①温室气体浓度的改变；②物质循环的改变；③生境破碎与消失；④大肆捕杀与利用；⑤化学合成与利用；⑥自私与人类本位主义。

第二节　全球生态学的基本原理

微课堂

一、自组织原理

全球生命系统是一个自组织系统，能够自我适应和自我调节，是可以改变自身环境使之顽强存活下去的系统，它与环境的关系是既竞争又协同，通过与环境的连续交换，从而与环境共同进化。例如，水汽、CO_2浓度及其他微量气体的增加导致温室效应，但是这一效应可以被火山活动加剧所喷发的大量火山灰的阳伞效应所抵消，从而保障地球系统的稳定。

二、连锁反应原理

地球上某一敏感成分的变化将引起一系列的连锁反应。自然界各种各样的事件是一环扣一环的，当把系统中某一环节移除后，必然引起相关环节的变化。特别是协同进化中的组分，如渡渡鸟的灭绝引起了大颅榄树的灭绝，大颅榄树的灭绝可能还会引起其他物种的灭绝或濒危。

三、量变引起质变原理

地球上某一成分在某一阈值或数量以内，其作用较小，而超过一定阈值后其群体或社会作用凸显。例如，单个个体不能起种群的作用，当个体数量增多成为种群后，就有了出生率、死亡率与成活率等率的性质，成为种群后才谈得上物种进化。对生态系统的扰动在阈值范围以内，有利于物种多样性的提高，而超过一定的阈值，系统将崩溃。少量的汽车尾气、城市垃圾、氯氟烃类物质、动物被捕杀、森林遭到砍伐不会对地球与人类构成威胁，而现在人类的活动过量，已导致许多方面的危机。

四、多样性原理

地球上的生物是丰富多彩的，丰富的生物多样性构成了稳定的生态系统，是进化的结果，是稳定的地球环境的基础。地球上的作物、牲畜等应该遵循多样性的规律，如中国是大豆的原产地，大豆的遗传多样性最为丰富，有23 000个栽培品种和丰富的野大豆资源，但目前我国的大豆资源正在遭受进口大豆，尤其是转基因大豆的冲击。

五、富集原理

许多重金属元素、人工合成的化学物质可通过生态系统中的食物链富集。许多农药在喷洒时浓度并不高，但可通过食物链累积，在食物链顶端的动物长期进食后体内的农药浓度增高，超过动物体承受的阈值后，必然置动物于死地。

第三节　地 球 系 统

微课堂

一、地球圈层系统

全球生态学过程是相当复杂的物理、化学和生物过程，是我们人类居住的地球系统中各圈层（大气圈、水圈、生物圈、冰雪圈和岩石圈）相互联系、相互作用的结果（图6-1），了解这些圈层的关系有助于我们理解全球生态学的本质。

图6-1 黄河源头一望无际的高原是数百万年生态学过程的历史产物

在第三纪末期，这一带同样有高山和峡谷，后来地球气候转冷，形成了大面积的冰盖和冰川，冰川和泥石流把砾石带入谷地，填平峡谷楔形之间的空隙，形成了如今的地貌

在地球系统中，与人类关系最为密切的部分主要包括大气圈、水圈、生物圈和岩石圈的地壳部分，各圈层有如下主要特征。

（1）大气圈：是地球的气体包围圈，是地球系统中最活跃、变化最大的组成部分。通过垂直的和水平的热量传输，大气圈对于外部施加的影响时间约为1个月。大气圈按大气温度分布与垂直运动情况又可以分为对流层、平流层、中间层、暖层（电离层）、散逸层（外层）5层。对流层的厚度因地区及季节不同而异，在热带地区为17～18km，温带地区为11～12km，两极地区为8～9km。对流层的大气对流运动强烈，各种天气变化和CO_2、CH_4、水汽等温室效应气体主要集中在这一层。随着高度的增加，每上升100m温度降低0.65℃，顶部温度为－55℃。其顶部到50km左右为平流层，平流层中水汽和尘埃很少，臭氧层包含在其中。50～85km为中间层，空气对流运动强烈，顶部温度低至－113℃。再往上到800km的高空为暖层，气温随高度迅速升高，可以高达1000℃。最上层是大气向星际空间的过渡带，空气稀薄，气温很高。

（2）水圈：包括海洋、湖泊、河流、地下水、固态的冰川和雪，也包括地表上空的液体水。海洋的面积为36 100万km^2，海洋中水的质量约占全球总水量的97%。海洋能吸收到达地表的大部分太阳辐射，由于海水的质量和比热容都很大，因此成为一个巨大的能源库。海洋输送的热量约等于大气由赤道向极地输送的热量总和。海洋上层与大气或与海洋表面冰的相互作用的时间尺度为几个月到几年，海洋深层压力很大，热力调整时间长达几个世纪。地球上的雪被和海冰有很大的季节性变化，而冰川和冰原的变化要缓慢得多，在正常情况下，它们的容积要在几百年甚至上百万年才有明显的变化，这种变化与海平面变化有着密切的联系。

（3）生物圈：由陆地上、海洋中、大气中的生物体所构成，包括地球上所有的植被、动物和微生物，其厚度约为30km，上至大气圈平流层的中部，下到深海海底。生物圈是大气、水和地壳长期演化的产物。

（4）岩石圈：由地表大片陆地构成，包括山脉、洋底、地表岩层、沉积物和土壤，在时间尺度上，岩石圈的变化是地球系统中最缓慢的，其时间长度与地球本身的年龄相似。其表层又可分为土壤层、风化层和沉积层（图6-2）。

图6-2　贵州梵净山顶部出露最古老地层梵净群的形成时间在距今14亿～10亿年前（变化缓慢）

二、地球气候系统

潘守文（1994）从气候学角度出发，将地球分为5个子系统：大气子系统、海洋子系统、陆地子系统、冰川子系统、生物子系统。驱动大气子系统的原动力是辐射分布和起因于地球自转产生的斜压不稳定性。大气子系统与各子系统通过各种复杂的反馈与平衡作用形成各种不同的气候特点。

地球气候系统的热量来源于太阳，输入地球系统的太阳能在各个子系统中经过一系列的转换后，又以长波形式返回宇宙空间。生态系统中的生产者在太阳能的固定与转换上起着关键作用。由于人类的活动，大面积森林遭到砍伐，太阳能的固定量减少，同时，CO_2的排放量增加与固定量减少都对地球气候系统产生了很大的影响。

地球系统还可以从能量角度、物质角度（化学过程）、信息角度进行分析。总之，地球系统是一个巨大的、复杂的生态系统，是大气圈、水圈、生物圈和岩石圈相互联系、相互作用的整体，是一个与外界进行物质和能量交换的开放系统，这一系统发生的任何变化都会影响人类的生存和发展。由于人口的剧增、工业文明的发展，人类的生产和生活已对这一系统产生深刻的影响。

第四节　全球生态学的研究内容

微课堂

一、温室气体变化及其全球影响

（一）温室气体的变化

自工业革命开始，越来越多的CO_2通过燃烧矿物燃料、农田开垦、森林砍伐并焚烧而进入大气，大气中的CO_2浓度越来越高。南极洲冰芯资料分析表明，大气中CO_2浓度于19世纪工业革命后明显增加，到2020年已经增加到413.2ml/m^3，大气中CO_2浓度正以每年高于1.5ml/m^{3}的速度增加（图6-3）。CO_2浓度的增加主要是由化石燃料燃烧、小部分土地利用变化、水泥生产和生物质燃烧造成的。CO_2在工业革命以来的温室效应中的贡献率在60%以上，此外，其他温室气体，如甲烷（CH_4）、一氧化二氮（N_2O）、卤代烃等的浓度也有所升高，它们的贡献率分别为20%、6%～7%和约14%。

自1750年以来，大气中CH_4的浓度增加了1.06ml/m^3，目前还在持续增加，目前的CH_4浓度可能是地球诞生以来最高的；自1750年以来，大气中N_2O浓度增加了0.046ml/m^3，也在持续增加，是1000年来最高的；自1995年，大气中很多含氟化碳气体既破坏臭氧层，又是

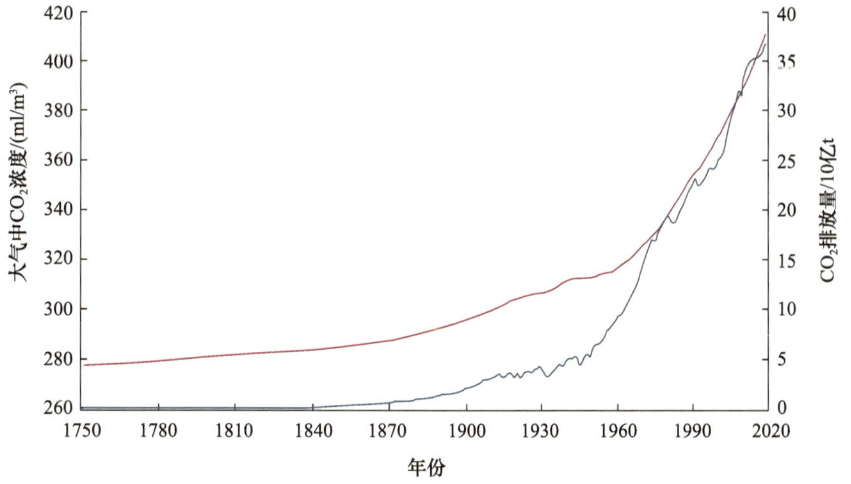

图6-3　1750～2019年大气中CO_2的浓度和排放量

温室气体（greenhouse gas），其浓度由于受到《蒙特利尔议定书》及其补充规定的限制，要么增加缓慢要么减少，但其替代物质如CHF_2Cl 和CF_3CH_2F等也是温室气体，这些物质的浓度却在增加。

（二）温室效应及其他全球影响

科学家认识到自然“温室效应”已经有一个多世纪：地球通过吸收入射太阳辐射能（短波辐射）与向外辐射红外辐射能（热）之间的精细平衡，保持其温度平衡，最后，热量以红外辐射的形式从地球辐射到太空中去。在大气层中，温室气体对光辐射是透彻无阻的，通过吸收红外线并阻挡红外辐射的透过，就像温室的玻璃顶罩一样，使得能量进来容易出去难。大气中的CO_2等温室气体越多，热外流越受阻，从而引起地球表面温度升高，这种现象称为温室效应。温室效应使地表温度保持在比没有温室效应高33℃左右的水平上，其温度足以维持生命。

如果放任大气中CO_2等温室效应气体的增加，将可能导致气候变暖，海平面上升，一部分沿海城市可能要内迁，同时大部分沿海平原将发生盐碱化或沼泽化，不适于生产生活。同时，对江河中下游地带也将造成灾害。

（1）全球温暖化。随着CO_2浓度的持续升高，20世纪全球平均表面温度增加了0.6℃左右。这种温度变化是逐渐的，受海洋水体的影响，大约每10年升高0.3～1℃。温度变化幅度的地区性差别较大，在北半球，1950～1993年，夜间陆地表面最低气温增加了0.8℃，白天陆地表面最高气温增加了0.4℃，海洋表面温度的增幅约为陆地表面气温增幅的一半；地表以上8km的大气层气温自20世纪50年代以来一直在升高。如果大气中CO_2浓度增加一倍，全球平均气温将上升1.5～4.5℃。根据最新的气候模型预测，21世纪全球气温将以每10年0.2～0.5℃的速率升高（图6-4）。

（2）气候格局发生变化。由于全球气温升高，气候带北移，湿润区和干旱区将重新配置。在北半球，中高纬地区的降水量在20世纪每10年增加了0.5%～1.0%，亚热带地区每10年则减少了0.3%左右，热带地区每10年增加了0.2%～0.3%，20世纪后半叶，北半球中高纬地区的大暴雨事件发生频率增加了2.0%～4.0%；而在南半球，广大地区的降水量则没有发现系统性的

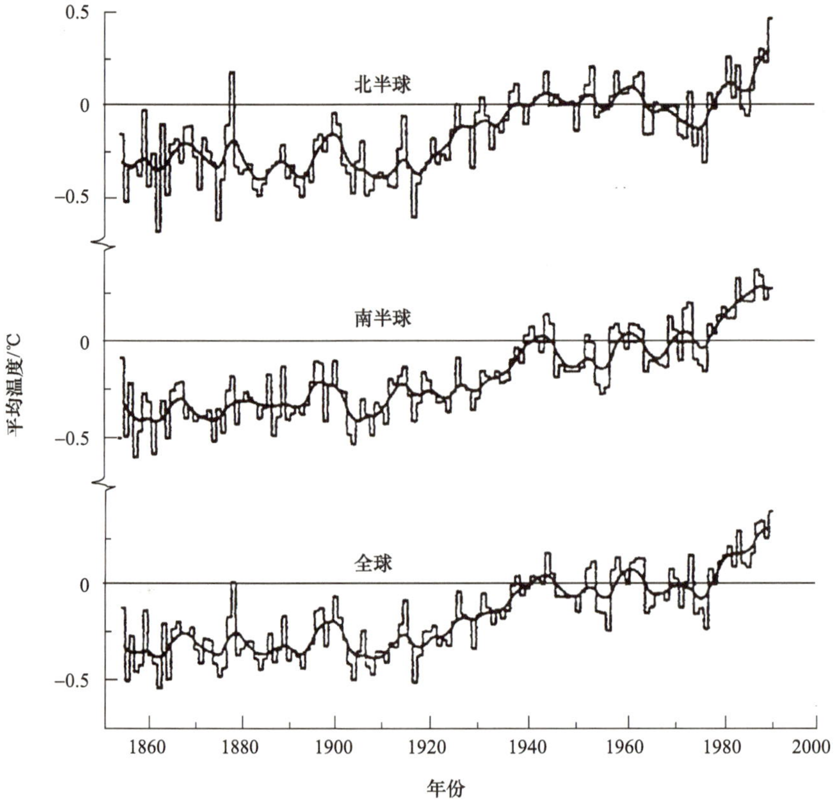

图6-4 近代南北半球及全球平均温度的变化

变化。雨量增加的地区性差异和季节性变化，在某些地区可能导致严重的洪灾。在我国，亚热带北界可能移至黄河以北，纬度北移5°～6°，垂直气候带将上升200～400m，结果将使我国总降水量大大减少，有可能在我国东部形成较强的近南北向分布的少雨带。尤其是长江中下游和黄淮海平原，由于气候变暖，热带、亚热带树种也向北移，华南地区将成为我国热带、亚热带经济作物的主要产地。

（3）全球云量分布的变化。整个20世纪，中高纬陆地上空的云量可能增加了2%左右；在印度过去的50年内云量增加了7%，欧洲80年内增加了6%，澳大利亚80年内增加了8%，而北美在过去的90年内增加了约9%。

（4）冰川与雪被融化。卫星数据显示，雪盖面积自20世纪60年代末很可能已减少10%左右；20世纪的高山冰川普遍退缩；20世纪50年代以来，北半球春夏海冰面积减少了10%～15%。

（5）海平面上升。全球温暖化导致的另一个重要现象就是海平面上升。测潮数据表明，20世纪全球海平面上升了10～20cm。

（6）生态系统与人类健康的影响。一些脆弱的生态系统，如珊瑚礁正受到海温升高的威胁；一些候鸟种群数量已经有所减少。此外，气候变化很可能通过淡水的利用率和粮食产量变化，以及疟疾、登革热和血吸虫病等传染病的分布和传播变化对人类健康产生影响。

（7）气候灾害事件。最近几十年来，极端气候事件的次数和强度都是惊人的。2004年印度尼西亚苏门答腊岛发生地震引发大规模海啸，2014年9月开始的超强厄尔尼诺事件共持续了

21个月，造成了全球多地气候异常。2019年9月澳大利亚爆发了席卷15万hm^2的森林大火，无数树木化为灰烬，约有1146万hm^2的土地被烧焦，约30亿只动物丧生或失去栖息地，丧生的考拉超过8000只。

（三）防止全球升温的措施

为了减少CO_2排放，1992年的联合国环境与发展大会上签署了《联合国气候变化框架公约》，该公约于1994年正式生效，如今已有包括我国在内的190多个国家和地区缔约。1995年首次缔约方大会在柏林举行，之后在日内瓦、京都、布宜诺斯艾利斯等城市相继召开。1997年，149个国家和地区的代表通过了《京都议定书》，它规定2008～2012年，主要工业发达国家的温室气体排放量要在1990年的基础上平均减少5.2%。2015年，《联合国气候变化框架公约》近200个缔约方在巴黎达成新的全球气候协议——《巴黎协议》，协议共29条，包括目标、减缓、适应、损失损害、资金、技术、能力建设、透明度、全球盘点等内容。《巴黎协议》指出，各方将加强对气候变化威胁的全球应对，把全球平均气温较工业化前水平升高控制在2℃之内，并为把升温控制在1.5℃之内而努力。根据协议，各方将以“自主贡献”的方式参与全球应对气候变化行动。发达国家将继续带头减排，并加强对发展中国家的资金、技术和能力建设支持，帮助后者减缓和适应气候变化。

二、臭氧洞

（一）影响臭氧层的气体变化

臭氧的减少是人类活动造成的。从下层扩散到平流层的氯原子（Cl）等污染物是破坏臭氧层的罪魁祸首。而到达平流层的氯的重要来源是人们排放的氯氟烃（简称CFCl）和含溴卤代烷烃（哈龙）。例如，人们熟悉的氟利昂（$CFCl_3$），除在烟雾罐中作火箭发射剂外，也应用于冷冻机、电冰箱的制冷剂及高级电子元件的清洁剂。原来人们设想氯氟烃在大气中会被稀释和同化，但20世纪70年代的研究表明，它不能被同化，而是扩散到平流层，并分解释放出Cl。

$$CFCl_3 \xrightarrow{h\nu\text{（紫外线）}} Cl + CFCl_2$$

$$Cl + O_3 \longrightarrow ClO + O_2$$

$$ClO + O \longrightarrow Cl + O_2$$

净结果：

$$O_3 + O \longrightarrow 2O_2$$

从上述4个反应式可以看出，Cl在与臭氧作用生成氧气后，又被还原成了Cl，可以继续与臭氧反应，因此，一个Cl能分解数百万个臭氧分子，因此打破了臭氧的自然平衡，对臭氧层产生威胁。

破坏臭氧层的不仅是氯氟烃，还有溴氟烃，其主要应用于灭火器中，是一类含氟、氯、溴的化合物，到达同温层后比氯氟烃还要活跃，其中溴、氯都会游离出来，而溴比氯更活跃，对臭氧层破坏能力更强。

$$CBrClF_2 \xrightarrow{h\nu} CClF_2 + Br$$

$$Br + O_3 \longrightarrow O_2 + BrO$$

$$BrO + O \longrightarrow Br + O_2$$

（二）臭氧层的浓度变化

正常情况下，氧和臭氧在平流层内是保持平衡的，但是，人类活动正在打破这一平衡，使臭氧的分解过程大于形成过程，1984年，英国科学家首次发现南极上空出现臭氧洞。2006年臭氧洞面积曾经达到2960万km^2，2012年开始，南极臭氧洞面积有所缩小，但从2020年8月开始，南极臭氧空洞又迅速扩大，不仅在南极，2020年在北极也出现了臭氧洞（图6-5）。

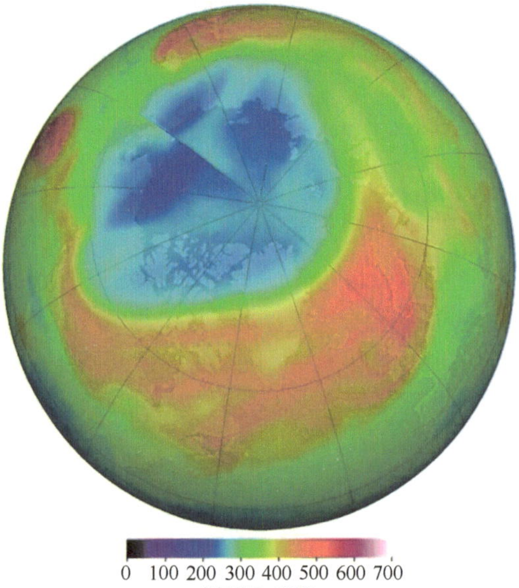

图6-5　2020年3月北极出现臭氧洞

DU为臭氧总量单位，在1个大气压、−0.15℃的条件下，1‰cm厚度的臭氧层为1DU（Dobson unit）

（三）臭氧层变化的连锁后果

在地面空气中的臭氧是一种污染物，对生物有毒害作用。但在大气层的上部，位于大气平流层的臭氧是地球的保护伞，有效挡住了全部紫外线C和大部分紫外线B，使地球生命免遭紫外线强烈辐射的伤害。然而，20世纪70年代以来发现地球的臭氧层正日益遭到破坏，南北极上空都出现了臭氧洞。紫外线辐射被蛋白质或核酸吸收后，会破坏其化学键，对生物有极大的杀伤力，并可能引起突变。紫外线对生物有机体的影响主要是通过多种方式降解细胞内的DNA，植物的光合作用过程也被紫外线所抑制，PSⅡa和PSⅡb光合作用系统对紫外线都非常敏感。在美国，每年因此引起20万～60万个皮肤癌病例。如果没有臭氧层的屏障，地球上的生物将遭到灾难性的毁灭。

多年来的研究表明，平流层臭氧浓度每减少1%，紫外线对地表辐射量将增加2%，皮肤癌患病率就会增加2%，白内障患病率增加0.6%，按目前的臭氧浓度减少速度计算，到2075年，全球皮肤癌患者将达1.5亿，白内障患者达1800万。臭氧浓度的减少还同时损坏人的免疫力，使人们的免疫系统受到抑制，传染病发病率增加。臭氧浓度减少也会破坏生态系统，杀死水中的单细胞藻类，导致鱼类大量死亡，破坏水中生态系统食物链和渔业，同时紫外线辐射可能导致生物物种变异，甚至灭绝。因此，臭氧浓度的减少趋势及其严重后果已引起世界各国的极大关注。

（四）保护臭氧层的行动与措施

为保护好臭氧层，必须降低氯氟烃类物质的生产量和消耗量，研制氯氟烃类物质的替代品，以用于冰箱和空调机。目前针对臭氧层的破坏问题，国际上开展了一系列的保护活动。1977年通过《保护臭氧层行动世界计划》。1985年通过《保护臭氧层维也纳公约》，明确了保护臭氧层的原则。1987年，46个国家批准了《蒙特利尔议定书》，对5种CFCl和3种哈龙的生产和消费做了限制规定。1995年联合国大会把每年9月16日定为“国际臭氧层保护日”。1996年，《蒙特利尔议定书》开始执行。

《保护臭氧层维也纳公约》第九次缔约方大会暨《蒙特利尔议定书》第二十三次缔约方大会于2011年在印度尼西亚巴厘岛召开。来自124个缔约方、4个国际组织和政府间组织及60多个非政府组织与观察员组织的500多名代表出席了大会。国际社会普遍认为《蒙特利尔议定书》是实施最成功的多边环境公约。

三、酸雨

（一）酸雨的形成背景

酸雨（acid rain），顾名思义就是雨水呈酸性，指pH小于5.6的雨雪或其他形式的大气降水。酸雨的形成是复杂的大气化学和大气物理现象，是由自然排放和人为活动等释放到大气中的SO_2通过氧化反应（气相或液相反应）生成硫酸，其化学反应过程如下：

气相反应：

$$2SO_2+O_2 \longrightarrow 2SO_3$$

$$SO_3+H_2O \longrightarrow H_2SO_4$$

液相反应：

$$SO_2+H_2O \longrightarrow H_2SO_3$$

$$2H_2SO_3+O_2 \longrightarrow 2H_2SO_4$$

而高温燃烧生成的NO排入大气后部分转化成NO_2，遇水生成硝酸和亚硝酸，其反应过程如下：

$$2NO+O_2 \longrightarrow 2NO_2$$

$$2NO_2+H_2O \longrightarrow HNO_3+HNO_2$$

煤和石油的燃烧是造成酸雨的罪魁祸首。酸雨会给环境带来广泛的危害，造成巨大的经济损失。酸雨不单是雨，也包括雪、霜、露、雾等各种形式降水。20世纪50年代以来，酸雨成为全球性问题，酸雨是一种超越国境的污染物，可以随同大气转移至1000km以外甚至更远的地区。2005年，我国SO_2排放总量达2549万t，至2014年酸雨区面积约占我国国土面积的10.6%，成为继欧洲、北美之后的世界第三大酸雨区。截至2020年，中国SO_2和氮氧化物排放量分别从2006年和2012年的历史峰值下降了77%和32%，实现了比欧美国家更快速的减排过程。中国酸雨面积从2005年的40%大幅下降到2020年的4.8%，年平均降水pH持续改善并回升至5.6以上，体现了中国酸雨治理取得的巨大成效。

（二）酸雨对生态系统、人体和建筑物的影响

酸雨带来的损失是难以估量的，国外把它称为“空中死神”。酸雨能破坏农作物和森林，受到酸雨侵蚀的农作物，叶片叶绿素含量降低，光合作用受阻，引起叶片萎缩和畸形，使产量下降。我国重庆地区在1982年入夏后连降酸雨，雨后大面积稻叶突然枯黄，状如火烤，几天后枯死。

酸雨还会破坏森林，使森林生长缓慢，甚至凋谢。酸雨使土壤酸化、贫瘠化，抑制土壤中有机物质的分解和氮的固定，影响土壤微生物的活性，使土壤生物群落发生混乱和变化，植物正常生长发育受阻，树叶枯烂而后死亡。由于酸雨影响，重庆市郊地区50%的松树枯死，四川盆地受酸雨危害的森林面积达28万hm^2，峨眉山金顶冷杉的死亡率达40%，浙江西天目山因酸雨的影响大量柳杉死亡（图6-6），柳州市区和郊区的林木也出现较严重的酸雨危害，贵州受酸雨危害的森林面积达14万hm^2。世界上有1/4的森林受到不同程度的酸雨侵袭，每年损失经济价值达数百亿美元。

酸雨对湖泊的危害也很严重。由于降落地表的酸雨在径流过程中得不到地表物质的中和，

a　　　　b

图6-6　酸雨对森林生态系统的影响

a．酸雨给峨眉山冷杉林带来的影响；b．酸雨给天目山柳杉古树带来的影响

湖水的酸度增加很快。当河水、湖水pH降到5以下时，鱼类的繁殖发育受到影响，如美国东部海拔700m以上的阿迪郎达克山区，90%的湖泊已经无鱼。酸雨给美国北部许多湖泊、河流和池塘带来了一种奇怪的结晶，这种可怕的结晶杀死了所有的鱼类和其他微小生物。在加拿大，酸雨毁灭了1.4万个湖泊，另有4000多个湖泊也濒临"死亡"；欧洲数千个美丽的湖泊也毫无生气。

酸雨对人体健康产生一定危害，作为水源地的湖泊和地下水酸化后，由于金属溶入，对饮用者产生危害。很多国家由于酸雨影响，地下水中铅、铜、锌等重金属的浓度已上升到正常值的10～100倍。含酸的空气使多种呼吸道疾病增加，酸雨特别是硫酸雾的毒性比SO_2高8～10倍，其微粒侵入人体肺部，严重时可引起肺水肿和肺硬化等疾病而导致死亡。例如，1980年美国和加拿大有5万多人因受酸雨影响而死亡。

酸雨的腐蚀性很强，大大加速了建筑物、金属、纺织品、皮革、纸张、油漆、橡胶等物质的腐蚀。它还是摧残文物古迹的元凶，使人类几千年的艺术瑰宝黯然失色。坐落在德国鲁尔工业区的雕像在最近60年受到的腐蚀，比此前200年中所受侵蚀的总和还严重，英国伦敦国王查理一世的塑像、德国慕尼黑的科隆大教堂等已被腐蚀得面目全非。

（三）酸雨的防治对策

目前，各国采取的酸雨防治对策主要有：一是调整能源战略，一方面节约能源，减少煤炭、石油的消耗量，以减少SO_2、氮氧化物等大气污染物的排放量，另一方面开发新能源，尽快利用无污染或少污染的新能源；二是解决SO_2污染问题，并以法律形式加以规定，实施一些具体的国际合作，规定各国的SO_2排放量标准。

四、持久性有机污染物

（一）持久性有机污染物的生产

持久性有机污染物（POP）也是全球性的问题。这些物质分解较慢，并可以通过大气进行长距离迁移。在极地地区发现一些高浓度POP，可能对区域环境具有潜在的严重影响。这些化合物也可能在人体脂肪内聚集，给人类带来健康风险。《关于持久性有机污染物的斯德哥尔摩公约》在2001年5月批准通过，提出了杀虫剂、工业化学制剂和非计划产品等的控制水平。控制条款要求消除POP的有意生产和使用，并在可行的地区消除无意的POP生产和使用。

POP是溶于脂肪的有毒化学品，不容易降解，可以在环境中滞留许多年，通过食物链富集，在动物和人体组织中累积，POP可以通过食物链转移到千里之外，具有全球性影响。POP包括艾氏剂、氯丹、二氯二苯三氯乙烷（DDT）、狄氏剂、七氯、多氯联苯、毒杀酚、二噁英、呋喃、六六六（包括林丹）、多环芳烃和短链氯化石蜡等。尽管许多发达国家限制这些化学品的使用，但这些国家仍然在制造这些化学品并出口到发展中国家。

（二）持久性有机污染物的影响

目前我国仍然在茶园、果园、大田作物中普遍使用杀虫剂，这些杀虫剂往往通过经销商变相更换商品名而使用。这些农药通过空气、水和土壤在食物链中富集。

研究表明，许多有机氯、有机磷、氨基甲酸酯和含金属的杀虫剂影响了人和动物的免疫系统，导致癌症患病率升高，我国不少癌症高发村多与此有关。杀虫剂还与其他健康失调有关，包括那些与免疫系统的改变有关或无关的传染性疾病。

科学研究进一步发现，某些被称为内分泌干扰素的POP及某些有机金属化合物能够引起从人类和动物的生殖和发育异常到神经和免疫系统缺陷的一系列问题，人们对POP在环境和人类健康上影响的关注程度进一步提高。

五、厄尔尼诺及相关的涛动

（一）厄尔尼诺–拉尼娜现象

20世纪80年代以来，厄尔尼诺现象日益成为人们关注的焦点，成为全球变化研究的热点。厄尔尼诺是El Niño的音译，为西班牙语“圣婴”的意思，是指太平洋东部靠近赤道的海域表面温度的升高，并且其影响扩展到世界大部分地区的一种现象。厄尔尼诺现象的持续时间一般为6～18个月，循环周期为2～7年。

在两次厄尔尼诺现象之间，赤道附近东太平洋水温反常下降，从而引起一系列气候异常的现象称为拉尼娜。拉尼娜的字面意思是“圣女”，拉尼娜现象是由前一年厄尔尼诺现象造成的庞大冷水区浮出洋面后形成的，因此它总是发生在厄尔尼诺现象之后，厄尔尼诺现象与拉尼娜现象常常交替出现。

厄尔尼诺现象有深远的影响，能造成南美洲太平洋沿岸地区的灾害性洪涝及鱼群的消失；导致澳大利亚和印度尼西亚的严重干旱；减少南亚的夏季风降雨；影响热带气旋及连带影响中纬度的气候，造成北美洲和北太平洋地区的严重气候异常；导致美洲和非洲东部一些干旱地区出现强降水，引发洪水泛滥；造成太平洋西部及中国北部、印度次大陆、非洲南部和南美洲东北部出现干旱、热浪和森林大火。1951年以来，累计发生过22次厄尔尼诺现象，其中超强厄尔尼诺现象分别发生在1982～1983年、1997～1998年和2015～2016年。

1997～1998年的厄尔尼诺现象是有记录以来最强烈的一次，发展之快、温度之高均超过以往的记录，这次厄尔尼诺现象引起了赤道中部和东部非洲地区极度的降雨和洪水，在美国西南和东南部引起了严重的暴风雨。在南部非洲部分地区和印度尼西亚都出现了严重的干旱，并且在巴布亚新几内亚引起与干旱相关的饥荒。在厄瓜多尔和秘鲁北部沿海的降水量比平常高10倍，引起了严重的水灾。热带暴风给澳大利亚北部造成了大雨。中国长江流域和东北遭受了特大洪灾。

2015～2016年，全球遭遇了新一轮的厄尔尼诺现象，受到洪水、风暴和干旱侵袭，导致资源损毁及人员伤亡。

（二）厄尔尼诺现象的发生原因

正常的年份里，东太平洋、美洲中南部的西海岸气压高而海平面低，而西太平洋接近印度尼西亚和澳大利亚北部的区域气压低而海平面高，洋面的水温通常是西部高（29～30℃）而东部低（22～24℃）。沿着赤道，气压的梯度促使信风从东部移到西部。赤道上升流从下部带来富含营养的冷水，以及来自南极大陆沿着南美西海岸流动的海流使东太平洋浸浴在冰冷的海水中。正常情况下，靠近秘鲁的沿岸上升流支持着世界上最大的鳀鱼和沙丁鱼渔场。在西太平洋，印度尼西亚和澳大利亚附近，热带的阳光和热量使赤道附近的海流变暖。温暖的海水导致该地区的热空气携带湿气上升，在西太平洋岛上形成云团和降水，使该地区土地肥沃，植物生长旺盛。

在圣诞节前后，气压降低，信风减弱，温水通过赤道海域向太平洋东流，就会发生厄尔尼诺现象。气压在西部高而在东部低，暖流通过赤道海域向东扩散。西太平洋西部海面下降而东部升高。赤道东太平洋海水温度在短短的数周内可以升高1～5℃，温度升高主要波及东太平洋南纬20°～北纬20°的最上层100～400m深的水域，并向西波动，形成一个占据整个赤道东太平洋广大洋面范围的异常增温区。近岸和赤道上升流停止，渔业不景气，海洋生物遭难。

厄尔尼诺现象期间，携带大量潮气的温暖气团并不是从西太平洋上升，而是从东太平洋上升，大雨、泥石流及山崩使南北美洲的西海岸受灾。这时，平常多雨的印尼和西太平洋的其他地区，少雨、干旱、森林火灾盛行。厄尔尼诺现象也减弱了在南亚上空的西南季风并且影响了主要暴风雨的频率、强度和路径。典型的情况是，在厄尔尼诺现象期间大西洋很少有飓风发生，而在太平洋有更多更强的热带风暴形成。

厄尔尼诺现象期间，东太平洋变暖进一步减弱信风引起大气压降低，从而产生了厄尔尼诺-南方涛动（ENSO）事件，ENSO事件是大尺度海气相互作用事件，会影响整个热带地区的温度和降雨类型，甚至波及中纬度地区。

六、物种灭绝

（一）物种灭绝的现象

地球上自35亿年前出现生命以来，已有5亿种生物生存过，也曾经发生过5次大灭绝，分别发生在奥陶纪末、晚泥盆纪、二叠纪末、三叠纪末和白垩纪末（图6-7），它们属于自然大灭绝。例如，2.5亿年前晚泥盆纪的三叶虫、6500万年前白垩纪末的恐龙都由于气候等多方面的原因而灭绝。如今，已经进入第6次大灭绝，历史上，平均每300年才有一种鸟类灭绝，平均每8000年才有一种兽类灭绝。但工业革命以来，生物灭绝的速度越来越快，1600～1700年，鸟兽的平均灭绝速度为每10年灭绝1种；至1850年，变为每年1种。1600年以来，120种兽类和250种鸟类已不复存在。1627年波兰原牛灭绝；1680年渡渡鸟灭绝；1876年福岛胡狼灭绝；

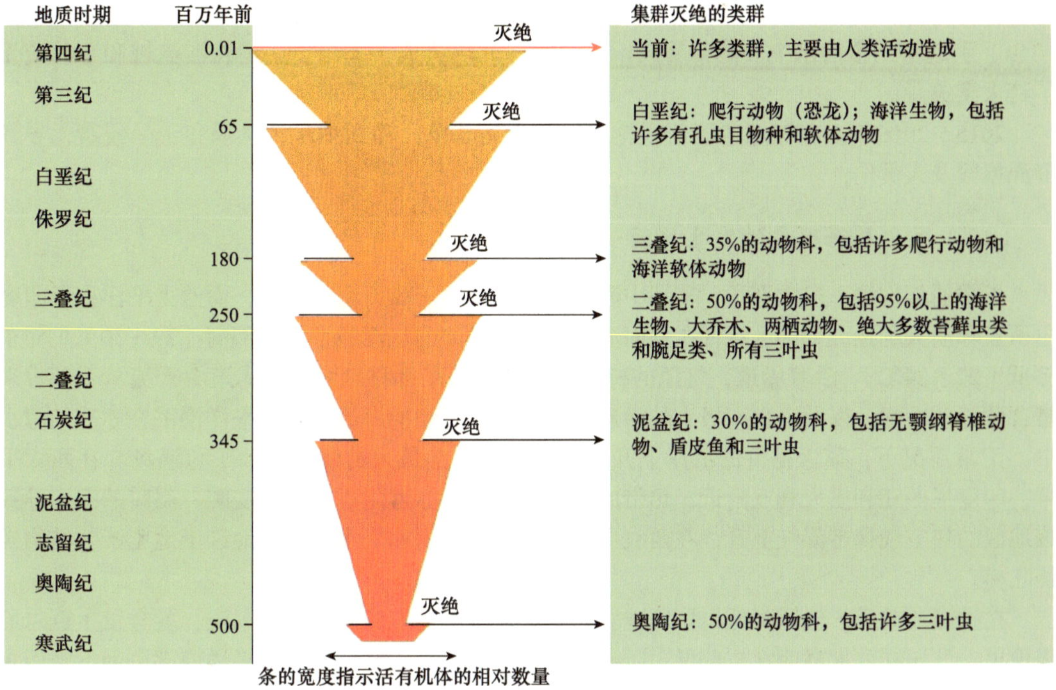

图6-7　地史上生物灭绝情况（引自 Primack et al.，2014）

1883年南非斑驴灭绝；1914年北美旅鸽灭绝；1948年澳洲袋狼灭绝；1952年加勒比僧海豹灭绝；2012年日本水獭灭绝。

（二）物种灭绝的原因

一切自然物种及其群落都与所在地域的环境条件相适应，只要条件不变，就能长期生存，即使发生扩散或缩减，其历程也是缓慢和渐变的。人类活动的加剧打破了这千古不变的平衡，从以下几个方面导致了物种的灭绝。

（1）生境退化、破碎与丧失。科学家估计，全球物种在500万～3000万种，其中只有180万种得到了鉴定与描述。2014年，世界自然保护联盟（IUCN）发布的《IUCN濒危物种红色名录》更新了61 270种，其中88种（0.144%）已经灭绝或已经野生灭绝；2023年，《IUCN濒危物种红色名录》更新，共包括157 190种，其中44 016种濒临灭绝。

（2）过度开发。在濒临灭绝的脊椎动物中，有37%的物种受到过度开发的威胁，许多野生动物因“皮可穿、毛可用、肉可食、器官可入药”而遭受灭顶之灾。象牙、犀牛角、虎皮、熊胆、鸟羽、龟蛋、海豹油、藏羚绒等野生动物制品成为人类待价而沽的商品。

（3）盲目引种。人类盲目引种对濒危、稀有脊椎动物的威胁程度达19%，对岛屿物种则是致命的。公元400年，波利尼西亚人进入夏威夷，带入鼠、犬、猪，导致夏威夷44种鸟类灭绝；1778年，欧洲人带入外来的猫、马、牛、山羊、鼠与鸟，加上砍伐森林、开垦土地，又导致17种鸟类灭绝。15世纪欧洲人进入毛里求斯，带入猴与猪，致使8种爬行动物、19种鸟类灭绝。

（4）环境污染。人类为了经济目的，急功近利地向自然界施放有毒物质的行为不胜枚举，对环境质量高度敏感的两栖、爬行动物正在大范围地消逝。污染对物种的影响是积累的、慢性的，是致生物于死地的“软刀子”，其危害程度与生境丧失不相上下。

（三）物种灭绝的连锁反应

一个物种的存亡，同时还影响着与之相关的多个物种的消长。据研究，每灭绝1种植物，便有10～30种依附于它的昆虫及高等动物随之灭绝。当一个物种突然缺失，就会连锁性、累加性、潜在性地导致其他物种接二连三地灭绝。这种现象可以形象地称为“多米诺骨牌”现象。17世纪毛里求斯渡渡鸟被杀绝后，不出数年，该岛的大颅榄树也渐渐消失，因为这种乔木的种子必须经过渡渡鸟的消化道才能发芽、萌生。目前有67%的脊椎动物都是由于无家可归、无食可采而面临绝境。《进化迷失》一书警告，世界上1/5的脊椎动物面临着灭绝威胁，每周有一种脊椎动物物种被列入濒危物种名单。

生命之网，环环相扣，丝丝相连，捕食者与被捕食者、生产者与消费者，乃至分解者，都是互惠互利、相互制约的，从而达到动态平衡、相对稳定。在北美科罗拉多大峡谷北部边缘的凯巴布高原上，美国人曾经为了保护黑尾鹿而盲目捕杀狮子和狼，结果黑尾鹿在20年内从原来的 4000 头增加到了10万头，过多的黑尾鹿啃光了草木，反过来挨饿挨冻而死，黑尾鹿种群爆发也引发了森林中其他动植物的危机。

在自然界中许多捕食者和被捕食者之间是协同进化的，如雪豹与岩羊的协同进化、狼与戴氏盘羊的协同进化、印度豹与瞪羚的协同进化，捕食者起着调节被捕食者的种群数量和促进被捕食者提升智慧与奔跑速度的作用，一旦捕食者灭绝，被捕食者的种群增长规律也将失控。

七、荒漠化

（一）荒漠化现象

荒漠化（desertification）是气候、人为等因素引起的世界性重大环境问题。地球陆地面积为1.49亿km^2，其中40%属于干旱、半干旱地带，1/3受到荒漠化的威胁。目前荒漠化土地有3600万km^2，平均每年有5万～7万km^2的土地荒漠化。

（二）荒漠化的全球影响

占世界陆地面积1/3以上的旱地生态系统特别容易退化，主要包括非洲的热带草原，美洲的大平原和南美大草原，欧洲东南部和亚洲的草原地带，澳大利亚的边缘地带和地中海沿岸。全球有100多个国家和地区、10亿多人口、约占陆地面积1/3的范围受到荒漠化的威胁，中国也是荒漠化最严重的国家之一，全国荒漠化土地面积257.37万km^2，占国土面积的26.81%。

土地荒漠化变为荒漠的过程表现为，随着干旱加剧，不毛之地面积扩大，植物群落变成带状或迷宫式的分布格局。如果降雨越来越少，植物群落的分布格局由带状分割成更小的点状或环状，如果达到超干旱状况，植物就会完全消失。一旦土地完全变成荒漠，即使降水量恢复到以前的水平，植被也难以恢复了。

（三）荒漠化的防治

《联合国防治荒漠化公约》（UNCCD）在1996年生效，到2017年已有196个缔约方。

UNCCD签署和采用了自下而上的国际环境合作方法。就UNCCD来说，控制和减轻荒漠化的行动及其效应与当地土地利用者和非政策组织的需要和参与密切相关。UNCCD已细化到区域，列出了特定地区和非洲、拉丁美洲、加勒比地区和北地中海地区荒漠化问题的特性。UNCCD的成员政府愿意与地方投资者联合起来建立“国家行动计划”。在国家政策中，为防治荒漠化设置优先权，通过宣传推动公民对荒漠化的认识。

2023年6月，UNCCD项目官员表示，中国在过去几十年中科学推进荒漠化治理，土地荒漠化治理取得了成效。

第五节　课堂思辨案例：全球变化给全球和中国带来的影响

2021年8月20日　　来源：人民日报

近日，联合国政府间气候变化专门委员会（IPCC）发布最新报告《气候变化2021：自然科学基础》，这是IPCC第六次评估报告的第一工作组报告。中国气象局于8月18日召开媒体访谈会，对这一报告的内容进行了解析。

1970年以来全球最暖的50年

报告中的几点主要结论如下。

（1）人类活动已经引起大气、海洋和陆地的变暖。1970年以来的50年是过去2000年以来最暖的50年，1901～2018年全球平均海平面上升了0.20m，上升速度比过去3000年中任何一个世纪都快，2019年全球二氧化碳浓度达410ml/m^3，高于200万年以来的任何时候。2011～2020年全球地表温度比工业革命时期（因1850年之前的观测有限，因此采用的是1850～1900年的平均值）上升了1.09℃，其中约1.07℃的增温是人类活动造成的。20世纪70年代以来，热浪、强降水、干旱和台风等极端事件频发且将继续。全球变暖对整个气候系统的影响是过去几个世纪甚至几千年来前所未有的。

（2）预计到21世纪中期，气候系统的变暖仍将持续。未来20年，和工业革命时期相比，全球温升将达到或超过1.5℃。如果未来几十年能在全球范围内大幅减排二氧化碳和其他温室气体，温升将在21世纪内低于2℃。只有采取强有力的减排措施，温升才有可能低于1.6℃且在21世纪末降低到1.5℃以内。过去和未来温室气体排放造成的许多气候系统变化，特别是海洋、冰盖和全球海平面发生的变化，在世纪甚至千年尺度上都是不可逆的。

（3）全球许多区域出现极端事件并发的概率将增加。高温热浪和干旱并发，以风暴潮、海洋巨浪和潮汐洪水为主要特征的极端海平面事件，叠加强降水造成的复合型洪涝事件加剧。到2100年，原来百年一遇的极端海平面事件将会在一半以上的沿海地区每年都发生，叠加极端降水，将使洪水更为频繁。特别是不排除发生类似南极冰盖崩塌、海洋环流突变、森林枯死等气候系统临界要素的“引爆”，一旦发生将对地球生存环境带来重大灾难。

“这次评估报告在架构设计上更加综合，涵盖气候变化系统大尺度变化、过程机理和区域信息；内容上更加面向气候变化风险和适应、气候变化减缓决策服务。”中国气象科学研究院研究员、IPCC第一工作组联合主席翟盘茂说，报告有三个新特点：一是对气候变化的程度、范围有了更清晰的认识；二是与以往评估报告相比，报告中有关区域气候变化信息的内容更加丰富，增加了支持气候变化风险评估和气候变化区域适应有关的大量内容，充分加强了与其他工作组之间的衔接和一致性；三是减少了有关结论的不确定性。

未来我国气候变化趋势

未来全球升温会对我国气候产生什么影响？暴雨、高温、干旱等极端天气气候事件会不会增多？我国不同区域会面临怎样的风险？

巢清尘表示："我国高速发展的城市化进程和持续增暖的气候会进一步相互作用，带来更加显著的影响。比如城市化与极端高温事件复合，将加剧城市热浪的严重性，给城市用电带来巨大挑战。城市化还会增加城市和下游地区平均降水和强降水以及由此产生的径流强度，带来城市内涝。对沿海城市，极端降雨/极端河流量与更频繁的极端海平面事件复合，将加大沿海洪水发生的可能性。"

本章提要

1. 全球生态学是研究地球有机体的生态过程、化学过程和物理过程对生态系统的影响及其响应的科学。

2. 盖亚假说认为，我们一切生物赖以生存的地球，不仅是宇宙间有生命的环境，而且她自身也是一个生命有机体，能够自我适应和自我调节，是可以改变自身环境并使之顽强存活下去的系统。

3. 在地球系统中，与人类关系最为密切的部分主要包括大气圈、水圈、生物圈和岩石圈的地壳部分。

4. 全球变化主要是指温室气体、气候变暖、臭氧层破坏、酸雨、物种灭绝等带来的全球影响。

5. 空气中的CO_2、CH_4、N_2O等温室气体过多，热外流受阻，引起地球温度升高的现象称为温室效应。温室效应将带来气候变暖、气候格局变化、全球云量分布变化、冰川与雪被融化、海平面上升、生态系统与人类健康影响、气候灾害事件。

6. 地球的南北极上空出现的臭氧洞是氯氟烃类物质所致。破坏平流层臭氧平衡的主要物质是氯原子，氯原子能高效地催化分解数百万的臭氧分子，从而破坏臭氧层。臭氧层破坏后，紫外线辐射增加，将通过多种方式降解细胞内的DNA，影响植物的光合作用过程，使人体免疫系统受到抑制，传染病发病率增加。

7. 大气中的SO_2、NO_2等经过反应随着雨水降落到地面形成酸雨，酸雨对大地、江河水域、森林、农作物、人体健康、建筑物等会造成严重的危害。酸雨能超越国境，随同大气转移至1000km以外甚至更远地区。

8. 持久性有机污染物（POP）是溶于脂肪的有毒化学品，包括工业多氯联苯、二噁英、呋喃、DDT、氯丹和七氯等，不容易降解，会长期滞留在环境中，并通过食物链富集，在动物和人体组织中累积，具有全球性影响。

9. 厄尔尼诺现象是指太平洋东部靠近赤道的海域表面温度的升高，并且其影响扩展到世界大部分地区的一种现象。在两次厄尔尼诺现象之间，赤道附近东太平洋水温反常下降，从而引起一系列气候异常的现象称为拉尼娜现象。在厄尔尼诺现象发生时，与东太平洋赤道海域水温变化并行的是气压的波动，太平洋与印度洋之间存在的这种大尺度海面气压升降波动现象称为南方涛动现象。

10. 生境退化及破碎与丧失、过度开发、盲目引种、环境污染导致许多物种的灭绝，生物灭绝不仅影响该物种本身，也通过反馈和食物链影响到生态系统中一系列物种的安全。

概念与术语

盖亚假说（Gaia hypothesis）、全球生态学（global ecology）、全球变化（global change）、温室效应（greenhouse effect）、温室气体（greenhouse gas）、臭氧洞（ozone hole）、酸雨（acid rain）、持久性

有机污染物（POP）、厄尔尼诺（EI Niño）现象、灭绝（extinction）、破碎（fragmentation）、荒漠化（desertification）

复习与练习

复习题

1. 目前全球性的生态环境问题主要有哪些？
2. 什么是温室效应？全球升温会有什么后果？应采取什么样的对策？
3. 为什么大气中CO_2的浓度会出现波动？
4. 臭氧在地球上的利弊有哪些？大气臭氧空洞是如何产生的？
5. 酸雨是怎样形成的？酸雨对生态系统有何影响？
6. 哪些是持久性有机污染物？为什么说这些污染物是持久性的？
7. 物种灭绝可能会带来什么样的后果？
8. 荒漠化的全球影响表现在什么地方？应该如何防治？

讨论题

1. 何谓盖亚假说？你对此有何见解？
2. 气候变化对人类有哪些直接和间接影响？
3. 气候变化对农业有何影响？ CO_2浓度的升高将怎样影响农作物的产量？
4. 海平面的上升对人口、地区经济、城市、沿海环境有何影响？
5. 厄尔尼诺及相关的涛动对人类有何影响？

参考读物

世界环境与发展委员会. 1989. 我们共同的未来. 夏坤堡, 译. 北京: 世界知识出版社

孙铁珩, 周启星, 李培军. 2002. 污染生态学. 北京: 科学出版社

Firor J. 1990. The Changing Atmosphere: A Global Challenge. New Haven:Yale University Press

Houghton J. 1994. Global Warming. Oxford: Lion Publishing Inc

Lovelock J E. 1990. Hands up for the Gaia hypothesis. Nature, 344: 100-102

第七章　应用生态学

学习目的

通过本章学习，了解以下知识点：生态农业建设所取得的成就；环境污染的现状与环境污染治理的对策；生物多样性的内涵、价值和保护历程；城市化的现状及其所带来的问题；人口增长的趋势、环境的人口容量；生态规划的原理与步骤；生态旅游的发展趋势与内涵。

第一节　石化农业与可持续农业

微课堂

工业革命以来，以高度集中、高度专业化、高度劳动生产率为特征的石化农业在发达国家取得了很大发展。到了20世纪70年代，这种以高投入为特征的农业形式产生了诸多弊病，如森林面积迅速减少、水土流失加剧、土地肥力下降、水体污染与赤潮、荒漠化和盐碱化、农药生物富集、生物多样性面临威胁等，使农业发展面临困境。在这种情况下，各国相继寻求新的农业模式，如有机农业、生物农业、生物动力学农业、自然农业、社会生态农业等，希望能建立一个土壤肥力自我维持、少污染和病虫害能受到有效控制的持续发展的农业生态系统。有机农业与生态农业都是我国今后农业生产体系的重要组成部分之一。

一、中国传统农业

中国传统农业具有悠久的历史，是历代农学家与广大农民的智慧结晶，是因时因地制宜、精耕细作，轮种与套种结合，用地与养地结合，农、林、牧相结合的集约型农业。在农艺和产量上，中国传统农业曾达到古代世界的最高水平，具有以下特点：夏、商、西周已经完成从原始农业向精耕细作的传统农业形态过渡；《齐民要术》《农政全书》等传承了历代农学家与广大农民的智慧；自三皇五帝时代开始，能够按物候从事农业生产；西周开始，青铜工具已经占据主导地位，此后，铁犁牛耕、水力和风力应用、套索驾辕技术、各种农具先后得到发展；战国开始，已经强调施肥的重要性和保持地力；几千年来中国选育和积累了大量农作物品种，作物品种资源居于世界首位。

二、石化农业及其弊端

石化农业（petrochemical agriculture）是指大量使用化肥、化学农药和机械的农业生产方式。石化农业产生的废弃物和有害物质数量庞大，多年之后农业生态系统难以持续，并造成日益严重的食品安全和环境污染等问题。

化肥利用率低：2022年我国化肥产量达到8011万t，而化肥需求量为6610万t，化肥的利用率仅为30%左右，大量流失的化肥造成了地表水富营养化和地下水污染。

农药使用量居高不下：2022年我国农药年产380万t，是全球第一大农药生产国，使用量为26.84万t，单位面积农药使用量为1.618kg/hm^2，几乎每到一处农田都能够见到杀虫剂与除草剂的使用，农药已经到了滥用的地步。

食品农残超标严重：2022年根据第三方公司对我国各省食品抽检统计分析可以看出，各类别食品中仍存在农药残留、兽药残留、污染物、非法添加物等问题。

三、生态农业的兴起

（一）生态农业的定义

生态农业（ecological agriculture）是在生态学和生态经济学原理的指导下，以环境生态、农村经济、社会影响三大效益的协调统一为目标，具有生态系统健康、经济良性循环、集约经营管理特征的综合农业生产体系。

1981年，基利-沃辛顿（Kiley-Worthington）将生态农业定义为“生态上能通过低输入自我维持，经济上有生命力，在环境、伦理和审美方面可以接受的小型农业”。从20世纪80年代开始，我国农业部门开始尝试生态农业建设，提出了中国特色的生态农业与农业生态工程，将生态农业定义为根据生态学、生态经济学的原理，在传统农业精耕细作的基础上，应用现代科学技术建立和发展起来的一种多层次、多结构、多功能的集约经营管理的综合农业生产体系（马世骏，1981）。

（二）生态农业的理论基础

生态农业系统是有生命的复杂系统，包括人类在内，系统中的生物成员与环境具有同在的和谐性，人既是系统中的消费者又是系统的精心管理者。人类的经济行动直接制约着资源利用、环境保护和社会经济的发展。因此，人类经营的生态农业着眼于系统各组成成分的相互协调和系统水平的最适化，着眼于系统具有最大的稳定性和最少的人工投入，以取得最大的生态、经济、社会综合效益。而这一目标的指导思想是以生态学、生态经济学原理为理论基础建立起来的。生态农业实践的理论依据主要包括以下8项原理：①整体效益原理；②生物与环境协同进化原理；③生物之间链索式的相互制约原理；④能量多级利用与物质循环再生原理；⑤相安而居原理；⑥生态位原理；⑦因地制宜原理；⑧限制因子作用原理。

生态系统中的食物链，既是一条能量转换链，也是一条物质传递链。从经济上来看，还是一条价值增值链。根据能量在逐级转换传递过程中存在的10∶1的比例可以看出，食物链越短、结构越简单，其净生产量就越高。而在受人类调节控制的农业生态系统中，由于人类对生物和环境的调控及对产品的期望不同，必然有着不同的表现，并产生不同的效果。例如，对秸秆的处理，如果不经过处理直接返回土壤，须经过长时间的发酵分解，方能发挥肥效、参与再循环。而焚烧秸秆会污染环境，且烧秸秆的过程中很容易引发火灾。秸秆经过糖化或氨化可以使之成为家畜喜食的饲料，或经过处理后与家畜粪便一道用于繁殖蚯蚓，蚯蚓利用后的粪便再返回农田作肥料；秸秆经过高压处理后，可以生产环保餐具、包装内衬、碳化板瓦和颗粒燃料；秸秆还可以编制保温用具、家具等（图7-1）。

图7-1 秸秆的综合利用

（三）生态农业规划与建设

20世纪90年代，我国开始进行生态示范区和生态农业县的建设，可以在此基础上完善规划，或做进一步的调整。截至2012年10月，环境保护部已分六批次授予528个区县“国家级生态示范区”称号。2013年，环境保护部经过长时间的考核，授予已经达到国家生态建设示范区指标要求的北京市昌平区十三陵镇等629个乡镇“国家级生态乡镇”称号。

（四）生态农业市场的形成

可以说，我国现阶段的生态农业只重视建设，没有很好地与市场联系起来。生态农业的生命力在于市场，生态农业的进一步发展应该由市场来推动，而良好的市场又必须以健康、安全的农产品作保障。这是相辅相成、互惠互利的关系。

（五）生态农业的标准化

生态农业的建设必须标准化，安全食品的生产与销售应该由消费者群体信得过的监测机构定期监测。从产地的水、大气环境质量，农药与化肥的使用量，加工运输，到销售窗口的信誉等都有保障时，生态农业才可能向产业化发展。

（六）生态农业技术

生态农业技术包括生态工程技术、能源开发技术、自然环境治理技术和综合防治技术。

（七）生态农业的类型和模式

由于中国地域辽阔、地理条件复杂、气候多变、资源丰富，各地在生态农业建设中因地制宜，创造出不同类型的生态农业建设模式：立体复合型、物质循环利用型、生态环境综合整治型、资源开发利用型、综合发展与全面建设型。

弘毅生态农场

弘毅生态农场位于山东省平邑县蒋家庄，2006年由中国科学院大学蒋高明教授所建，占地33.3hm²，其核心思路是充分利用生态学原理，恢复优美的农业生态环境。农场完全摒弃化肥、杀虫剂、除草剂、灭菌剂、农膜、添加剂和转基因等不可持续技术，从秸秆、害虫和杂草综合开发利用入手，种养结合，实现元素循环与能量流动，生产纯正有机食品，以市场带动乡村生态环境保护（图7-2）。

图7-2 弘毅生态农场内健康生长的葡萄

采用自主研发的青贮饲料生产工艺，可年产青贮饲料1500t，有机主粮500t。用青贮饲料喂养家畜。通过对秸秆的有效利用和粪便还田，实现了耕地固碳和减少温室气体排放的生态循环目标。农场建立18年来，带动当地农民就业20人，增加了农民收入，杜绝了5个村秸秆焚烧现象。

弘毅生态农场采取的主要技术措施如下。

（1）害虫控制技术。预防为主，采取物理+生物方法控制虫害，从源头解决农药残留问题。

（2）分室青贮技术。引入大型反刍动物，采用面包草加工技术、普通青贮技术和大型遮雨式分室青贮技术，将秸秆变成动物的粮食。

（3）有机农田综合增产技术。采取深翻碎土、有机肥还田、合理灌溉、养禽除草、物理+生物防虫等综合措施，成功将低产田改造成高产稳产的“吨粮田”。

（4）林禽互作技术。在林下空间自由放养，常规防疫，或补充昆虫和蚯蚓活食增强禽类抵抗力等。

（5）有机果园综合管理技术。采取壁蜂授粉、有机肥肥田、恢复土壤生物多样性、种植豆科牧草压制杂草、秸秆覆盖替代地膜、沼液控制蚜虫等办法，使有机果园产量保持在普通果园的80%～90%。

（6）有机堆肥技术。采取简单堆沤、生物菌肥堆沤、含磷矿石堆沤、绿肥堆沤等方式补充土壤营养。

（7）杂草综合防治。采取种源切断、生态位占领、旱季人工除草、机械除草、养禽除草、生物菌肥提苗、与草共生、果园生草等方法综合防治。

弘毅生态农场的生态农产品已畅销全国，受到北京、上海、广州、深圳等大城市消费者欢迎。目前已有城市消费会员12 516人。

弘毅生态农场案例表明，在不破坏生态环境和生物多样性前提下，生态农业能够生产足够多的食物满足社会需求；由城市消费带动农业产业发展，同步解决食物安全和环境保护与健康保护等多种问题。

生态农业是一类健康保障型与环境保护型的农业，其利用的科学原理与技术与现代农业有较大区别，生态农产品不含农药、激素、重金属、抗生素、塑化剂、微塑料等残留，食物营养和口感与现代农产品具有明显差异。发展生态农业能够大幅度提高农产品附加值，增强农产品竞争力，让农民实现家门口就业，从源头减少面源污染，遏制温室气体排放，保护生物多样性。无农残、高附加值的生态农业有助于实现人与自然之间的和谐共生。

四、有机农业的到来

欧洲科学家从20世纪初开始提出“天然有机农业”的概念，但到70年代才纷纷成立有机农业协会。我国在环保部门的推动下，从90年代开始引入有机农业与有机食品。到目前为止，尽管已经有有机茶、有机大米等多种产品问世，但尚未得到全社会应有的重视。

（一）有机农业的概念与发展过程

按联合国粮食及农业组织和世界卫生组织（2001）的定义，有机农业（organic agriculture）是一套旨在提高农业生态系统健康，包括生物多样性、生物循环和土壤生物活性的完整生产管理体系。它强调在农场管理中应用农艺的、生物的、机械的方法，反对使用合成的物质。

有机食品（organic food）是指按有机农业和有机食品生产、加工标准和技术规范生产加工，获有机食品颁证组织认证的一切食品。包括粮食、蔬菜、水果、饮料、奶类、食油、调味品等；有机食品具有无污染、纯天然、高品位、高质量、高价位、高利润、好信誉等特点。

有机农业起源于中国，20世纪初由美国农业部专家King和英国植物病理学家Albert的推崇而发展起来，1945年美国的Rodale创办了有机农场，1972年在法国成立了国际有机农业运动联盟（IFOAM）。

目前，在全球范围内，人们每年要消费220亿美元的有机食品，有机农业正在快速发展。

（二）有机农业的生产体系

有机农业生产体系包括技术体系、标准体系、管理体系和组织体系。

有机农业在选址、种子与品系来源、施肥、病虫害与杂草防治、加工等方面具有相应的生产与加工规范。

可通过认证、检测、储存、运输、直销、消费群体、价格与利润来确保有机农业得以可持续发展。

有机农业技术应用的基本原则是禁止使用化学品，要求农业生产系统自我维持和自我调控。有机农业在可行范围内尽量依靠作物轮作、秸秆、牲畜粪肥、豆科作物、绿肥、有机废料、含有矿物养分的矿石补偿养分，利用生物和物理技术防治病虫草害。

有机农业标准体系大体可以分为10个组成部分，包括目标体系、基因工程标准、农作物生产和牧畜饲养的要求、农作物生产标准、牧畜饲养标准、水产养殖标准、食品加工及储运标准、纤维加工标准、标签标准和社会公正评价标准。

有机农业管理体系围绕有机产品认证而形成，在一定程度上可以认为，有机农业管理体系就是有机农产品的认证体系。

光照人有机茶

光照人有机茶是福建漳州光照人茶业有限公司所生产的茶叶制品，种植基地位于福建省华安县沙建镇岱山，占地157hm^2。

2003年，为了改善自己的健康，也为了给别人送去真正长久的健康，为了追求做预防医学和食疗的梦想，创始人林芳改变了自己的人生方向，从一名福建医学院毕业的心脑血管科医生，转变成了一个在深山里辛勤耕耘的茶农……

22年来，日复一日，年复一年，在深山里挑战着一个又一个的困难，抵御着一次又一次的冷嘲热讽，坚守有机理念，把昔日无人问津、杂草丛生的一片荒山改造成了全球闻名的有机农业示范基地。如今，来自全世界的访客络绎不绝，这里成为提升身心灵的美好乐园。

光照人有机茶从选址开始就远离污染环境，从种植到施肥、灌溉、除草、监测等，均按有机标准进行管理与加工，从采青到加工、包装和销售的每个步骤都严格按标准和规范操作，每个批号都有详细记录，使产品具有可追溯性，确保“从茶园到茶杯”的全程质量跟踪和控制。茶园和茶厂于2007年通过了我国的有机认证，此后，又获得了欧洲联盟（简称欧盟）有机认证、美国USDA和日本JAS有机认证，茶园和茶厂按国际食品安全管理体系ISO 22000管理。2011年福建漳州光照人茶业有限公司被国际有机农业运动联盟（IFOAM）纳为会员单位，同年9月，另一位创始人雷龙受邀参加了第17届全球有机大会并做演讲。

2011年，这里被认定为国家级科教示范基地，并以茶园为基础，建设了以教育为主题的生态公园（图7-3）。

图7-3　光照人有机茶园

（三）有机农业的优点

目前，有机农业相对于其他替代农业方式最突出的特点有以下六点。

（1）无害化。禁用人工合成的化肥、农药、生长激素等。

（2）标准化。建立并执行国家、地区、非政府、行业、企业等的有机农业认证标准，要求在有机食品的原料生产、加工、储藏、运输、包装、标志、销售等过程中，执行相关标准，保证合格的有机产品提供给消费者。

（3）法治化。按严格的程序对有机农场、有机食品进行检查与认证。

（4）产业化。生产资料、生产、加工、贸易、消费一条龙。

（5）国际化。标准、法规、贸易、技术（联盟）国际化。

（6）全程化。有机食品生产后直接运送到各销售网点，生产、销售过程中全程追踪、质量控制，由监测机构定期检测，一旦有质量问题，将取消有机农场的资格。

五、无公害食品与绿色食品

我国有关部门在推行的其他标志食品还有无公害食品和绿色食品。

无公害食品是指按照无公害食品生产技术标准和要求生产的符合通用卫生标准并经有关部门认定的安全食品。无公害食品几乎都是普通食品。

绿色食品是我国农业部门在20世纪90年代初发展的一种食品，分为A级绿色食品和AA级绿色食品，由于很多农残不在检测之列，因此，从本质上来讲，绿色食品是从普通食品向有机食品发展的一种过渡产品。

六、其他可持续农业模式

（1）生物动力农业：是鲁道夫・斯坦纳在20世纪初提出的农业模式，通过一些由天然材料制成配方的使用增强土地和作物活力，顺应大自然节律耕种。提出的德米特标准被公认为国际有机农业的最高标准。

（2）冈田茂吉提出的自然农法：遵循大自然法则的农业生产方式，以维护土壤生机的土壤培育为基础，绝不使用化肥、农药、生长调节剂、添加物。福冈正信提出的自然农法：不插手于自然；不耕土地；不向土壤中施肥；草能够使土壤肥沃；不用农药；世上无害虫。

（3）妙用土壤微生物农法：起源于泰国阿索村的妙用土壤微生物农法，强调就地扩繁健康的土壤微生物，因地制宜制作和喷洒光合菌、木霉菌、枯草芽孢杆菌等，培肥土壤，堆肥原料就地取材，强调变废为宝。

（4）朴门自然农法：由澳大利亚生态学家比尔・墨立森和他的学生大卫・洪葛兰在20世纪70年代提出，通过设计将人为照顾的时间和精力减到最低，旨在让一个自然系统本身能永续循环运作。将大自然的元素落实在日常生活的衣食住行等各方面，舍弃农药化肥，利用自然资源打造一个完整的自然生态循环系统。

土壤微生物在生态农业上的应用成效

2020年4月，在贵州省贵阳市乌当区政府的支持和帮助下，保寨村与厦门大学进行合作，开展土壤改良、零化肥农药种植示范，以沼肥、有机肥、酵素、有益微生物为肥料，示范种植生态大米。在厦门大学有关专家团队的精心指导下，当地农民鲁明亮流转了30亩农田，进行稻零农药化肥种植，取得了很好成效。培育出‘华香米’‘华丝米’‘华红米’等“零污染”生态稻米品种，经第三方检验机构检测，有310项指标远高于国家规定的无公害标准，且口感清香，广受消费者欢迎，亩产值高达8000元。

第二节 环境污染与清洁生产

人类是地球环境发展到一定阶段的产物，环境是人类生存的物质基础。人类祖先过着原始的生活，当时人类的活动对环境影响和动物区别不大，也就是说对自然环境依赖性非常明显。随着人们学会驯化植物和动物，逐渐出现了农业和畜牧业，人类改造环境能力有所加强，因此产生了相应的环境问题，如砍伐森林、破坏草原引起了水土流失、水旱灾害和荒漠化。从16世纪以来，特别是工业革命以后，人类的生产得到了巨大发展，出现了现代化大工业，大大提高了人类利用和改造环境的能力，而与此同时也带来了新的环境问题，世界性的环境问题逐渐突出。

一、环境污染

环境污染（pollution）是指人为排放的有害有毒物质破坏了环境的原有平衡，改变了生态系统的正常结构和功能，恶化了工农业生产和人类生活环境的现象。污染物质又沿着食物链转移、富集而后进入人体，危害人类健康。

在国际上，环境污染开始于18世纪中叶的产业革命，到20世纪初期，在局部地区的环境问题已日趋严重，如1943年美国洛杉矶光化学烟雾事件，1952年英国伦敦烟雾事件，1956年日本水俣病事件，1984年印度博帕尔联合碳化物公司毒气泄漏事件，1986年苏联切尔诺贝利核电站爆炸事故，1990年海湾战争油污染事件，1994年我国淮河水污染事件，2010年印度氯气泄漏事故，2010年美国墨西哥湾原油泄漏事件，2010年我国紫金矿业污染事件，2011年日本福岛第一核电站核泄漏事件，2013年我国中东部雾霾事件，2023年日本核污水排放事件等。公害事件相继出现，水体、空气、土壤污染加剧，城市噪声也很突出，引起了国际社会关注，不得不回过头来治理工业污染和恢复自然环境。

按环境要素分，环境污染有空气污染、水体污染、土壤污染、噪声污染、农药污染、辐射污染、热污染。按污染产生的来源有工业环境污染、城市环境污染、农业环境污染。

（一）空气污染

（1）烟尘。所谓烟尘，是由粒径为0.01～1μm的固体微粒和液滴所组成的浮污染物。钢铁和有色金属冶炼、火力发电、水泥和石油化工生产、车辆排气及垃圾燃烧等，都是烟尘污染的主要来源。全世界每年约有1亿t烟尘排到空气中，大约每燃烧1t煤就有3～11kg烟尘飘到天空。

烟尘除本身有刺激和毒性作用外，还易与其他有害物质结合，危害人体。它能吸附有害气体和经高温冶炼排出的各种金属粉尘，尤其是致癌性很强的物质，使人患上癌症。烟尘微粒还是某些化学反应的催化剂，如吸附SO_2后形成硫酸，造成弥漫性肺气肿。烟尘能直接接触皮肤和眼睛，阻塞皮肤的毛囊和汗腺，引起皮肤炎和眼结膜炎。细小的烟尘也能很容易地钻进建筑物内，所以人们在室内也会受到烟尘污染的影响。

烟尘还有吸湿性，在大气中易吸收水分，形成表面吸附性很强的凝聚核，促进云雾和降水的形成，进一步影响地面的光照强度。城市光照强度一般比农村减弱10%～30%，紫外线减弱10%～25%。紫外线照射不足会影响儿童骨骼的发育，使某些疾病发生传染和流行。例如，重庆市1984～1986年，烟雾日多的月份，肺炎、肺癌等病症的死亡率高达43%。

烟尘微粒沉降速度慢，在大气中停留时间长，在大气动力作用下能够吹到很远的地方，所以烟尘污染往往波及很大区域，甚至成为全球性的问题。

（2）粉尘。粉尘是一种常见的颗粒状大气污染物。按粒径大小可分为降尘和飘尘、降尘的粒径较大，靠其自身的重力能够很快降落到地面，危害较小；飘尘的粒径较小，肉眼看不见，能在大气中飘浮数年甚至数十年，飘浮高度为200～50 000m，能在大气中不断蓄积，使污染程度逐渐加重。

粉尘的来源主要有两种：一种是天然污染源，如自然界的火山爆发、风暴，大面积的森林火灾释放出来的微粒等；另一种则是人为污染源，如燃料的燃烧和工业生产中粉碎、筛分、输送、爆破等产生的煤粉尘、水泥尘末、铁粉等。粉尘的组成复杂，主要包括石棉、SiO_2、重金属及其化合物、木、棉、麻、炭、毛、发、骨等。

粉尘在大气污染物中有载体作用。其颗粒表面能高度富集Ni、Cr、Zn等重金属元素，这些金属元素能通过皮肤直接与体液、血液和组织器官接触，并通过体液送往全身，使人中毒。粉尘污染减少了阳光的照射，使植物的光合作用变弱，植物营养物质的生产量和O_2的生产量都受到影响，植物呼吸和蒸腾作用无法顺利进行，以致发育不好甚至死亡。

（3）光化学烟雾。光化学烟雾是以汽油作动力燃烧以后，出现的一种新型空气污染现象。早在20世纪40年代，美国洛杉矶就出现过这类空气污染，这种污染的特征是天空布满白色、紫色或黄褐色的雾，大气能见度低，有特殊气味，刺激眼睛和喉咙，会导致人们流泪、喉痛、呼吸困难，甚至呕吐。后来其他城市也出现过光化学烟雾的危害。

光化学烟雾的表现特征是烟雾弥漫，大气能见度降低，一般发生在大气相对湿度较低，气温为24～32℃的夏秋季晴天，污染高峰出现在中午或交通繁忙时刻。它是一种循环过程，白天生成，傍晚消失。这主要是由于汽车尾气排放的氮氧化物和碳氢化合物在强烈阳光下，会产生一系列复杂的光化学反应，生成O_3、醛类、CO_2等化合物（图7-4）。这些化合物同水蒸气在

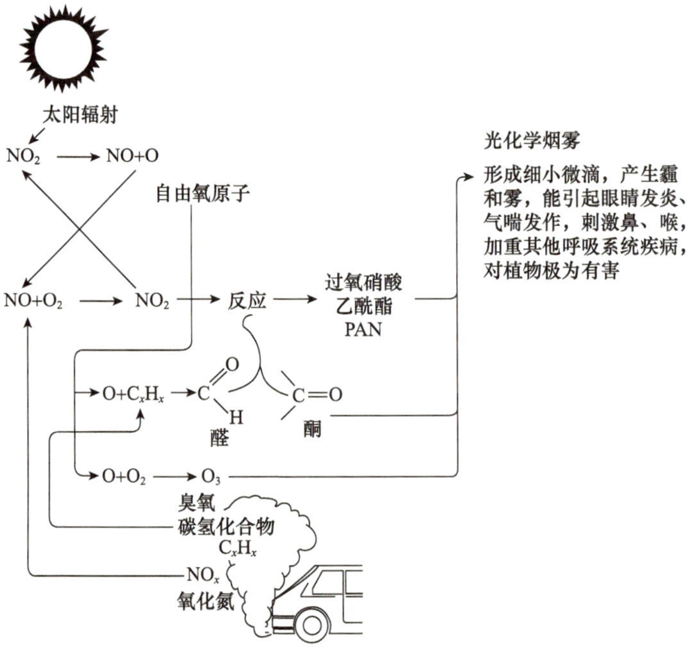

图7-4　光化学烟雾的形成（引自Nebel，1981）

一起，在适当的条件下形成带刺激性的浅蓝色烟雾。

由于光化学烟雾扩散输送，光化学烟雾污染成为区域性的污染问题。城市的光化学烟雾甚至可扩散到700km以外的地区。

光化学烟雾对人体健康有很大的危害。这种烟雾可使人眼、鼻、气管、肺黏膜受到反复性刺激，出现流眼泪、红眼病、气喘、咳嗽等，受害严重者可出现呼吸困难、头晕、发烧、恶心、呕吐、手足抽搐，甚至血压下降、昏迷不醒。长期慢性伤害，可引起肺功能异常、支气管发炎、肺癌等。光化学烟雾具有氧化性（含O_3），能使橡胶开裂，植物叶片受害后枯黄。

（4）雾霾。2012年开始，每到秋冬特别是入冬以后，我国中东部地区时不时会遭遇雾霾，2013年以来尤其严重。雾霾是对大气中各种悬浮颗粒物含量超标的笼统表述，$PM_{2.5}$（空气动力学直径小于等于2.5μm、大于0.1μm的颗粒物）被认为是造成雾霾天气的“元凶”。在某种层面上，雾霾包含了前面所述的烟尘和部分粉尘。雾霾的形成有气象原因，更主要的是污染排放，如汽车尾气、工业排放、建筑扬尘、垃圾焚烧，甚至火山喷发等，由多种污染源混合作用形成了各地区日益严重的雾霾天气。2013年的数据显示，北京雾霾颗粒中机动车尾气占22.2%，燃煤占16.7%，扬尘占16.3%，工业占15.7%。

实际上，我们所说的雾霾是雾和霾的统称。雾和霾并不一样。

雾是由大量悬浮在近地面空气中的微小水滴或冰晶组成的气溶胶系统，多出现于秋冬季节，是近地面层空气中水汽凝结（或凝华）的产物。雾的存在会降低空气透明度，使能见度恶化，如果目标物的水平能见度降低到1000m以内，就将悬浮在近地面空气中的水汽凝结（或凝华）物的天气现象称为雾（fog）；而将目标物的水平能见度在1000～10 000m的这种现象称为轻雾或霭（mist）。形成雾时大气湿度应该是饱和或接近饱和的。由于液态水或冰晶组成的雾散射的光与波长关系不大，因此雾看起来呈乳白色、青白色、灰白色。雾是气象因素所致，自古有之，但现在的雾往往携带了许多飘浮在空气中的污染物。

霾是由空气中的灰尘、硫酸、硝酸、有机碳氢化合物等粒子组成的。它也能使大气混浊，视野模糊并导致能见度恶化，水平能见度小于10 000m时，这种非水成物组成的气溶胶系统造成的视程障碍就称为霾（haze）或灰霾（dust-haze）。造成霾的客观因素是空气不流动，主观因素是汽车尾气、工业废气、冬季取暖排放的CO_2等污染物、地面灰尘等。但随着汽车技术进步及油品质量的上升，环境管理者发现机动车尾气对雾霾天气形成并不起决定性作用，但在一些汽车拥有量较大的城市，管理者依旧需要控制机动车排放标准，避免雾霾天气的形成。

雾霾天气会影响健康，对人类健康最直接的危害主要是增加呼吸系统疾病的发病率，此外也可能导致心脏系统疾病恶化、影响生殖能力。

（二）水体污染

在环境科学中，一般把水体看作一个完整的生态系统。污染物进入水体后，经过一系列极其复杂的物理、化学和生化的变化，使污染物浓度或毒性逐渐降低，恢复到受污染前的洁净状态的过程是水体自净过程。当污染物的数量超过了水体的自净能力，就会破坏生态环境并可能危害人体健康。

水体污染物可以分为五大类：①无机无毒物，主要是指无机酸、碱、盐中的无毒物质和含氮、磷等无机营养物质；②无机有毒物，主要是指各种重金属及其无机有毒化合物，如汞、镉、砷、铅、氰化物、氟化物等；③有机无毒物，主要是指无毒、易溶解的有机物质，如蛋白质、脂肪等；④有机有毒物，主要是指有毒且难溶解的有机物质，如苯、酚、有机氯农药等；

⑤微塑料，是一种直径小于5mm的塑料颗粒，是造成污染的主要载体。许多工业废水和生活污水未经妥善处理就排放，导致了江、河、湖、海和地下水的严重污染。

（1）海洋污染。当携带各种有机物质和无机营养盐的工业污水（sewage）、城市生活废水，甚至农业污水大量排入海中时，会造成海水富营养化（eutrophication），促使水中许多微生物和腰鞭毛藻类，如裸沟藻和夜光藻等大量繁殖、聚集在一起，使海水呈粉红色、红褐色或黄色的现象，称为赤潮。这一过程消耗了水中大量的O_2，使沿海海水缺氧，导致许多海洋浮游生物的死亡，并进一步增加水中的营养成分，使另一些浮游生物生长繁殖。

赤潮对海洋环境、海洋渔业造成严重破坏，给人类健康和安全带来危害。20世纪90年代以来，我国每年因此损失数亿元；鱼、虾、贝等海洋生物在接触了赤潮浮游生物后死亡，若人误食了含有毒素的海产品，健康也会受到损害。

海洋还时常受油轮、海上油田泄漏等污染的影响。仅在1998年，世界范围内就发生了215次泄漏事件，共有10.8万t石油泄漏到海洋和近海环境中。油膜覆盖海面，污染海滩，制造大片海洋“沙漠”，1t原油可覆盖12km^{2}的海面，油膜将大气与海水分隔，水中缺氧，致使水下生物死亡或停止繁殖；油膜吸收80%的太阳辐射，阻碍海水与大气的热交换。海洋污染使部分海域鱼群死亡，生物种类减少，使水产品体内残留毒物增加，渔场外移，许多滩涂养殖场废弃。例如，在胶州湾由于污染某些生物已绝迹，1963年海湾潮间带的海洋生物有171种，1975年降为30种，1980年只有17种。天津市研究人员在渤海湾10m等深线以下海域连续3年的跟踪调查发现，1980～2011年，由于受到环境污染等众多因素的影响，渔业资源由95种减少到75 种；其中，有重要经济价值的渔业资源从70种减少到10种左右。现在渤海湾可捕捞达产的渔业资源只有皮皮虾、对虾等，传统渔业特产如野生牙鲆、河鲀等已经彻底绝迹。

海洋还受到大量塑料制品的污染。其中微塑料污染与日俱增。微塑料是指直径小于5mm的塑料颗粒，是一种造成污染的主要载体。2004年，英国普利茅斯大学的汤普森等在*Science*（《科学》）杂志上发表了关于海洋水体和沉积物中塑料碎片的论文，首次提出了“微塑料”概念。实际上，微塑料的粒径为几微米到几毫米，是形状多样的非均匀塑料颗粒混合体，肉眼往往难以分辨，被形象地称为“海中的$PM_{2.5}$”。与“白色污染”塑料相比，微塑料的危害体现在其颗粒直径微小上，这是其与一般的不可降解塑料相比，对环境的危害程度更深的原因。

2018年11月，国家海洋环境监测中心王菊英副主任表示，不管是在海水中还是海底和海底沉积物当中，都发现有微塑料的存在。2022年，科学家在人体血液和肺部深处、南极洲的新降雪中都检测到了微塑料污染。2024年，哥伦比亚大学的研究显示，美国市场上三个畅销品牌塑料瓶装水中每升有11万～37万颗塑料颗粒，其中10%是微塑料，其余90%是更小的纳米级塑料。微塑料体积小，比表面积大，吸附污染物的能力很强，能够吸附多氯联苯、双酚A等持久性有机污染物而成为有机污染球体。游荡的微塑料很容易被贻贝、浮游动物等低端食物链生物所食，富集到食物链上层后含量大为增加，黄学民（2023）研究表明，在大青鲨的体内微塑料丰度达（0.15±0.38）个/g组织。海洋生物遭殃，水产资源破坏，最直接的后果是减少了人类赖以生存的动物蛋白质的来源。

（2）河流污染。自古以来，长江就哺育了世世代代的中华儿女，成为中华民族的骄傲。长江具有丰富的水量和优良的水质，在我国水资源中占有重要地位，其水资源占全国水资源总量的1/3以上。但目前，这条伟大的河流也遭受了严重的污染：两岸林立的工矿企业把大量污水排放到这条河中；各种废弃物，如一次性饭盒、塑料袋等被游人随手扔进长江，形成了连绵几千米甚至几十千米的污染带。滚滚东流的长江，在接纳沿岸城市数百亿吨工业和生活污水后，带着污染的重负，喘息着奔向大海。

逐年加剧的长江水污染，使得鱼类在这样的“家”中难以生存繁衍，一些洄游性鱼类在产卵过程中要冲破长江沿岸几十道污染带是相当困难的。即使一些侥幸存活的鱼类，或残废，或变异，繁殖能力极低。尤其是珍贵的白鱀豚已濒临灭绝，被《IUCN濒危物种红色名录》列为极危物种。

淮河流域沃野千里，蕴藏丰富，人杰地灵，也是我国历史上经济开发较早的地区，享有“江淮熟，天下足”的美誉。然而在20世纪八九十年代，小化工、小造纸、小制革、小印染、小炼油等“五小”企业盲目发展，大量污水未经处理就直接排入河道。在1994年高温干旱之际，一场降雨造成上游污水大量下泄，形成长达70km的污水带，直扑洪泽湖，所到之处毒气冲天，河水无法饮用，水中生物大量死亡，造成直接经济损失2亿多元，持续2个月之久。国务院执法检查团对淮河流域水污染防治工作进行检查并召开现场会，拉开了治理淮河污染序幕，累计投入治污资金193亿元，完成了一批重点治污工程，经过多年治理，在经济快速发展、人口数量增加的情况下，全流域排污总量大幅削减，淮河干流水质明显改善，部分支流水质有所好转。

（3）湖泊污染。美丽的太湖滋养了沿岸的太湖人，诞生了“山清水秀”的太湖文化，并吸引着世界各地的游人。但是，随着经济的发展，太湖一度受到严重的污染，“明珠”悄然失色，湖水中藻类大量滋生，湖面被厚厚的蓝藻所覆盖，湖水变绿，并能闻到随风散发的阵阵腥臭味……

造成太湖水环境恶化的主要原因是富营养化，该过程与海洋的赤潮现象非常相似——氮、磷、碳等营养物大量进入湖泊水体中，引起藻类及其他浮游生物过量繁殖，随着藻类占据空间的增加，鱼类的生存空间越来越小，由于水中的溶解氧几乎被藻类耗尽，继而水质恶化、发黑发臭，鱼类及其他生物因缺氧而窒息死亡。

造成湖泊富营养化的藻类通常以蓝藻为主。许多蓝藻身上有一层胶质膜，而且有些是有毒的，不能成为鱼类的食料。由于没有消费者，藻类和水生微生物快速繁殖，数量多、危害大，治理非常复杂。湖泊发生富营养化后，如果不及时治理，水中藻类和其他水生生物死亡后的遗体逐年堆积，会使湖泊淤积变浅，发展成为沼泽和平地。湖泊富营养化已成为全球各国面临的严重问题之一。

控制湖泊富营养化需从多方面进行努力。例如，规定企业排放的污水中氮、磷浓度不能超标；对湖泊实行污染总量控制；禁止生产、出售和使用含磷的合成洗涤剂；严禁杀虫剂、除草剂、化肥排入湖泊；禁止在湖滨放养畜禽；加强生活污水处理，不得向湖泊直接倾倒废弃物等。

北美五大湖水质

位于北美的五大湖流域是地球上最大的淡水系统之一，拥有世界上18%的地表淡水。每年通过降水、地表水径流和地下水流入，更新不到1%的水量。

在过去，由于污水处理不完善，农药、肥料和废水直排入湖泊，五大湖经受着严重的复合污染。到20世纪70年代初，湖滨已经被藻类所淹没，不经过严格处理，水已经不能饮用。其中伊利湖受到过量磷的污染，藻类暴发和渔业产量锐减，当地居民深受影响。双冠鸬鹚位于水生食物链的顶端，由于生物累积的影响，其蛋壳厚度比正常的蛋壳薄30%。还有一些鸟类已经绝迹。

后来，经过多方面努力，持久性有毒化学品的排放量有所降低。1972年以来，7种有毒化学品的用量和排放量减少了71%。20世纪80年代末以来，造纸厂和纸浆厂含氯有毒物质的排放量减少了82%。双冠鸬鹚蛋中的DDE［1,1-双（对氯苯基）-2,2-二氯乙烯］和PCB（多氯联苯）的残留量曾经很高，到1998年已降低了78%，得以重新成功繁育，其他鸟类也开始出现。

（4）地下水污染。时至今日，我们偶尔会品尝到具有异味的矿泉水，这可能是因为地下的水资源已被污染了。造成地下水污染的原因是多方面的，有害的工业废水偷排、生活污水任意排放或灌溉都可能通过地面渗透到地下造成地下水质恶化。垃圾、废渣、矿渣、农药、化肥等也可能通过地表渗入地下，对地下水造成污染。许多厂家开采地下水供生产、生活使用，使地下水的水动力条件发生变化，导致净水和污染水发生串通引起水质恶化；或者是开采地下水时对污水层没有采取严格的隔离措施，使好的水质受到破坏。滨海地区超量开发地下水会引起海水倒灌，从而导致地下水水质恶化。

地下水的形成是一个漫长的过程，水力运动也十分缓慢，同时它是一种封闭性的水体，一旦被污染，污染物难以净化。要从含水层中消除污染需要很长的时间，可能是数十年甚至上百年，还需要花费昂贵的代价。

马军创办的公众与环境研究中心（http://www.ipe.org.cn），从2006年开始发布水污染地图数据库，到2009年4月，中国水污染地图列出了超过30 000条的企业污染纪录。地下水长期过度开发也引起资源约束趋紧、生态系统退化、水文地质灾害频发等问题。

（5）饮用水源污染。我国饮用水源污染也非常严重。2012年3月21日国务院发布的《全国农村饮水安全工程“十二五”规划》中提到，我国在享受公共供水服务的4.6亿人口中，有9800万人饮用水水质不安全，2.98亿农村人口和11.4万所农村学校饮水安全问题尚未解决。全国约14%的水源地水质不合格，地级以上城市集中式饮用水水源中，约35.7亿m^3水质不达标，占总供水量的11.4%。

自来水生产过程中消毒方法不当也会造成水污染。2013年前，我国多数自来水厂使用氯化法对自来水进行消毒，水环境中能与氯起化学反应的有机物质在增加，它们的反应产物超过300种，这些物质对人类健康产生了巨大影响。

（三）噪声污染

从广义上讲，一切人们所不需要的声音都称为噪声。适合人类生存（工作、学习和生活）的最佳声环境为15～45dB。当噪声超过60dB时，就感到喧闹；在90dB以上，就使人烦躁；到120dB，已达到令人耳痛、会使听力受到损伤的程度。

城市噪声来自多方面，大体可分为：交通噪声、工业噪声、生活噪声和其他噪声。在任何城市，交通噪声都是城市噪声的主要方面。噪声的另一个来源是工厂和建筑工地。例如，在钢铁厂、纺织厂的车间里，噪声大多在100dB左右，建筑工地的噪声更高达110dB。昼夜不停的噪声给周围的工作人员、居民、学生和游人造成极大的影响。

噪声最明显的影响是妨碍人们的睡眠和休息。连续性噪声可使人多梦，熟睡时间缩短。突然的噪声可以使人从睡梦中惊醒：突然的噪声在40dB时，可使10%的人惊醒；到60dB时可使70%的人惊醒。噪声能引发噪声病，对神经系统影响最明显，会出现头晕、头痛、失眠、嗜睡、疲劳、激动、记忆力衰退、注意力不集中等现象，并伴有耳鸣、听力减退，医生常诊断为“神经衰弱症”而久治不愈。噪声还会提高心脏病和高血压发病率。噪声对正在成长发育的孩子影响极为严重，长期生活在噪声环境中的孩子容易反应迟钝、注意力不集中、智商低于平均水平。

噪声的控制，除了采取行政管理措施，对城市和厂区进行合理规划外，最基本的方法是采用隔声、消声、吸声技术，控制噪声扩散；而个人有效的防护用品是护耳器，如耳塞、耳罩、头盔等。

（四）固体废弃物

（1）垃圾。垃圾成为现实生活中严重的社会问题。全世界每年约产生450亿t垃圾，而且增长速度快。几乎所有大城市都受到垃圾问题的困扰。德国一位环保部长说：“清除垃圾同供应食品一样重要。”城市垃圾已成为大城市的沉重包袱。

城市垃圾是指城市居民的生活垃圾、医疗垃圾、商业垃圾、市政维护和管理中产生的垃圾，不包括工厂所排出的工业固体废弃物。根据其来源不同，城市垃圾可分为食品垃圾、普通垃圾、建筑垃圾、清扫垃圾、危险垃圾。其中，普通垃圾和食品垃圾是城市垃圾中回收利用的主要对象。危险垃圾包括干电池、日光灯管、体温计等各种化学/生物的危险品、易燃易爆物品、含放射性物质的废弃物，这类垃圾应单独清运和处理。

“白色污染”已成为全球性公害，一般塑料制品在自然界中的降解周期是200～400年，掩埋在土壤中，会妨碍农作物生长；被牲畜和海洋动物误食，轻则消化系统患病，重则死亡；焚烧则会释放大量有毒气体。

目前城市垃圾收集和输送的主要方法有分类收集、破碎、压缩、管道运输。

现在国内外广泛采用的城市生活垃圾处理方式主要有卫生填埋、高温堆肥和焚烧。焚烧垃圾会产生二氧化硫、悬浮颗粒物、氮氧化物、二噁英等污染物。二噁英是国际公认的一级致癌物，具有致畸、致癌、致突变的副作用。日本和西欧普遍致力于推进垃圾焚烧技术的应用。采用专业垃圾焚烧技术，炉温必须达到900℃以上。

垃圾分类收集处理效果好，经济效益显著，但需要居民的合作。目前垃圾的回收利用正日益受到重视，这种方法也叫作资源化法。科学家认为，食品垃圾可以用于生产有机肥，各种废纸和木材废料是新型的“森林”。这种“森林”的利用前景十分可观，废纸可以回收制浆造纸，废纸和其他纤维原料可以制成湿纤维浆，然后压模成型应用于包装、家具等方面。木质包装箱可重新回收，用于生产刨花板；对拆毁建筑所得的板材，可以重新分级再次利用等。

（2）工业固体废弃物（industrial solid waste）。工业固体废弃物是工业生产和加工过程中排入环境的各种废渣、污泥、粉尘等，包括冶金废渣、燃料废渣、化工废渣等，其数量大、种类多、成分复杂、处理困难。

工业固体废弃物具有既是废弃物又是原料的双重特性——某一过程的废弃物往往是另一过程的原料，所以这类废弃物又有“放在错误地点的原料”之称。作为废弃物，工业固体废弃物占用大量土地堆放、浪费土地资源、污染环境、淤塞河道、危害人体健康，目前成为世界公认的突出环境问题之一。工业固体废弃物中的有毒物质在降水的淋溶、渗透作用下能进入土壤，污染地下水。有害物质向地下渗透，杀死土壤中的微生物，导致土地质量下降。某些有毒物质，特别是重金属，还会在土壤里累积并迁移到农作物中，继而影响人体健康。工业固体废弃物中的有机物质受日晒、风吹和雨淋的作用，还会分解产生恶臭毒气，从而造成大气污染。例如，含硫氧较高的煤矸石堆，在一定条件下会自燃，散发出大量的SO_2气体。

工业固体废弃物的综合利用是防止环境污染的最根本方法。综合利用就是通过回收、加工、循环使用等方式，从工业固体废弃物提取或者使它转化为可以利用的资源、能源和其他材料。例如，制作建筑材料、回收能源、回收有用物资等，这是今后大力发展的方向。

（五）农药污染

人们为防治病虫害和消灭杂草，在农业生产上广泛采用杀虫剂（insecticide）和除草剂（herbicide），但是从长远来看，却给人类自己带来了危害。

例如，DDT是一种有效的杀虫剂，在第二次世界大战期间发明，能够灭杀马铃薯甲虫、蚊虫、跳蚤等，其发明者在1948年获得诺贝尔奖。具有讽刺意味的是，现在DDT在许多国家已经是禁用品。DDT的化学性质稳定，其半衰期接近20年，易溶于脂肪，难分解而残留性强，容易扩散。目前人们已经在南极的企鹅体内发现了它，证明DDT已进入全球性的生物地球化学循环。用喷雾方式使用DDT时，实际上只有5%落到物体上，而有一半以上散布到了大气之中，其余降落到土地上，而后流入江河海洋。

根据对各地人体脂肪的抽样分析，发现人体脂肪组织中已普遍含有DDT，英格兰人脂肪中 DDT的浓度为2.2mg/kg，德国人2.3mg/kg，法国人5.2mg/kg，加拿大人5.3mg/kg，美国人11.0mg/kg，印度人12.8～31.0mg/kg。根据我国各地调查表明，各大中城市人体脂肪中也含有不同浓度的 DDT。DDT在生物体内高度富集，常引起死亡或影响其生殖。例如，可引起鸟类体内钙代谢的改变，降低细胞膜对钙离子的透性，使血液中钙含量减少，因此使所产卵壳软化而出生率下降，这是许多鸟类数量大减的重要原因。新近的研究证实，DDT及其他有机氯杀虫剂对脊椎动物，包括人类的神经系统和性激素代谢有毒害作用，如生活在淡水中的鳟鱼，卵巢脂肪组织中只要有5mg/kg DDT残留量，就会导致100%的鱼苗死亡。

与DDT一样，PCB（多氯联苯）的化学性质与脂肪类似，因此很容易被吸收而积累于动物或人体组织内，通过食物链逐级浓缩，累积到毒害程度。特别是在水域，如在美国五大湖区域，多年来喷洒PCB，水生动物体内PCB的残留量逐级增高，吃鱼的银鸥体内含量已高达124mg/kg，比海水中的含量扩大了6200万倍（图7-5）。

如果在草原上喷洒低浓度有机氯杀虫剂BHC（六六六），土壤中前一年的残留量为0.05mg/kg，喷洒后含量为0.93mg/kg，其量虽然微不足道，但被牧草吸收后，在茎叶中含量为5.98mg/kg，浓缩了6倍多；牛食用牧草后，牛肉和牛奶中含量分别为13.36mg/kg和9.82mg/kg，浓缩了14倍和10倍；而奶油中含有65.1mg/kg，浓缩了66倍多；对食用奶油的人进行分析，检出BHC含量为171mg/kg。

1999年比利时"污染鸡事件"引起了全世界的极大关注，造成这次事件的物质叫二噁英。它是除草剂内含有的成分，这类农药在我国、欧洲及其他国家普遍使用。人类长期接触二噁英可导致一系列疾病，如癌症、肝病等，并祸及后代，对胎儿的泌尿、生殖系统构成伤害。正常情况下环境中的二噁英浓度很低。但是，除草剂的使用、垃圾焚化、氯气脱色等过程大大提高了其在环境中的浓度。二噁英性质稳定，在土壤中降解的半衰期为12年，在空气中光化学分解的半衰期为8.3d。在人体内主要蓄积在脂肪中，降解十分缓慢。人们往往由于摄入被二噁英污染的食物，特别是肉、奶制品和鱼类脂肪而引起中毒。哺乳期婴儿因需要乳制品的量大，更易受到伤害。

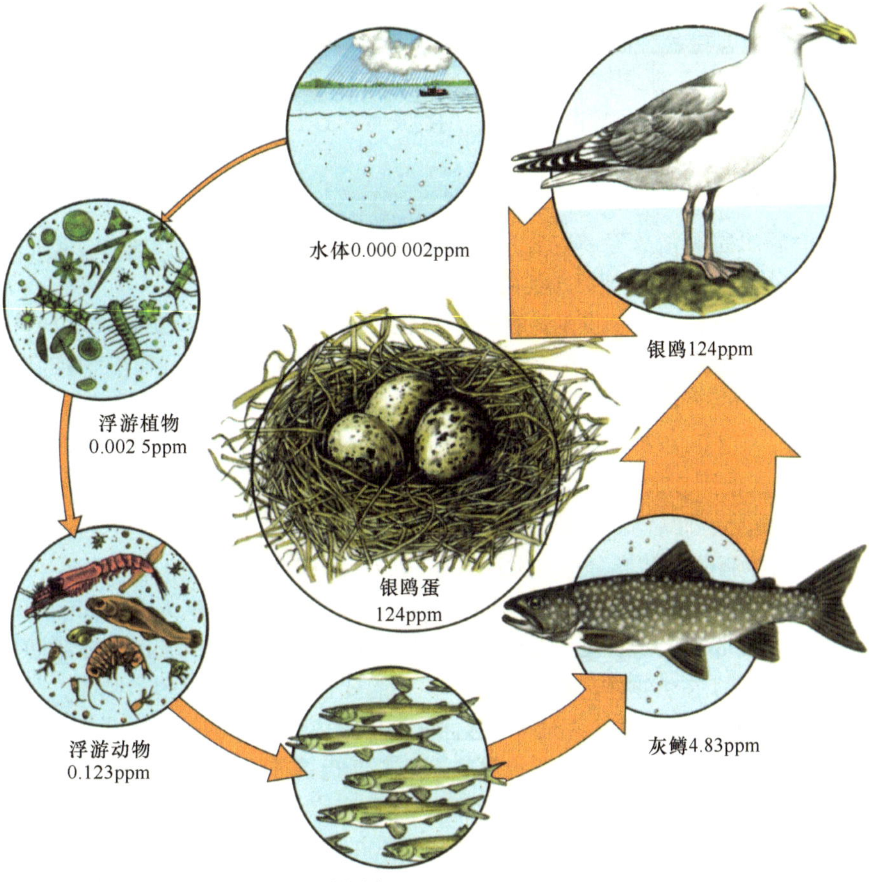

图7-5　生物放大作用示意图（引自Miller，2001）

1ppm＝1×10^{-6}

（六）重金属污染

在正常情况下，许多酶依赖蛋白质和微量元素锰、硼、锌、铜、钼、钴等的络合作用才能发挥其作用。然而，如果这些微量元素过多，可能会破坏这种蛋白质和金属离子的平衡过程，而削弱或者终止某些蛋白质的活性。在正常情况下，环境中可摄入的微量元素含量很低。例如，铅通过汽车尾气以微小的颗粒状态排放到大气中，直接通过呼吸道进入人体，很快被肺泡吸收，引起中毒，对人的危害最大。汞和铅与中枢神经系统的某些酶类结合的趋势十分强烈，过多时会引起神经错乱、精神呆滞、昏迷甚至死亡。汞能与遗传物质DNA形成专一性的结合，中毒引起严重的先天性缺陷。

这些重金属与蛋白质结合不但可导致中毒，而且能引起生物积累。重金属原子结合到蛋白质后，就不能被排泄掉，并逐渐从低剂量积累到高浓度，从而造成危害。典型的例子就是发生在日本的水俣病。金属形式的汞毒性并不大，大多数汞能通过消化道而不被吸收。然而水体沉积物中的细菌吸收了汞，使汞发生化学反应，形成甲基汞，它和汞本身不同，生物体对甲基汞的吸收率几乎达到100%，其毒性几乎比金属汞大100倍，而且不易被排泄掉。

目前，我国食品中重金属污染状况并不乐观。我国食品中重金属污染主要是铅污染，通过膳食计算，我国各年龄段铅的摄入量偏高，特别是儿童已经达到PTWI（暂定每周耐受摄入量）的105.6%～109.7%。在我国大部分地区的蔬菜中砷检出率近100%。粮食、水果、蔬菜、肉、乳、蛋、鱼类及其制品、茶叶等食品中也都有砷检出，有的超过食品安全卫生标准。20世纪50年代后期，在农业上使用含汞杀螨剂以来，汞对土壤、自然水系、大气的污染日益严重。现在，工厂排放的含汞废水已成为水体污染的主要来源。

镉是最常见的污染食品和饮料的重金属元素。镉可通过环境污染、生物浓缩和含镉化肥的使用而致食品污染。我国稻、蔬菜等农作物中镉的检出率较高，超标现象严重。2009年1月，韩国通报辽宁省辖区企业出口的一批农产品被检出重金属超标，大连同盛实业有限公司出口的萝卜干被检出铅超标。

二、《寂静的春天》

20世纪50年代，美国的企业界为了经济开发而大量砍伐森林，破坏自然，“三废”（废水、废气、固体废弃物）污染严重。美国放任化学工业界开发DDT等剧毒杀虫剂，并大规模空中喷洒，导致鸟类、鱼类和益虫大量死亡。化学毒性通过食物链进入人体，诱发癌症和胎儿畸形等疾病。在自然、生物甚至人类受到伤害的大背景下，身患绝症的蕾切尔·卡逊只身面对挑战，专门研究剧毒，历经4年出版了《寂静的春天》。该书通过揭示化学农药对生态系统的危害，引发了全球范围的环境保护运动，以及人们更深的思考。

美国前副总统戈尔评价《寂静的春天》：“这部著作情感真挚、研究全面、观点严谨。它改变了我们的历史进程。如果没有它，环境运动也许会被耽搁很久”。

三、环境保护运动

诸多环境事件、《寂静的春天》的出版、民权运动最终引发了环境保护运动。

1970年4月22日，在美国，人们为了解决环境污染问题，掀起了一场声势浩大的群众性环境保护运动。在这一天，全美国两千万人走上街头。人们高举着受污染的地球模型、巨画、图表，高喊着保护环境的口号，举行游行、集会和演讲，呼吁政府采取措施保护环境。这次规模盛大的活动促使美国政府于20世纪70年代初通过了水污染控制法和清洁大气法的修正案，并成立了美国环保局，也促成了联合国环境规划署成立。人们将4月22日命名为“地球日”，这一天也成为140多个国家的民众进行大规模环保活动的共同纪念日。我国从1990年开始，每年都举行地球日的纪念宣传活动。

四、人类环境宣言

1972年6月5日，联合国在瑞典斯德哥尔摩召开第一次全世界范围的人类环境会议，会议通过了《联合国人类环境会议宣言》，提出人类面临多方面的环境污染和广泛的生态破坏问题，呼吁人们要共同珍惜环境。这一天被第27届联合国大会确定为“世界环境日”。

《联合国人类环境会议宣言》核心条文

1972年6月16日，来自113个国家的政府代表和民间人士达成一致，通过了《联合国人类环境会议宣言》，呼吁各国政府和人民为维护和改善人类环境，造福全体人民，造福后代而共同努力。

（1）人是环境的产物，同时又有改变环境的巨大能力。

（2）保护和改善环境对人类至关重要，是世界各国人民的迫切愿望，是各国政府应尽的职责。

（3）人类改变环境的能力，如果能够妥善地加以运用，可为人民带来福利；如运用不当，则可对人类和环境造成无法估量的损害。

（4）发展中国家环境问题主要是发展不足所致，发达国家环境问题主要是工业化和技术发展所致。

（5）理应根据情况采取适当的方针和措施解决因人口增长给环境带来的压力。

（6）为当代人和子孙后代保护和改善环境，成为紧迫目标；与争取和平、经济和社会发展一样重要。

（7）各国政府要对大规模的环境政策和行动负责；对全球性环境问题要广泛合作，采取行动，以谋求共同利益；公民、团体、企业和各级机关共同努力。

以这7项共同观点为基础的26项原则包括：人的环境权利和保护环境的义务，保护和合理利用各种自然资源，防治污染，促进经济和社会发展，使发展同保护和改善环境协调一致，筹集资金，援助发展中国家，对发展和保护环境进行计划和规划，实行适当的人口政策，发展环境科学、技术和教育，销毁核武器和其他一切大规模毁灭手段，加强国家对环境的管理，加强国际合作等。

五、清洁生产

（一）清洁生产的产生背景

传统的发展模式以大量消耗资源、粗放经营为特征，是造成工业污染的主要原因。其主要不足在于：①末端治理投资大，建设周期长，运行费用高，经济效益低；②资源、能源得不到有效利用，造成环境的二次污染；③末端处理处置废弃物有一定的风险性，废弃物填埋造成迁移，焚烧排放有毒废气，废水处理产生污泥，工人健康受到影响等；④环境管理偏重末端控制，忽视全过程控制。

由于这些缺陷和不足，欧洲共同体于1977年开始制定清洁工艺政策，1993年正式公布《工业企业自愿参加环境管理和环境审核联合体系的规则》，并于1995年开始实施；法国1980年设立了无污染工厂的奥斯卡奖金，奖励在无废工艺方面做出成绩的企业；美国1988年明确提出了污染预防战略。1989年联合国环境规划署清洁生产规划处的成立标志着清洁生产的概念正式推出。

在我国，1993年国家提出了推行清洁生产的要求，并将其列入了《中国21世纪议程》。1999年分别在北京、上海、重庆、沈阳、太原、兰州等10个城市选择石化、冶金、化工、轻工、船舶5个行业进行了清洁生产试点工作。2002年6月29日第九届全国人民代表大会常务委员会第二十八次会议通过了《中华人民共和国清洁生产促进法》，2003年1月1日开始施行，2012年修订。

（二）清洁生产的基本含义及其主要内容

清洁生产（cleaner production）在不同国家有不同的叫法，如污染预防（pollution prevention）、废弃物最小化、清洁工艺、污染削减等。联合国环境规划署（UNEP）将清洁生产定义为：清洁生产将综合预防的环境战略持续应用于生产过程和产品中，以便减少对人类和环境的风险。

我国《中华人民共和国清洁生产促进法》将清洁生产定义为：不断采取改进设计、使用清洁的能源和原料、采用先进的工艺技术与设备、改善管理、综合利用等措施，从源头削减污染，提高资源利用效率，减少或者避免生产、服务和产品使用过程中污染物的产生和排放，以减轻或者消除对人类健康和环境的危害。

清洁生产的新思路

（1）原料替代技术。加拿大Logen公司开发过一项低成本的生物技术乙醇生产工艺，把麦秆、玉米棒等转变成清洁燃烧的乙醇燃料。与汽油相比，可以减少90%的CO_2排放；Unin Oil公司用无汞农药取代有汞农药，消除汞的污染。

（2）销售新观念。美国Dow公司推出了一种含氯溶剂的“分子租用”新概念，其客户不再购买溶剂本身，而是购买其功能。他们用完后可以把溶剂归还给公司再生处理。

（3）消费新观念。一些企业放弃传统的办公室，代之由需要办公室的职员共同使用或租用；在设备上集传真、复印、扫描等功能于一身，而各项功能的性能低于传统的单功能设备的水准。

（4）场所与工艺的变更。荷兰在处理和保护木材方面，以Plato热解工艺替代杂酚油和油漆的使用；Interfare地毯公司在尼龙地毯生产过程中直接生成图案，避免了传统工艺印刷工序带来的大量污水和重金属，效益显著。

（三）生命周期评价

生命周期评价是一种用于评估产品在其整个生命周期中，从原材料的获取、产品的生产直至产品使用后的处置，对环境影响的技术和方法。按国际标准化组织的定义，生命周期评价是对一个产品系统的生命周期中输入、输出及其潜在环境影响的汇编和评价。生命周期评价的内容包括如下几点。

（1）确定目标与范围。对要评价的产品，选择以功能为基础的对比方式，确定所需的细节水平。

（2）清单分析。量化和评价产品、工艺或活动的生命周期阶段资源和能量使用、环境释放过程。

（3）生命周期影响分析。从管理、技术、工艺、设备、产品设计、操作程序、废物回收、循环利用等方面入手，对每一环节深入分析，找出具体部位、环节及原因，在生产管理、过程控制等方面提出合理化建议。

（4）改进分析。对生命周期内能耗和物耗及环境释放过程进行分析。

（四）生态设计

生态设计也叫作绿色设计或生命周期设计或环境设计，是指利用生态学思想，在产品开发阶段综合考虑生态环境问题，设计出对环境友好的，又能满足人需求的一种新的产品设计方法。生态设计要求将环境因素纳入设计之中，从而帮助确定设计的决策方向。生态设计要求对产品的各个阶段都考虑环境后果，从产品的整个生命周期减少对环境的影响，最终引导产生一个更具有可持续性的生产和消费系统。

生态设计的概念一经提出，就得到一些国际著名公司的响应，如荷兰的飞利浦公司、美国AT&T公司、德国的奔驰汽车公司等，在20世纪90年代初即进行有关产品的生态设计尝试，并取得成功。生态设计的意义在于：①生态设计可降低成本；②生态设计可减少责任风险；③生态设计可提高产品质量；④生态设计可刺激市场的需求。

FoxFibre天然彩色棉花的生态设计

FoxFibre天然彩色棉花的生态设计是指以开发生态服装、降低环境负荷为目标；以市场调查、消除染色过程为战略；通过野生棉花的引种与改良、有机种植等步骤；在引种、改良、种植、耐火性能开发方面进一步细化；借助各种设计方案，选择最有希望的方案进一步推敲，形成新的设计。通过生态设计，生产成本降低了27%；消除了染色过程带来的污染；天然耐火性能得到开发；此后与Levi Strauss & Co.和Jockey Club等建立后续联系，开辟了更多的机会。

生态设计活动主要包含两方面的含义：一是从保护环境角度考虑，减少资源消耗、实现可持续发展战略；二是从商业角度考虑，降低成本、减少潜在的责任风险，以提高竞争能力。生态设计可以从产品再设计、产品概念革新、产品（组件）功能的优化、非物质化、功能的组合、系统革新几个方面入手。

（五）清洁生产审计

清洁生产审计，或称为环境审计，是对企业现在的和计划进行的工业生产进行清洁生产的分析和评估。清洁生产审计是实施清洁生产的前提和核心，包括对企业生产全过程的每个环节、每道工序可能产生污染的情况进行定量审定，判明废弃物产生部位、产生原因，并提出消减废弃物的方案，通过清洁生产审计减少污染、保护环境、节约资源、降低费用、增强企业自身的竞争力。

清洁生产审计的内容包括：①审查企业产品是否有毒、有害或有污染；②审查企业使用的原料、材料、助剂、燃料等是否有毒、有害，转化为产品的难度，资源回收利用的难度等；③审查工艺设备是否先进，工艺技术水平、自动化程度、生产效率高低，与国内外先进水平的差距；④审查企业对工艺、设备、原料消耗、生产组织调度、环境保护的管理情况；⑤对需投资改造的清洁生产方案进行技术、环境、经济的可行性分析。

（六）工业生态系统

工业生态系统理论把工业系统视为一类特定的生态系统，与自然生态系统一样，工业生态系统是物质、能量和信息流动的特定系统，而且完整的工业生态系统有赖于生物圈提供的资源与服务。

在人类生产与消费组成的复杂空间与时间网络中，单个物料可能流过几种不同的工业系统，每一个系统成员可能在多个工业系统中起作用。如同自然生态系统由多个子系统组成一样，工业生态系统也由很多子系统组成。这些工业子系统涉及不同的地域、行业或原料。

工业生态系统的关键在于模仿自然生态系统的运行规则，实现人类的可持续发展。在循环传输上，工业生态系统同样遵循能量流动和物质循环原则；在多样性上，工业生态系统强调行为者多样性、相互依赖与协作、工业的输入与输出；在地域性上，工业生态系统强调利用地方资源、注重地方特色和瓶颈制约因素；在渐变性上，工业生态系统向着充分利用废弃物、能源和再生资源的目标发展。

工业生态系统同自然生态系统一样，强调平衡，平衡的内在机制是市场价值规律，平衡的实现要靠系统内部的自动调节机制和能力。

（七）生态工业园

生态工业园是指有计划地进行资源与能源交换，寻求资源与能源使用的最小化、废弃物最小化，建立可持续的经济、社会和生态关系的工业系统。

生态工业园的概念来源于丹麦的卡伦堡共生体系。其特征体现在：①具有明确主题，因地制宜，根据地方优势确定主导企业；②通过毒物替代、CO_2吸收、材料交换和废弃物统一处理来减少环境影响或生态破坏；③通过共生和层叠实现能量利用效率的最大化；④通过回用、再生和循环实现材料与资源的可持续利用；⑤在资源与能源最优化利用，污染最小化的基础上，形成社区管理体系与服务体系；⑥通过良好的环境基础设施使整个社区环境状况得到改善；⑦拥有规范体系，允许一定的灵活性，而且鼓励成员适应整体运行目标；⑧在主导企业废弃物资源利用的基础上设计与建设系列的工业企业；⑨应用便于能量与物质在密封管线内流动的信息管理系统。

卡伦堡共生体系与生态工业园

丹麦的卡伦堡是位于哥本哈根以西100km的一个工业小城市。得益于北海之滨的不冻港，于20世纪50年代以来开始建设了火力发电厂和炼油厂。随着时间的推移，主要的企业之间开始相互交换废料——蒸汽、不同温度的水及一些副产品。到20世纪80年代已经形成了一种良好的废弃物交换体系，当地发展部门称为“工业共生体系”，并给予了各方面的优惠政策，也有人称为工业生物群落。

共生体系中主要有5家企业，相互之间的距离不超过1000m，由专门的管道体系连接在一起，形成了蒸汽、热水、石膏、硫酸和生物技术污泥等废弃物的相互依存、共同利用的格局。这是最早的生态工业园。

这5家企业是阿斯耐斯火力发电厂（把蒸汽提供给炼油厂、发酵池、市政供暖系统、养殖场等；利用硫和石灰反应生成石膏提供给石膏厂）、斯塔朵尔炼油厂（把冷水提供给发电厂的冷却发电机组）、挪伏挪尔迪斯克生物工程公司（利用农产品生产胰岛素等，提供污泥肥料用于农业生产）、吉普洛克石膏厂（利用石膏生产建筑板材）、卡伦堡市政府（供给暖气），此外，在这个工业园区，还有养殖场、水泥厂、土壤修复公司、农场等（图7-6）。

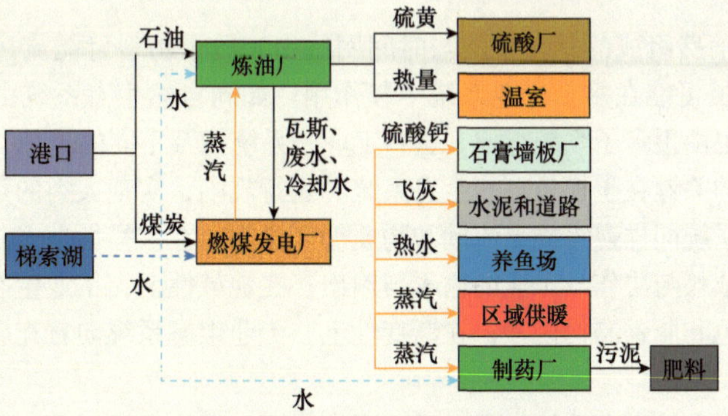

图7-6　卡伦堡工业共生体系示意图

由于形成了有机的共生体系，整个体系每年可以减少4.5万t石油、1.5万t煤炭、60万m^3水的使用，每年可以减少17.5万t CO_2和1.02万t SO_2的排放，每年有13万t炉灰、4500t硫、9万t石膏、1440t氮和600t磷被重新利用，由此产生的效益约为每年1000万美元。

自卡伦堡工业共生体系诞生以来，工业生态学的倡导者和政府部门的管理者都看到了通过工业生态学实现可持续发展的希望，生态工业园如雨后春笋般在西欧、美国、加拿大、日本等兴起，生态工业园可以因地制宜规划不同的主题，上级部门审批以后，围绕着主题来招商引资，目前世界各地形成的主题有农业、能源、自然资源、资源回收、石油工业等（表7-1）。

表7-1　国内外不同主题的生态工业园

生态工业园	地点	主题
Burnside生态工业园	加拿大	建立清洁生产中心推动1000多家公司的清洁生产审计、高效利用、废弃物交换、绿色包装等
Gujarat生态工业园	印度	通过700多家有环保理念公司的广泛讨论确定形成了以废酸、石膏等为主导的循环项目
Cap Charles生态工业园	美国	最大限度地利用自然资源，包括农业、海产、遗产旅游、土特产等，率先进入的是光电池板生产公司
Kokubo生态工业园	日本	23家企业形成合作体，针对企业产生最多的废纸等激活废弃物的再循环项目
Zabalin资源回收工业园	埃及	在回收公司的基础上，由地方、国家、国际社会完成社区转换，形成了多个再循环
广西贵港生态工业园	中国	以广西贵糖集团为核心，围绕糖业，形成蔗田、制糖、造纸、乙醇、热电联产、环境综合治理的复合体系

六、环境保护法律法规

关于环境保护的法律法规，国际上有《联合国气候变化框架公约》《京都议定书》《巴黎协定》《保护臭氧层维也纳公约》《联合国海洋法公约》等。

美国有《国家环境政策法》《清洁水法》《清洁空气法》《资源保护与恢复法》等。

欧盟层面与环境相关的法规有《工业排放指令》《环境责任指令》《废物框架指令》等。

我国在《中华人民共和国宪法》之下，与环境保护相关的法律法规有《中华人民共和国环境保护法》《中华人民共和国水污染防治法》《中华人民共和国大气污染防治法》《中华人民共和国固体废物污染环境防治法》《中华人民共和国噪声污染防治法》《中华人民共和国海洋环境保护法》等。

第三节 生物多样性保护

微课堂

一、生物多样性内涵

生物多样性（biodiversity）是指生命有机体的种类和变异性及其与环境形成的生态复合体，以及与此相关的各种生态过程的总和，包括动物、植物、微生物和它们所拥有的基因，以及它们与其生存环境形成的复杂生态系统和自然景观。生物多样性通常被认为有三个层次，即遗传多样性、物种多样性和生态系统多样性（图7-7）。

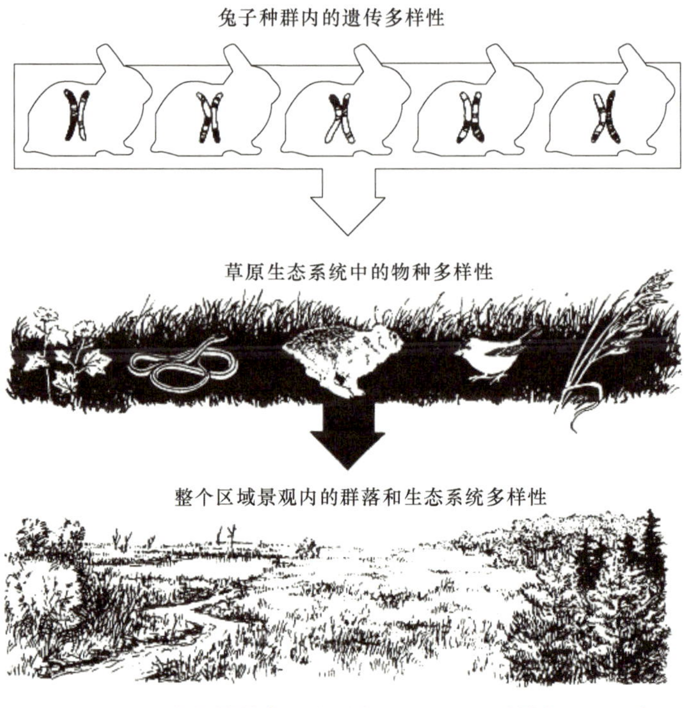

图7-7　生物多样性的内涵（引自Primack和季维智，2000）

遗传多样性是指生物种内不同群体之间或同一群体内不同个体之间的遗传变异总和。物种多样性是生物多样性在物种上的表现形式，反映了地球上生物有机体的复杂性，是生物多样性研究的核心内容。生物圈内物种集合的空间多样性称为生态系统多样性，即生物圈内生境、生物群落和生态过程的多样化，以及生态系统内生境差异、生态过程变化的多样性。近年来，人们又把物种集合所产生的不同自然景观（形状、结构和内容物）称为景观多样性。

地球陆地与海洋生境中有多少物种？半个世纪以来，生物学家对这一问题进行了研究，不同研究者用不同方法得到的物种估计数不同，估计地球物种总数在50万～1亿种。直到今天，并没有一个确切的地球物种总数。但是，有些生物类群的种数较为确定，如苔藓、蕨类、裸子植物、被子植物、淡水鱼类、两栖类、爬行类、鸟类和哺乳类。植物分类学家对全球植物种数有不同的估计数，2013年，全球植物名录将全球植物种数更新为约350 699种，其中苔藓1.6万种、蕨类1.3万种、裸子植物1000种、有花植物26万种；鱼类数据库中，全球有33 200种鱼类被描述。美国自然历史博物馆（2016）记录全球有7493种两栖动物，截至2015年，爬行动物数据库收录了10 272种爬行动物，国际鸟盟（2016）报道全球有10 426种鸟类。IUCN（2016）报道全球有5515种哺乳动物。但是，对于许多小型生物，如昆虫（尤其是热带雨林的昆虫）等无脊椎动物、深海底栖生物、真菌及细菌等类群仍时常有新种类发现，其物种已描述数量与估计数量可能相差甚远。

二、生物多样性所承受的压力

人类需求的不断增长和无节制的活动，导致了生物多样性趋于枯竭或灭绝，土壤、水和大气资源的质量恶化，正在持续威胁着人类赖以生存的各种生物多样性资源。

当前，地球上的物种数量是地质历史上最多的；同时，灭绝率也是最高的。1600～1800年，地球上灭绝的鸟类和兽类有25种，1800～1950年灭绝的鸟类和兽类达78种；20世纪有249种鸟类和兽类灭绝；进入21世纪，已经有23种动物灭绝，包括巴拿马金蛙、爪哇犀牛、斑鳖、弯角大羚羊、金蟾蜍等。2001年，世界自然保护联盟（IUCN）在其发布的《IUCN濒危物种红色名录》中，将58种鱼类和1种哺乳动物列为1970年以来的灭绝物种。2021年，第七届世界自然保护大会在法国举行，世界自然保护联盟更新了《IUCN濒危物种红色名录》。该名录评估的物种达138 374种，其中38 543种面临不同程度的灭绝危险，占比接近28%。33%的两栖动物、25%的哺乳动物、12.5%的鸟类和70%的植物在全球范围内受到灭绝威胁。还有785种归入灭绝（EX）类别，65种处于野外灭绝（EW）状态。自1500年以来，至少有187种岛屿特有鸟类因被引进的哺乳动物杀死而灭绝。在过去的20年里，大陆鸟类灭绝事件激增，特别是在高度分散的热带地区，如巴西已经有3种特有鸟类灭绝。

在中国，生物资源下降情况也很严重，有些物种已经灭绝，有些则成为稀有种或濒危种。犀牛、野马、麋鹿、白臀叶猴、新疆虎、华南虎、白鲟、白鱀豚、儒艮在我国的野生种群已绝迹。多种长臂猿、叶猴、金丝猴、懒猴、东北虎、雪豹、亚洲象、野骆驼、海南坡鹿、高鼻羚羊、台湾鬣羚、羚牛、黑颈鹤、孔雀雉、帝雉、扬子鳄、蓝冠噪鹛、望天树、龙脑香等物种已处于濒危状态。初步统计还显示，中国有300多种陆栖脊椎动物、约410种和13类的野生植物处于濒危状态。由于物种之间的相互关联，如果有1种植物灭绝，就会有10～30种依附于这种植物的其他生物消失。

生物多样性所承受的压力主要包括以下几个方面（表7-2）。

表7-2 导致物种灭绝和濒临灭绝的因素（引自Primack和季维智，2000）

种类	导致物种灭绝和濒临灭绝的因素/%					
	生境丧失	人为捕杀	引进外来种	捕食者	其他	未知
已灭绝						
哺乳动物	19	23	20	1	1	36
鸟类	20	11	22	0	2	37
猛禽	5	32	42	0	0	21
鱼类	35	4	30	0	4	48

续表

种类	导致物种灭绝和濒临灭绝的因素/%					
	生境丧失	人为捕杀	引进外来种	捕食者	其他	未知
趋于灭绝						
哺乳动物	68	54	6	8	8	—
鸟类	58	30	28	1	1	—
爬行动物	53	63	17	3	3	—
两栖动物	77	29	14	—	—	—
鱼类	78	12	28	—	—	—

（1）栖息地的减少和改变。随着城市扩大、工农业发展、森林乱砍滥伐、水利工程建设、环境污染等过程，生物的栖息环境急剧减少，致使许多生物濒危和灭绝。热带雨林是生物多样性最高的地方，但全世界的热带雨林面积正急剧缩小，使很多生物失去生存场所和必需的资源。我国海南岛1956年森林覆盖率为25.7%，到1981年上半年仅存8.5%，2022年海南省森林覆盖率恢复到62.1%。2003年，海南省林业局和香港嘉道理农场联合开展海南长臂猿调查，只在霸王岭自然保护区发现13只；随着多年来的保护和深入调查，截至2024年，已增长至7群42只。

（2）滥捕乱猎。为了获得动物的肉、油脂、毛皮、长牙、角、羽毛和其他产品，人类捕杀了大量野生动物。例如，新疆野马和新疆虎由于滥捕乱猎已经灭绝。不少珍稀动物的分布范围由于长期遭到滥捕乱猎和频繁的人类活动而日趋缩小。目前高鼻羚羊、云豹、野马、亚洲象、虎、雪豹、豹、金丝猴、白唇鹿、熊狸、黑麂、野牛、坡鹿、普氏原羚、麋鹿、河狸、叶猴等都已被列入我国国家Ⅰ级重点保护野生动物名录。

观赏动物的贸易也是对野生动物的一大威胁。例如，我国曾经出口的主要活鸟种类有红嘴相思鸟、画眉、绣眼鸟、百灵鸟、太平鸟、交嘴雀、八哥、鸳鸯等，每年多达几百万只。目前，红嘴相思鸟、画眉、鸳鸯等已列入国家Ⅱ级重点保护野生动物名录，不少动物列入了《有重要生态、科学、社会价值的陆生野生动物名录》，禁止贸易。

（3）外来种的引入。人类有意或无意地引入一些外来种，由于缺乏物种之间的相互制约，导致一些本土物种的灭绝。例如，澳大利亚袋狼灭绝的主要原因就是由于家犬被引入，种间竞争导致袋狼数量下降（另一原因是袋狼捕食绵羊等家畜，政府鼓励人们狩猎袋狼）。

（4）污染。污染也是引起生物多样性危机的主要原因之一，农药等杀虫剂的大量使用造成一些物种的濒危或灭绝，尤其是位于食物链顶端的猛禽受影响最为严重。2007～2021年，大雁南飞之时，常有在黄河口一带被农药毒死的报道。据统计，目前全世界已有2/3的鸟类生殖力下降，栖息地污染无疑是造成这一现象的重要原因。石油污染和铅中毒对水禽也造成越来越大的威胁。2010年5月5日，美国墨西哥湾原油泄漏事件造成数万只水鸟死亡。原本有超过6万只鹈鹕栖息的Racoon岛，很难再找到一只鹈鹕。取而代之，遍地都是死亡的海鸟尸体。

种种迹象表明，生物多样性正面临着空前的生存危机。人类活动在造成生物多样性危机的同时，人类本身也在经济、健康、生存和发展等方面遭受了巨大损失。

三、生物多样性保护历程

中国在4000多年前就开始出现了保护生物多样性的制度、法令和执行自然保护制度的机构，也就是虞衡制度。《尚书·尧典》记述了舜任命伯益担任“虞”的官职，朱虎、熊罴佐之。“虞”是中国也是世界上最早的自然保护机构，而“衡”是监督机构。泽虞负责管理和保护湖泊、湿地的动植物；山虞负责管理保护山林野生动植物资源；林衡负责巡视林木、检查护林人员保护森林的情况；川衡负责巡视河流、湖泊；迹人管理狩猎地区、监督围猎禁令的执行。到唐代，由尚书省下辖的虞部司负责与生物多样性保护相关的职责，宋代在工部下设虞部，明清时期在工部设虞衡清吏司来管理。

中国历朝历代都有生态保护的相关律令。例如，《逸周书》上说：“旦闻禹之禁，春三月，山林不登斧。”《周礼》上说：“草木零落，然后入山林。”除保护生态外，还要避免污染，如“殷之法，弃灰于公道者，断其手。”

《唐六典》和《唐律疏议》中都有保护生物多样性的相关规定。《唐六典·虞部》中记载：“凡五岳及名山能蕴灵产异，兴云致雨，有利于人者，皆禁樵采。”这在法律上强调了名山禁止樵采，由尚书省下辖的虞部司负责与生物多样性保护相关的职责。

宋代在工部下设虞部，虞部的郎中、员外郎职掌山泽、苑囿、畋猎，取伐木石、薪炭、药物，以及金、银、铜、铁、铅、锡坑治废置收采等事。宋代也有相关保护制度。

明清时期在工部设虞衡清吏司来管理山泽采捕、陶冶之事。明朝规定：“冬春之交，罝罛不施川泽；春夏之交，毒药不施原野”。

在福建天宝岩国家级自然保护区，我们可以看到160多年前古人设立的禁伐碑。从永安市青水乡龙头村往保护区内走4km，可以看到一块禁伐碑，这是清朝同治甲子三年（即1864年）当地肖氏家族所立，碑文内容有154字。禁伐碑确定了保护范围，除了严禁采伐竹木、保护森林外，还包含规范村民生产、生活方式等内容，而且具备了比较全面的就地保护的管理办法与处罚办法，从中可以看出我国最早的自然保护区雏形。

禁伐碑

立禁约，章山合村为重申严禁水口杂木，以扶气脉，以护村，方事窃惟，登塋穴，当预看明堂，入山乡，则先观水口，是水口之树木，要宜养籙也，近有无知之辈，不顾损益，妄行盗砍，爰合村咸集商议，重申条约，仍照旧章，登碑严禁，凡水口四至内位大王庙社殿前后左右自禁之后，不拘篙草杂柴一应不许砍伐，凡我同人务必互相诰识，共相劝勉，毋蹈前辄，如有不法之徒违禁者，轻则经公议罚，重则鸣官究治，决不徇情，而此特白。光绪贰拾叁年月吉旦章山合村董事仝立。

国际上，1864年美国为保护自然景观和巨杉在约西迈特山谷建立了自然保护区；1872年美国建立了黄石国家公园。美国、日本、扎伊尔、巴西、智利、博茨瓦纳等国家的保护地面积占比都很大。到目前为止，全球有27万个陆地和海洋自然保护区。

1956年，我国现代的第一个保护地——广东鼎湖山自然保护区诞生，它以保护南亚热带季风常绿阔叶林为主要目的。此后，经历了创建阶段、缓慢发展阶段、稳定发展阶段、蓬勃发展阶段，从2016年开始，进入了国家公园为主体的生物多样性保护阶段，现在已经形成以国家公园为主体的自然保护地体系。

（1）创建阶段。1956年，我国在广东肇庆建立了广东鼎湖山国家级自然保护区。1957年在福建建瓯建立了建瓯万木林省级自然保护区。1958年在云南西双版纳建立了小勐养、勐仑、勐腊三个保护区，对热带雨林及珍稀动物亚洲象、野牛、犀鸟等进行保护。到1965年，我国正式建立自然保护区19处，面积约为64.88万hm^2。

（2）缓慢发展阶段。1966年开始，我国自然保护区事业基本上处于停滞状态。1973年通过《自然保护区暂行条例》。1975年后新建了浙江天目山、四川卧龙等一批自然保护区，到1978年底，我国共建自然保护区34处，面积为126.5万hm^2。

（3）稳定发展阶段。1982年颁布《中华人民共和国宪法》，使自然保护事业纳入了法治轨道。1984年颁布《中华人民共和国森林法》《全国自然保护区区划方案》，1988年颁布《中华人民共和国野生动物保护法》，1989年颁布《中华人民共和国环境保护法》。系列法律法规为生物多样性保护起到了法律保障，到1998年年底，我国有各类自然保护区1276处，总面积1.23亿hm^2，占全国国土面积的12.44%。其中国家级自然保护区155处。长白山、鼎湖山、卧龙、武夷山、梵净山、锡林郭勒、博格达峰、神农架、盐城、西双版纳、天目山、茂兰等 14个自然保护区加入了世界人与生物圈保护区网络。

（4）蓬勃发展阶段。1999年开始，国家陆续启动了天然林保护、退耕还林等一系列重大生态工程。2000年6月，国家林业局部署抢救性地保护自然资源、加快我国西部地区自然保护区建设步伐。2001年，正式启动了全国野生动植物保护和自然保护区工程，大熊猫、老虎、亚洲象、苏铁等十五大类重要物种和一批典型生态系统就地保护纳入了工程建设重点，自然保护区事业呈现快速发展势头。截至2019年，我国已建立各级各类自然保护地1.18万处，保护面积覆盖我国陆域面积的18%，领海面积的4.6%，基本形成了类型比较齐全、布局基本合理、功能相对完善的自然保护区网络。

第四节 城市化与城市生态学

城市体现了人类梦寐以求的物质文明和活力。在许多方面，城市是社会和经济进步的龙头，在文化、财富、娱乐、就业、体育、卫生、交通、福利、通信、收入等方面都占有明显的优势。

随着工业发展，人口增加，城市的规模越来越大，世界正在大规模地向城市化过渡。城市中，高楼大厦鳞次栉比，森林被各种水泥建筑所替代，植物养料库——土壤也被柏油水泥路面所覆盖，栖息于森林中的各种动物也由川流不息的车辆和轰轰作响的飞机所替代。通过对城市的发展过程及其生态影响的研究，逐步孕育了城市生态学。

一、城市化进程

城市人口的自然增长和农村人口向城市的涌入是造成城市化水平不断提高的原因，在过去的半个世纪里，大量农村人口涌入城市，进入21世纪以后，这一过程仍然在继续着，尤其是在发展中国家，在2002年年底，有70%的城市人口居住在亚非拉国家。从世界范围来看，到1980年，50万人以上的城市已经发展到476个。到2010年人口规模超过500万的城市有55个；1000万人以上的城市有26个；2023年，全球人口超过1500万的城市有日本东京、印度新德里、中国上海、巴西圣保罗、墨西哥墨西哥城、孟加拉国达卡、埃及开罗、中国北京、印度孟买、日本大阪、巴基斯坦卡拉奇、中国重庆、土耳其伊斯坦布尔和阿根廷布宜诺斯艾利斯。

人类社会发展经历了靠自然生态系统谋生的游牧生活阶段、主要靠农田生态系统谋生的田园生活阶段和主要靠城市生态系统谋生的工业化、城市化阶段。如果把地球上自有人类以来的历史看作“24小时”，那么工业革命以来的城市化进程还不到“16秒”，而仅在20世纪的“5秒”内，世界城市人口就从2.2亿增加到22亿。随着城市化进程的发展，能源、淡水、燃料等资源的供应及大气污染、水体污染、固体垃圾的处置等问题日显突出。因此，对于占世界人口近一半、国民生产总值占90%和辅助能源消耗占80%以上的城市——这个物质能量聚集、人类活动密集、环境变化剧烈的生态系统的研究就显得十分重要了。

二、城市化带来的环境问题

人类活动影响气候的一个直接而明显的例证就是城市化对局部地区和区域性气候改变所产生的影响。目前半球或全球尺度的气候对城市化的响应已经引起人们的关注，随着城市规模的不断扩大、人口密度的不断增加，城市化也在对全球变化产生影响。现代的城市总是与稠密的人口、高度集中的工业、密集的房屋建筑和错综复杂的交通设施分不开。人们在创造了现代化城市的同时，也为自己居住的城市环境带来许多意想不到的隐患。

（一）城市人口问题

根据联合国的资料，全球人口已经从1975年的38.5亿增加到2022年的80亿，目前正以每年 8000万人的速度增长。1950年全世界500万人口以上的大城市只有6个，到2010年已增加到55 个。1975年仅有1/3 多一点的人口居住在城市，到2010年这一比例已超过 1/2。城市人口的急剧增长带来了一系列的环境问题。

（二）城市气候特征

城市气候可定义为：在与城郊空旷地区很不相同的城市景观影响下所出现的局部气候特征；或者说是在城市中高大的建筑物、密集的公用设施、厂房、住宅和纵横交错的街道所形成的特殊下垫面，以及在人们的生活生产活动中排放的大量废气、废液、废渣和燃烧时释放出的人为热等因子的影响下，产生的一种特殊气候条件。

城市气候特征是许多因子综合影响的结果，其最明显、最典型的特征是大气污染所带来的城市雾障。所谓雾障，是指城市中燃料燃烧时排放的烟尘、废气、汽车尾气和扬起的尘埃等污染物结合而形成的，笼罩在城市上空的一层灰蒙蒙的薄幕。雾障往往形成一个穹隆形的圆盖笼罩在城市上空（图7-8）。城市雾障的存在不仅标志着城市空气污染的加剧，也使城市中辐射平衡和热量平衡各分量的收支状况发生改变，因此导致城市中光照、温度、湿度、风及其他气象要素随之改变，并反过来加剧大气污染的危害。

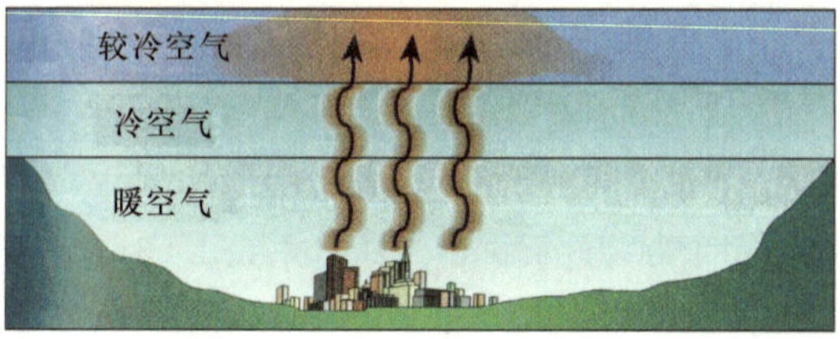

正常情况

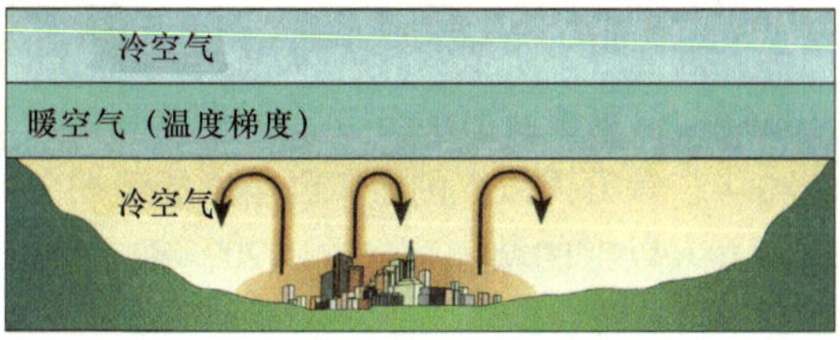

热逆温

图7-8　城市空气污染形成的雾障和顺风扩展情况（引自Miller，2001）

与郊区相比，构成城市气候特征的各气候要素都有明显的差别。城市太阳辐射强度一般比农村减弱10%～30%，紫外线减弱10%～25%。紫外线照射不足会影响儿童骨骼的发育，同时由于杀菌作用的减弱，为某些疾病的传染和流行创造了条件。

（三）城市环境质量

2012年联合国环境规划署公布的《全球环境展望5》指出，每年有70万人死于因臭氧导致的呼吸系统疾病，有近200万个过早死亡病例与颗粒物污染有关。《美国国家科学院院刊》（*PNAS*）发表的研究报告称，人类的平均寿命很可能因为空气污染缩短了5年半。世界银行发布的报告表明，由室外空气污染导致的过早死亡人数为平均每天1000人，每年有35万～40 万人面临着死亡。

2014年5月，世界卫生组织发布了“室外空气污染数据库”，大部分为2009年之后的空气质量数据。若以$PM_{2.5}$年均浓度排序，新德里以153μg/m^3的浓度值高居榜首。在全球空气质量信息与技术公司IQAir AirVisual发布的《2019年世界空气质量报告》中，全球空气质量最差的30个城市中有21个来自印度，印度首都新德里的卫星城加济阿巴德被列为2019年全世界空气最差的城市，平均空气质量指数高达110.2。南亚、东南亚和中东是全世界空气污染最严重的地区，在这三个地区的355座城市中，仅有6座城市达到世界卫生组织的年度标准。过去10年来，中国北京的空气年均$PM_{2.5}$浓度已几乎减半，退出全世界污染最严重的200个城市行列，但空气质量排名相对较差的城市仍有绵阳、咸阳、临汾、安阳、西安、渭南、太原、石家庄、邢台、邯郸等。

2010年，世界卫生组织发布的数据表明，全世界每年有4200多亿m^3的污水排入江河湖海，污染了5.5万亿m^3的淡水，这相当于全球径流总量的14%以上。

第四届世界水论坛提供的联合国水资源世界评估报告显示，全世界每天有数百万吨垃圾倒进河流、湖泊和小溪，每升废水会污染8L淡水；所有流经亚洲城市的河流均被污染；美国40%的水资源流域被加工食品废料、金属、肥料和杀虫剂污染；欧洲55条河流中仅有5条水质勉强能用。全世界每年产生的垃圾量估计在500亿t以上，而且增长速度很快，几乎所有大城市都被垃圾问题所困扰。

（四）城市热岛效应

城市辐射状况的改变，人为热的释放和潜热通量的减少，使得城市温度通常高于郊区。城市温度高于郊区的现象称为城市热岛效应。在一年中不同季节和一天中不同时间，热岛效应不尽相同，一般来说，热岛效应夏季比冬季更为明显，但在中高纬度地区则冬季较为明显，在一天中，以日落至半夜最为明显。

城市热岛效应是城市气候的一个显著特点，可以作为人类活动影响气候的一个最为突出的例子。城市热岛效应通常用城市与郊区的气温差来表示，在某个时段内气温差的最大值称为热岛强度。热岛效应是城市化的固有特征，只要人口超过2500人，且有一定的建筑物密度，就有可能产生热岛效应。热岛效应在晴朗无风的条件下最为明显，它可以使城市温度比郊区高5～8℃，个别城市可能更大。如果风速加大，城郊间温度差就会减小甚至消失，导致热岛效应消失的风速称为临界风速。不同城市的规模和功能不同，临界风速也不一样，一般来说，当风速超过5m/s时，就可能导致热岛效应消失。

城市热岛效应对最低温度的影响比较明显，尤其是在晴夜、微风、近地层逆温较强时。例如，伦敦在反气旋控制下天气晴朗无云，风力微弱，这时等温线的分布与市区建筑群的轮廓较一致，最低气温极大值位于中心建筑群密度最大的地区，市区等温线分布较为稀疏，城市边缘温度梯度很大，在东郊泰晤士河谷一带温度较低。

三、城市生态学

古希腊哲学家柏拉图的《理想国》，16世纪英国More的《乌托邦》，19世纪Howard的《花园城》等著作中都蕴含有一定的城市生态学哲理。

英国生物学家Geddes在20世纪初所写的《进化中的城市》中，把生态学原理和方法应用到城市，将卫生、环境、住宅、市政工程、城镇规划等综合起来研究。到20世纪30年代，芝加哥人类生态学派将城市生态研究推向了高峰，他们运用系统论的观点去看待城市，将城市视为一个有机体，具有复杂的人类社会关系，认为它是人与自然、人与人全面相互作用的结果。

20世纪70年代以来联合国教科文组织开展的“人与生物圈计划”进行了广泛的城市生态系统研究，内容涉及城市人类活动与城市气候、生物、代谢、迁移、空间、污染、住宅、生活方式、城市压力演替过程等的复杂关系。

（一）城市生态系统的结构和功能

城市生态系统在结构上可分为三个亚系统，即社会生态亚系统、经济生态亚系统和自然生态亚系统，它们交织在一起，相辅相成，形成了一个复杂的综合体。自然生态亚系统以生物结构和物理结构为主线，包括植物、动物、微生物、人工设施和自然环境等，以生物与环境的协同共生及环境对城市活动的支持、容纳、缓冲及净化为特征；经济生态亚系统以资源为核心，由工业、农业、建筑、交通、贸易、金融、信息、科教等子系统组成，以物资从分散向集中高密度运转、能量从低质向高质高强度集聚、信息从低序向高序连续积累为特征；社会生态亚系统以人口为中心，包括基本人口、服务人口、抚养人口、流动人口等，该系统以满足城市居民的就业、居住、交通、供应、文娱、医疗、教育及生活环境等需求为目标，为经济系统提供劳力和智力，以高密度的人口和高强度的生活消费为特征。

城市生态系统的功能包括以下三个方面。

（1）生产功能。为社会提供丰富的物资和信息产品，包括初级生产、次级生产、流通服务及信息生产四大类。城市活动的特点是空间利用率很高，能流、物流高强度密集，系统输入、输出量大，主要消耗不可再生能源，且利用率低，系统的总生产量与自我消耗量之比大于1，食物链呈线状而不是网状，系统对外界依赖性较大。

（2）生活功能。为市民提供方便的生活条件和舒适的栖息环境，既要满足居民基本物质和能量及空间需要，保证人体新陈代谢的正常进行和人类种群的持续繁衍；又要满足居民丰富的精神、文化需求，让人们从繁重的体力和脑力劳动中解放出来。

（3）还原功能。保证城乡自然资源的可持续利用和社会、经济、环境的平衡发展。一方面消除和缓冲自身发展给自然造成的不良影响，另一方面在自然界发生不良变化时，能尽快使其恢复到良好状态，包括自然净化和人工调节两类还原功能。

城市生态系统的功能是靠其中连续的能流、物流、信息流、货币流及人口流来维持的，它们将城市的生产与生活、资源与环境、时间与空间、结构与功能，以人为中心串联起来。明确了这些流的动力学机制和控制方法，就能基本掌握城市这个复合体中复杂的生态关系。

（二）城市生态系统的能流与物流

城市生态系统有两大特点：一是社会工业大生产，生产受社会经济规律制约；二是城市本身又是人的生态环境，因此，又遵循自然规律。城市作为一个生态系统，要维持城市工业生产和城市人民的生活，就要不断地从外部输入能量和物质；同时，又要向外部排泄废弃物，这就构成了城市生态系统的能流和物流。每天输入城市的能量包括电力、石油、煤、天然气、粮食、肉、蛋、鱼类、蔬菜和水果等，输入的物质包括工业生产需要的各种原材料和人们生活、工作的日用品等。能量在城市的生产和生活中转移、消耗，变成热量而散失。从城市向外输出的物质有各类工业产品、工业产生的废弃物及居民生活的垃圾和粪便等。

城市的能流和物流一般包括6个环节：开采→提纯→制造→运输→使用→废弃，每一个环节上都可能产生废弃物。

一个城市只有在能流和物流取得平衡的情况下，才能保证全部系统的稳定性。

（三）城市生态学研究中的几种观点

（1）自然生态观。这种观点把城市看成以生物为主体，包括非生物环境的自然生态系统，它受人类活动干扰并反作用于人类。通过研究栖息在这类特殊环境中的动物、植物、微生物等生物群体，以及景观、气候、水文、大气、土地等物理环境的演变过程及其对人类的影响，可以认识城市人类活动对区域生态系统乃至整个生物圈的影响。城市自然生态研究目前较为关注：①城市人类活动与城市气候关系的研究；②城市化过程中森林与生物多样性的影响研究；③城市的自然环境容量、自净能力研究；④城市垃圾的分类与处理。

（2）经济生态观。这种观点把城市看成一个以高强度的能流和物流为特征，不断进行新陈代谢，经历着发生、发展、兴旺和衰亡等演替过程的人工生态系统。通过对城市各种生产生活活动中物质代谢、能量转换、水循环和货币流通等过程的研究，探讨城市复合体的动力学机制、功能原理、生态经济效益和调控办法。

（3）社会生态观。这种观点从社会学的角度探讨城市生态系统，认为城市是人类集聚的结果，应该着重关注人的种群特征、行为特征和社会特征在城市过程中的地位和作用。例如，对人口密度、分布、生殖率、死亡率、人口流动、职业、文化、生活水平等方面开展研究，其中以对城市人口密度与城市社会质量的研究较为热门。

（4）复合生态观。城市生态系统既有自然地理属性，也有社会与文化属性，这是一类复杂的人工生态系统。马世骏和王如松（1984）将城市看作社会-经济-自然的复合生态系统，认为城市的自然及物理组分是其赖以生存的基础；城市各部门的经济活动和代谢过程是城市生存发展的活力和命脉；而城市人的社会行为及文化观念则是城市演替与进化的原动力。社会-经济-自然复合体不是社会、经济、自然三者之间的简单相加，而是融合与综合，是自然科学与社会科学的交叉，是空间和时间的交叉。

（四）城市生态学的发展和未来

城市生态系统是人类活动对环境的适应、开拓、竞争和共生的结果，受到当地自然地理和社会经济条件的促成或制约。随着城市生态学的发展，将来生态学可能向以下几个方面纵深发展。

（1）城市发生学：中国、印度、埃及、美索不达米亚的大城市首先是从江河沿岸、海湾等处发展起来的。关于城市发生的动因值得深入研究。

（2）城市引力理论：城市对周围的吸引力主要表现在对生产和生活的吸引力，不同城市的不同吸引力叠加形成引力场。城市对周围地区的吸引力与它的人口规模成正比，与距离成反比。

（3）城市空间扩展理论：城市扩展的方式是多种多样的，有对称形、同心圆形、扇形、棋盘形、条带形等，有关城市空间形成的理论有同心圆学说、扇形学说、多核心学说等。

（4）中心地理论：在一定假设条件下，聚落在地域上呈三角形分布，其吸引范围为六边形。在中心地体系中，城市可以分为不同的等级，同级中心之间形成相互竞争的关系，不同级中心之间形成相互竞争又相互依赖的关系，从而形成镶嵌的网络系统。

（5）生态城理论：生态城理论认为城市包含了三个层次的内容。第一个层次为自然地理层次，这是人类活动的自发层次；第二个层次是社会功能层次，通过调整城市的组织结构及功能，改善子系统之间的冲突关系，增强城市生态系统的功能；第三个层次即文化意识层次，不同的城市对城市居民文化意识有着不同的潜移默化的影响。

生态城市伯克利

伯克利——一个坐落于美国旧金山湾东部海岸的城市，有时被市民们快乐地称为“伯克利人民共和国”（the People’s Republic of Berkeley），是非常有希望达到生态目标的城市。许多伯克利人把自己看成世界公民，道德高尚、富有教养、强调实干。在伯克利城到处流传着关于城市的“外交政策”及谁将在下次选举中被选为州长的玩笑。事实上，该城最早与南非种族主义政权断绝外交关系，并且在尼加拉瓜和萨尔瓦多都有姐妹城市。通过城内众多的作家、学者、艺术家和政治思想家的努力，伯克利早已是一个有价值的新思想主要输出地。她在生态意识方面达到了很高的水准：差不多每个市民都是某个环境组织的成员，都倡导循环利用、有机物堆肥回田、崇尚到山地和海滨远足旅游。伯克利市议会的代表Ron Dellums曾多次强调：“我们的政策应当关注什么？那就是关注生命。我们必须停止军备竞赛，因为它毁灭生命，削弱了对弱势群体的帮助，毒害了河流与海洋……”并且，伯克利是一个相对富裕、受教育水平较高的城市——表述得更准确一些，就是伯克利能够经得起各种变化的考验，并拥有足够的智慧去做出正确的选择。

引自瑞杰斯特《生态城市伯克利》（沈清基和沈贻，译，2005）

21世纪是城市化的世纪，全球范围内的城市化将达到50%，将有一半的人口居住在城市。在城市化过程中，应遵循生态学原理、最优化理论等对城市生态系统进行规划、设计，以使城市生态系统具有经济活力、社会稳定、基础设施完善方便、文化内涵丰富、能流和物流及信息流通畅。

第五节　人口增长与人类生态学

半个世纪以来，人口问题深受世界各国关注。现在人们普遍认为，人类面临的资源、环境、粮食、能源和人口五大社会问题，其核心是人口问题，其他4个问题都是由此而衍生出来的，并将随着人口增长而日益严重。

一、世界与中国的人口增长动态

根据历史人口学家的资料分析，公元初年地球上有2.3亿～3亿人口。在此后的16个世纪中，由于生产方式落后、粮食不足、战争频繁、瘟疫盛行、死亡率高，所以人口增长一直处于缓慢状况。到公元1600年，世界人口增长到5亿，仅增长了一倍。

17世纪以后，随着工农业的迅速发展、医学水平的提高，世界人口开始稳步增长，到1800年，世界人口已达到10亿；1900年增长到16亿；1999年突破60亿；2011年达到70亿，2022年底达到80亿。估计2050年将达到97亿。

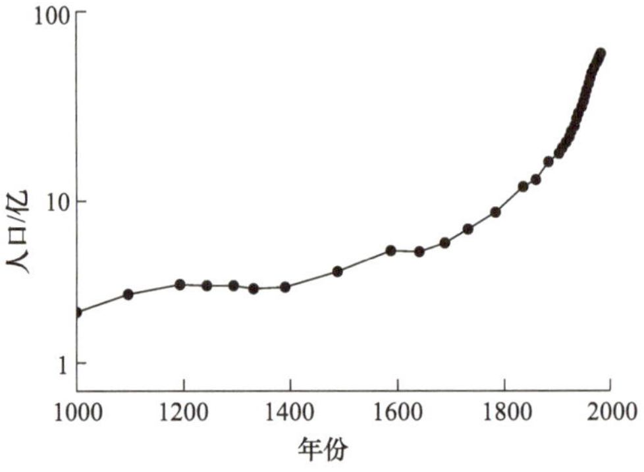

图7-9　公元1000～2000年世界人口的增长
（仿Krebs，2001）

在16世纪，地球上人口年平均增长率为5%，之后增长速度逐步加快。目前，世界人口正以每年近1.2%的增长率增长，这意味着每年要增加近8000万人。按这种速率增长，大约每过35年世界人口就会翻一番，其增长曲线是典型的指数增长曲线。由此可以看出，世界人口的指数增长是十分惊人的（图7-9）。

世界人口的增长极不平衡，世界各大洲和各国人口增长速度很不相同，出现两种不同趋势，发达国家人口增长缓慢，发展中国家增长率却甚高。欧洲是人口增长最缓慢的地区，20世纪80年代一直在1%上下波动，目前已逐步下降到0.14%，其中有17个国家的人口增长率约等于0，还有三个国家出现负增长。美国（增长率0.8%）、俄罗斯（增长率−0.5%）和日本（增长率等于0）的人口增长率稳定在低水平，而亚非拉国家出现了人口加速增长的趋势。例如，2010年，非洲人口增长率达2.4%，印度达1.36%，中美洲达1.5 %。

我国在公元2年人口数量为6000万，至公元1110年，境内人口达1亿，17世纪初曾突破2亿，至1849年，达到4.13亿，1949年年底我国人口是5.4亿，2018年超过14亿。我国人口增长率最高时曾经达到3.33%（1963年），由于20世纪70年代之后实行计划生育，人口增长率逐年下降（图7-10），2004～2017年，我国的年人口增长率平均在0.55%，之后逐年降低，在2021年已经降至0.09%。

当前，中国的人口已经从增长种群变成了衰退种群，从以青少年为主转变为以中老年为主的社会，中国人口在2021年达到顶峰（14.126亿），之后人口数量减少，2023年为14.0967亿，人口从增长变成了负增长。

二、人口增长对生态系统的冲击和压力

人口膨胀与环境污染、资源枯竭、粮食紧张、能源短缺等人类生态环境恶化现象密切相关，人口膨胀使人类生存空间显得越来越拥挤，并且对自然生态系统造成了极大的冲击和压力。美国麻省理工学院利用计算机模型，以1900～1970年世界人口、粮食、资源、污染和工业增长的

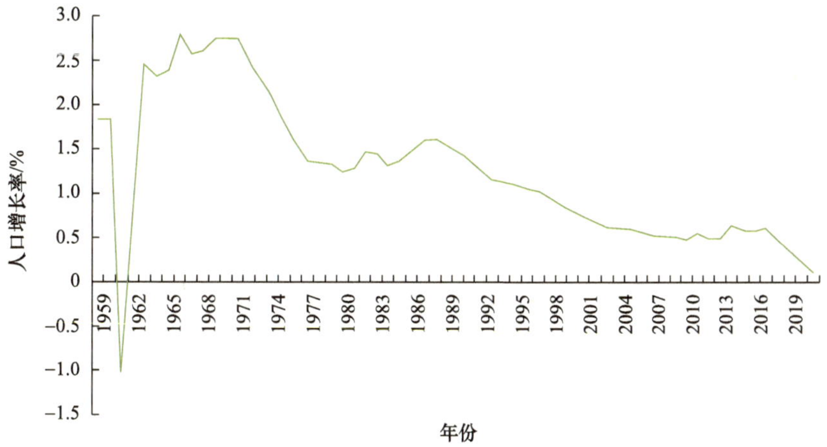

图7-10　1959～2021年我国的人口增长率

变化数量为依据，预测了人类的境遇：如果不控制人口增长、污染、资源消耗和工业投资，那么随着人口、工业产品、粮食的指数式增长，资源的迅速减少，环境污染的加剧，最后将导致人口的灾变性下降，因此必须谨慎对待人口增长、污染等其他因素所产生的不利问题。

目前，世界的平均人口密度为47人/km^2。地球生态系统的负载力究竟有多大呢？也就是说地球究竟能养活多少人呢？多数学者认为可能在100亿左右。例如，1972年联合国人类环境公议公布的背景材料认为，稳定在110亿或略多一些，这是能使全世界人民吃得较好，并维持合理健康而不算奢侈生活的人口限度。有些生态学家基于生物圈能提供的食物量来计算地球能够养活多少人。地球上的植物每年约生产165×10^{5}g有机物质（干重），折合能量660×10^{15}kcal，假定平均每人每天消费 2200kcal，那么一人一年就要消费8×10^{15}kcal，由此推算，地球可以养活8000亿人口。但实际上人类大约只能利用植物总生产量的1%，这就是说，地球只能养活80亿人口。

随着生活水平的提高，人类并非仅向自然索取食物，还索取木材、栖息地、药物、能源，并排放CO_2和垃圾等，因此，每个国家生态系统的负载能力是不一样的。对美国来说，2亿人口已经成为生活质量的极大威胁；英国的生态学家根据英国本土资源推算，认为应该将英国的5600万人口逐步减到3000万；荷兰科学家认为4万km^{2}的荷兰生态系统所能负担的限度是500万人口，而现在是1687万。

生态足迹

生态足迹（ecological footprint，也有人称为生态足印）是指保障一定量的人口在某种生活标准要求下所占用的生物资源、处理垃圾的陆地与水域面积，是人类对生态系统压力的估计。

伦敦的 Herbert Girardet 曾经计算过伦敦的生态足迹，结果表明12%的英国人口和17万hm^{2}的土地占用2100万hm^{2}的生态面积，几乎等于整个英国的面积。加拿大范库弗峰市的人口占用的生态面积是其行政面积的174倍。波罗的海流域的29个城市居民的食物、纸张、纤维总消费量所占用的生态面积是其城市面积的200倍。一个美国人的生存方式平均需要消耗10.3hm^{2}的地球面积，意味着要有10～20个足球场大小的土地才能维持其的正常生活，接下来依次是澳大利亚人（9.0hm²）、加拿大人（7.7hm²）、新加坡人（7.2hm²）等。

引自联合国环境规划署《全球环境展望3》(2002)

三、人口发展趋势和对策

1. 趋势 20世纪60年代，联合国人口活动基金会及许多国际机构都先后对人口状况进行过调查统计，并对未来人口趋势做出预测。结果表明，世界人口发展有以下趋势。

（1）人口出生率下降，增长率在减速。2004年联合国人口司对192个国家的人口发展趋势进行调查后得出：发展中国家妇女的平均生育数量为每名妇女2.9个子女，甚至其中20个发展中国家的平均生育数量已经跌至平均每个妇女2.1个孩子，发达国家一般在1.1个左右。随着出生率的下降，人口增长率也出现了减速现象。

（2）人口压力依然很大。由于人口基数大，人口净增值也大。以1978年人口增长率为基础做出的预测，2000年世界人口总数要达62亿左右（实际为61亿），比当时增加了1/3。2011年世界人口突破70亿，新增加的人口中约90%出生在发展中国家。

（3）人口城市化进程在加速。人口城市化过程加速，住房、交通、教育、医疗、公共设施、环境保护、就业等问题将接踵而至。

（4）人口老龄化。30多年来，由于社会和经济现代化，特别是医疗技术的进步，人口寿命增长和新生婴儿的减少，人口老龄化问题成为全球性问题。欧洲人口的老龄化现象最为严重，德国、瑞士等国家老年人占比都已超过17%。有些国家正在试图解决老年群体的生活问题，如日本开办老人学校、老人训练班、老人专业讲座和老人第二职业学习班等共4000多个。

我国人口增长过快，人口规模大，1949～2021年净增人口8.72亿；人口平均寿命延长，到2023年平均寿命已延到78.1岁；人口老龄化，从2000年65岁及以上老年人口占比7%到2021年以后占比超14%；人口地域分布不平衡，西部地区（黑河-腾冲线以西）人口仅占6.5%，东部地区占93.5%，人口密度达292人/km²。这带来了一系列的困难和问题：①人口总量和增长速度与生活资料增长的矛盾；②劳动适龄人口增长与劳动生产率提高的矛盾；③人口增长与土地资源短缺的矛盾；④人口增长与生态平衡的矛盾；⑤人口增长同公用事业发展的矛盾。

2. 对策 应对人口问题，包括人口负增长和老龄化，需要采取综合性的对策，从多个方面入手，以下是一些有效的对策。

（1）调整城市公共服务设施。随着人口老龄化，城市规划和管理需要做出相应的调整，加强城市基础设施建设和公共服务设施建设，宜增加养老院、老年大学，为老年人提供更加便利和舒适的生活环境，提高城市的宜居性和老年人的生活质量。

（2）构建老年友好型社会。增加护理人员的培训、提供多样化的老年服务、加强老年人权益保护、推动老年文化事业发展等，提高老年人的生活质量和幸福感。

（3）科学设计人口政策。出台特色人才引进政策，增加地区特殊政策补贴。为回乡就业、本地创业的高素质人才提供资源型城市相应的地区特殊政策补贴。

（4）积极应对人口老龄化。在农村，可考虑实行以土地保障为基础、以社会保障为依托的田园式养老方式。在城镇，扩大基本养老保险覆盖范围，提高统筹层次，构建以居家养老为基础、社区服务为依托、机构照料为补充的养老服务体系。

（5）促进寺院和爱心社会组织的养老服务。根据老年人的需求，引导养老院健康发展。例如，福建福鼎资国寺引导老年人在寺院过上有尊严的自理生活，如抄诵经文，打扫卫生，种菜，互相关心，交流讨论，配以有爱心、技术过关的护理陪伴，从生到死，让老人及其家人无后顾之忧。这样的模式在山西、厦门等地也较多，值得推广。

第六节　区域发展与生态规划

一、生态规划的提出

随着改革开放的深入，我国经济发展十分迅速，尤其在沿海地区，区域资源开发、工业发展、乡镇企业及城乡建设正以前所未有的规模展开。然而，如何避免将区域发展建立在生态环境污染与破坏的基础上，避免重蹈“先污染，后治理”的区域发展模式，这也是持续发展所面临的实际课题。

运用生态规划的方法来协调人的社会经济活动与自然及资源利用的关系，可追溯到19世纪末的生态学思想与区域规划先驱者George Marsh等的著作及规划实践。20世纪60年代以来，随着环境问题的加剧，生态规划重新受到人们的重视，尤其是McHarg及其同事的杰出工作，使生态规划的思想与方法得到了广泛的应用。

二、区域社会-经济-自然复合生态系统

我国生态学家马世骏（1981）认为，以人的活动为主体的系统，如农村、城市及区域，实质上是一个由人的活动的社会属性、经济属性及自然过程的相互关系构成的社会-经济-自然复合生态系统。在这样一个系统中，虽然人的活动占主导地位，但它不能摆脱自然生态过程的制约。

区域复合生态系统可划分为自然、社会与经济三个亚系统，各个亚系统又可分为不同层次的子系统，彼此互为环境，这些组分及相互间的作用关系，构成了区域复合生态系统的基本结构。

区域自然亚系统是整个区域复合生态系统的基础，它由地理条件、气候条件、生物等自然环境，以及交通、农村、城镇及其基础设施的人工环境所组成。

区域地理条件及气候特征往往制约着区域社会经济，农业生产与农业经济的基础特征尤其如此。由交通、农村、城镇及其基础设施条件等构成的人工环境条件，是人类长期活动的产物。交通是连接区域内外人类社会经济活动的纽带，农村与城镇作为人的聚居区，往往是区域人类社会与经济活动的中心。

区域社会亚系统以人口为中心，包括区域内人口数量、质量、结构及文化特征与区域行政组织结构。区域社会亚系统的功能在于满足区域居民居住、交通、文娱、医疗、教育及文化等生活需求。

区域经济亚系统是以资源利用与加工、生产、流通为中心的，其主要功能是从区域内外取得物质原料与能量，并按照社会的需要转换成具一定功能的产品，促进区域的发展。

区域还是一个由农村和城镇构成的功能系统，农村主要依赖自然过程进行生产，城镇则通常为区域的社会、经济及信息的中心，农村与城镇在区域中虽起着不同的作用，担负不同的功能，但正是通过它们的产品、信息的交换将区域连成一个整体。

三、生态规划的内涵与目标

按照复合生态系统理论，区域是一个由自然、社会、经济三个亚系统构成的复合生态系统，通过人的生产与生活活动，将区域中的资源、环境与自然生态系统联系起来，形成了人与自然、生产与资源环境的相互作用关系与矛盾，这些相互作用与矛盾决定了区域发展的特点。因此，生态规划的生态学实质就是运用生态学及生态经济学原理，调控区域社会、经济与自然亚系统及其各组分的生态关系，使之达到资源利用、环境保护与经济增长的良性循环。因此，区域生态规划的内涵可以包括如下几个方面。

（1）充分了解区域自然资源与自然环境的性能，以及自然生态过程特征及其与人类活动的关系。

（2）强调区域发展立足于当地社会、经济及自然资源条件的潜力，形成区域经济优势与区域内地区社会经济功能及生态环境功能的互补与协调，而不是建立封闭的自然经济系统。

（3）强调区域发展与区域自然的协调，而不是被动地适应。从人的活动与自然环境和自然生态过程的关系出发，追求区域总体关系的和谐和功能的协调，包括地区之间、部门之间及资源与环境、生态与生活的协调。

（4）强调经济发展的高效和持续性，而不是片面的高速。生态规划认为区域的发展是区域社会、经济与环境的改善与提高，是系统自我调控能力与适应自然及社会经济干扰能力的提高，旨在全面改善区域持续发展的能力。

四、生态规划方法

（一）区域持续发展生态规划流程与步骤

为了实现区域的持续发展，在生态规划过程中，需要充分了解区域的自然环境特点、生态过程及其与人类活动的关系，注重发挥区域资源与环境的潜力与优势，强调区域发展、资源开发与区域生态环境条件的协调及区域持续发展能力的提高。因此，生态规划的方法与流程可以包括生态调查、生态评价与生态决策分析三方面共7个步骤。

（1）明确规划范围及规划目标。以区域持续发展作为规划目标，并将这个总目标分解成具体任务——往往是相互联系的子目标，如环境规划、人口发展规划、土地利用规划、工业发展规划、农业发展规划、城镇绿地规划、城镇发展规划及交通规划等。

（2）根据规划目标与任务，收集区域自然资源与环境、人口、经济、产业结构、灾害、旅游、文化、科技等方面的资料与数据，不仅要重视现状、历史的资料及遥感的资料，还要重视实地考察，取得第一手资料。

（3）运用生态学与相关学科的知识，对区域与规划目标有关的自然环境与资源的现状、生态过程、生态敏感性及区域生态潜力与制约发展的瓶颈因素进行综合分析与评价。

（4）运用经济学及生态学原理，分析评价区域内的农业、工业及其他部门的结构、资源利用及投入产出效益等，以及经济发展的地区特征，寻找区域社会经济发展的潜力及社会经济问题的症结。

（5）综合各单项资源的适宜性分析结果，分析区域发展或资源开发利用的综合生态适宜性。

（6）根据区域近期发展目标与中长期规划，以综合适宜性评价结果为基础，制订区域发展与资源利用的规划方案。

（7）运用相关知识，对规划方案及规划方案可能给区域生态系统带来的影响及生态环境的不可逆变化进行综合评价与分析。

（二）生态调查

生态调查的目的是调查收集规划区域的自然、社会、人口与经济的资料与数据，为充分了解规划区域的生态过程、生态潜力与制约因素提供基础。

在生态规划过程中，首先必须掌握规划区域或规划范围内的自然、社会经济特征及其相互关系。尽管规划目标千差万别，但实现规划目标所依赖的区域自然环境与资源的基础是共同的，通常包括自然环境与自然过程、人工环境、经济结构、社会结构等。资料获得的方法和手段包括历史资料的收集、实地调查、社会调查与遥感技术的应用等。

通过实地调查获取所需资料，往往是生态规划收集资料的直接方法。尤其在小区域、大比例尺的规划中，实地调查更为重要。

在区域生态规划中，不可能对所涉及的范围就所有有关的因素进行全面的实地考察，因此，收集历史资料在规划中占有重要地位。在生态规划中，十分重视人类活动与自然环境的长期相互影响与相互作用，如资源衰竭、土地退化、水体与大气污染、自然生境与景观的破坏等区域生态环境问题，均与过去人类的活动有关，而且往往是人类不适当活动的直接或间接后果，因此对历史资料的调研尤为重要，它可以给规划者提供一条线索，以探讨人类活动与区域环境问题的关系。

生态规划强调公众参与。通过社会调查，了解区域各阶层人们对发展的要求，以及所关心问题的焦点，以在规划过程中体现公众的愿望。同时，还可以通过社会调查，进行专家咨询，将对规划区域十分了解的当地专家的经验与知识应用于规划之中。

近年来，遥感技术发展很快，为迅速准确地获取空间特征资料提供了十分有效的手段。随着地理信息系统技术的发展，遥感资料也已成为生态规划的重要资料来源。

（三）区域生态评价

区域生态评价的主要目的在于运用生态系统及景观的理论与方法，对区域资源与环境的性能、区域过程特征及区域生态环境敏感性与稳定性进行综合分析，以认识和了解区域环境资源的生态潜力和制约因素。

（1）生态过程分析。区域的生态过程实质是生态系统与景观生态功能的宏观表现。例如，区域的自然资源、能流特征、景观格局都是以组成区域的生态系统与景观生态功能为基础的。同时，由于人类工业、农业及交通等活动的影响，区域的生态过程又被赋予了明显的人工特征。因此，在区域生态规划中，扰动的生态过程及其与自然生态过程的关系是关注的重点，必须对能流、物质平衡、水平衡、土地承载力及景观格局等生态过程进行综合分析。

（2）生态潜力分析。区域生态潜力是指在单位面积土地上可能达到的初级生产水平。它是一个能综合反映区域光、温、水、土资源配合效果的定量指标。在特定的区域，光照、温度、降水量、土壤在一定时期内是相对稳定的，这些资源组合所允许的最大生产力通常是这个区域农业与林业生态系统生产力的上限。

（3）生态格局分析。由于人类活动长期改造的结果，区域景观结构与功能赋予了明显的人工特征。单一物种的农业及林业生物群落代替了物种丰富的自然生物群落，城镇与农村居住区成为控制区域功能的景观镶嵌体，公路、铁路及人工防护林带（网）与区域交错的天然及人工河道等成为影响区域发展的廊道。这种以自然生态系统为基础，由人类活动产生的区域景观，我们称为区域人类景观生态格局，是区域复合生态系统的空间结构。区域人类景观的要素可以划分为受干扰的自然生态系统、水体，受人控制和管理的农田、林地、风景林、草地等半自然、半人工的生态系统，以及人工化的城市、农村居住区等。这些要素通过交通线路、河道等人工或自然的廊道与网络将区域连成一个功能的整体。区域规划的最终表达方式及其实施结果是区域土地利用格局的改变，在这个意义上，区域规划就是运用生态学原理及人工与自然的关系，对区域土地利用格局进行调控。

（4）生态敏感性分析。在区域复合生态系统中，不同生态系统或景观斑块对人类活动干扰的反应是不同的，有的生态系统对干扰具有较强的抵抗力，而有的生态系统却很脆弱。通过区域生态敏感性分析可提出人类活动的最大限度。

（5）土地质量分析。区域气候条件、地理特点、生态过程特征及社会经济基础均综合反映在区域土地质量的分异特征上。因此，区域土地质量的评价实际上是前述区域复合生态系统的评价与分析的综合与归纳。

（6）区位评价。区位评价的主要目的是为区域发展及区域经济布局与城镇建设提供基础。区位评价的指标主要关心所在区域的地理位置，能够获得的热量、降水量等气候因素，地形地貌条件，河流水系的流量与分布等水文状况，植被与土壤等因素，当地的风土人情，交通便利情况，工农业产值与乡镇基础，现状土地利用等方面。

（四）生态决策分析

规划的最终目标是提供区域发展的方案与途径，显然这也适用于生态规划。生态决策分析就是根据区域的发展要求与区域复合生态系统的资源、环境及社会经济条件，分析与选择经济学与生态学合理的区域发展方案与措施。区域规划生态决策分析的内容主要包括：根据区域发展的目标分析资源要求，通过与区域现状资源的匹配分析，即生态适宜性分析，确定初步的方案与措施，最后运用生态学、经济学的知识与方法对初步方案进行分析、评价及筛选等。

1. 生态适宜性　适宜性分析是生态规划的核心，其目标是根据区域自然资源与环境性能，以及发展要求与资源利用要求，划分资源与环境的适宜性等级。正因为适宜性分析在生态规划中的重要性，生态规划理论与实际工作者均对适宜性分析方法进行了大量的探索，创立了许多方法。归纳起来可以分为整体法、数学组合法、因子分析法及逻辑组合法4类8种。McHarg适宜性分析方法是适宜性分析中比较系统化的，可以划分为7个步骤。近年来，定量地描述适宜性等级已成为生态规划发展的一个重要方向。

2. 规划方案的评价与选择　由生态适宜性分析所确定的方案与措施，主要是建立在区域资源环境的基础上的。然而，区域规划的最终目标是促进区域社会经济的发展，生态环境条件的改善及区域持续发展能力的增强。因此，对初步方案的评价主要包括三个方面。

（1）规划方案与规划目标。在方案评价中，首先分析各规划方案所提供的发展潜力，能否满足规划目标的要求。当不能满足要求时，需要调整规划方案或规划目标，并做出进一步的分析，即分析规划目标是否合理，以及规划方案是否充分发挥了区域资源环境与社会经济的潜力。

（2）成本-效益分析。每一项规划方案与措施的实施都需要有资源及资本的投入，同时各方案实施的结果也将带来经济的、社会的或环境的效益。各方案所要求的投入及产出的效益是有差异的。因此，对各方案进行成本-效益分析涉及的方法与内容已有很多的研究，不做深入的讨论。

（3）对区域持续发展能力的影响。区域发展的结果必然要对区域生态环境产生影响，有的方案与措施可能带来有利的影响，从而可以改善区域生态环境条件，有的方案与措施可能会给区域生态环境带来负面影响。发展方案与措施的环境影响评价主要包括对自然资源潜力的利用程度、对生物多样性的影响、对生态系统的影响、对区域环境质量的影响、对景观格局的影响、自然生态环境系统的不可逆性分析及对区域持续发展能力的综合效应等。

微课堂

第七节　生 态 旅 游

旅游产业目前已成为重要的国际性产业。对于许多国家来说，旅游既是外汇的来源，也是国民生产总值的重要贡献者。随着旅游产业规模的日益增大，过去低估的环境影响正在受到重视。旅游者消耗水和食物，旅游基础设施和交通设施往往损坏景观和自然环境。对社区居民来说，旅游产业是干扰宁静的生活方式和社会结构的原因之一，旅游产业增加了当地建设和维护污水处理厂、道路等设施的费用。如今越来越多的有识之士认识到，旅游的真正魅力在于使现代人暂时忘却身旁的烦恼，畅游于山水景观之间，重温田园风光，享受天人合一的乐趣。2013年国际旅游者达10亿，2023年全球旅游人数达107.8亿。联合国旅游组织（UN Tourism）做了统计，2023年，中国海外旅游支出达1965亿美元，位居全球首位，到中国的旅游人数也在2013～2019年一直排在全球第二，均在1亿人以上。根据我国文化和旅游部统计，2022年，国内旅游总人次为25.30亿（图7-11）。

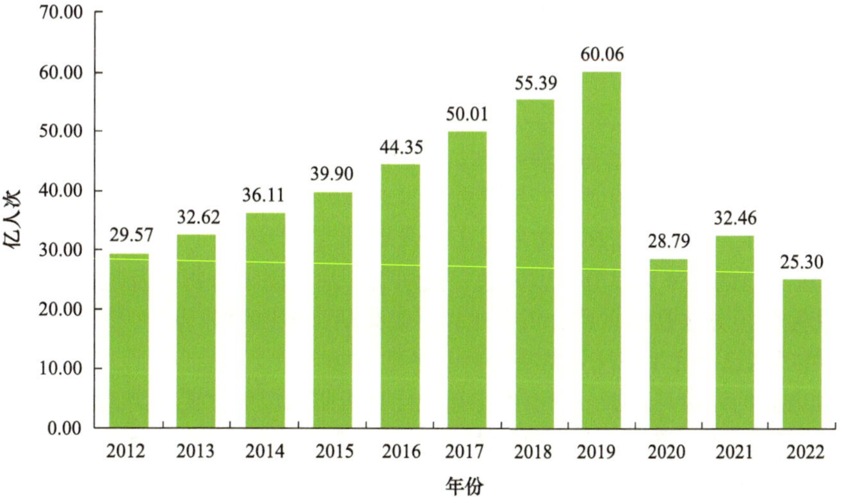

图7-11　2012～2022年我国国内旅游人次

一、生态旅游的兴起

生态旅游（ecotourism）的概念诞生于20世纪七八十年代，但其根源性的观念和实践却古已有之。晋代大书法家王羲之等兰亭之游、唐代诗人王维终南山之居、诗人李白庐山和天姥山之游、明朝徐霞客之游等都是早期的生态旅游，狩猎远征的非洲人和19世纪黄石公园及约塞米蒂公园的旅游者都是早期的生态旅游者。20世纪中后期生态旅游的雏形在世界各地开始出现，70年代肯尼亚人认识到野生动物旅游比狩猎能够带来更大的经济收益，从而推动了生态旅游在当地的发展；70年代中期开始，加拿大开展了一系列不同生态区的生态旅游，并提供信息和解说服务；美国较早形成了国家公园旅游对象体系，每年有3亿人次参加国内的森林旅游。欧洲国家自20世纪80年代末兴起生态旅游以来，约有30%的旅客进入山野之中。在拉丁美洲，哥斯达黎加的热带雨林被誉为“世界第一生态旅游地”；巴西以其亚马孙热带雨林区和大西洋海岸被称为“世界最佳生态旅游地”。阿根廷近年来着重推出了北部伊瓜苏大瀑布、安第斯山麓和火地岛等旅游胜地。近年来到拉美地区参加生态旅游的人数每年增长25%。由于生态旅游尊重自然与文化的异质性，强调对生态环境的保护和造福当地社区居民，倡导人们认识自然、享受自然、保护自然，因此受到国际旅游界的广泛推崇，成为旅游市场中增长最快的一个分支。据联合国世界旅游组织（UNWTO）估算，1997年的6亿多国际旅游者中有20%参加了生态旅游。

荒野之美

一位哲学家说：“世界并不缺少美，而是缺少审美的眼光”。荒野自身的和谐乃至不和谐都有其独特的、丰硕的美，这种审美价值蕴含于野性世界，任何荒野体验的获得，在城市和博物馆都无法想象。荒野之美，需在品味中慢慢获得，难以用语言表达。荒野之美，只有与鸟兽、草木、泥土、星云、远山、近水的亲密接触和交流后才会获得，并会产生一种妙不可言的感觉：“便纵有千种风情，更与何人说”……冷月、冰花、极地之光、大漠孤烟都会增加远足者的审美感受。当我们夜闻麋鹿呦鸣，仰望荒野晨星，窥探雀鸟纷飞，沉迷寒鸭戏水，常常会产生一种谦卑、敬畏和神圣感。荒野的庄严与富庶不仅能作用于探险者的肌肉和性格，而且会对其心灵、感情产生影响……

荒野如此圣洁美丽，完全不同于都市的嘈杂。当你置身荒野时，往往会想到宇宙层次的问题：我是谁？我从何来？迷恋户外、郊外、野外并善于思考的人，往往对大自然有更深的敬畏与热爱，能够“以天地之心存心，以生灵之命立命，以山河之气养气，以松柏之节砺节”。

荒野的生命力为何顽强？荒野的多样性为何丰富？我们永远无法穷尽荒野的奥秘，我们永远是荒野边疆上的拓荒者，我们可能屡受打击，但又总是怀着希冀，这种信仰或情绪，是荒野送给我们激发心智、学无止境的最好礼物。

任何有在荒野中露宿、远足、考察甚至迷途经历的人，都不会否认荒野的博大与严酷。荒野让你大汗淋漓，荒野让你担惊受怕，荒野又赐予你鸟语花香、带给你失败与成功的回忆。荒野经历的弥足珍贵价值在于，它对人的组织、生存、感受、友谊、博爱等方面的能力与毅力进行挑战与考验……由此，人们才容易学会谦卑与敬畏，才明白山外有山的道理。在荒野中，每一次心跳、每一处创伤、每一场悲喜、每一回离合，都将能整合到一个人的性格中，使之意志更坚强、处事更周到、性情更平和、关爱更博大，这一切均为“荒野大学”所塑造，并将回馈社会。

引自郭耕《荒野，视若无价，胜有价》(2002)

二、生态旅游的概念与原则

Clande在1980年提出生态旅游，把生态旅游定义为：在满足环境保护的前提下，从事对环境和文化影响较小的游乐活动。谢贝洛斯・拉斯珂瑞（1988）认为生态旅游是游客在欣赏和游览古今文化遗产的同时，置身于相对古朴、原始的自然区域，尽情考究和享受旖旎风光和野生动植物的旅游活动。王献溥和崔国发（1993）认为生态旅游是一种欣赏、研究、洞悉自然和不允许破坏自然的旅游，主要以保护区为其观光对象。1993年，国际生态旅游协会把其定义为：具有保护自然环境和维护当地人民生活双重责任的旅游活动。

表7-3给出了传统旅游与生态旅游的内涵比较。

表7-3　传统旅游与生态旅游的内涵比较

内涵	传统旅游	生态旅游
目标	利润最大化；价格导向；享乐为基础；文化与景观资源的展览	适宜的利润与可持续的资源价值；价值导向；以自然为基础；环境资源和文化完整性的展示
受益者	开发商和游客为净受益者，而社区的环境保护代价与受益不协调	开发商、游客、社区分享利益
管理方式	游客第一；渲染性广告；无计划的空间拓展；项目分散；交通方式不加选择	自然景观第一；广告温和适中；有计划的空间安排；项目有机组合；绿色交通
正面影响	创造就业机会；短期效益与外汇收入；促进交通、娱乐和基础设施的改善；经济效益	持续就业机会；长期效益与长期外汇收入；交通、娱乐和基础设施的改善与生态环境保护相协调；经济、社会和生态效益的统一
负面影响	景观破坏；高密度的基础设施和土地利用；旺季人满为患；交通堵塞；环境污染；居民生活与生物节律受到影响	短期内游客数量较少；交通受到管制；景观保护阻碍了开发；游客行为受到约束，以不打扰社区居民生活与生物节律为前提

生态旅游是以生态学为原理，充分利用某地自然优势，开展游憩活动并保持其生态平衡，实现保护-利用-增值-保持的良性循环的旅游活动。Butler（1990）认为生态旅游有九大特点：①促进积极的环境道德观形成；②不能使资源退化；③关注资源的内在价值；④围绕环境问题挑战策略；⑤旅游活动应对野生生物与环境有益；⑥为生态旅游者提供第一手的、面对自然环境与原始文化的旅游经历；⑦让社区参与；⑧游客的教育或理解力决定其满意程度；⑨要求领导者与参与者有较高的素质。生态旅游具有求知、求新、求美、求真的特点，属于绿色消费行为，不能以破坏生态系统和生物多样性为代价。生态旅游主张无为、敬畏、恬静和倾听，如拍摄、写生、观鸟等活动，强调以一颗平常心尊重自然的异质性，而不以一己意志强行对自然施加影响，应该学会把自然作为有个性的独立生命对待，敬天惜物，虚心听取周围的天籁之声：松涛、鸟啼、虫鸣、水声，凭借感官调动自身原有的潜能对自然界的

光线、色泽、语音、嗅味、足迹充分感悟，对泥土的芬芳、草叶的细语进行审美感受，达到人与自然的和谐交流。

国际生态旅游协会确定了生态旅游的基本原则：①生态旅游经营者公开承诺遵循生态旅游的原则，并纳入管理体系，确保其实施效果（生态旅游政策、实践及法规框架）；②生态旅游让游客亲身体验大自然（注重自然区域）；③生态旅游为游客提供体验自然和文化的机会，并增进其对自然和文化的理解、欣赏和赞美（讲解与教育）；④在生态可持续和了解潜在环境影响的基础上，确定合适的生态旅游经营方式（生态兼容的基础设施）；⑤生态旅游产品在经营管理方面采取生态可持续的实践，保证经营活动不会使环境退化（生态上可持续发展）；⑥生态旅游应该对自然保护做出切实贡献（为自然保护做贡献）；⑦生态旅游应该对当地社区的发展做出持续的贡献（造福当地社区）；⑧生态旅游产品在开发和经营阶段都必须保持对当地文化的尊重，挖掘反映当地文化的价值观（尊重风土人情）；⑨生态旅游产品应满足或超出游客的期望（诚信营销，游客满意）；⑩生态旅游产品对自然、社会、文化和环境的影响达到最小化，并且依照确定的行为守则进行经营（影响最小化行为守则）。

三、生态旅游的要求

（一）生态旅游的绿色秘诀

（1）能源最小化。开展生态旅游的部门或企业应该通过生态设计，选择能源与技术的最佳组合，将设备的运营时间最小化、用电量最小化来达到能源最小化。

（2）废弃物最小化。从采购、使用、回收、处理、包装、建筑等角度考虑，把废弃物降至最少，如使用节水装置、不使用一次性包装的洗漱用品与餐具等。

（3）避免资源浪费。通过减少草坪、广场等的耗水量，回收利用厨房的有机废弃物等以避免资源浪费。

（4）环保措施检测。通过开列清单、定期核算、定期检查等措施减少资源的浪费。

（二）生态旅游的绿色技术

开展生态旅游的部门可以充分利用相关的绿色技术，如同时发热发电、太阳能热水系统、光生电系统、风力涡轮、生物燃料、小型水电系统来节约能源、使用洁净能源等。

（三）游客进行生态旅游的准备与要求

根据旅游目的地的情况，游客在出门前应记得关电器与相关阀门，或调到安全模式，宠物与花草交给他人代管，进入出行模式。

做好野营的相应准备，最简单的装备是舒适的登山鞋和耐磨且口袋较多的衣裤、雨具、常用药品；如果要在原野过夜，则必须带上干粮、炊具、帐篷；去一望无际的大山、森林、沼泽、沙漠、海洋等目的地，必须带上保暖的冲锋衣、地图、罗盘、全球定位系统（GPS）等；如果途中有陡峭的山崖，还必须准备登山的绳索；有条件的游客可以带上笔记本、相机、三脚架、耳机、垃圾袋等。

作为生态旅游的游客，出门尽可能购买电子机票，以减少废纸、节省时间；尽可能乘列车、大巴等；尽可能乘旅馆的接送车而少租车，乘坐公交车等公共交通工具；必须保护环境、爱护野生动植物；不从车窗扔东西；随时随地将他人随手扔在原野中的电池、塑料袋等垃圾捡走；必须学会读地形图、使用GPS或罗盘；应该有宽广胸怀，能够善解人意，养成善于与人交谈和写自然笔记的习惯。体验行走旅游，享受一路风光。去高原旅游前还必须进行体能训练。

当你带着一片求知的愿望，去深切感受世界遗产、保护区的浩瀚风光，与动植物交流，你的知识、人格、灵感都将逐步升华。

四、如何进行生态旅游规划

（一）生态旅游规划的主要原则与步骤

生态旅游规划是涉及旅游者的旅游活动与其环境间相互关系的规划，是应用生态学的原理将环境特性和旅游者的旅游活动有机结合，进行合理布局的过程。生态旅游规划必须考虑：①景观和野生动植物的状况、特性及其空间分布；②旅游者的类别、兴趣及其需求；③社区居民的经济和文化背景；④旅游者的旅游活动及当地居民的生产和生活与旅游环境相融合等。

在制订生态旅游规划时，必须分析旅游区的特色，合理划分功能区，确定关键景观、动物活动与栖息范围、脆弱区域、观光游览路径和社区居民居住区等各种规划方案。充分利用山、树、瀑布、河、湖、路和气候条件，为游客创造优美的景观，为当地居民创造卫生、舒服和安逸的居住环境。生态旅游规划应与社区持续发展目标相一致。满意的规划不仅应该提出当前旅游活动的场地安排，而且应该为未来的旅游发展指出方向，留出空间。

（二）生态旅游特色的规划设计内容

生态旅游项目应主要围绕景观、生态系统、地质地貌、生物多样性来开展。以自然生态系统的景观为背景，引导形成不同类型的岩石景观、森林景观、沼泽景观、瀑布景观、观鸟台等，利用其特定的小气候、小地形、小生境，旅游者在开展旅游活动时，需要旅游地提供方便舒适的衣、食、住、行服务。对于生态旅游点，应设法使其服务产业生态化。具体项目可以包括以下类型。

（1）绿色交通。生态旅游不可避免地要使用交通工具到达目的地，作为生态旅游的对象，带来污染的交通不应该长驱直入旅游区的核心区域。生态旅游所要求的绿色交通对现有的交通设施提出了较高的要求。绿色交通不仅要具备游览性、舒适性、快捷高效，而且应该具备环保性、自然性、地方特色性，以减少对环境的压力，贴近自然与生活，融入当地的人文环境与自然环境之中。例如，在陆地上，可以采用电瓶车、三轮车、自行车、徒步等方式，进入各景点的人行小径必须以保护野生动植物、对植被的破坏最小化为标准；绿色水上交通工具可以采用竹筏、独木舟等。

（2）绿色饭店。绿色饭店（绿色宾馆，green hotel）的建设和管理原则有：其设计、建设或改造带给环境的破坏应该降到最小；其设备运行对环境的影响应该降到最小；其对资源的消耗应该降到最小；应该最大限度地为客人提供健康的物质和精神享受；其运营应该尽量帮助保护当地的环境、生态和自然资源。绿色饭店必须与环境协调，有乡土气息，必须具备生态和可持续的特色，如皖南特色的砖瓦楼，闽西特色的土楼，西南特色的吊脚楼、竹楼等，在选址方面以不破坏植被与景观、不干扰野生动物的活动为前提。应该选择环保的建筑材料，并充分利用太阳能和水能。

我国国家标准《绿色饭店》（GB/T 21084—2007）于2008年3月1日起正式实施。消费者在选择饭店时，硬件看星级，安全、环保则要看“绿叶”：我国绿色饭店的评定分5个等级，用银杏叶作为标志，最高级别为5张银杏叶。绿色饭店是指运用环保健康理念、坚持绿色管理、倡导绿色消费、保护生态和合理使用资源的饭店。绿色饭店主要有三大特点：安全、健康、环保。《绿色饭店》标准要求饭店将能源消耗降到最低，如大家极为关心的一次性消耗用品牙刷、梳子、小香皂、拖鞋、浴液、浴帽“六小件”，标准没有要求绿色饭店必须撤销这些易耗品，但规定对没有用完的浴液等不再进行添加或更换；以前饭店服务规范要求每天更换毛巾、浴衣等棉织品，现在标准改为根据顾客的意见更换。禁止销售用野生动物制作的食品，不能使用一次性发泡塑料餐具、一次性木制筷子等。饭店实施绿色化管理后，普遍可节能5%～10%，节水10%～20%，具有巨大的经济价值。

（3）绿色景区。景区是生态旅游的核心，是整个旅游活动的中心和依托。应该以没有遭到人为破坏的自然景观为取向。绿色景区必须遵循示范性、保护性和自然性原则，应该具有原始、自然、受到保护、限制开发等特点。杨桂华（2000）提出绿色景区应该符合以下标准：①促进积极的环境道德；②不让资源退化；③关注内在价值；④以自然为中心；⑤有益于野生动植物；⑥提供直接与自然接触的机会；⑦鼓励社区居民积极参与；⑧按环境教育功能进行等级评定；⑨高要求的文化素养。

（4）绿色娱乐场所。通过参与性的工艺品作坊、野外生存训练营等为游客提供健身锻炼和文化娱乐活动场所。

（5）绿色旅游商品。设计具有乡土气息、环保、有品位、方便携带的旅游商品，既有纪念意义，又有宣传与欣赏价值。

五、生态旅游的主题

1999年我国推出了生态旅游主题。以生态环境游为主题，把保护生态环境与开展生态旅游有机地结合起来，在中国尚属首次。

目前我国开展生态旅游的主题有以下几个方面。

（1）认识野生动物之旅。认识野生动物并非简单地到动物园中去看一看动物。野生动物在我们身边或许就有——院落中树上有各种各样的鸟儿，地面上或许还有没被毒死的老鼠。如果你去认真观察、聆听，你会注意到它们也有自己的故事，有亲情、有娱乐、有教育、有仗义、有语言等。如果去大山中、去非洲原野、去可可西里，会看到蝴蝶比翼双飞，大象尊老爱幼，羚羊成群迁徙，可以认识更多的野生动物。目前我国香港、台湾、北京、厦门、江西等地先后兴起了观鸟协会，每年举办观鸟比赛，越来越多的民众加入这一行列，认识各种鸟类，陶冶情操，在观鸟的过程中，他们发现了很多新纪录种。以认识蝴蝶为目的的协会与组织也在萌芽中。

（2）保护环境行动之旅。由于许多人对生物多样性和环境保护的意义认识不足，各地破坏原始森林、捕杀保护野生动物等现象还很严重，除了政府从战略上采取行动以外，还有许多工作等待我们去做。保护环境之旅是最好的办法，许多记者甚至普通民众都是无名英雄，由于他们的行动，许多销售野生动物的餐馆得以曝光；厦门观鸟会的会员时常组织观鸟之旅，除了认识鸟类以外，还有一项重要任务就是清除捕杀鸟类的大网。

（3）自然生态体会之旅。到一些天然森林或自然保护区内旅游，可以体会物种的多样性、生境的异质性、森林的结构、群落的演替过程、生态系统的服务功能，可以比较不同生态系统的区别，可以感受大自然之美。目前，各国家公园、自然保护区和自然公园都在准备迎接生态旅游客人的到来，游客们置身于物种丰富的保护地内，如到云南高黎贡山国家级自然保护区可以认识形形色色的杜鹃花，到武夷山国家公园可以观察典型的中亚热带常绿阔叶林，到云南西双版纳可以观察热带雨林结构的复杂性，到武陵山脉可以认识体会为什么这里被称为珙桐等物种的避难所。

武夷山国家公园

武夷山国家公园位于我国东南沿海的福建和江西两省交界的武夷山脉北段（图7-12），由武夷山风景名胜区、江西武夷山国家级自然保护区、福建武夷山国家级自然保护区等自然保护地优化组合而成，总面积为$1280km^2$。其中在福建省域内面积约$1001.41km^2$，在江西省域内面积约279 km^2。

图7-12 武夷山国家公园内的九曲溪与玉女峰

其中福建武夷山国家级自然保护区跨福建省武夷山市、邵武市、光泽县、建阳区，始建于1979年，1987年被联合国教科文组织接纳为“人与生物圈计划”世界生物圈保护区网络成员，1992年被联合国定为全球多样性保护区。

1999年底根据世界遗产遴选标准，福建武夷山被联合国教科文组织列入《世界遗产名录》的世界文化与自然遗产。武夷山世界文化与自然遗产地与今武夷山国家公园大部分重叠，不完全重合，面积为99 975hm^2。2017年，江西铅山北武夷山作为武夷山世界文化和自然遗产的扩展而列入世界文化与自然遗产地。

2021年10月12日，国家主席习近平在《生物多样性公约》第十五次缔约方大会领导人峰会上宣布正式设立首批中国国家公园，武夷山国家公园位列其中。

武夷山国家公园内群峰连绵，主峰黄岗山海拔2158m，为我国东南大陆最高峰，素有“华东屋脊”之称。保护区内有我国中亚热带典型的各种植被类型，是世界闻名的野生动物栖息地。攀登黄岗山，沿途可观赏海陆变迁留下的断裂带，认识植被在海拔高度上的垂直变化。武夷山的生物多样性非常丰富，自17世纪以来，以“世界生物之窗”“天然植物园”“生物模式标本产地”“蛇的王国”“鸟的天堂”“昆虫世界”“研究亚洲两栖爬行动物的钥匙”的赞誉而蜚声中外。

（4）高山探险之旅。高山地区风景秀美、生物和文化多样性丰富，为人类提供了较多的探险机会。在这里，人们可以滑雪、徒步或乘坐马车寻求新的挑战，到山地研究各种不同的鸟类和林木，考察不朽的文化。高山之旅是近年来全球生态旅游的热点项目，在整个旅游业的增长值中已占有巨大的份额。

（5）峡谷探险之旅。我国有世界上高差最大的峡谷，在许多大山中还有值得探究的峡谷，这些峡谷的起源、生态、生物多样性都值得深入探究。

（6）沙漠探险之旅。沙漠中虽然生物多样性较为贫乏，然而一望无际，没有人为干扰，或许可以遇到顽强的生命，到沙漠旅游可以锻炼人的意志，可以体会生态系统的脆弱性，可以扩大游客的视野。

（7）世界遗产之旅。世界遗产地成为旅游业吸引游客的重要因素，每年有近亿人到世界遗产地游览。通过世界遗产，游客可以认识千百年来人类智慧的结晶，认识亿万年来造物主创造的美妙世界，体会人与自然和谐共处的生态系统。目前我国的峨眉山、武当山、孔庙、布达拉宫、避暑山庄等都成为世界遗产（表7-4）。

表7-4 我国的部分世界遗产、国家公园、国家级自然保护区、重点风景名胜区和国家森林公园

世界遗产	国家公园（含候选区）	国家级自然保护区	重点风景名胜区	国家森林公园
泰山、黄山、峨眉山—乐山大佛、武夷山、黄龙、九寨沟、武陵源、三江并流、四川大熊猫栖息地、中国南方喀斯特、三清山、中国丹霞、澄江化石地、天山、神农架、可可西里、梵净山、中国黄（渤）海候鸟栖息地、武当山古建筑群、庐山、丽江古城、青城山—都江堰、五台山、杭州西湖文化景观、红河哈尼梯田文化景观、良渚古城遗址、普洱景迈山古茶林文化景观	三江源、大熊猫、东北虎豹、海南热带雨林、武夷山、太行山、呼伦贝尔、松嫩鹤乡、大兴安岭、贺兰山、辽河口、长白山、小兴安岭、钱江源—百山祖、黄山、井冈山、黄河口、神农架、张家界、南岭、丹霞山、西南岩溶、贡嘎山、若尔盖、梵净山、哀牢山、香格里拉、高黎贡山、冈仁波齐、羌塘、珠穆朗玛峰、雅鲁藏布大峡谷、秦岭、祁连山、六盘山、青海湖、天山、卡拉麦里、阿尔泰山、昆仑山、塔里木	北京松山、河北衡水湖、山西历山、内蒙古锡林郭勒、吉林向海、黑龙江五大连池、上海崇明东滩鸟类、江苏盐城湿地、浙江天目山、福建戴云山、江西鄱阳湖、山东昆嵛山、河南鸡公山、湖北后河、湖南八大公山、广东鼎湖山、广西花坪、海南东寨港、重庆金佛山、四川亚丁、贵州草海、云南白马雪山、陕西红碱淖、甘肃连古城、宁夏沙坡头、新疆巴音布鲁克	北京八达岭—十三陵、河北秦皇岛北戴河、山西恒山、辽宁鸭绿江、吉林松花湖、黑龙江五大连池、江苏钟山、浙江富春江、安徽九华山、福建太姥山、福建清源山、江西武功山、山东青岛崂山、河南嵩山、湖南衡山、广东肇庆星湖、广西桂林漓江、海南三亚热带海滨、四川青城山、贵州黄果树、云南洱海、陕西华山、甘肃敦煌、宁夏须弥山石窟	河北木兰围场、内蒙古额济纳胡杨、吉林龙湾群、黑龙江北极村、江苏南京紫金山、浙江雁荡山、福建东山、江西翠微峰、山东徂徕山、河南云台山、湖北玉泉寺、湖南桃花源、广东梧桐山、广西八角寨、海南海口火山、重庆黔江、四川瓦屋山、贵州百里杜鹃、云南磨盘山、西藏色季拉、陕西终南山、甘肃子午岭、青海仙米、宁夏花马寺、新疆那拉提

注：部分世界遗产同时也是国家公园、国家级自然保护区、重点风景名胜区

（8）民族文化之旅。如前所述，印第安人有印第安文化，他们视骏马、雄鹰如自己的兄弟

姐妹，爱护大自然如同自己的家园。我国有56个民族，各民族有各民族的文化，值得通过旅游加以了解。例如，在西双版纳，无论是傣族还是其他少数民族，都有许多善待自然的习俗和传统观念，或记载在贝叶经中或流传在民间并世代相传的叙事诗、民谚、俗语中，或存在于居民的生产和生活习俗中，如基于“没有森林就没有水”的朴素自然生态观，森林崇拜成为民族的共同文化心理，竹楼、竹器具、竹香饭等竹文化，以及泼水节、孔雀舞、象脚鼓等都是适应大自然、模拟大自然的生动体现。

（9）宗教文化之旅。许多名山都有宗教文化的气息，许多森林与动植物由于僧人、道士、宗族的保护得以保存至今，通过宗教文化之旅，遍参名山、隐者与高人，放下小我，体悟宇宙真谛，由把野生动植物作为观赏对象转变为以保护野生动植物为己任，身心与大自然融为一体，让身心得到洗礼。

（10）海洋之旅。海洋生态系统类型丰富，包括河口、海湾、海岛、大陆架、深海等，游客可以到不同的海洋环境体验海洋的博大，了解海洋环境的复杂性与稳定性，感受污染对海洋的影响等。

魁北克生态旅游宣言

2002年5月19日至22日，来自132个国家的公有、私有及非政府部门的1000多名代表聚集在加拿大魁北克，出席了根据联合国2002年国际生态旅游年的活动计划，由联合国环境规划署和世界旅游组织发起、魁北克市旅游局和加拿大旅游委员会共同主办的世界生态旅游峰会。在这次峰会上，形成了《魁北克生态旅游宣言》，提出了41条建议，建议强调了对大自然、地方文化及特殊的传统知识和原创性资源进行保护，促进地方旅游企业的涌现，合理的规划和环境保护措施，社区的经济利益，政府间组织、国际金融机构等的参与，传统的房屋和景观的保存等。

六、生态旅游案例

（一）美国黄石国家公园生态旅游

美国黄石国家公园（以下简称公园）始建于1872年，位于美国西部爱达荷、蒙大拿、怀俄明三个州交界处的熔岩高原上，总面积为8987km^2。自然景观有以石灰石台阶为主的热台阶、大峡谷、瀑布、湖光山色、间歇喷泉与温泉等。在长达100多年的旅游历史中，众多特许经营商加盟，每年约有300万名游客到公园旅游，有1/3的美国人一生中至少去过公园一次，世界各地的旅游者也蜂拥而至，这里成为旅游者的天堂。

公园的所有工作人员都参与自然保护与自然讲解工作，除了资源方面的专家负责监督公园的自然和文化方面的资源状况，以及确定需要采取什么措施去保护或修复它们之外，还有5个全职的资源运营协调员，另外，还有若干雇员被安排在资源运营和保护部工作。一起参与维护公园的人员还有来自各个行业的志愿者、合作伙伴、基金会。

无论公园的守护者是专家、雇员还是志愿者，他们的职责核心就是：维护公园的自然环境不被破坏；监督资源状况，确定游客的影响程度，采取有效措施将这种影响降至最低；在游客经常光顾的景点开辟道路、野营地及添置设施设备；教育游客如何保护公园的资源；加强法律和公园规章制度的实施力度。

根据活动组织者的不同，公园内的旅游活动可分为：具有官方性质的活动；由公园守护者组织的活动；由特许经营者组织的活动；自助旅行等。根据在公园内旅行所采用交通方式的不同，可分为：乘坐公园大巴旅行；自驾车游览；骑自行车旅行；骑马；划船；冬季雪上项目；徒步旅行等。根据地质特征和生态景观的不同，可分为：温泉旅游；峡谷瀑布旅游；黄石湖区旅游；间歇喷泉区旅游等。根据旅游活动的内容不同，可分为：参观景点；讲解和讨论；观赏野生动物；带有学术性质的旅游活动；探险；野营和篝火；摄影展示及其他旅游活动等。

（二）巴西的生态旅游

近年来，巴西的生态旅游生机勃勃，游客人数每年达50万人次，而且以20%的速度在增长。到巴西的外国游客主要来自南美，2002年达到378万人次。在巴西，有3万人从事生态旅游业，5000个企业或机构与生态旅游挂钩，从事生态旅游专项服务的旅游公司达250家。巴西生态旅游发展迅速得益于巴西丰富的生态旅游资源。巴西东有秀丽的大西洋海滩，西有一望无际的潘塔纳尔沼泽，南有气势雄伟的伊瓜苏瀑布，北有奔流滚滚的亚马孙河。

费尔南多·迪诺罗尼亚是巴西最美丽和保护得最好的旅游景区，离巴西本土545km，是从大西洋外海“长”出来的一组群岛。面积为17km^2，由21个小岛组成，有16个海滩，海水清澈透明，能见度深达40m。这里成为世界文化遗产，是巴西人和外国游客向往的旅游胜地。潘塔纳尔沼泽受益于巴拉那河及其支流，在14万hm^{2}的沼泽中生活着650种鸟类和95种哺乳动物。丰水期，各种鱼类以树果为食，枯水季节食人鱼变得异常凶猛，到处可见的鳄鱼却显得很温顺。各种生物在自然的条件下生活，成为生态旅游的热点。

为促使生态旅游长期发展，巴西政府制定了一系列法律法规，确保生态旅游健康有序发展。巴西政府对费尔南多·迪诺罗尼亚群岛的开发一直很谨慎，努力寻求人与自然的平衡，始终以生态保护为准则。游客在航班上就开始接受生态教育。每人须填写个人资料和停留时间，最多不允许超过7d。每名游客还必须支付约8美元的环保费，如果有的游客因特殊情况超过10d，要增加环保费。当地政府限制进岛人数，不建高楼，一切以自然为原则。该群岛有110个家庭旅馆，条件简陋，每天最多接待400人。2300名居民集中生活在该群岛30%的范围内，其余部分完全处于原始状态，政府不鼓励新移民。

（三）马来西亚的生态旅游

马来西亚拥有丰富的生物多样性和生态旅游资源。2020年，马来西亚政府推出了“2020～2030国家旅游政策”，目的是将马来西亚打造成世界顶级生态旅游目的地。旅游业是马来西亚最重要的经济支柱之一，中国连续多年成为马来西亚除东南亚国家联盟外最大的境外游客来源国。

马来西亚有山打根热带雨林探索中心、巴哥国家公园、库巴国家公园、加丁国家公园、金马仑高原、红毛猩猩保护中心、苔藓矮曲林、巴椰岛海洋公园等生态旅游好去处，旅游资源有热带雨林、亚洲象、犀鸟、猪笼草、红毛猩猩、长鼻猴、象鼻猴、长臂猴、银叶猴、科莫多巨蜥、大王花、萤河、苔藓矮曲林、岩洞、珊瑚礁、岩石岬角、红树林等（图7-13）。

马来西亚早年的生态旅游游客基本上来自欧洲，每处景区可供住宿的房间并不多，每天在这些地点旅游的游客人数受限，得提前预约，请当地导师带队同行，当地的动物，如红毛猩猩、象鼻猴、长臂猴、银叶猴、飞狐猴、科莫多巨蜥等与人已经和谐共处，游客沿着步道观察而手不动、不打扰野生动物，野生动物在树上或路边也不怕人类。

图7-13　马来西亚巴哥国家公园内的科莫多巨蜥（左）和长鼻猴（右）

（四）四川九寨沟县的生态旅游

九寨沟县位于四川省北部高原，阿坝藏族羌族自治州东北部，川陕甘三省交会处，地处青藏高原向四川盆地过渡地带，是藏、汉、羌、回等多民族文化的交会区。九寨沟县处在四川“一核五带”文旅发展布局中的川西北文化旅游经济带上，属于大九寨旅游环线核心部分；北承丝绸之路国际旅游带，南接成-灌-汶-九-黄国际旅游走廊，为川陕甘区域旅游的中心点。这样的地理位置使得九寨沟成为国内外游客向往的旅游目的地。

九寨沟县旅游资源富集，空间组合优势明显，优质的山水生态环境、多彩的人文风情资源、独特的城乡休闲资源及丰富的休闲产业资源是九寨沟县四大特色优势资源。

为助力全县生态旅游，九寨沟县委县政府采取了以下措施：①创新体制机制；②强化政策保障；③完善公共服务；④优化供给体系等。例如，九寨沟景区十分注重当地员工和居民的素质，每年都会对讲解员和员工进行各方面的培训。把当地居民当作主人，让居民从旅游经营活动中受益，优先雇用本地居民参加遗产地管理，每年从旅游收入中提取一定比例的资金用于当地社区的发展，积极鼓励当地群众经营旅游小生意，开设小商店和提供民族文化旅游服务。

九寨沟的旅游业带动了当地就业的增加，也带动了当地社会发展。旅游业的快速发展促进了当地基础设施的提升，如道路、水电等基础设施的建设。

（五）广东丹霞山的生态旅游

丹霞山世界地质公园位于广东省韶关市东北郊，总面积为292km^2，跨仁化县和浈江区，园区涉及7个镇街的1.5万居民和村民；与丹霞山国家级风景名胜区范围重叠，包含了广东丹霞山国家级自然保护区和丹霞地貌世界自然遗产地。丹霞山是以丹霞地貌景观为主、自然与人文并重的风景区，是国家公园候选区。丹霞山一直坚持培育科教名山，是全国首批中小学生研学实践教育基地、全国科普教育基地、国家林业和草原科普基地、全国自然教育基地和联合国教科文组织世界地质公园导师制培训基地。在2021年福州召开的世界遗产大会上，“丹霞山‘五维一体’世界遗产教育模式赋能地方可持续发展”案例被评为“全球世界遗产教育创新十大推荐案例”。

丹霞山是广东省目前唯一的世界自然遗产，2017年被教育部确定为全国首批中小学生研学实践教育基地，目前丹霞山开发了200多套符合中小学生学龄、学情的研学课程，如根据自然生态、中华优秀传统文化、国情教育等多方面的学习需求，推出了“自然写作大赛”“自然笔记大赛”“观鸟大赛”“观星大赛”“野生植物辨认”等系列自然观察活动；每年向全国招募并培训科普志愿者，到丹霞山开展集训，体验丹霞山丰富的地质地貌、生物多样性和人文资源，培养了600余人的科普导师队伍，每年在国内外开展以丹霞山主题的科普宣教活动300多场，每年吸引40万左右的社会公众走进丹霞山开展研学实践和自然教育体验，丹霞山成为全国大中小学师生开展研学实践教育活动的首选地之一。以完善的科普服务体系传递自然教育、环境教育、地学教育、人文教育、美学教育等科学理念，寓教于旅。

2004年丹霞山成为全球首批世界地质公园，可持续发展的生态旅游理念由此开启，丹霞山的旅游发展进入快车道，2010年丹霞山以中国丹霞入选世界自然遗产，在联合国教科文组织的指导下，充分发挥资源优势，提升保护管理水平。按照《广东丹霞山风景名胜区总体规划》等规划体系的引领，建设具有丹霞山特色的森林生态基地。先后开通了9条特色生态旅游线路、4条自然教育径、1条阅丹乡村旅游公路和1条锦江生态碧道。保护区长期坚持面向社会和社区举办自然教育和研学导师培训，鼓励和支持社区居民、企事业单位员工和志愿者加入导师队伍。

丹霞山创新性地提出了“科普小镇”概念，围绕着硬件设施和软件设施两个方面推进丹霞山的科普事业和科普产业，尤其是在软件设施方面，借助30多所高校专家团队、丹霞山科普志愿者和“丹霞智库”力量，举办科普大讲堂，组织当地人员跟随科研监测专家团队和高校实习团队实地学习，组建线上微信学习群；通过引导、帮扶，带动一大批居民、农民、经营户和科普爱好者转型从事科普产业，成为植物、动物、地理、蘑菇、天文、观鸟、无人机、摄影达人等；借助专家力量进行科学普及，研发了200余个涵盖地质、天文、动植物、气象、户外运动、手工、农耕等各类型主题课程，开发了“林间飞羽”“夜探秘境丹霞”“国宝丹霞守护者”“乡村零废弃——环保酵素制作”“蜜蜂家族揭秘”等一批备受欢迎的主题课程，实现了旅游产品的转型升级。

作为生态旅游目的地，2023年旅游人次已经恢复到181万以上，景区门票收入5400万元，地方旅游收入约4亿元，带动旅游收入约为初始投入的7倍之多。旅游收入的增加不仅促进了当地旅游业的发展，还带动了社区居民收入的显著提高。

发展自然教育和科普研学新型生态旅游10余年，“人不负青山，青山定不负人”的和谐发展理念在丹霞山全域得到了广泛的认同，守护自然遗产、保护价值完整的使命成为管理者、村民居民、经营者和游客的共识，丹霞山成为人地关系最和谐的自然保护区。在这里人们秉承“守得住碧水丹山，富得了一方百姓，对得起八方游客，传得下子孙后代”的理念，齐心协力共同守护着这一方大自然赋予的神仙家园。

第八节 课堂思辨案例：安徽合肥十八联圩湿地生态修复①

十八联圩湿地

十八联圩湿地位于合肥市肥东县长临河镇，巢湖西北岸，毗邻南淝河，规划总面积为27.6km^2。2023年，十八联圩湿地修复三期工程作为湖泊型湿地修复的典型案例入选《中国生态修复典型案例集·中国山水工程（一）》，成为唯一的湿地自然修复案例。2024年，十八联圩湿地修复三期工程成功入选“联合国生态系统恢复十年”行动优秀案例并向全球展示。

历史上，十八联圩湿地曾是巢湖湖滨湿地的一部分。1000多年以前，巢湖的水域面积达2000km^2。唐宋时期，随着经济重心的南移，巢湖区域的开发也随之加快。至清光绪年间，巢

① 案例由南京大学常熟生态研究院提供

湖大面积缩小，史书记载为“尽涸而为田矣”。20世纪五六十年代是围湖造田的第二个高峰，巢湖面积缩小至800km^2。十八联圩湿地就是这一时期围湖造田后形成的。湿地的萎缩等导致巢湖生态系统的自净能力急剧下降，巢湖出现了水体污染、藻类暴发、洪涝灾害等一系列问题，极端天气频次加剧，在2016年和2020年均出现超百年一遇的洪水水位。十八联圩重新定位为蓄洪区，圩内群众迁离。

习近平总书记的“山水林田湖草是生命共同体”的系统思想，要求我们在生态环境治理中更加注重统筹兼顾。在生态保护领域如果各自为政，种树的只管种树，治水的只管治水，护田的只管护田，就很容易顾此失彼，生态就难免会遭到破坏。

十八联圩以“尊重自然、顺应自然、保护自然”为原则，坚持“生态湿地+”总体定位，采用多项生态核心技术，因地制宜恢复近自然湿地，致力于构建“洪水之库、巢湖之肾、百鸟之巢”。

十八联圩湿地项目目标为：①在蓄洪期间可蓄洪约1.09亿m^3，有效保障合肥城区及巢湖水安全；②年净化南淝河来水约2.1亿m^3，占南淝河水量的40%，大幅降低巢湖氮磷负荷；③提高区域生物多样性，为100多种鸟类、40余种鱼类提供栖息场所，有效改善生态系统综合功能，增加生态弹性。

湿地生态修复思路

一期为西南部湿地净化区，为先期示范工程，项目建设于2018年，工程主要以恢复巢湖湿地的原生芦苇为主，对南淝河水体进行净化。

二期为西部湿地净化区，项目建设于2019年，采用“多水田活水链工艺”，主要通过种植稻、莲等水生经济作物，构建多级水田湿地。南淝河河水自流进入项目区，依靠自身势能依次流经各级水田湿地，在交替经历好氧、缺氧等微生物生化反应后，再经稻等水生经济作物吸收氮磷，水体中的氮磷富营养物质被有效削减，实现水体净化和粮食生产有机融合。

三期为中部生态渗滤净化区，项目建设于2021年4月，项目区原为废弃的2814渔场，针对原有鱼塘底泥氮磷含量高、污染释放风险大等问题，因地制宜地采用“生态渗滤岛工艺”等，对2814渔场高污染区域的底泥进行原位处理，构建具有持久净化效果的生态渗滤岛，同时对项目区进行微地形改造，形成了包含生态岛、深水区、浅水区、洲滩等六大生境的高生态弹性复合型湿地生态系统，在净化水体的同时，为各类生物提供栖息地。

四期包括东中部湿地净化区、东部湿地恢复区，该项目已经纳入了水利部“2020—2022年中国计划重点推进150项重大水利工程”，项目名称为“巢湖流域水生态修复与治理工程——十八联圩生态湿地蓄洪区项目”，项目建设内容包括蓄洪区的进洪闸、东部及中部的生态湿地建设，该部分采用“多水田活水链工艺”“农田+小微湿地复合体工艺”“稻渔综合种养工艺”等，对南淝河河水进行净化的同时，打造生态系统稳定的湿地农业示范区。

目前一期、二期、三期工程基本建设完成，四期工程正在施工中。

湿地生态修复成效

现阶段，湿地修复已初见成效。2020年，虽然巢湖出现百年一遇超标准洪水，但尚处于建设期的十八联圩生态湿地于7月18日开堤蓄洪，分流了超过1亿m^{3}的洪水，发挥了湿地调蓄防洪的重要作用。分洪后，一期湿地工程的水生植物经过洪水的考验，在洪水淹没2个月后，逐步恢复正常，展现了较强的生态韧性。2021年6月后，二期工程基本建设完成，全部栽种稻，发挥其净化效果，至2021年12月，湿地总净化水量约为1800万m^3，日均水量约10万m^3，出水水质氮磷达到地表Ⅲ类水河流标准，优于南淝河国控断面考核要求。稻在不施化肥、不打农药的情况下，实现亩产约600斤。2021年秋季及冬季，在十八联圩湿地新记录到青头潜鸭、东方白鹳等国家Ⅰ级重点保护野生动物，小天鹅、白琵鹭等国家Ⅱ级重点保护野生动物，鸟类从原有的63种，增加至129种，新增鸟类66种，达到预期效果。

预计十八联圩生态修复工程竣工后，将根据前期运行的经验，进一步优化稻品种，实现增产稳产；进一步优化进出水调控，增加对南淝河的净化能力；进一步完善湿地管理，将吸引更多的候鸟来此歇息、觅食。

十八联圩湿地项目采用了南京大学常熟生态研究院“多水田活水链工艺”“生态渗滤岛工艺”“农田+小微湿地复合体工艺”等多种先进技术，一方面避免了过度工程化和高成本修复，另一方面在水体净化、生态农业、生物多样性保护等方面效益显著，该项目是“基于自然的解决方案”（NbS）在中国生态保护与修复中的典型实践与应用（图7-14）。下一步将以“生态环

2016年200年一遇的洪水造成十八联圩居民受灾损失严重

十八联圩三期工程实施前鱼塘污染严重（2019年9月）

十八联圩洪水灾害频发（2020年7月）

十八联圩湿地修复的近自然湿地生态系统（2022年7月）

修复后项目区已成为小天鹅等21种国家Ⅰ、Ⅱ级重点保护鸟类栖息地（2022年12月）

十八联圩湿地修复后的近自然湿地生态系统（2023年8月）

图7-14 十八联圩湿地生态修复（陈佳秋供图）

境保护、绿色产业体系构建”为目标，探索生态产品价值实现的有效途径，发掘生态湿地中蕴含的经济价值，推动生态与经济双赢，实现人与自然和谐共生，践行习近平总书记“绿水青山就是金山银山”的理念。

本章提要

1. 环境污染是指人为排放的有害有毒物质破坏了环境的原有平衡，改变了生态系统的正常结构和功能，恶化了工农业生产和人类生活环境的现象。环境污染包括空气污染、水体污染、固体废弃物污染、噪声污染等。

2. 空气污染是指空气中污染物或由它转换成的二次污染物的浓度达到了有害程度的现象。包括烟尘、粉尘、二氧化碳、二氧化硫、光化学烟雾等。

3. 光化学烟雾是由强太阳光引发大气中存在的碳氢化合物和氮氧化合物之间的化学反应而形成的污染。

4. 水体污染是当水体中污染物的数量超过水体的自净能力后出现的破坏生态环境的现象。常见的水体污染有以下几种：水体富营养化、有毒物质的污染、热污染、石油污染、放射性污染等。

5. 当携带各种有机物质和无机营养盐的污水大量排入海中，造成海水富营养化，促使水中许多微生物和腰鞭毛藻类大量繁殖，使海水呈粉红色、红褐色或黄色的现象，称为赤潮。

6. 噪声污染是一种声音污染，一切人们所不需要的声音都称为噪声。噪声来自交通噪声、工业噪声、生活噪声和其他噪声。

7. 城市垃圾是指城市居民的生活垃圾、商业垃圾、市政维护和管理中产生的垃圾。

8. 工业固体废弃物是工业生产和加工过程中排入环境的各种废渣、污泥、粉尘等，是“放在错误地点的原料”。

9. 农药污染是农药使用后通过食物网和物质循环，转移到生态系统中的其他部分，使之在生物体内高度富集，引起生物病变或死亡。由于 DDT 化学性质与脂肪类似，因此很容易被吸收而积累于生物体内，通过食物链逐级浓缩，可累积到毒害程度。

10. 清洁生产是指不断采取改进设计、使用清洁的能源和原料、采用先进的工艺技术与设备、改善管理、综合利用等措施，从源头削减污染，提高资源利用效率，减少或者避免生产、服务和产品使用过程中污染物的产生和排放，以减轻或者消除对人类健康和环境的危害的一种综合性措施。

11. 生态设计是指利用生态学思想，在产品开发阶段综合考虑生态环境问题，设计出对环境友好的，又能满足人需求的一种新的产品设计方法。

12. 生态工业园区是指有计划地进行资源与能源交换，寻求资源与能源使用的最小化、废弃物最小化，建立可持续的经济、社会和生态关系的工业系统。

13. 生态农业是在生态学和生态经济学原理的指导下，以环境生态、农村经济、社会影响三大效益的协调统一为目标，具有生态系统健康、经济良性循环、集约经营管理特征的综合农业生产体系。

14. 有机农业是一套旨在提高农业生态系统健康，包括生物多样性、生物循环和土壤生物活性的完整生产管理体系。有机食品是指按有机农业和有机食品生产、加工标准和技术规范生产加工，获有机食品颁证组织认证的一切食品。有机食品具有无污染、纯天然、高品位、高质量、高价位、高利润、好信誉等特点。

15. 生物多样性是指生命有机体的种类和变异性及其与环境形成的生态复合体，以及与此相关的各种生态过程的总和。生物多样性具有遗传多样性、物种多样性和生态系统多样性三个层次。

16. 生物多样性保证了大自然生命的必需进程，给人类带来了巨大的经济价值，并且为人类健康和幸福提供保证，因此，生物多样性是人类赖以生存的物质基础，是人类的财富，支撑着人类社会的生存和发展。

17. 栖息地的减少和改变、滥捕乱猎、外来种的引入、环境污染等人类活动导致生物多样性枯竭及人类生存环境质量恶化，正在威胁着人类的生存。

18. 城市生态系统是地球上最大的人工生态系统。城市生态系统在结构上可分为三个亚系统，即社会生态亚系统、经济生态亚系统和自然生态亚系统。

19. 城市生态系统的功能是生产、生活和还原。其生产为社会提供丰富的物资和信息产品，包括初级生产、次级生产、流通服务及信息生产四大类。其生活是指系统为市民提供方便的生活条件和舒适的栖息环境。其还原保证了城乡自然资源的可持续利用和社会、经济、环境的平衡发展。

20. 自然生态观把城市看成是以生物为主体，包括非生物环境在内的受城市人类活动干扰并反作用于人类的自然生态系统。

21. 城市化过程中，应遵循生态学原理、最优化理论等对城市生态系统进行规划、设计，以使城市生态系统具有经济活力、社会稳定、基础设施完善方便、文化内涵丰富、能流和物流及信息流通畅。

22. 人类面临的资源、环境、粮食、能源和人口等五大社会问题的真正根源在于人口的急剧膨胀及由此对生态系统所产生的巨大恶性影响。

23. 地球上目前的总人口达80多亿。其中，发达国家人口增长缓慢，资源消耗和需求极高；而发展中国家的人口增长率高，抑制着人民生活质量的改善。

24. 地球生态系统的人口负载力是一个难以估测的问题。但是，如果人类要实现可持续发展，生活质量要提高，那么，不管用什么方法计算，现在的人口肯定已经超过地球的负荷水平。

25. 生态足迹是指保障一定量的人口在某种生活标准要求下所占用的生物资源、处理垃圾的陆地与水域面积，是人类对生态系统压力的估计。

26. 生态规划是运用生态学及生态经济学原理，调控区域社会、经济与自然亚系统及其各组分的生态关系，使之达到资源利用，环境保护与经济增长的良性循环。

27. 生态旅游是以生态学为原理，充分利用某地自然优势，开展游憩活动并保持其生态平衡，实现保护-利用-增值-保持的良性循环的旅游活动。

概念与术语

污染（pollution）、污水（sewage）、富营养化（eutrophication）、工业固体废弃物（industrial solid waste）、杀虫剂（insecticide）、清洁生产（cleaner production）、生态农业（ecological agriculture）、有机食品（organic food）、生物多样性（biodiversity）、生态足迹（ecological footprint）、生态旅游（ecotourism）

复习与练习

复习题

1. 酸雨和光化学烟雾的区别在哪里？
2. 何谓富营养化？水体的污染过程如何？
3. 何谓清洁生产？实行清洁生产有何意义？
4. 如何对产品进行生命周期评价？生态设计有哪些步骤？
5. 何谓生态工业园区？生态工业园区有哪些类型？
6. 生态农业技术包括哪几个方面？请描述什么是有害生物的综合防治技术。

7. 农业生态工程包括哪些？
8. 我国荒漠化和水土流失的情况怎样？
9. 为什么要保护生物多样性？
10. 人口的增长对生态环境有何影响？
11. 城市生态系统的结构和功能是什么？
12. 对城市生态系统进行调控时应遵循哪些原则？
13. 生态旅游的要求有哪些？

讨论题

1. 试讨论人类污染环境的原因。
2. 试讨论雾霾是如何形成的。其形成的内因与外因何在？
3. 湖泊或河流中养分过多会导致什么样的问题？为什么会养分过多？
4. 发展生态农业有何意义？你家乡发展生态农业的区位优势、资源优势和制约因素有哪些？
5. 发展有机食品意义何在？如何推动我国的有机食品消费？
6. 举例说明可以用于控制或消除污染的办法。
7. 水土流失后果如何？应如何治理水土流失？
8. 生物多样性枯竭的原因是什么？如何进行生物多样性的保护？
9. 作为开展生态旅游的开发者应该注意哪些问题？

参考读物

马世骏, 李松华. 1987. 中国的农业生态工程. 北京: 科学出版社
世界野生动物基金会北京办事处网站. http://www.wwfchina.org
世界野生动物基金会网站. http://www.worldwildlife.org/
王如松. 1988. 高效・和谐: 城市生态调控原则与方法. 长沙: 湖南教育出版社
Jeffreies M J. 1997. Biodiversity and Conservation. London: Routledge
Nebel B J. 1987. 环境科学: 世界存在与发展的途径. 范淑琴, 译. 北京: 科学出版社
Primack R, 季维智. 2000. 保护生物学基础. 北京: 中国林业出版社
Wilson E O. 1992. The Diversity of Life. New York: Harvard University Press

第八章　生态文明建设

学习目的

通过本章学习，了解以下知识点：生态文明的定义与产生背景；可持续发展的概念与内涵；生态文明体制与生态法治；生物多样性的保护办法与成效；环境保护的历程与成效；长期以来生态环境的变化及生态恢复措施；生态安全屏障的相关知识；环保组织的国内外状况；生态文明教育的相关内容。

第一节　生态文明的内涵

微课堂

一、生态文明的定义

生态文明（ecological civilization）是指人类遵循人、自然、社会和谐发展这一客观规律而取得的物质与精神成果的总和，是以人与自然、人与人、人与社会和谐共生、良性循环、全面发展、持续繁荣为基本宗旨的文化伦理形态。

生态文明包含生态意识文明、生态制度文明和生态行为文明。

二、生态文明的产生背景

（一）优秀传统文化传承

中华文明源远流长，其基本精神与生态文明的内在要求基本一致，从政治社会制度到文化哲学艺术，无不闪烁着生态智慧的光芒。“春耕、夏耘、秋收、冬藏，四者不失时，故五谷不绝”体现了中国古代对物候的生态学认知，在古代已经形成以桑基鱼塘为代表的生态农业模式，从周代开始，已经设置“虞衡”等机构以管理资源和环境。

《黄帝内经》强调人“与天地相应，与四时相副，人参天地”“人与天地相参也”（《灵枢》），“与天地如一”（《素问》）。早在黄帝、炎帝、神农时期，中国古代先哲已经拥有天人合一的思想。

在《逸周书·大聚解》中就有“春三月山林不登斧，以成草木之长，夏三月川泽不入网罟，以成鱼鳖之长”的记载，这是符合自然规律、可持续的，是世界上最早的自然资源保护法。孔子说：“昔三代明王皆事天地之神明，无非卜筮之用，不敢以其私，亵事上帝。”《周易·系辞》记载：“古者包牺氏之王天下也，仰则观象于天，俯则观法于地，观鸟兽之文，与地之宜，近取诸身，远取诸物，于是始作八卦，以通神明之德，以类万物之情。”这也都是格物致知，在了解大自然生态规律基础上的绿色发展思想。

《管子·立政》指出：“山泽救于火，草木植成，国之富也。”《管子·八观》指出：“山林虽广，草木虽美，禁发必有时。”这已经意识到山水林草都是人类的财富。《管子·地员》

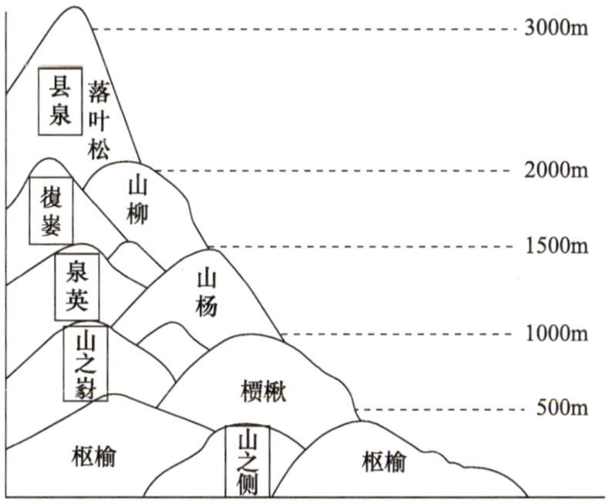

图8-1 《管子·地员篇》山地植被示意图
（引自中国植被编辑委员会，1980）

中对山地、沼泽等不同生境中生长的植物有了充分认知（图8-1）。在对待自然资源方面，要求遵循自然规律，人与自然和谐发展；提出了森林中应该让各种野生动物自由自在生活——“鸟兽安施，既有麋鹿，又且多鹿”，实现生物多样性保护，达到永续利用目的。

这种制度，并非统治者的个人自觉，而是中华文明本身的内涵所决定的。以儒释道为中心的中华文明，在几千年的发展过程中，形成了系统的生态伦理思想。

（1）佛教观点。佛教创始人早在2500年前就已经认识自然，为让他人能够清醒认识自然而组建队伍进行教育。例如，《大方广佛华严经》中云：“犹如大地能生一切，而无彼此。”意思是世界各地的森林湿地中能够生养丰富的生物多样性，能够包容万物，各种动植物和谐共生。《六祖法宝坛经》中，六祖惠能禅师说：“日月星宿、山河大地、泉源溪涧、草木丛林……一切大海、须弥诸山，总在空中；世人性空，亦复如是。”寺院的僧众在保护森林植被、植树造林方面做出了巨大的贡献。例如，昙摩密多于北魏初年，越葱岭，度流沙，到达敦煌，“于闲旷之地，建立精舍，植柰千株，开园百里。”元代的中峰国师、高峰国师等组织僧人在浙江天目山沿途栽种了许多银杏与柳杉（图8-2）。

图8-2 浙江天目山国家级自然保护区内步道两侧的柳杉大树

（2）道家观点。老子、庄子等早在2500年前就领悟到人类与自然是一个整体，人类不能独立于自然而存在，老子在《道德经》中指出：“道生一，一生二，二生三，三生万物”“人法地，地法天，天法道，道法自然”“天得一以清，地得一以宁，神得一以灵，谷得一以盈，万物得一以生”，强调人类应该敬畏自然，尊重自然规律，达到“天地与我并生，而万物与我为一”的境界。《太平经》也要求人们：“慎无烧山破石，延及草木，折华伤枝，实于市里，金刃加之，茎根俱尽。其母则怒，上白于父，不惜人年。”

（3）儒家观点。儒家生态智慧的核心是德性，尽心知性而知天，主张“天人合一”，肯定人与自然界的统一。孔子在《礼记·礼运》中指出：“故圣人作则，必以天地为本，以阴阳为端，以四时为柄，以日星为纪，月以为量……以天地为本，故物可举也；以阴阳为端，故情可睹也；以四时为柄，故事可劝也；以日星为纪，故事可列也；月以为量，故功有艺也……”这段文字讲的就是人与自然的关系，即天人合一的内容，人类在大自然中生活，必须遵循大自然的生发、物候、动态、生态等规律。在《论语·述而》中强调“子钓而不纲，弋不射宿”，即钓鱼不要截住水流一网打尽，打猎不要射夜宿之鸟，反映了古人朴素的生态道德思想。《论语·颜渊》中有“上天有好生之德，大地有载物之厚，君子有成人之美。”常有人用《周易》中“自强不息”“厚德载物”来表述中华文明精神，这与生态文明的内涵一致。中华文明精神是解决生态危机、超越工业文明、建设生态文明的文化基础。

（二）世界各地原住民中的生态理念

巴拿马的库那族认为：“对于库那文化来说，土地是我们的母亲，而所有我们生活所依赖的生命体都是她的兄弟。所以，我们必须好好照顾我们的母亲，并与她和谐相处。因为任何一种生命的消失将意味着其他更多生命的消失”。

对于西雅图酋长和他的族人而言，生命本身是神圣且需相互尊重的。鸟啼婉转枝头，不啻诗歌合唱，森林就是大殿堂，微风就像活跃的祈祷者。我们彼此息息相关，我们如何对待环境和其中的生命，最后都将变成人类自己的命运。

印第安人的生态伦理学（节选）

总统从华盛顿捎来信说，想购买我们的土地。但是，蓝天、大地、河流……怎么能买卖呢？这个想法对于我们来说，真是太可笑了。正如不能说新鲜的空气和波光粼粼的湖水仅仅属于我们而不属于别人一样，怎么可以买卖它们呢？

这里的每一块土地，对我的人民来说都是神圣的。不管是沙滩、云雾、露珠，还是松针与蝴蝶，所有这一切，在我的族人的记忆和现实中都是神圣的。

我们怎能忘怀生我养我的大地？大地是我们的母亲，汁液流经树干，正如血液流经我们的血管一样。我们是大地的一部分，大地也是我们的一部分。芬芳的花朵是我们的姐妹，驯鹿、骏马、雄鹰是我们的兄弟，崇山峻岭、草原、动物和人类全属于一个家庭。

人类属于大地，而大地不属于人类。我们知道，血液把我们家族的血统联系在了一起。要知道：世间万物本息息相通。

降临到大地上的一切，终究会降临到大地的儿女们身上。生命之网并非人类所织，人类不过是其中的一环。但人类对大自然所做的一切，也作用于人类自身。

如果原始森林中尽是人类的足迹，幽静的山谷中架设着横七竖八的电线，那将是一种什么样的景象？如果丛林消失了，空中的雄鹰不见了，那将是一种什么样的景象？这一切，只意味着真正生活的结束和苟延残喘的开始。

正像我们是大地的一部分一样，你们也是大地的一部分。土地对我们是珍贵的，对你们也是珍贵的。我们懂得一点：宇宙是一体的。没有人能够分开，无论是印第安人，还是白人，我们终究是兄弟。

引自唐锡阳和马霞·玛尔柯斯《环球绿色行》（1997）

（三）大地伦理学的发展

西方生态学家Leopold是大地伦理学的创立者，他对大地伦理学的建构完成于《沙乡年鉴》（1947）。这是关于人与自然关系的道德研究，是关于人们对待地球上动物、植物、微生物和自然界其他事物的道德体系和行为规范的研究。他认为“个人是一个由相互依赖的部分组成的共同体的一名成员”，大地伦理是“要把人类的角色从大地共同体的征服者改造成大地共同体的普通成员与公民。它不仅暗含着对每一个成员的尊重，还暗含着对这个共同体本身的尊重”。

土地是一个共同体的观念，是生态学的基本概念，但是土地应该被热爱和被尊敬却是一种伦理观念的延伸。土地产生了文化结果，这是长期以来众所周知的事实，但总是被人忘却。

20世纪60年代初，美国著名学者蕾切尔·卡尔森《寂静的春天》的出版，向人类敲响了生态危机的警钟。西方国家经过工业文明的发展，出现的人口爆炸、土地沙化、资源枯竭、能源危机、环境污染等问题让许多科学家意识到人类已经陷入生存的困境。

20世纪60年代末期，欧洲逐渐形成一支绿色政治运动队伍，1970年4月22日，美国各阶层人士举行环保游行，这一天也成为“世界地球日”。在此基础上，“自然之友”“绿色和平组织”等组织也蓬勃发展，推动着绿色发展。

在理论上，1972年，阿伦·奈斯提出了深层生态学，强调从整个生态系统（生物圈）的角度，把“人-自然”作为统一整体，来认识、处理和解决生态问题。与此同时，联合国也召开了人类环境会议。

世界自然宪章——总则

不得危害地球上的生物多样性；所有形式的生命，包括野生的和驯养的，其群体数量必须能够满足其繁衍的需要，它们的栖息地也因此必须得到保护。

地球上所有的地区，包括陆地和海洋，必须置于保护之下。一些代表不同类型的典型生态系统和珍稀濒危物种栖息地的特殊地区，还需要得到特殊保护。

应对那些被人类利用的生态系统和生物，以及陆地、海洋和大气资源加以管理，以获得和保护最优化的可持续生产力，而不能像对其他共存的生态系统或物种那样危害其整体性。

需防止战争和其他暴力行为对自然造成的破坏。

引自联合国环境规划署《全球环境展望3》（2002）

三、可持续发展思想

1983年，联合国成立了世界环境与发展委员会（WECD），由当时的挪威首相布伦特兰（Brundland）夫人担任主席。成员有包括中国的马世骏教授在内的22位科学、教育、经济、社会及政治方面的专家。1987年，该委员会把《我们共同的未来》（*Our Common Future*）提交给联合国大会，正式提出了可持续发展（sustainable development）的模式。

1992年由世界自然保护联盟、联合国环境规划署和世界野生生物基金会共同出版的《保护地球：可持续生存战略》将可持续发展定义为“在生存不超过维持生态系统承载力的情况下，改善人类的生活质量”，并指出“发展不应以其他集团或后代为代价，也不应危及其他物种的生存”。

可持续发展的目标包括经济的、生态的和社会的三个方面。在经济上，可持续发展在确保当代人的福利增加时，不应使后代人的福利减少。在生态上，可持续的生态系统应该保持在稳定状态，不随时间而衰减；生态系统服务能够维持。在社会上，应该确保文化的多样性、土地的组成和特性、商品和服务的能力、生物多样性、供水的质量和数量、土地资产、稳定的气候等。

人类可持续生存的9条原则

（1）尊重和保护生物群落。
（2）保护地球的生存力和多样性。
（3）把不可更新资源的损耗降到最低。
（4）保持在地球的承载力之内。
（5）改变人们的态度和习惯。
（6）促使社会关心他们自己的环境。
（7）为综合发展与保护提供国家的框架。
（8）建立全球联盟。
（9）强调人类必须生活在地球的承载力之内。

引自世界自然保护同盟等《保护地球：可持续生存战略》（1992）

四、绿色GDP与绿色发展

1972年，柯布编写的《是否太晚?》出版，首次提出了“绿色GDP”概念。绿色GDP是指考虑自然资源（主要包括土地、森林、矿产、水和海洋）与环境因素（包括生态环境、自然环境、人文环境等）影响后的经济活动的最终成果，即将经济活动中所付出的资源耗减成本和环境降级成本从GDP中予以扣除。

这是什么意思呢? 举一个浅显的例子：一户农民住在空气清新的山区，男耕女织，粗茶淡饭，超尘脱俗。另一户富豪住在有雾霾、闷热、吵闹、河水污染的城市，吃的食品来路不明，为工作之事焦虑烦恼。虽然富豪有钱多了，但综合空气、温度、饮用水、环境、食品、心态等方面看，却是农民更加富裕：前者的富裕指物质方面，后者的富裕则在于健康、美景、绿色食品、天伦之乐、自由等方面。这个例子是一个极端，富豪在向往农民的生活，而农民在追求富豪的待遇，由于教育、医疗、住房等各方面的内卷，所有人都为未来焦虑。如果把清新空气、无污染食品、天伦之乐都赋以应有的价值，则很难说世间谁更富裕。

1998年我国长江流域发生特大洪灾，全国上下深切地认识到了大规模开展生态建设的紧迫性。我国政府提出了“污染控制同生态建设并举”的方针，如全面停止长江、黄河上中游的天然林砍伐，把生态恢复与建设列为西部大开发的首要措施，并且制定了“退耕还林（草）、封山绿化、以粮代赈、个体承包”等政策。这标志着中国生态保护事业发生了历史性的转折。

2002年，《中国人类发展报告：让绿色发展成为一种选择》中首先提出了绿色发展。2006年，王金南等论述了绿色发展的意义，提出了国家绿色发展战略规划的初步构想。

2011年，《中华人民共和国国民经济和社会发展第十二个五年规划纲要》第六篇提出了通过绿色发展，建设资源节约型、环境友好型社会，强调面对日趋强化的资源环境约束，必须增强危机意识，树立绿色、低碳发展理念，以节能减排为重点，健全激励与约束机制，加快构建资源节约、环境友好的生产方式和消费模式，增强可持续发展能力，提高生态文明水平。

2015年，中国共产党第十八届中央委员会第五次全体会议通过《中共中央关于制定国民经济和社会发展第十三个五年规划的建议》，提出创新、协调、绿色、开放、共享五大新发展理念。

2017年，党的十九大明确指出：加快建立绿色生产和消费的法律制度和政策导向，建立健全绿色低碳循环发展的经济体系。

五、生态文明的提出与推动

2007年，党的十七大提出了建设生态文明的概念。

2012年，党的十八大再次明确提出要大力推进生态文明建设，以尊重自然、顺应自然、保护自然为生态文明理念，对生态文明的认识提升到一个新高度，开创了生态文明建设新境界，走向了社会主义生态文明新时代。

2017年，党的十九大则进一步明确指出：建设生态文明是中华民族永续发展的千年大计。

2022年，党的二十大在充分肯定过去五年和新时代十年我国生态文明建设成就的基础上，再次明确了美丽中国建设“两步走”战略。

生态文明发展模式本着坚持节约资源和保护环境的基本国策，坚持节约优先、保护优先、自然恢复为主的方针，着力推进绿色发展、循环发展、低碳发展，形成节约资源和保护环境的空间格局、产业结构、生产方式、生活方式，从源头上扭转生态环境恶化趋势，为人民创造良好的生产生活环境，为全球生态安全做出贡献。

生态文明强调人的自觉与自律，强调人与自然环境的相互依存、相互促进、共处共融，既追求人与生态的和谐，也追求人与人的和谐，而且人与人的和谐是人与自然和谐的前提。可以说，生态文明是人类对传统文明形态特别是工业文明进行深刻反思的成果，是人类文明形态和文明发展理念、道路和模式的重大进步。

第二节　完善生态文明体制

生态环境问题需从国家发展战略层面解决，只有上升到国家意志的战略高度，融入经济社会发展全局，才能从源头上减少环境问题。

2015年，我国出台了《生态文明体制改革总体方案》，阐明了我国生态文明体制改革的指导思想、理念、原则、目标、实施保障等重要内容，开始了我国生态文明制度的改革，为我国生态文明建设做出了顶层设计。

一、健全自然资源资产产权制度

健全自然资源资产产权制度包括：①建立统一的确权登记系统；②建立权责明确的自然资源产权体系；③健全国家自然资源资产管理体制；④探索建立分级行使所有权的体制；⑤开展水流和湿地产权确权试点。

二、建立国土空间开发保护制度

建立国土空间开发保护制度包括：①完善主体功能区制度；②健全国土空间用途管制制度；③建立国家公园体制；④完善自然资源监管体制。

三、建立空间规划体系

建立空间规划体系包括：①编制空间规划；②推进市县“多规合一”；③创新市县空间规划编制方法。

四、完善资源总量管理和全面节约制度

完善资源总量管理和全面节约制度包括：①完善最严格的耕地保护制度和土地节约集约利用制度；②完善最严格的水资源管理制度；③建立能源消费总量管理和节约制度；④建立天然林保护制度；⑤建立草原保护制度；⑥建立湿地保护制度；⑦建立沙化土地封禁保护制度；⑧健全海洋资源开发保护制度；⑨健全矿产资源开发利用管理制度；⑩完善资源循环利用制度。

五、健全资源有偿使用和生态补偿制度

健全资源有偿使用和生态补偿制度包括：①加快自然资源及其产品价格改革；②完善土地有偿使用制度；③完善矿产资源有偿使用制度；④完善海域海岛有偿使用制度；⑤加快资源环境税费改革；⑥完善生态补偿机制；⑦完善生态保护修复资金使用机制；⑧建立耕地草原河湖休养生息制度。

六、建立健全环境治理体系

建立健全环境治理体系包括：①完善污染物排放许可制；②建立污染防治区域联动机制；③建立农村环境治理体制机制；④健全环境信息公开制度；⑤严格实行生态环境损害赔偿制度；⑥完善环境保护管理制度；⑦制定产业准入机制。

七、健全环境治理和生态保护市场体系

健全环境治理和生态保护市场体系包括：①培育环境治理和生态保护市场主体；②推行用能权和碳排放权交易制度；③建立绿色金融体系；④建立统一的绿色产品体系。

八、完善生态文明绩效评价考核和责任追究制度

完善生态文明绩效评价考核和责任追究制度包括：①建立生态文明目标体系；②建立资源环境承载能力监测预警机制；③探索编制自然资源资产负债表；④对领导干部实行自然资源资产离任审计；⑤建立生态环境损害责任终身追究制。

第三节　生态法治建设

一、颁布和修订生态文明建设的相关法律法规

党的十八大以来，通过《中华人民共和国宪法修正案》，将生态文明写入《中华人民共和国宪法》，实现了党的主张、国家意志、人民意愿的高度统一。颁布和修订了《中华人民共和国森林法》《中华人民共和国草原法》《中华人民共和国渔业法》《中华人民共和国野生动物保护法》《中华人民共和国环境保护法》《中华人民共和国环境影响评价法》《中华人民共和国大气污染防治法》《中华人民共和国水污染防治法》《中华人民共和国土壤污染防治法》《中华人民共和国固体废物污染环境防治法》《中华人民共和国海洋环境保护法》《中华人民共和国湿地保护法》《中华人民共和国长江保护法》《中华人民共和国黄河保护法》《中华人民共和国黑土地保护法》《中华人民共和国青藏高原生态保护法》《中华人民共和国生物安全法》《中华人民共和国自然保护区条例》《中华人民共和国野生植物保护条例》等，法律规范更加明确具体，增强了可执行性和可操作性。目前，我国已有生态环境保护法律30余部、行政法规100多件、地方性法规1000余件，还有其他大量涉及生态环境保护的法律法规规定，为形成并完善生态文明制度体系打下了坚实基础。

我国以国家立法形式将8月15日设立为全国生态日，让“绿水青山就是金山银山”理念更加深入人心，推动全民增强人与自然和谐共生的思想自觉和行动自觉。还启动了生态环境法典编纂工作，将编纂出版具有中国特色、体现时代特点、反映人民意愿、系统规范协调的生态环境法典。

二、开展环境保护督察

国家开展了两轮环境保护督察：从2015年年底开始到2017年9月，第一轮环境保护督察覆盖了31个省（自治区、直辖市），推动解决了一大批突出环境问题；2019～2022年，第二轮中央生态环境保护督察组分6批完成对31个省（自治区、直辖市）及新疆生产建设兵团、2个国务院部门和6家中央企业的督察反馈。

2023年，对福建、河南、海南、甘肃、青海5个省开展第三轮第一批中央生态环境保护督察，发现了一批共性问题，并通报了典型案例。

第四节　国家公园与自然保护地

一、理顺管理体制

2013年，党的十八届三中全会提出建立国家公园体制，严格按照主体功能区定位推动发展；2015年以来，国家发展和改革委员会牵头国家公园体制试点工作，会同13个部门印发《建立国家公园体制试点方案》，陆续开展了三江源、大熊猫、东北虎豹、祁连山、武夷山、神农架、钱江源、普达措、海南热带雨林、南山10处国家公园体制试点，涉及12个省份，总面积超过22万km^2。2017年，推出《建立国家公园体制总体方案》。2019年，中共中央办公厅、国务院办公厅印发了《关于建立以国家公园为主体的自然保护地体系的指导意见》，按照自然生态系统原真性、整体性、系统性及其内在规律，指导意见将我国自然保护地按生态价值和保护强度高低，依次分为国家公园、自然保护区、自然公园三大类型。

国家公园、自然保护区与自然公园

国家公园（national park）是指由国家批准设立并主导管理，边界清晰，以保护具有国家代表性的大面积自然生态系统为主要目的，实现自然资源科学保护和合理利用的特定陆地或海洋区域。世界自然保护联盟将其定义为大面积自然或近自然区域，用以保护大尺度生态过程及这一区域的物种和生态系统特征，同时提供与其环境和文化相容的精神的、科学的、教育的、休闲的和游憩的机会。我国已于2021年设立了三江源国家公园、大熊猫国家公园、东北虎豹国家公园、海南热带雨林国家公园、武夷山国家公园。

自然保护区（nature reserve）是指对有代表性的自然生态系统、珍稀濒危野生动植物物种的天然集中分布、有特殊意义的自然遗迹等保护对象所在的陆地、陆地水域或海域，依法划出一定面积予以特殊保护和管理的区域。自然保护区是保护自然环境和自然资源、拯救濒于灭绝的生物物种、进行科学研究的重要基地；对促进科学技术、生产建设、文化教育、卫生保健等事业的发展具有重要意义。自然保护区还可以细分为自然生态系统类、野生生物类和自然遗迹类。之前的自然保护区，在功能区划上一般分为核心区、缓冲区和实验区三个部分，目前正在调整中。

自然公园（nature park）是指保护重要的自然生态系统、自然遗迹和自然景观，具有生态、观赏、文化和科学价值，可持续利用的区域。包括森林公园、湿地公园、地质公园、海洋公园、沙漠公园等各类自然公园。

2021年10月，习近平主席在《生物多样性公约》领导人峰会上宣布设立大熊猫等国家公园。标志着中国基本完成了以国家公园为主体的自然保护地体系，理顺了生物多样性保护的管理体制。

从2021年10月到2025年，我国健全国家公园体制，完成自然保护地整合归并优化，完善自然保护地体系的法律法规、管理和监督制度，提升自然生态空间承载力，初步建成以国家公园为主体的自然保护地体系。已经开展空间规划，规划建设49个陆地、3个海域国家公园。到2035年将显著提高自然保护地管理效能和生态产品供给能力，自然保护地规模和管理达到世界先进水平，全面建成中国特色自然保护地体系。自然保护地占陆域国土面积的18%以上。

二、加入与引领全球生物多样性保护行动

1972年我国参加人与生物圈计划（MAB），1978年成立了中华人民共和国人与生物圈国家委员会。2021年，我国当选人与生物圈计划理事国。卧龙、鼎湖山、长白山、梵净山、武夷山、神农架、锡林郭勒、博格达峰和盐城等34个自然保护区加入了世界生物圈保护区。我国也建立了多达191家的中国生物圈保护区网络。

1981年我国加入濒危野生动植物物种国际贸易公约（CITES）。该公约对全世界的野生动物保护事业发挥了积极的作用。

1985年我国加入《保护世界文化和自然遗产公约》，截至2023年9月，中国世界遗产数量达到57项，其中文化遗产39项、自然遗产14项、自然与文化双遗产4项。后两项数量均居世界第一。

1992年，《生物多样性公约》（CBD）通过，中国签署了该公约；1993年加入《生物多样性公约》；2016年，国务院批准申办联合国《生物多样性公约》缔约方大会第十五次会议（COP15）；2021年7月，习近平主席同法国、德国领导举行视频峰会，表示希望COP15向扭转全球生物多样性丧失趋势迈出历史性一步；2021年10月，COP15第一阶段会议在云南昆明召开，习近平主席在领导人峰会上发表了题为《共同构建地球生命共同体》的主旨讲话，会上通过了《昆明宣言》。

1992年我国加入《关于特别是作为水禽栖息地的国际重要湿地公约》（简称《湿地公约》）。到目前为止，有鄱阳湖、洞庭湖、青海湖、若尔盖、拉市海、纳帕海、玛旁雍错、三江平原、鄂尔多斯、东寨港、盐城漳江口、湛江、崇明东滩等64处湿地被指定为国际重要湿地。2022年11月，《湿地公约》第十四届缔约方大会在中国武汉和瑞士日内瓦召开，会上通过了《武汉宣言》。

生物多样性保护的相关计划与公约

20世纪60年代以来已有很多国家政府或投资机构致力于野生生物的保护。这些成功是通过不同国家付出的多种努力，在全球范围内共同采取法律行动来实现的。这些成功是以以下这些计划与多边环境协议为基础的。

人与生物圈计划（Man and the Biosphere Programme，MAB）是联合国教科文组织在1966年提出的计划，这是一项国际性的、政府间合作研究和培训的计划，通过对生物圈不同区域的结构和功能进行系统研究，并预测人类活动引起的生物圈及其资源的变化，为合理利用和保护生物圈的资源，改善人类同环境的关系，以寻找有效地解决人口、资源、环境等问题的途径。人与生物圈计划受到世界各国的重视，已有100多个国家参加。我国于1972年参加这一计划，1978年成立了中华人民共和国人与生物圈国家委员会，2021年，我国当选人与生物圈计划理事国。生物圈保护区是其中一项计划，是按照地球上不同生物分布区域建立的全球性的自然保护网。截至2022年7月，世界生物圈保护区网络成员增至738个，分布在134个国家和地区。生物圈保护区网络在全世界的保护区域面积达到130万km^2。我国有34个自然保护区加入了世界生物圈保护区网络。

《关于特别是作为水禽栖息地的国际重要湿地公约》于1971年在拉姆萨尔（Ramsar）签订，所以也称为《拉姆萨尔公约》，1975年生效，1982年曾进行修正，到2014年《拉姆萨尔公约》共有168个缔约方，国际重要湿地名录覆盖2171处、总面积超过207万km^2的重要湿地。以前它主要关注的问题是水禽及其栖息地。我国于1992年加入《湿地公约》，有64处湿地被指定为国际重要湿地。2022年，《湿地公约》第十四届缔约方大会在中国武汉和瑞士日内瓦召开，会上通过了《武汉宣言》。

《保护世界文化和自然遗产公约》（简称《世界遗产公约》）于1972年在巴黎签订，1975年生效，由联合国教科文组织管理。迄今共有180个国家和地区加入该公约，成为缔约成员。截至2019年12月，世界遗产总数1121处。其中213处为自然遗产，869处为文化遗产，39处为自然与文化双遗产。我国于1985年加入这一公约，目前，中国世界遗产数量达到57项。

联合国在1963年委托世界自然保护联盟（IUCN）起草《濒危野生动植物物种国际贸易公约》（CITES）。该公约于1973年被采纳，并于两年后生效。截至2024年5月，CITES有184个缔约方。公约控制和禁止濒危物种的国际贸易，包括5000种动物和28 000种植物。CITES的精神在于管制而非完全禁止野生物种的国际贸易，其采用物种分级与许可证的方式，以达成野生物种市场的永续利用性。该公约管制国际贸易的物种，可归类成三项附录：附录Ⅰ的物种为若再进行国际贸易会导致灭绝的动植物，禁止国际性交易；附录Ⅱ的物种为不一定面临灭绝威胁的物种，但必须对其贸易加以控制；附录Ⅲ是各国视其国内需要，区域性管制国际贸易的物种。我国于1981年加入该公约。该公约对全世界的野生动物保护事业发挥了积极的作用。

1992年6月在巴西里约热内卢签订《生物多样性公约》（CBD），1993年生效。它是第一个关于生物多样性保护和可持续利用的全球协议，是国家行动的指南。该公约设定了三个主要目标：生物多样性保护，对其组成部分的可持续利用，公平与公正地共享基因资源利用事业的利益。我国于1993年加入该公约。

三、生物多样性保护成效

2021年我国正式设立了三江源、大熊猫、东北虎豹、海南热带雨林、武夷山国家公园，标志着我国已经初步建立以国家公园为主体，由国家公园、自然保护区、自然公园构成的自然保护地体系，建立了自然保护地分类分区管控制度。截至2023年底，我国的保护地有效地保护了85%的陆地生态系统、85%的珍稀濒危野生动物种群和65%的高等植物物种，对生物多样性的就地保护起到了非常重要的作用。

我国全面禁止野生动植物非法交易，持续加大生物多样性保护力度。野生动植物保护制度体系更加健全，2021年调整发布了《国家重点保护野生动物名录》《国家重点保护野生植物名录》。还编制了国家公园空间布局方案，综合考虑自然地理格局、生态功能格局、生物多样性和典型景观分布特征，将遴选并设立49个陆域国家公园和3个海域国家公园，有效保护中国最具代表性的生态系统和80%以上的国家重点保护野生动植物物种及其栖息地。

2023年，自然资源部发布了我国首部《中国生态保护红线蓝皮书》。生态保护红线面积为315万km^2，其中陆域约304万km^2（占我国陆域国土面积超过30%），海域约15万km^2。通过生态保护红线划定，把我国自然生态系统最重要、自然景观最独特、自然遗产最精华、生物多样性最富集的区域完整保护起来，实现了对重要自然资源、生态空间、珍稀濒危物种和栖息地的大规模、整体性保护，为子孙后代留下宝贵的自然资产和山清水秀的美丽家园。

微课堂

第五节 环境保护

一、中国的环境保护历程

从1972年联合国首次人类环境会议，到1992年联合国环境与发展大会，2002年可持续发展世界首脑会议，2012年联合国可持续发展大会，直至2023年联合国可持续发展目标峰会，我国环境保护大致可以分为以下5个阶段。

第一阶段：1972年，中国政府派出代表团参加了联合国人类环境会议。会议后不久，1973年8月国务院召开第一次全国环境保护会议，提出了“全面规划、合理布局，综合利用、化害为利，依靠群众、大家动手，保护环境、造福人民”的32字环保工作方针。

第二阶段：从党的十一届三中全会到1992年，我国环境保护逐渐步入正轨。1983年第二次全国环境保护会议把保护环境确立为基本国策。1984年5月，国务院发布《关于环境保护工作的决定》，环境保护开始纳入国民经济和社会发展计划。1988年设立国家环境保护局，成为国务院直属机构。1989年国务院召开第三次全国环境保护会议，提出了要积极推行环境保护目标责任制、城市环境综合整治定量考核制、排放污染物许可证制、污染集中控制、限期治理、环境影响评价制度、“三同时”制度、排污收费制度8项环境管理制度。以《中华人民共和国环境保护法》为代表的环境法规体系初步建立，为开展环境治理奠定了法治基础。

第三阶段：1992～2002年。在里约环境与发展大会之后，实施可持续发展被确立为国家战略。1994年，我国政府率先制定实施《中国21世纪议程》。1996年，国务院召开第四次全国环境保护会议，发布《国务院关于环境保护若干问题的决定》，大力推进“一控双达标”（控制主要污染物排放总量、工业污染源达标和重点城市的环境质量按功能区达标）工作，全面开展“三河”（淮河、海河、辽河）、“三湖”（太湖、滇池、巢湖）水污染防治，“两控区”（酸雨污染控制区和二氧化硫污染控制区）大气污染防治、“一市”（北京市）、“一海”（渤海）（简称“33211”工程）的污染防治。

第四阶段：2002～2012年。党的十六大以来，党中央、国务院提出树立和落实科学发展观、构建社会主义和谐社会、建设资源节约型环境友好型社会、让江河湖泊休养生息、推进环境保护历史性转变、环境保护是重大民生问题、探索环境保护新路等新思想新举措。2002年、2006年和2011年，国务院先后召开第五次全国环境保护会议、第六次全国环保大会和第七次全国环保大会，做出一系列新的重大决策部署。把主要污染物减排作为经济社会发展的约束性指标，完善环境法制和经济政策，强化重点流域区域污染防治，提高环境执法监管能力，积极开展国际环境交流与合作。

第五阶段：2013年至今。党的十八大将生态文明建设纳入中国特色社会主义事业总体布局，把生态文明建设放在突出地位，要求融入经济建设、政治建设、文化建设、社会建设各方面和全过程，努力建设美丽中国，实现中华民族永续发展，走向社会主义生态文明新时代。这是具有里程碑意义的科学论断和战略抉择，标志着我们党对中国特色社会主义规律认识的进一步深化，昭示着要从建设生态文明的战略高度来认识和解决我国环境问题。2018年，全国生态环境保护大会确立了习近平生态文明思想。大会提出，要加大力度推进生态文明建设、解决生态环境问题，坚决打好污染防治攻坚战，推动中国生态文明建设迈上新台阶。2021年，习近平主席提出全球发展倡议，旨在推动实现更加强劲、绿色、健康的全球发展，加快落实2030年可持续发展议程。2023年，全国生态环境保护大会指出，今后5年是美丽中国建设的重要时期，要深入贯彻新时代中国特色社会主义生态文明思想，坚持以人民为中心，牢固树立和践行“绿水青山就是金山银山”的理念，把建设美丽中国摆在强国建设、民族复兴的突出位置，推动城乡人居环境明显改善、美丽中国建设取得显著成效，以高品质生态环境支撑高质量发展，加快推进人与自然和谐共生的现代化。

二、环境保护与生态文明建设

生态文明建设，是我国关于经济发展与环境关系问题的解决办法，为统筹人与自然和谐发展指明了前进方向；是吸收中华传统文化智慧推进人类文明进程的重大贡献；是我国对可持续发展理论的拓展和升华；进一步丰富和完善了中国特色社会主义事业总体布局的战略部署。我国生态文明理念引起国际社会关注，在2013年召开的联合国环境规划署第27次理事会上，被正式写入了决定案文。

生态文明是人类为保护和建设美好生态环境而取得的物质成果、精神成果和制度成果的总和，是人与自然、环境与经济、人与社会和谐共生的社会形态。它既是对传统发展模式的深刻反思和升华，又是对未来持续发展的美好向往和憧憬。生态文明不是不要发展、不搞工业文明、放弃对物质生活追求、回到原生态的生产生活方式，而是在吸收借鉴人类一切文明成果尤其是工业文明成果的基础上，为统筹解决经济社会发展与资源环境问题，提供了全新的指导理念和实践取向，开辟了无限广阔的发展空间。

环境保护是生态文明建设的主阵地和根本措施。生态文明建设的主要目的是解决环境问题，最大制约因素是环境问题，薄弱环节和突破口是环境保护，成效最先体现的也是环境保护。环境保护取得的任何成效、任何突破，都是对生态文明建设的积极贡献，直接决定着生态文明建设的进程。

三、环境保护成效

（一）强力推进污染减排

国家把节能减排作为经济社会发展规划的约束性指标。通过强化目标责任考核，狠抓工程减排、结构减排、管理减排，全国城市污水处理率由2005年的52%提高到2012年的85%，燃煤电厂脱硫机组比例由14%提高到90%。“十一五”期间，二氧化硫、化学需氧量排放量分别下降14.29%和12.45%。2012年全国化学需氧量、二氧化硫、氨氮、氮氧化物排放总量分别比上年减少3.05%、4.52%、2.62%和2.77%。

（二）以环境保护优化经济发展

我国全面推进规划环评，完成环渤海等五大区域重点产业发展战略环评，开展西部大开发战略环评。严格建设项目环评，采取区域限批、行业限批等措施，2008年以来，拒批了300多个涉及“两高一资”、低水平重复建设和产能过剩项目。制定实施环境经济政策，初步建立起包括绿色信贷、保险、贸易、电价、证券、税收等在内的环境政策框架体系。现行国家环境保护标准达1374项。

（三）解决关系民生的突出环境问题

2012年发布新修订的《环境空气质量标准》，京津冀、长三角、珠三角等重点区域及直辖市和省会城市共74个城市496个监测点位已按新标准开展监测，并实时发布数据。强化饮用水水源保护和地下水污染防治，组织全国地级以上城市集中式饮用水水源环境状况评估，编制《华北平原地下水污染防治工作方案》，积极落实《全国地下水污染防治规划（2011—2020年）》。中央财政增设重金属污染防治专项，支持重点防控区综合防治。历史遗留的670万t铬渣基本处置完毕。

（四）深化污染防治

国务院先后批复《重点流域水污染防治规划（2011—2015年）》《重点区域大气污染防治“十二五”规划》。深入推进让江河湖泊休养生息，建立重点流域跨省界断面水质考核制度，完善考核指标体系。全国七大水系好于Ⅲ类水质的比例由2005年的41%提高到2012年的64%；劣Ⅴ类水质比例由27%下降到12.3%。开展水质较好湖泊生态环境保护试点。建立和完善区域大气污染联防联控新机制，有效保障了北京奥运会、上海世博会、广州亚运会等大型活动期间的环境质量。

（五）加强生态保护和农村环境保护

国务院成立中国生物多样性保护国家委员会，批准了《中国生物多样性保护战略与行动计划（2011—2030年）》；国务院办公厅印发《关于加强农村环境保护工作的意见》《关于做好自然保护区管理有关工作的通知》《近期土壤环境保护和综合治理工作安排》。截至2012年底，全国已有15个省（区、市）开展生态省建设，1000多个县（市、区）开展生态县建设，53个地区开展生态文明建设试点工作。2008年以来，中央财政共安排农村环保专项资金135亿元，实施“以奖促治、以奖代补”政策措施，支持2.6万个村庄开展环境综合整治，5700多万农村人口受益。

（六）全社会环境保护意识明显增强

各级党委政府和广大领导干部的环境责任意识明显增强。很多地方党委、政府更加重视，切实把环境保护放在全局工作的突出位置，坚持并完善责任制。全社会关心支持和参与环保的氛围更加浓郁，公众环保意识显著增强。

2012年开始，每到秋冬特别是入冬以后，我国中东部地区时常遭遇雾霾，经过采取切实有效的措施，加快推进产业结构和布局调整，推进节能减排，加大环保执法，全国空气质量总体改善，重污染天气较大幅度减少，京津冀、长三角、珠三角等区域空气质量明显好转。

2009年以后，我国大力推进地下水超采综合治理，2020年我国地下水开采总量为892.5亿m^3，较2012年减少约242亿m^3，地下水治理与保护各项措施效果逐渐显现，长期“透支”的地下水资源得以“休养生息”。

截至2013年，我国多数自来水厂使用氯化法对自来水进行消毒，经过多年整治，在2023年，对地级及以上城市集中式生活饮用水水源的889个断面进行监测，有96.5%全年均达标。

九龙江一直是厦门、漳州人的饮用水水源，历史上污染较少，但一度大量禽畜养殖和工业企业上马，仅九龙江西溪中下游的程溪-九湖小流域，养猪户达477家，存栏数达64 601头，大量污水排入九龙江，导致九龙江污染严重。2013～2014年，政府大量关停生猪养殖场，并处罚了违法排污企业。

在垃圾分类处理方面，厦门、深圳、杭州等多个城市已开始实行垃圾的分类收集。

国内多个城市试行小区有奖垃圾分类

2013年07月15日　　来源：新华网

每天早上，北京市龙潭街道绿景馨园小区门口的分类垃圾收集点总是格外热闹，无论是送孩子上学的家长、上班的白领，还是晨练的大爷大妈，都在这里“刷卡”扔垃圾。

为了鼓励居民参与垃圾分类，北京市龙潭街道的绿景馨园、绿景苑两个小区作为全国试点，已经开始实行分类投放垃圾奖励制度。居民每准确投放500g合格的厨余垃圾或者250g可回收垃圾，就可以在POS机上给自己的“环保卡”积1分，每天最多2分，满50分就可以兑换10元购物券一张。

如此一来，许多平日里唱戏打太极的大爷大妈们成了新环保主义的践行者。他们不但改变了多年的“垃圾一包扔”意识，还主动帮助因为上班忙碌没有时间的年轻居民投放垃圾，代为积分。

在分类垃圾收集点，社区为了帮助居民正确进行垃圾分类，还聘用了兼职的垃圾分类指导员，告诉居民们怎么区分有害垃圾、可回收垃圾，不同类别的垃圾分别投放到哪些垃圾桶。

随着城市化水平的不断提高，日益增加的城市生活垃圾如何回收利用一直是受人关注的话题。中国居民之前并无对垃圾“分类”的意识，由于不知道如何分类、没有分类投放点，垃圾分类的尴尬境地长期未有改变。

“我不知道什么叫垃圾分类。人家会把旧报纸、旧杂志和饮料瓶什么的卖给我换钱，分好再扔，谁给钱？”在安徽省合肥市某小区里已经做了6年废品收集的王来富说，在小区里每天收购废品的他，这些年来从来没有见过居民分类投放过垃圾。

王来富的疑问也是许多居民的疑问。现在，一些试点有奖垃圾分类的地区开始探索一种互动的方式，用积分等奖品来逐渐提高居民的环保意识和垃圾分类积极性。

这种方式很快引起了人们的兴趣。在浙江杭州市下城区朝晖街道，3位居民甚至仅用了3个月时间，就通过将垃圾分类投放到智能回收箱赢取银行卡积分，换得了一部手机。

“年度积分最高的居民还将获得一辆汽车的5年使用权。”朝晖街道办主任孙丽萍说，以往垃圾分类都是政府一头热，现在可以通过经济杠杆让政府和居民互动起来，大家的积极性都提高了。

“其实我们年轻人非常愿意做垃圾分类。”安徽省蚌埠市居民秦磊说，他从来都不把电池和其他垃圾一起扔掉。“我只有一次在街上偶然看到一个电池回收箱，就赶快跑回家，把攒了好久的一盒电池全部拿来放进去了。”

现在，杭州朝晖街道的3个社区居民垃圾分类的积分达到了100多万分，北京龙潭街道的380多张电子环保卡也受到了居民追捧。

我国从1981年开始，走的是“谁污染、谁治理”的路子，20世纪90年代中期后，开始推行污染物排放总量控制措施。我国目前在环境污染防治过程中，从源头、过程和末端三管齐下，源头上开发清洁能源，以减少煤炭、石油的用量。在过程中采用大气污染治理技术、水污染控制技术、噪声污染防治技术等。在末端开展环保督察巡视，通过环保督察与责令整改，环境污染状况受到遏制，成为全球大气质量改善速度最快的国家。全国地表水优良断面比例达到84.9%，已接近发达国家水平。全国土壤污染风险得到基本管控。

山东省造纸业的涅槃重生

在山东，造纸业曾是一个牵动很多人神经的行业。山东省最多时有造纸企业700多家，其中80%是污染严重的麦草制浆企业。

自2003年起，山东首先从污染最为严重的造纸行业入手，从制定山东省《造纸工业水污染物排放标准》开始，分4个阶段逐步完成了由行业标准向流域性标准的过渡。在全省取消行业水污染物排放特权，不仅没有减缓山东省经济发展的强劲势头，而且加快了转方式调结构的步伐，经济社会发展迈上了新台阶。

标准发布实施后，山东各大造纸企业投入巨资进行科技攻关。山东省环境科学研究院等取得重要突破，攻破麦草杂质去除、木素和纤维分离、木素综合利用及废水低成本脱色等一系列难关，实现麦草全部综合利用。

目前，山东制浆造纸企业的污水在达到常见鱼类稳定生存的水准后才允许排放。2020年山东省造纸用浆产量634万t，占全国31.46%；造纸行业销售收入1360亿元，占全国造纸行业销售收入的18.93%；利润总额76亿元，占全国利润总额的16.61%。

自卡伦堡工业共生体系诞生以来，工业生态学的倡导者和政府部门的管理者都看到了通过工业生态学实现可持续发展的希望，例如，我国广西贵港生态工业园以广西贵糖集团为核心，围绕糖业，形成了蔗田、制糖、造纸、乙醇、热电联产、环境综合治理的复合体系。

微课堂

第六节　构筑生态安全屏障

当今国际社会，由生态问题引发的国际冲突与摩擦的比例日益增大，如加拿大因受到来自美国的酸雨危害而提出抗议，引起两国多次外交摩擦。由于生态问题对国家安全的影响，它已不单纯是经济问题或科技问题。有人认为，生态安全应当上升到与政治安全、军事安全、经济安全、科技安全同一层次上，构成国家安全的又一种外延。

在我国，对生态安全问题的注意开始于20世纪80年代。20世纪90年代以来，人为因素引发的自然灾害引起了人们对生态问题的反思，例如，1997年创纪录的黄河断流；1998年的长江全流域水灾；2000年波及北京和整个华北地区空前频繁的沙尘暴；2012年以来秋冬季节大范围的雾霾；2013年许多地区农田重金属超标问题浮出水面。这些事件预示着生态安全状况不容忽略。

一、环境破坏与生态恢复

（一）环境破坏

环境破坏包括很多方面，这里着重列出目前人类已开展生态恢复的生态环境破坏，广义的生态环境破坏也就是生态安全的破坏，在后文探讨。

（1）土壤侵蚀。土壤侵蚀（soil erosion）是指在风或水的作用下，土壤物质被破坏并被带走的作用过程。当人类严重破坏了土层上的植被后，会扩大、加速地表土壤的破坏和土地物质的流失。作物、果树等没有自然植被那么茂密，不能覆盖全部土地表面，风雨对土壤的侵蚀必然加剧；当土壤直接暴露在降雨的冲击之下时，土粒分散，随水流失。人们把这种由于水的作用把土壤冲刷到别处的现象叫作水蚀，即通常所说的水土流失。

水土流失是我国土地资源破坏的重要原因，在黄土高原和雨量充沛的南方丘陵地区最为严重。2012年我国水土流失面积约占国土面积的37%。西北的黄土高原覆盖着70～100m厚的黄土层，最厚处达300m，70%以上属于坡地，黄土成分中粉砂占60%以上，黏结力弱，疏松多孔，易溶于水，一遇暴雨，大量表土流失，全区总面积约54万km^2，水土流失面积占90%以上，每年流失的土壤达16亿t。全国每年流失的土壤达50亿t，年流失氮、磷、钾约4000万t。我国每年注入海域的泥沙量为20亿t左右，占世界总量的13.3%，其中，黄河占60%，居世界河流之首。

长江流域水土流失也正在加剧。自1954年以来，长江中下游天然水源面积已减少1.3万km^2，如洞庭湖、鄱阳湖等大型湖泊面积日益缩小，蓄洪排涝功能减弱。1975～1986年，长江流域水土流失面积由36.4万km^2上升到73.9万km^2，由于植被遭到不断的破坏，长江流域在1998年遭受了特大洪涝灾害，此后林业部门实施公益林、天然林保护工程，到2020年，长江流域水土流失面积已经降到33.7万km^2。

土壤侵蚀的另一种营力是风。以风为动力的土壤侵蚀现象称为风蚀。由于地表缺乏植被覆盖，土质松软，土层干燥，每秒4～5m的起沙风就会造成风沙，这种现象主要发生在干旱和半干旱地区。风蚀毁坏了土壤，被吹运的土壤因重新堆积而掩埋河道、湖泊和农田，甚至影响城市居民的起居生活，从而给人类带来危害。最典型的是由滥垦草原引发的土壤风蚀。例如，1963年发生在苏联的黑风暴事件，300万hm^2的肥沃表土被刮走。

今天，土壤侵蚀已成为世界各国农业生产上的最严重问题之一。目前全球每年约有240亿t土壤流失，美国每年流失17亿t；印度每年流失47亿t；我国每年流失约50亿t。

（2）次生盐渍化。次生盐渍化是全球干旱、半干旱地区土地利用中存在的重要环境问题。人们一般把表层含有0.6%～2.0%易溶盐的土壤称为盐渍土。土壤盐渍化严重时，植物很难成活，土地往往成了不毛之地。盐渍土主要分布在内陆干旱、半干旱地区。全世界盐渍土占干旱区总面积的10%～50%。我国分布范围很广，在华北、华东和西北均有分布。人类的灌溉活动对盐渍土的形成有很大影响，由于增加了灌溉面积和投入大量的化肥、农药，土壤中盐分大量蓄积。次生盐渍化使世界30多个国家受到不同程度的危害，严重削弱土地的生产能力。

（3）荒漠化。土地荒漠化是当今世界性重大环境问题，有165个国家受到荒漠化影响，发展中国家尤为突出。地球陆地面积为1.49亿km^2，目前荒漠化土地有0.36亿km^2，几乎等于俄罗斯、中国和美国国土面积的总和。其中亚洲和非洲比例最大，占60%以上。平均每年就有5万～7万km^2的土地荒漠化，相当于每年吞噬一个比利时或一个丹麦。全球每年直接损失约420亿美元。

我国的防沙治沙工作自1949年就已经开始，20世纪50年代初，我国在冀西、豫东、陕北、东北西部等地营造了大面积的防风固沙林。1955年，我国在地处腾格里沙漠东南缘的宁夏中卫建立了第一个沙漠科学研究站，经过10年的艰苦攻关，采用草方格沙障固定流沙关键技术，建立了无灌溉条件下“以固为主、固阻结合”的防护体系，1959年开始，建立了6个治沙综合试验站及20个治沙中心站，探索各种治理沙害的方法。1978年，我国启动“三北”防护林体系建设工程，在我国风沙危害、水土流失严重的西北、华北和东北地区建设防护林体系。1994年10月，我国签署《联合国防治荒漠化公约》。经过半个多世纪的不懈努力，我国荒漠化防治在理论与技术层面都取得了巨大进步，中国成为全球荒漠化防治的典范（图8-3）。

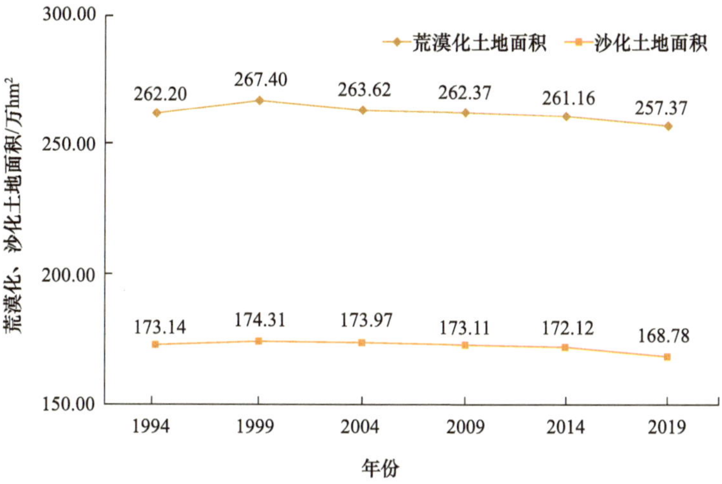

图8-3　中国荒漠化防治成效

中国从1993年着手进行荒漠化、沙化土地面积监测，每5年一次；1994～1999年，荒漠化与沙化仍然在扩大，但1999年之后逐年好转；2019年，荒漠化土地面积减少了10.03万hm^2，沙化土地面积减少了5.53万hm^2

目前我国荒漠化土地在减少，但截至2019年，我国荒漠化土地总面积仍然有257.37万km^2，占国土总面积的26.81%，主要分布在新疆、内蒙古、西藏、甘肃、青海5省（自治区），近4亿人口受到荒漠化危害，每年直接经济损失达541亿元（不包括沙化土地）。我国的荒漠化主要包括4种类型，即风蚀荒漠化、水蚀荒漠化、盐渍化和冻融荒漠化。

当前，一些地区在耕种方式上仍然存在问题：果园、茶园中寸草不生；在竹林下、桉树林下、田埂、铁路、公路沿线过量使用除草剂，形成了绿色荒漠；大量采挖发菜、冬虫夏草，牧场过牧，对鼠兔实行农药处置等，引发了新一轮荒漠化的问题。

（4）河道、湖泊与港湾的淤积。黄河流域面积远比亚马孙河、刚果河、尼罗河小，但由于植被破坏和水土流失，其每年携带入海的泥沙达16亿t，是亚马孙河的4.4倍，刚果河的25倍，尼罗河的14倍。在黄河中游段，每立方米河水差不多要携带700kg泥沙，大约占总重量的50%。长期以来泥沙沉积，导致河床升高，迫使人们建造更高的河堤，下游段河床平均高出地面4～5m。长江每年携带入海的泥沙量达5亿t，仅次于黄河和恒河。由于入湖河流所携带的大量泥沙淤积，我国五大淡水湖淤积严重，湖盆日渐淤高，面积不断缩小，湖周围的粮食基地已受到威胁，湖北省100亩以上的湖泊从新中国成立初期的1332个减少到20世纪80年代的843个，有效调蓄容积大幅度下降。平均每年从长江上游输入洞庭湖的泥沙量达5.33亿t，其中1.1亿t沉积在湖底。鄱阳湖流域多年平均年进湖沙量2104.2万t。泥沙的淤积导致不少水库蓄积量降低，三峡水库从2003年开始，年均淤积泥沙超过1亿t，淤积在水库防洪库容内的泥沙为1.501亿m^3。泉州港在宋元时期曾是世界最大港口之一，明代以后港口逐渐淤积，20世纪初水深尚达7～8m，1960年后，由于围垦等原因，每年入海泥沙量达223万t，1972年以来，0m 等深线向海推进了210m，平均每年向航道推进20m，每年平均淤高达6.3cm。泉州港原来的水域有28km^2，现在低潮时只有2.8km^2，港湾内水动力条件大为削弱。

（5）垃圾填埋占用土地。根据世界银行2012年的报告显示，全世界每年约产生城市垃圾13亿t，平均每个市民每天产生垃圾1.2kg，制造垃圾总量较多的是发达国家，美国居民每天平均产生垃圾2.2kg，丹麦2.1kg。世界银行预测2025年全球生活垃圾总量将上升至22亿t。世界各地城市垃圾的处理方法主要有填埋、焚烧、堆肥及循环再利用等。目前，土地填埋仍然是世界上大多数国家所普遍采用的城市垃圾处置方式，但工业发达国家由于能源、土地资源日益紧张，焚烧处理比例逐渐增多。其他处置方式的残余废弃物最终也还是通过土地填埋的方式处置。土地填埋不仅占用大量土地，而且对周边地区的生态环境造成空气污染、地下水污染等广泛的负面影响。迄今已经研发出不少方法来解决城市垃圾问题，包括生物学处理法、物理-化学处理法，或几种处理相结合的方法。生物学处理法主要有好氧微生物法、厌氧微生物法、好氧/缺氧（或厌氧）微生物法；物理-化学处理法主要是活性炭吸附法、反向渗透法、蒸发法、脱氨处理、沉淀法及氧化作用。

（6）矿山废弃物堆积。矿产品是人类赖以生存和发展的重要物质基础。矿冶活动所产生的矿山废弃物是世界上最主要的固体废弃物，全球每年产生300亿t以上。自1976年至今，估计全球采矿累计占地面积达3.7万km^2，而矿山的污染范围一般为其占地面积的10倍。20世纪90年代初，我国有9000多座大中型国营矿山，26万座乡镇和个人经营开采的矿山，形成废弃地2万km^2，矿山废弃物带来了土地减少、废水污染、重金属迁移污染、景观影响等一系列问题。2000年，我国工业固体废弃物达7.5亿t，其中矿山直接产生固体废弃物近3.7亿t。2011年，我国危险固体废弃物产生量为3431万t。

（7）生物资源退化。尽管我国的森林覆盖率有所增加，但人均积蓄量不足世界平均水平的1/7，广东、广西、福建、海南不少山地种上了大面积的桉树林，区域生物资源与气候格局受到影响。内蒙古草原和青藏高原大部分草地上牛羊的载畜量过大，草场质量在退化。如何确定我国森林和草地资源开发利用量的底线？如何根据某个区域的植被质量来分析这个区域的生态安全？

（8）生物多样性受到影响。截至2013年底，全球极危的高等植物种类有1957种，濒危的种类有3009种，易危的种类有5099种，共有10 065种已濒临灭绝。许多具有药用价值的植物种类正濒临消失。在我国，虽然划入红线被保护的面积已经超过19%，但一些不合理不科学的水利工程仍然存在，农田、果园与道路对杀虫剂和除草剂的普遍利用，对野猪等野生动物保护的松懈，对松材线虫和互花米草等外来种的不合理的农药处置，正在引发新一轮的水生鱼类、两栖动物、爬行动物等的灭绝。

（二）生态恢复

生态恢复（ecological restoration）是指将退化或丧失功能的生态系统恢复成能够自我维持的自然生态系统。生态恢复是生物多样性保护的重要内容和措施，而一个地区的生物多样性既是本地生态恢复的基础和源泉，又是生态恢复的主要目标。

（1）生态恢复的目标。生态恢复的目标在于通过生态恢复提高植被的覆盖率和土壤肥力，实现区域的生物多样性和生态系统的稳定性，保持生态系统的健康，减少对人类的污染，并尽可能带来视觉和美学享受。

（2）生态恢复的基本原则。生态恢复应该坚持因地制宜、生态学、系统性、美学与经济性原则。①因地制宜原则：由于不同区域具有不同的生态环境背景，如气候条件、地质地貌和水文条件等，在生态恢复过程中要因地制宜，具体问题具体分析，在长期定位试验的基础上，总结经验，获取优化与成功模式，然后示范推广。②生态学原则：在生态恢复过程中必须考虑群落的演替、食物链、生态位等，根据演替规律分步骤分阶段进行，循序渐进，不能急于求成。③系统性原则：在生态恢复时，要有整体系统思想，恢复必须能经受时间的考验，必须兼顾周边区域，力求达到土壤、植被、生物多样性同步恢复。④美学原则：在生态恢复的过程中，通过生态规划与树种的合理搭配，形成生态学上合理、物种多样、层次丰富、布局美观的区域。⑤经济性原则：生态恢复是一个高成本投入的工程，在考虑生态效益、社会效益的同时，还要考虑经济的承受能力。

（3）生态恢复与重建的一般操作程序。生态恢复一般分为下列几个步骤：①明确生态恢复对象，确定系统边界；②对退化生态系统诊断分析，包括退化主导因子、退化过程、退化类型、退化阶段、退化强度的诊断与辨识；③确定生态恢复的目标；④生态恢复的自然-经济-社会-技术可行性分析；⑤建立优化模型，提出实施方案；⑥进行优化模式试验与模拟研究；⑦示范与推广；⑧后续监测、评价与反馈。

（4）生态恢复的经验与技术。生态恢复已有100多年的历史，生态学家们先后在草场、森林、湿地、矿山尾渣堆肥地、垃圾填埋场、鱼的洄游生境的生态恢复方面取得了丰富的经验。生态恢复技术是恢复生态学的重点研究领域。由于不同退化生态系统存在着地域差异性，加上外部干扰类型和强度的不同，导致生态系统所表现出的退化类型、阶段、过程及其响应机制也各不相同。因此，在不同类型的退化生态系统的恢复过程中，其恢复目标、侧重点及关键技术也有所不同。一般而言，有以下几类基本的恢复技术：①环境要素（包括土壤、水体、大气）的恢复技术；②生物因素（包括物种、种群和群落）的恢复技术；③景观的规划与设计技术（表8-1）。

表8-1　退化生态系统的恢复与重建技术体系（引自章家恩和徐琪，1999）

恢复对象	技术体系	技术类型
土壤	土壤肥力恢复技术	少耕、免耕、绿肥与有机肥施用、生物培肥、化学改良、土壤结构熟化等
	水土流失控制与保持技术	坡面水土保持技术、生物篱笆、土石工程技术（谷坊、鱼鳞坑等）、等高耕作、复合农林技术等
	污染控制技术	土壤生物自净、增施有机肥、深翻埋藏、资源化利用等
大气	污染控制与恢复技术	新能源替代、生物吸附、烟尘控制等
	全球变化控制技术	再生能源、温室气体的固定转换（如细菌、藻类）、无公害产品、土地优化利用与覆盖等

续表

恢复对象	技术体系	技术类型
水体	污染控制技术	物理、化学、生物处理，氧化塘、富营养化控制等
物种	物种选育与繁殖技术	物种选育、种子库、野生物种驯化
	物种引入与恢复技术	先锋种引入、种子库引入、天敌引入、林草植被再生等
	物种保护技术	就地保护、迁地保护
种群	种群动态调控技术	种群规模、年龄结构、密度、性比等调控
	种群行为控制技术	种群竞争、他感、捕食、寄生、共生等行为控制
群落	结构优化与组建技术	群落构建、生态位优化、森林改造、择伐、透光抚育等
	演替控制与恢复技术	原生与次生快速演替、水生与旱生演替、内生与外生演替等
景观	结构与功能调整技术	生态评价与规划、土地资源评价与规划、环境评价与规划、景观生态评价与规划等

佛罗里达沼泽湿地的生态恢复

佛罗里达沼泽湿地是美国最大的湿地分布区，曾经一度是完整的大米草沼泽，历史上曾经有苍鹭、白鹭、琵鹭、鹳等水鸟约200万只。由于富营养化、生境破碎、外来种入侵、水文状况改变、洪涝平衡打破等因素的影响，这里湿地面积减小、水质混浊、农业受制、生境消失、功能衰退，控制洪水、净化水质的作用大幅下降，鸟类数量下降到了历史最高水平的10%。为了尽可能恢复区域的自然水文模式（使水恢复正常），拯救濒危物种，增进野生动物生境健康并扩大其范围，缓解生态系统压力，美国政府、商业机构和环保主义者联合起来计划20年内花78亿美元开展湿地生态恢复。他们首先将20世纪60年代拉直了的Kissimmee河恢复成蜿蜒的状态，恢复河流周边的湿地生境、河漫滩林带，控制和吸收水体中过量的磷；在野生动物恢复方面期望针对从小龙虾、小鲤鱼到鳄鱼、苍鹭和水獭等食物链的各个环节进行恢复；为了减少迈阿密城市扩张可能带来的新一轮影响，他们还策划了“东部区域项目”。

二、外来种与生物入侵

（一）外来种

外来种（alien species）是指来自其过去或现在的自然分布范围及扩散潜力以外（即在其自然分布范围以外，在没有直接或间接的人类引入或照顾而不能到达或存在）的物种、亚种或以下的分类单元，包括其所有可能存活继而繁殖的部分、配子或繁殖体。当外来种在自然或半自然生态系统或生境中建立了种群，改变或威胁本地生物多样性的时候，就成为外来侵入种（alien invasive species）。外来种在有的文件中也称为非本地的（non-native）、非土著的（non-indigenous）、外国的或外地的（exotic）物种。

（1）外来种进入的途径。外来种可通过有意或无意的多种途径进入（或携带进入），这些途径包括运输（通过轮船、飞机、火车、汽车）、农作、牧草或饲料、药用植物、园艺、植物苗木、工业水产品、食物、麻类作物、宠物、鲜鱼、工业食品、鱼饵料、装饰用池塘、水公园、鱼类贸易、包装箱、异地放生、植物园、动物园、野生动物园等人为引入、旅游者带入等。在没有天敌的地方，它们很快在生态系统中繁衍，改变食物链的组成与结构、养分与气体循环及水与能量的供应，对依赖于活体资源的农业和其他工业构成威胁。例如，千屈菜（*Lythrum salicaria*）在19世纪中期作为一种观赏植物从欧洲引入北美，随后该物种在湿地中快速蔓延，生长旺盛，与其他物种争夺空间，以致影响航运、水上娱乐和防洪，使水质和野生栖息地退化，加速湖泊及水库淤积，造成了巨大的财产损失。

（2）外来种的新形式。转基因生物制品目前已通过进口与生产逐步进入我们的生活。据国际农业生物技术应用服务组织发布的《全球生物技术/转基因作物使用情况研究》报告，2013年全球转基因作物种植面积比上年增加500万hm^2，其中我国种植面积位居世界第六。从根本上讲，转基因生物是生物学意义上的外来种，因此也是外来种的一种形式。

2000年1月，130多个国家的代表在蒙特利尔成功签订《卡塔赫纳生物安全议定书》，次年，国务院颁布实施了《农业转基因生物安全管理条例》，建立了由农业、科技、卫生、食品、环保、检验检疫等12个部门组成的部门联席会议制度，并推荐组建了国家农业转基因生物安全委员会，负责转基因生物安全评价。依据条例，制定了农业转基因生物安全评价、进口、标识、加工、进出境5个管理办法，发布实施了近百项国家标准，认定了39个转基因生物安全监督检验测试机构。

（二）生物入侵

（1）生物入侵现状。生物入侵是指某种生物从原来的分布区域扩展到一个新的（通常也是遥远的）地区，在新的区域里，其后代可以繁殖、扩散并维持下去的过程。

生物入侵对环境及生物多样性是一个极其严重的威胁。据分析，造成当地许多物种灭绝，从而使得生物多样性丧失的首要因素是生境的破坏和破碎化，其次是生物入侵。生物入侵对生态系统的稳定性及所有物种都赖以生存的自然界的平衡，造成了长期的威胁，由于生物入侵可在全球的尺度上进行，因此它还有造成全球植物区系和动物区系均匀化的趋势。

20世纪50年代，人们意识到了化学污染对环境的巨大影响及其对人类健康的巨大威胁。而从20世纪90年代以后，人们开始关注自身所面对的另一巨大威胁——生物入侵。入侵生物会适应新的环境，增长、繁殖、扩散和暴发，因此它是一个跟化学污染一样具有威胁性、有长远效应的新浪潮。

（2）由外来种到生物入侵的过程。一些物种被人们从一个地区或国家带到了另一个地区或国家，并不一定马上对新环境中的农业、林业带来不利影响，甚至有研究表明外来种对生物多样性丰富的生态系统不构成威胁。长期以来，人类的工农业发展已经造就了大面积的次生环境，这些环境中的原生性种类已经丧失殆尽，因此为外来种成为入侵物种营造了良好的环境。即便如此，外来种成为入侵物种仍要经过一个过程，这个过程包括：①外来种的引入；②定居并建立种群；③时滞阶段；④扩散及暴发。一般而言，每一个过程的转移概率只有10%。所以，由一个外来种到最终成为一个入侵物种是一个极小的概率事件。虽然如此，我们对此却不可掉以轻心。

非洲蜜蜂在美洲的扩散过程

非洲蜜蜂（*Apis mellifera scutellata*）是一个好斗的蜜蜂亚种，1956年被引进巴西以提高蜜蜂的蜂蜜产量，由于非洲蜜蜂好斗成性，它们赶走意大利蜜蜂，建立自己的王国，其中一部分具有蜇人的攻击性而被称为非洲化蜜蜂。非洲化蜜蜂往南扩散的速度稍慢，但往北扩散的速度很快（约每年110km），1982年，非洲化蜜蜂越过巴拿马海峡，1985年到达墨西哥，1991年在美国得克萨斯州南部首次发现非洲化蜜蜂后，其迅速遍及美国得克萨斯州南部、新墨西哥州、亚利桑那州、南加利福尼亚州和内华达州南部，特别是在亚利桑那州，非洲化蜜蜂几乎取代了野生欧洲蜂种群。由于非洲化蜜蜂极具攻击性，所到之处，人畜均受到攻击，甚至可置人于死地（1998年仅在美国就发生了几起）。蜂蜜产业也受到影响。

（3）生物入侵的危害。细菌、病毒、真菌、昆虫、软体动物、植物、鱼、哺乳动物和鸟类都可能成为外来侵入种。当它们定居于自然栖息地、成为变化的主体并威胁当地的生物多样性后，外来种就被认为是具威胁性的。紫茎泽兰（*Ageratina adenophora*）是原产中美洲的菊科植物，20世纪30年代传入我国云南南部，现已遍布云南、广西、贵州、四川、重庆、湖北、西藏及台湾等地，而且每年还以60km的速度向北扩展，仅云南目前发生面积就达2477万hm^2，约80%面积的土地都有紫茎泽兰分布。其生态适应性强，从海拔330m的黔桂公路到海拔2900m的云南老君山均有其踪迹。在同一地区，无紫茎泽兰分布的自然草坡，每亩可产牧草240kg左右，当紫茎泽兰入侵后，每亩牧草产量不足20kg。例如，墨江县的一个牧场，原有600头牛、200匹马和很多山羊。紫茎泽兰蔓延成灾后，马匹因紫茎泽兰诱发的哮喘病而全部死亡，牛因无饲草锐减到200头，并由放养改为厩养，山羊也被淘汰。

生物入侵对新西兰本土物种的影响

长期以来人们就认识到，引进物种对原生物种，尤其是对那些国家或岛屿的特有物种是一个威胁。新西兰群岛已与其他大陆隔离了6000万年，因此，这里拥有独特的生物区系，有许多特有的鸟类、爬行动物、两栖动物和昆虫，如恐鸟、新西兰巨蜥、沙螽等。然而，新西兰的本地植物不得不与一系列引进植物竞争，还要受到引进的陆地哺乳动物的严重影响。在这些动物中，来自澳大利亚的负鼠具有特别的威胁。在20世纪90年代，新西兰每年要花几千万新西兰元来控制负鼠，以确保原生物种的栖息地和避免负鼠给牲畜带来结核病。在这里，鸟类、爬行动物和两栖动物也同样受到引进的食肉动物，如白鼬、鼠和猫等的威胁。一千年来，有32%的陆生鸟类和18%的海洋鸟类已经灭绝。20世纪70年代末，世界上唯一不能飞翔的鹦鹉——鸮鹦鹉（*Strigops habroptila*）因被许多入侵物种捕食而濒临灭绝。查塔姆岛黑知更鸟（*Petroica traversi*）以前在查塔姆群岛广泛存在，但在20世纪后期已大量减少。在20世纪70年代以前，这些物种局限于小芒哲雷岛，而现在那里残存的一片森林正在被入侵物种毁坏。

薇甘菊（*Mikania micrantha*）是原产于中南美洲的菊科藤本植物，1949年，印度尼西亚的茂物植物园从巴拉圭引入薇甘菊，1956年薇甘菊被用作垃圾填埋场的土壤覆盖植物而被带到整个印度尼西亚，后来又扩散到整个东南亚、太平洋地区，以及印度、斯里兰卡、孟加拉国等，现在在太平洋地区是一种广布杂草。在我国，19世纪80年代引种到香港，100年后蔓延到广东沿海，如今已经通过园林绿化蔓延到了福建沿海。薇甘菊的主要入侵对象是天然次生林、水源保护林、农田区、耕荒地、海岸滩涂、红树林林缘滩地等。由于薇甘菊能快速生长，茎节随时可以长出不定根并繁殖，种子量大，能快速覆盖生境，通过竞争或他感作用抑制作物或自然植被的生长，危害严重。在马来西亚，由于薇甘菊的覆盖，橡胶树的种子萌芽率降低了27%，橡胶减产27%～29%。薇甘菊侵入深圳的内伶仃岛后，与其他植物抢夺生态空间，该岛80%的范围受到影响，大片台湾相思树死亡，600多只猕猴需要人工饲养。

生物入侵的危害表现在破坏原生物种的栖息地、对生物多样性构成威胁、影响工农业生产、影响人体健康等，如非本地物种的竞争或捕食危及50%的美国濒危物种。在加拿大，外来种已经对约25%的濒危物种、31%的受威胁物种和16%的脆弱物种构成威胁。生物入侵所带来的经济损失也是巨大的，每年对美国造成的损失可高达1230亿美元。在我国，入侵种造成的总体损失估计为每年数千亿元（表8-2）。

表8-2 我国与外来入侵种相关的经济损失（引自李振宇和解焱，2002）

物种	经济变量	时间	经济影响	地点
紫茎泽兰	畜牧业经济损失	每年	2100万元	四川凉山州
凤眼蓝	人工打捞	1999	5～10亿元	全国
豚草	感染花粉病	每年	>100万元	全国
空心莲子草	经济损失	每年	6亿元	全国
美洲斑潜蝇	防治	每年	10亿元	全国
松材线虫	经济损失		上千亿元	全国
互花米草	渔业一年的损失	每年	4.64亿元	闽东一带
禽流感病毒	销毁与赔偿损失	1997	406.276亿元	全国

（三）外来种管理控制指导原则

（1）预防与跟踪原则。只要有任何可预见的风险，即使缺乏确凿的证据，也要采取预防性措施。必须要假设风险存在，直到证明没有该风险。对危险较大的外来种建立跟踪系统。

（2）使用者承担责任原则。经济上的有害入侵种造成的危害由这些物种的引入者承担。进口单位可能需要购买保险以承担相应的责任。政府可以收取商品税来平衡因进口造成的相应风险。

（3）部门合作与信息共享。设立机制来提高各部门之间的合作，以便更好地预防、早期预测、根除和（或）控制蔓延性外来种。掌握外来侵入种风险信息的单位将这些信息免费提供给其他单位使用，建议最好在公共互联网页上公布相应的信息。

（4）公众利益原则。限制外来侵入种危害的措施主要是为了保护公众的利益，应得到公众资金支持来控制外来种入侵。

（5）损失补偿原则。个人或单位如果遭受外来侵入种所带来的损失，则有权向相应负责的引入该物种的单位索取补偿。

（6）基层管理原则。在最基层的政府部门实施政策和管理可以更加有效地处理这个问题。

（7）公众参与原则。相关的管理项目应让所有利益相关者参加，其中包括民间组织与大众。建立或参与国际双边合作机制，包括交流最佳的实践经验。

（8）及时行动原则。预防比治理更好，尽早行动比延误的花费要低。及时采取措施控制和根除。

三、生态安全屏障的提出

2010年，国务院下发的《全国主体功能区规划》中提出了生态屏障：构建“两屏三带”为主体的生态安全战略格局，即构建以青藏高原生态屏障、黄土高原-川滇生态屏障和东北森林带、北方防沙带、南方丘陵山地带及大江大河重要水系为骨架，以其他国家重点生态功能区为重要支撑，以点状分布的国家禁止开发区域为重要组成的生态安全战略格局。

此后，在《全国重要生态系统保护和修复重大工程总体规划（2021—2035年）》中把黄土高原-川滇生态屏障分为黄河重点生态区和长江重点生态区，并增加了海岸带。①青藏高原生态屏障区，涉及青藏高原6个省（自治区），发挥涵养长江、黄河、澜沧江、雅鲁藏布江等重要河流水源和调节气候的作用；②黄河重点生态区，涉及黄河流域8个省（自治区），发挥保障黄河中下游地区生态安全的作用；③长江重点生态区，涉及长江流域11个省（直辖市），发挥保障长江、黄河中下游地区生态安全的作用；④东北森林带，位于我国东北部，涉及4个省（自治区），发挥东北平原生态安全屏障的作用；⑤北方防沙带，跨越我国北方地区，涉及9个省（自治区、直辖市），是“两屏三带”中的北方防沙带，发挥“三北”地区生态安全屏障的作用；⑥南方丘陵山地带，涉及南方5个省（自治区），是我国南方的重要生态安全屏障；⑦海岸带，涉及沿海11个省（自治区、直辖市）的近岸近海区，是保护沿海地区生态安全的重要屏障。

四、生态安全建设

（一）“三北”防护林工程

“三北”防护林工程是指在我国“三北”地区（西北、华北和东北）建设的大型林业生态工程。40多年累计完成造林保存面积3174.29万hm^2，工程区森林覆盖率由5.05%提高到了13.84%。工程建设发挥了显著的生态、经济和社会效益。

（二）沿海防护林工程

沿海防护林工程是指为抵御自然灾害、改善生态与环境，在沿海海岸地带建设的防护林工程项目。1987年开始建设，工程北起辽宁的鸭绿江口，南至广西的北仑河口，全长1.8万km。截至2020年，工程累计完成营造林831.52万hm^2。

（三）中国林业六大工程

（1）天然林资源保护工程：主要解决天然林的休养生息和恢复发展问题。自1998年开始，涉及长江上游、黄河上中游地区和东北、内蒙古等重点国有林区的17个省（自治区、直辖市），截至2020年底，管护天然乔木林19.44亿亩，取得了巨大综合效益，成为我国生态文明建设的典范。

（2）退耕还林工程：主要解决重点地区的水土流失问题，覆盖了中西部所有省（自治区、直辖市）及部分东部省区。自1999年启动实施退耕还林工程以来，增加林地面积5.02亿亩，增加人工草地面积502.61万亩。

（3）京津风沙源治理工程：主要解决首都周围地区的风沙危害问题。涉及北京、天津、河北、山西、内蒙古5省（自治区、直辖市）46万km^2。实施20多年来，通过造林和工程固沙，森林覆盖率提高了8.08%，流动沙地面积减少10.29万hm^2，形成了保护京津的生态安全屏障。

（4）“三北”和长江中下游地区等重点防护林建设工程：进一步解决“三北”地区防沙治沙问题和其他地区各不相同的生态问题。

（5）野生动植物保护及自然保护区建设工程：主要解决物种保护、森林保护、湿地保护等问题。工程实施范围包括具有典型性和代表性的自然生态系统、珍稀濒危野生动植物的天然分布区、生态脆弱地区和湿地等。我国建立的国家级自然保护区从100个多增加到474个，各类陆域自然保护地面积从118万km^2增加到170多万km^2。

（6）重点地区速生丰产用材林基地建设工程：主要解决木材供应问题，减轻木材需求对森林资源的压力。

（四）青藏高原生态屏障建设

2020年4月，中央全面深化改革委员会第十三次会议审议通过了《青藏高原生态屏障区生态保护和修复重大工程建设规划（2021-2035年）》，主要任务及重点工程包括三江源生态保护和修复工程、祁连山生态保护和修复工程、若尔盖草原湿地-甘南黄河重要水源补给生态保护和修复工程、阿尔金草原荒漠生态保护和修复工程、藏西北羌塘高原生态保护和修复工程、藏东南高原生态保护和修复工程、西藏“两江四河”①造林绿化与综合整治工程、青藏高原矿山生态修复工程。

五、生态安全建设成效

我国近年取得了卓越的生态屏障建设成效：主体功能区布局和生态安全屏障加快形成，生态保护红线、永久基本农田、城镇开发边界三条控制线划定工作逐步落实。耕地资源得到有效保护，耕地保有量和新增建设用地规模控制在规划目标内。以国家公园为主体的自然保护地体系加快构建，设立了首批5家国家公园。国土绿化行动有序开展，森林蓄积量超过175亿m^3，森林覆盖率超过24.02%，天然林全部纳入保护范围，新增水土流失综合治理面积30.6万km^2，草原荒漠化、沙化、石漠化趋势得到初步遏制。海洋生态安全屏障进一步巩固，整治修复海岸线1200km左右、滨海湿地34.5万亩，营造红树林5.5万亩。生态廊道和生物多样性保护网络不断完善。内陆七大重点流域禁渔期制度实现全覆盖。

党的十八大将生态文明建设纳入中国特色社会主义事业“五位一体”总体布局，绵延数千千米的森林里，伐木声戛然而止。数以十万计的伐木工人封存了斧锯，重点国有林区停伐，向森林过度索取的历史结束。在长江、黄河流域，禁止船舶在禁止航行区域内航行。

我国污染治理力度大，环境基础设施建设加速推进，已成为全世界污水处理、垃圾处理能力最大的国家。同2013年相比，全国地级及以上城市空气中PM_{10}与$PM_{2.5}$平均浓度明显下降。

① 雅鲁藏布江、怒江、拉萨河、年楚河、雅砻河、狮泉河

地表水国控断面Ⅰ～Ⅲ类水体比例增加到79.9%，劣Ⅴ类水体比例下降到2.2%，大江大河干流水质稳步改善。

我国用30多年的时间走过了西方发达国家300年的发展历程，在高速发展阶段就能意识到生态在人类文明发展中的重要性，少走了“先污染再治理”的弯路。

第七节　环保组织与生态文明

在2007年第三届世界生态高峰会（Eco. Summit 2007）上，科学工作者呼吁人类社会立即行动起来，为防止地球生态的进一步退化而共同努力。为完成这一神圣使命，我们需要建立健全环境法规，积极承诺和执行国际公约，并把生态学原理应用到日常生活中去，实现民众、政府及科学家之间最为广泛的合作。将生态学原理应用到日常生活中的社会才是生态社会。

实现生态社会的有效办法之一是非政府组织（non-governmental organization，NGO）的监督。非政府组织与政府组织的不同之处在于非政府组织由民间发起，会员有共同的保护环境或保护生物多样性理念。在众多NGO中，绿色和平组织已闻名于世，在国内，自然之友、绿色营、绿家园、地球村等组织先后建立，各高校学生环保社团也相继成立，从我做起、从小事做起。

一、国际非政府组织

19世纪，在美国、加拿大和一些欧洲国家，地方性和全国性的非政府环境保护团体相继产生。其中，最早出现的有1889年在英国建立的保护鸟类协会，20世纪60年代以来，随着环境污染加剧，不少环境保护组织随之产生。1972年在斯德哥尔摩召开的联合国人类环境大会上，除各国代表外，与会的政府组织和非政府组织超过了400家。1992年里约热内卢的联合国环境与发展大会和2002年南非约翰内斯堡的世界可持续发展大会上，环保组织也都广泛参与。2001年全球环保组织达2500家。目前，影响较大的国际非政府组织有绿色和平组织（Green Peace Organization）、世界自然基金会（WWF）、保护国际（Conservation International）、地球之友（Friends of the Earth）等。

绿色和平组织创办于1971年，总部设于荷兰阿姆斯特丹，在40个国家设有办事处。以保护地球、环境及其各种生物的安全和可持续发展为使命，旨在用实际行动做出积极的改变。该组织创办的起因是美国在有三千只濒危水獭栖息的安奇卡岛进行地下核试验，组织成员驾驶小船出海，希望阻止这次地下核试验，但小船遭到了拦截。虽然最终美国还是引爆了核弹，但是这趟行程聚拢了公众的注意力，并且安奇卡岛上的核试验于当年终止，该岛随之被划定为鸟类保护区。经历了50多年的执着努力，绿色和平组织得以不断发展壮大，如今已成为一个全球性的环保组织，绿色和平中国办事处也于1997年设立。

二、国内生态与环保社会组织的发展

1978年，中国环境科学学会成立，在推动环境科学学术交流与研究中发挥了积极的作用。1980年成立了中国生态学学会，这是中国最早的生态社会组织，在推动中国生态学研究与普

及生态意识方面起着重要作用。

自然之友成立于1994年，由梁从诫先生发起，是中国成立最早的环保社会组织之一，目前，全国志愿者数量累计超过30 000人，月度捐赠人超过5000人。一直以来，自然之友通过环境教育、生态社区、公众参与、法律行动及政策倡导等方式，运用一系列创新工作手法和动员方法，重建人与自然的连接，守护珍贵的生态环境，推动越来越多绿色公民的出现与成长。1998年10月，英国首相布莱尔访华，梁从诫先生写信请求他设法制止英国的藏羚羊羊绒非法贸易。布莱尔当天便回信表示要把这一要求转告英国和欧盟环境主管部门以终止这种非法贸易。为保护藏羚羊，梁先生曾发动自然之友全体会员支持反偷猎组织“野牦牛队”。1998年底，自然之友为保护藏羚羊的“野牦牛队”筹款40万元，以维持其运转。

1996年，为了保护滇西北的一片原始森林和林中生活的滇金丝猴，一群热爱自然的年轻人在环保作家唐锡阳、沈孝辉的带领下，踏上了远赴云南调研之路，这便是第一届大学生绿色营。在环保界、科学界、舆论界的大力支持下，第一届绿色营取得了很大成功，让营员们深刻认识到保护原始森林及林中滇金丝猴的意义，也为日后保护这片原始森林及林中的滇金丝猴奠定了基础，更重要的是这批年轻人受到了锻炼。绿色营经过2007年的转型，现在成为一家培养具有生态理念的自然教育导师的学校。每年暑期，全国不同高校数以百计的关心人类共同家园的学子，在具有多年经验的老师指导下逐步成长，并把宝贵经验带回各自高校，以培养更多的学生。

1999年，“北京地球村”与北京市政府合作成功进行了绿色社区试点工作，中国环保民间组织开始进入城市、走进社区，把环保工作向基层延伸，逐步被社会公众所了解和接受。中国环保民间组织走向发展阶段。

2008～2010年，陕西省妈妈环保志愿者协会争取全球妇女基金资助，开展了陕西省农村贫困妇女参与环境友好型社区建设能力培训。通过培训，妇女骨干们增强了对环境的责任意识，带领村里的妇女积极投入村庄环境建设。不少妇女骨干将生态技能运用于生产生活中，不仅使自家，而且还带动村民增加了收入，家庭生活得到了改善。她们积极发挥团队精神，依靠合作的力量，共同解决社区建设中的各种困难和问题，推动社区和谐发展。

吕植教授领导的山水自然保护中心和马军领导的公众环境研究中心都是很出色的环保民间组织，前者在对许多珍稀濒危动物进行专业调查的基础上，推动了许多珍稀动物及其栖息地的保护。

30年来，环保民间组织在我国环境保护历程中发挥了积极作用。环保民间组织已经成为推动我国和世界环境事业发展不可或缺的力量。经过多年努力，中国公众环境意识普遍觉醒，逐渐形成了认同可持续发展理念的广大人群，公众对环保NGO推动社会参与提出了更高要求。同时，社会转型导致的不公平问题在环境领域出现激化，促进部分环保NGO转向公共领域，将公平的发展理念和环境正义融合进自己的项目与活动，担当公众利益的代言人和维护者角色。环保民间组织通过组织各种环保公益活动，包括出版书籍、发放宣传品、举办讲座、组织培训、媒体报道等进行环境宣传教育，为提高我国社会公众的环境意识做出了突出贡献。

三、学生环保社团的成长

国内较早的学生环保社团有南开大学的环境科学协会、清华大学的学生绿色协会等。在唐锡阳先生等的倡导下，全国各高校的学生社团如雨后春笋般建立起来。北京林业大学、厦门大学、东北林业大学、云南大学、浙江大学、北京大学、兰州大学等都创办了相关的学生社团，如山诺会、绿野协会、绿色使者、唤青社、绿之源等。学生环保社团的影响力很大，学生在社团中可以感受保护环境的氛围，与中小学生互动进行环境教育。不同学校、不同院系的学生汇聚到一起，通过点点滴滴的关注、了解、参与，为未来全社会形成广泛的环保意识奠定了良好的基础。

第八节　生态文明教育

2021年，生态环境部牵头，中央宣传部、中央文明办、教育部、共青团中央、全国妇联六部门联合发布了《“美丽中国，我是行动者”提升公民生态文明意识行动计划（2021-2025年）》，将生态文明教育纳入国民教育体系。

一、自然解说

在国际上，缪尔（Muir）于1871年在美国约塞米蒂国家公园最先使用解说（interpretation）一词来描述自然：“我要解说岩石，学习河流、暴风雨及雪崩的语言。我要让自己熟悉冰川和荒野花园，并尽可能靠近世界的内心”。

巴勒斯（Burroughs）是与缪尔同时代的另外一位自然文学家，代表作是《醒来的森林》，让他倾心的事业是：体验自然，书写自然。他说：“最令我高兴的是带给我的读者一些新鲜的自然史片段，或让他们在原野里、树林里及潺潺的溪流边待上一天。”

后来，提而顿（Tilden）到各个国家公园参访、观察，于1957年出版了《解说我们的遗产》，提出了“通过解说理解，通过理解欣赏，通过欣赏保护”的信条，认为解说并非事物的简单描述，而是通过体验揭示事物的内在意义与相互联系。

徐仁修先生是著名的自然解说大家，他在乡村度过了与大自然亲密接触的童年生活。此后，到菲律宾、印度尼西亚、马来西亚、南美等地探险旅行，创作了《自然四季》《仲夏夜探秘》《动物记事》等许多作品，他在大自然中采集了具有代表性的动物声音，在此基础上，作曲家吴金黛、范宗沛等创作了《森林狂想曲》，让听众仿佛身处大自然中一般。

近年来，雍怡团队编写的《钱江源国家公园人员解说手册》《江源古田——钱江源国家公园自然导览》《生机湿地》《我的野生动物朋友》《水润同里》，张玉均、吕植、李振基等编写的《三江源国家公园自然教育系列丛书》都属于自然解说作品。

自然解说强调在大自然中，或通过作品引导读者来到国家公园、自然保护区或自然公园等大自然中感悟自然的讲解。

二、环境解说

Brown（1971）提出了环境解说的概念：“环境解说是一种沟通环境知识、意识、交流手段和设施的综合体，目的在于引起人们对环境问题的思考、讨论及产生环境保护行动。”Knapp（1994）认为，“环境解说是以培养对环境负责的个体为最终目标，揭示自然资源及其与人类相互关系为目的的交流过程。”这里所提及的环境解说偏重在非自然场所，包括保护地的宣教馆、各城市中的博物馆、科技馆、图书馆中进行的讲解。

三、生态教育

生态教育是以生态学为依据，传播生态知识和生态文化、提高人们的生态意识及生态素养、塑造生态文明的教育。其目标是解决人与环境之间的矛盾，调整人的行为，建立生态伦理规范和生态道德观念，教育人正确认识自然环境的规律及其价值，提高人对自然环境的情感、审美情趣和鉴赏能力，为每个人提供机会获得保护和促进生态环境的知识、态度、价值观、责任感和技能，创造个人、群体和整个社会环境行为的新模式。

四、环境教育

环境教育是以人类与环境的关系为核心，以解决环境问题和实现可持续发展为目的，以提高人们的环境意识和有效参与能力、普及环境保护知识与技能、培养环境保护人才为任务而展开的一种教育活动。

五、自然教育

微课堂

（一）自然教育的兴起

自然的缺失，以及信仰荒漠等原因，导致了不少自然缺失症的社会问题，洛夫（Louv）、徐仁修等都注意到了这样的问题。从2007年开始，徐仁修先生通过在绿色营中上课并在自然中指导，培养了大批自然讲解员，开始了我国的自然教育，也为自然教育的发展奠定了坚实的基础。2009年自然教育正式被民间机构用作项目名称及主要业务。

2014年夏，一批富有社会责任感、活跃在一线的自然教育机构和专家学者经过筹办，在厦门举办了首届全国自然教育论坛。论坛邀请了《林间最后的小孩》的作者洛夫等专家做主旨报告，300多位来自全国自然教育机构的工作者和有志于自然教育的青年人云聚厦门，对自然教育在城市化进程中的必要性和作用、自然教育与社会化自然保护、减少自然缺失症对社会造成的负面影响、自然教育行业协作、发展和专业人才培养等方面进行了广泛交流。全国自然教育论坛由此起步。此后，逐年在杭州、深圳、成都、武汉等地举办论坛，民间的自然教育活动蓬勃发展，各地的自然教育机构如雨后春笋般涌现，自然教育作为新兴行业，由点到面全面发展。

2018年开始，中国林学会理事长赵树丛先生开始调研自然教育情况，2019年4月国家林业和草原局发布《国家林业和草原局关于充分发挥各类自然保护地社会功能大力开展自然教育工作的通知》，要求各级林业和草原主管部门，以及各级林学会要充分认识自然教育工作的重要性和紧迫性，将其作为林业草原事业发展的新领域、新亮点、新举措，摆到重要位置，明确责任，狠抓落实，努力建设具有鲜明中国特色的自然教育体系。2019年11月，中国自然教育大会暨第六届全国自然教育论坛在武汉举办；2020年7月，由全国政协人口资源环境委员会、全国绿化委员会、国家林业和草原局联合发起3亿青年进森林活动。自然教育从民间步入政府关注视野。

（二）自然教育的概念

自然教育是引导受众进入自然，通过自然观察，让受众愉快联结自然，传递热爱大自然与保护生态环境的爱的教育。

自然教育可以说是一种特殊的生态旅游方式，通过组织受众到特定的自然保护地，在当地社区食宿，在组织者带领下观察大自然、记录大自然、感悟大自然，让受众受到自然的洗礼。

自然教育是以自然环境为背景，贯穿人与自然和谐共生及可持续发展的理念，依托自然资源，以人与自然为核心，通过体验式参与的方式引导青少年走进自然、学习自然，站在自然与人类共同的立场上去思考问题的主体性教育过程。

（三）自然教育的内容

自然教育涉及的内容非常广泛，具体包括以下几个方面。

（1）自然观察：观察植物发芽与开花、鸟类筑巢与迁徙、蛙类、鱼类洄游、蝴蝶、蜻蜓、萤火虫、甲虫、真菌、岩石、地貌、星星、云、土壤、流水等。

（2）自然笔记：以某一对象为题材进行绘画，标注其部位，记录其形态特征等。

（3）自然文学写作：以某一场景为内容，通过构思，利用诗歌、散文的形式写下自己的感受。

（4）在自然中游戏：开展破冰游戏、生态游戏、信任游戏等。

（5）自然教育地图绘制：把某一区域内各路径上的自然教育对象绘成地图。

（6）还包括自然劳动、自然艺术创作、自然教育素材挖掘、自然教育课程设计、创办自然学校、人才培养、资金筹集等。

本章提要

1. 生态文明是指人类遵循人、自然、社会和谐发展这一客观规律而取得的物质与精神成果的总和，是以人与自然、人与人、人与社会和谐共生、良性循环、全面发展、持续繁荣为基本宗旨的文化伦理形态。

2. 生态文明是人类为保护和建设美好生态环境而取得的物质成果、精神成果和制度成果的总和，是贯穿于经济建设、政治建设、文化建设、社会建设全过程和各方面的系统工程，反映了一个社会的文明进步状态。

3. 生态安全是指生态系统不受危险的状态。目前，存在食品安全、环境质量、生物资源退化、生物多样性下降、荒漠化等方面的安全问题。

4. 可持续发展是指发展不以其他集团或后代为代价，也不危及其他物种生存的人类社会发展模式。

概念与术语

生态文明（ecological civilization）、可持续发展（sustainable development）、国家公园（national park）、自然保护区（nature reserve）、外来种（alien species）、土壤侵蚀（soil erosion）、生态恢复（ecological restoration）、非政府组织（non-governmental organization，NGO）

复习与练习

复习题

我国生态文明是在什么样的背景下提出的?

讨论题

1. 如何实现经济建设、政治建设、文化建设、社会建设、生态文明建设的“五位一体”?
2. 为什么说生态伦理思想是中国传统文化的主要内涵之一?
3. NGO具有什么优势?怎样可以使其更好地为社会服务?
4. 在生态文明建设过程中,思想、政策与法律法规如何推进?
5. 你是否参加了高校环保社团?你设想学生环保社团应该怎样为生态文明建设服务?

参考读物

贾卫列, 杨永岗, 朱明双, 等. 2013. 生态文明建设概论. 北京: 中央编译出版社

联合国教育、科学及文化组织人与生物圈计划中文网站. https://www.unesco.org/zh/mab

绿色和平组织网络. http://www.greenpeace.org

唐锡阳, 马霞・玛尔柯斯. 1997. 环球绿色行. 呼和浩特: 内蒙古人民出版社

汪永晨, 熊志红. 2005. 绿色记者沙龙. 北京: 中国环境科学出版社

徐仁修. 2013. 探险途上的情书. 北京: 光明日报出版社

CITES网站. https://cites.org/eng

IUCN网站. https://iucn.org

Wilson E. 2010. The Diversity of Life. Cambridge: Belknap Press

主要参考文献

郭耕．2002．荒野，视若无价，胜有价．科技导报，20（29）：43-46

郝道猛．1978．生态学概论．台北：徐氏基金会

黄学民．2023．热带东太平洋中上层鲨鱼微塑料污染状况及其影响因素．上海：上海海洋大学硕士学位论文

李文华，张彪，谢高地．2009．中国生态系统服务研究的回顾与展望．自然资源学报，24（1）：1-10

李振基，丁鑫，江凤英，等．2021．福建植被志．福州：福建科学技术出版社

李振宇．解焱．2002．中国外来入侵种．北京：中国林业出版社

理查德·瑞杰斯特．2005．生态城市伯克利：为一个健康的未来建设城市．沈清基，沈贻，译．北京：中国建筑工业出版社

联合国环境规划署（UNEP）．2002．全球环境展望3．北京：中国环境科学出版社

林鹏．1986．植物群落学．上海：上海科学技术出版社

林鹏．1990．福建植被．福州：福建科学技术出版社

林鹏．1997．中国红树林生态系．北京：科学出版社

马世骏．1981．生态规律在环境管理中的作用．环境科学学报，1（1）：95-100

马世骏，李松华．1987．中国的农业生态工程．北京：科学出版社

马世骏，王如松．1984．社会-经济-自然复合生态系统．生态学报，4（1）：1-9

潘守文．1994．现代气候学原理．北京：气象出版社

让·玛丽·佩尔特．2003．植物之美．陈志萱，译．北京：时事出版社

尚玉昌．1998．行为生态学．北京：北京大学出版社

沈孝辉．2023．追寻人为干扰下森林演替的奥秘．http://www.forestry.gov.cn/c/www/lcdt/512505.jhtml

世界环境与发展委员会．1989．我们共同的未来．夏坤堡，译．北京：世界知识出版社

世界自然保护同盟，联合国环境规划署，世界野生生物基金会．1992．保护地球：可持续生存战略．国家环境保护局外事办公室，译．北京：中国环境科学出版社

孙儒泳．1992．动物生态学原理．2版．北京：北京师范大学出版社

孙儒泳，李庆芬，牛翠娟，等．2002．基础生态学．北京：高等教育出版社

唐锡阳，马霞·玛尔柯斯．1997．环球绿色行．2版．呼和浩特：内蒙古人民出版社

王献溥，崔国发．2003．自然保护区建设与管理．北京：化学工业出版社

杨桂华．2000．生态旅游的绿色实践．北京：科学出版社

伊藤嘉昭．1982．动物生态学．北京：科学出版社

章家恩，徐琪．1999．恢复生态学研究的一些基本问题探讨．应用生态学报，10（1）：109-113

中国植被编辑委员会．1980．中国植被．北京：科学出版社

祝廷成，董厚德．1983．生态系统浅说．北京：科学出版社

Daubenmire R F. 1981. 植物群落：植物群落生态学教程．陈庆诚，译．北京：人民教育出版社

Mackenzie A, Ball A S, Virdee S R. 1999. Instant Notes in Ecology (影印版). 北京: 科学出版社

Primack R, 季维智．2000．保护生物学基础．北京：中国林业出版社

Primack R B, 马克平，蒋志刚．2014．保护生物学．北京：科学出版社

Allen J A. 1877. The influence of physical conditions in the genesis of species. Radic Rev, 1: 108-140

Bergmann C. 1847. About the relationships between heat conservation and body size of animals. Goett Stud, 1: 595-708

Chapman J L, Reiss M J. 1992. Ecology: Principles and Applications. 2nd ed. New York: Cambridge University Press

Chitty D. 1960. Population processes in the vole and their relevance to general theory. Can J Zool, 38: 99-113

Connell J H. 1961. The influence of interspecific competition and other factors on the distribution of the barnacle *Chthamalus stellatus*. Ecology, 42: 710-723

Costanza R. 1992. Toward an operational definition of ecosystem health. *In:* Costanza R, Norton B G, Haskell B D. Ecosystem Health: New Goals for Environmental Management. Washington DC: Island Press: 239-256

Curtis J T, McIntosh R P. 1951. An upland forest continuum in the prairie-forest border region of Wisconsin. Ecology, 32 (3): 476-496

Daubenmire R F. 1947. Plants and Environment: A Textbook of Plant Autecology. New York: Wiley

Deevey E S Jr. 1947. Life tables for natural populations of animals. The Quarterly Review of Biology, 22: 283-314

Emberlin J C. 1983. Introduction to Ecology. Plymouth: MacDonald and Evans Ltd

Fisher R A, Corbet A S, Williams C B. 1943. The relation between the number of species and the number of individuals in a random sample of an animal population. J Anim Ecol, 12 (1): 42-58

Gause G F. 1934. The Struggle for Existence. Baltimore: Williams & Wilkins

Haeckel E. 1966. Generelle Morphologie der Organismen. Berlin: Georg Reimer

Hardy R N. 1979. Temperature and Animal Life. Studies in Biology No. 35. London: Edward Arnold

Kiley-Worthington M. 1981. Ecological agriculture. What it is and how it works. Agriculture and Environment, 6 (4): 349-381

Kormondy E J. 1976. Concepts of Ecology. 2nd ed. New Jersey: Prentice-Hall Inc

Krebs C J. 2001. Ecology: The Experimental Analysis of Distribution and Abundance. 5th ed. San Francisco: Benjamin Cummings

Lack D. 1945. The ecology of closely related species with special reference to Cormorant (*Phalacrocorax carbo*) and Shag (*P. aristotelis*). J Anim Ecol, 14 (1): 12-16

Leigh E G, Wright J, Herre E A, et al. 1993. The decline of tree diversity on newly isolated tropical islands: A test of a null hypothesis and some implications. Evol Ecol, 7: 76-102

Lovelock J E. 1990. Hands up for the Gaia hypothesis. Nature, 344 (6262): 100-102

MacArthur R H. 1957. On the relative abundance of bird species. PNAS, 43 (3): 293-295

MacArthur R H. 1958. Population ecology of some warblers of northeastern coniferous forests. Ecology, 39: 599-619

MacArthur R H, Wilson E O. 1967. The Theory of Island Biogeography. Princeton: Princeton University Press

Magurran A E, McGill B J. 2011. Biological Diversity: Frontiers in Measurement and Assessment. New York: Oxford University Press

Maltby T, Holdgate M, Acreman M, et al. 1999. Ecosystem Management: Questions for Science and Society. Virginia: Royal Holloway Institute for Environmental Research

Margulis L, Sagan D. 1997. Slanted Truths: Essays on Gaia, Evolution and Symbiosis. New York: Springer-Verlag

Mcnaughton S J. 1973. General Ecology. New York: Rinehart and Winston

Miller G T Jr. 2001. Environmental Science. 8th ed. Pacific Grove, CA: Brooks/Cole

Nebel B J. 1981. Environmental Science: The Way the World Works. Upper Saddle River: Prentice Hall Inc

Noss R F, Harris L D. 1986. Nodes, networks and MUMs: Preserving diversity at all scales. Environ Manage, 10: 299-309

Odum E P. 1953. Fundamentals of Ecology. Philadelphia: W. B. Saunders

Odum E P. 1957. The ecosystem approach in the teaching of ecology illustrated with sample class data. Ecology, 38: 531-535

Odum H T. 1971. Environment, Power, and Society. New York: John Wiley

Putman R J, Wratten S D. 1984. Principle of Ecology. London: Croom Helm Ltd

Raunkiaer C. 1934. The Life Forms of Plants and Statistical Plant Geography. Oxford: Clarendon Press

Sharon K. 2002. Designing nature reserves: Adapting ecology to real-world problems. Endeavour, 26 (1): 9-14

Smith R L, Smith T M. 1998. Elements of Ecology. 4th ed. San Francisco: Benjamin/Cummings Science Publishing

Smith S H. 1935. The role of biotic factors in the determination of population densities 1,2. J Econ Entom, 28: 873-898

Tait V. 1981. Elements of Marine Ecology. 3rd ed. London: Butterworths Scientific Ltd

von Bertalanffy L. 1969. General System Theory: Foundations, Developments, Applications. New York: George Braziller

Verhurst P F. 1838. Notice sur la loi que la population suit dans son accroissement. Correspondence of Mathematics and Physics, 10: 113-121